L 波段（Ⅰ型）高空气象观测系统

业务技术手册

主　编：杨荣康
副主编：刘立辉　李　欣　郭启云　徐　磊

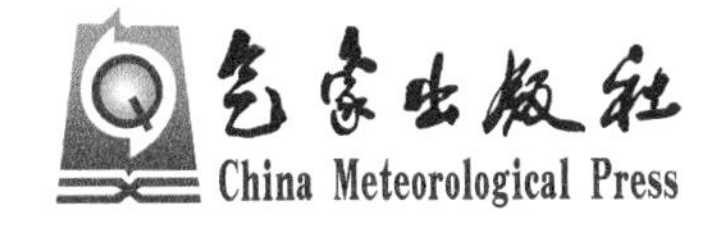

内容简介

本书以L波段(Ⅰ型)高空气象观测系统软件(V7.0.0.20210101版)为基础撰写,全面讲述了L波段(Ⅰ型)高空气象探测系统软件安装、操作、使用等方面内容。全书共分16章,包括软件的安装、高空气象观测数据处理方法、高空气象常用计算公式、测站常用参数设置、放球软件使用、数据处理软件使用、文件命名规则、文件格式等内容,同时也对我国高空观测业务规范相关内容作了描述。

本书图文并茂、结构清晰,讲解深入详细。通过本书的学习,读者不仅可全面了解我国高空气象观测规范,还可以熟练掌握L波段(Ⅰ型)高空气象观测系统软件的使用。

本书除可作为高空气象观测人员学习、培训用书外,还可供高空气象观测业务管理人员、大专院校以及科研院所大气探测专业的师生参考。

图书在版编目(CIP)数据

L波段(I型)高空气象观测系统业务技术手册 / 杨荣康主编 ; 刘立辉等副主编. -- 北京 : 气象出版社, 2021.11

ISBN 978-7-5029-7605-7

Ⅰ. ①L… Ⅱ. ①杨… ②刘… Ⅲ. ①气象观测—技术培训—技术手册 Ⅳ. ①P412.2-62

中国版本图书馆CIP数据核字(2021)第244074号

L波段(Ⅰ型)高空气象观测系统业务技术手册

L Boduan (Ⅰ Xing) Gaokong Qixiang Guance Xitong Yewu Jishu Shouce

出版发行:气象出版社

地　　址:北京市海淀区中关村南大街46号　　**邮政编码**:100081

电　　话:010-68407112(总编室)　010-68408042(发行部)

网　　址:http://www.qxcbs.com　　**E-mail**:qxcbs@cma.gov.cn

责任编辑:王萃萃　　**终　　审**:吴晓鹏

责任校对:张硕杰　　**责任技编**:赵相宁

封面设计:艺点设计

印　　刷:北京中石油彩色印刷有限责任公司

开　　本:787 mm×1092 mm　1/16　　**印　　张**:20.25

字　　数:500千字

版　　次:2021年11月第1版　　**印　　次**:2021年11月第1次印刷

定　　价:100.00元

本书编写组

主　编：杨荣康

副主编：刘立辉　李　欣　郭启云　徐　磊

编写人员：夏元彩　马金玉　刘银锋　马　骥　梁建平

张素琴　刘立群　王　敏　于永涛　杨维发

韩仲强　肖光梁　罗皓文　刘振宇　周雪松

张永亮　刘　娜

前 言

高空气象观测系统是我国综合气象观测系统的重要组成部分，也是我国气象业务现代化建设的主要任务之一。L 波段（Ⅰ型）高空气象观测系统是中国气象局目前业务在用的高空气象观测系统，是国内目前能够同时对大气三维运动（风速风向）、热力场（温度）和质量场（湿度）进行直接基准观测的唯一手段，2001 年，我国首次将 L 波段（Ⅰ型）高空气象观测系统作为业务系统在北京探空站投入使用，到 2010 年，全国 120 个站全部使用 L 波段（Ⅰ型）高空气象观测系统，达到了 21 世纪初国际主流探空系统水平。到目前为止，观测建设效益明显，在气象预报、气候监测和气象服务中发挥着重要作用。

为进一步提高我国高空气象观测业务水平，实现高空气象观测的智能化、自动化，满足气象预报服务、运行保障以及高空观测数据国际交换对高精度气象探空资料的需求，并使高空气象观测人员更好地了解和掌握系统的特点和操作方法，指导解决使用过程中遇到的技术问题，统一和规范操作要求，提高观测质量，充分发挥高空观测的建设效益，中国气象局气象探测中心组织编写了《L 波段（Ⅰ型）高空气象观测系统业务技术手册》（以下简称《手册》）。该《手册》是在气象出版社 2005 年 9 月出版的《L 波段（Ⅰ型）高空气象探测系统业务技术手册》的基础上进行了修改完善，主要对数据处理方法进行了优化，提升了温湿度特性层精度，增加了高精度风特性层，增加了改进型探空仪的数据调入、基测等功能，统一了报文 BUFR 编码格式，增加了台站仰角极值统计、自动站数据远程显示、气球净举力计算等功能。

该《手册》主要由“简介”“主要处理方法”“台站常量参数设置”“放球软件的使用”“数据处理软件”和“文件系统与命名规则”等部分组成，涵盖了软件的安装、计算公式的选用、数据的处理方法、参数设置、软件的操作使用、数据编码和发送、观测文件的命名规则等方面的内容。该《手册》由中国气象局气象探测中心组织中国气象局气象发展与规划院、河北省气象局、广西壮族自治区气象局、内蒙古自治区气象局、安徽省气象局、北京市气象局、湖北省气象局、辽宁省气象局、甘肃省气象局等单位编写。该《手册》的出版得到了科技部重大自然灾害监测预警与防范重点专项(2018YFC1506201、2018YFC1506204)的赞助和支持,在此深表感谢。

该《手册》在编写过程中参考了许多相关的规范、手册,谨向相关作者表示深深的感谢。由于编者水平有限,书中难免存在一些有待商榷的地方,恳请同行及读者批评指正。

编者

2021年10月

目　录

前言
第1章　L波段(Ⅰ型)高空气象观测系统软件简介 …… (1)
1.1　软件组成 …… (1)
1.2　软件对计算机软件和硬件的要求 …… (2)
1.3　软件的安装 …… (2)
1.4　天气现象字库的安装 …… (8)
1.5　设置计算机显示器的分辨率和颜色数 …… (8)
1.6　卸载 …… (10)
第2章　软件主要特点 …… (12)
2.1　设计思想 …… (12)
2.2　主要特点 …… (13)
2.3　应用 …… (14)
2.4　主要功能 …… (14)
第3章　计算公式 …… (16)
3.1　本站气压 …… (16)
3.2　水汽压及相对湿度计算公式 …… (16)
3.3　露点温度及温度露点差计算公式 …… (18)
3.4　厚度及海拔高度计算公式 …… (18)
3.5　量得风层的计算 …… (19)
3.6　内插计算公式 …… (21)
3.7　规定等压面间的平均升速 …… (22)
3.8　平均升速 …… (22)
3.9　矢量风计算公式 …… (23)
3.10　雷达测量位势高度计算公式 …… (23)
3.11　用雷达测高计算气压 …… (25)
3.12　相对经纬度的计算公式 …… (25)
3.13　相对时间的计算公式 …… (26)
3.14　热敏电阻温度元件的误差订正 …… (26)
3.15　基测检定箱和气压基测值测量设备不在同一海拔高度的气压订正公式 …… (29)
第4章　主要处理方法 …… (30)
4.1　数据类型、单位、显示分辨力 …… (30)

4.2 温度传感器元件误差订正方法…………………………………………………………………… (31)
4.3 基测检定箱和气压基测值测量设备不在同一海拔高度的气压订正方法………… (31)
4.4 各层空间定位(相对经度、相对纬度)数据计算 ………………………………………… (31)
4.5 空间定位数据特殊情况下处理方法………………………………………………………… (31)
4.6 量得风层……………………………………………………………………………………………… (31)
4.7 规定等压面位势高度计算方法……………………………………………………………… (32)
4.8 计算规定层风特殊情况处理方法…………………………………………………………… (33)
4.9 规定等压面气象要素值计算方法…………………………………………………………… (33)
4.10 零度层的选取和气象要素值计算 ……………………………………………………… (34)
4.11 对流层顶的选取和气象要素值计算 …………………………………………………… (34)
4.12 温、湿特性层选取和气象要素值计算…………………………………………………… (35)
4.13 风特性层的选取和气象要素值计算 …………………………………………………… (36)
4.14 温、压、湿失测处理方法 ……………………………………………………………………… (37)
4.15 规定高度层风的计算 ………………………………………………………………………… (38)
4.16 最大风层的选取和气象要素值计算 …………………………………………………… (40)
4.17 综合观测无斜距的处理 ……………………………………………………………………… (41)
4.18 气球下沉记录的处理 ………………………………………………………………………… (41)
4.19 仰角低于测站观测系统天线最低工作仰角的处理 ………………………………… (41)
4.20 常规报文编制方法 …………………………………………………………………………… (41)
4.21 高空气象标准格式文件编制 ……………………………………………………………… (42)
4.22 高空记录月报表的编制与统计方法 …………………………………………………… (42)
4.23 高空全月观测数据归档格式文件的制作 ……………………………………………… (43)
第5章 台站常量参数设置 ……………………………………………………………………… (44)
5.1 本站常用参数……………………………………………………………………………………… (45)
5.2 发报参数设置……………………………………………………………………………………… (55)
5.3 设备信息参数……………………………………………………………………………………… (58)
5.4 台站元数据参数…………………………………………………………………………………… (59)
5.5 修改密码……………………………………………………………………………………………… (59)
第6章 放球软件的使用 ………………………………………………………………………… (60)
6.1 启动放球软件……………………………………………………………………………………… (60)
6.2 放球软件的界面组成……………………………………………………………………………… (63)
6.3 方位角、仰角显示功能 …………………………………………………………………………… (65)
6.4 距离显示控制功能………………………………………………………………………………… (65)
6.5 雷达发射机、接收机控制 ……………………………………………………………………… (66)
6.6 探空电码监测……………………………………………………………………………………… (67)
6.7 终端(计算机)—雷达通信指示…………………………………………………………………… (68)
6.8 雷达故障报警监测………………………………………………………………………………… (68)

6.9 天线跟踪旁瓣的处理…………………………………………………………………… (69)
6.10 示波器距离/角度及天线内/外控制切换开关 ………………………………… (69)
6.11 操作提示 ………………………………………………………………………… (70)
6.12 探空、球坐标图形、数据显示处理区 …………………………………………… (70)
6.13 调入待施放探空仪的参数文件 ………………………………………………… (72)
6.14 探空仪施放前的基值测定和瞬间观测值的输入 ……………………………… (79)
6.15 开始放球 ………………………………………………………………………… (86)
6.16 先放球后确定放球时间 ………………………………………………………… (89)
6.17 重新设置放球时间 ……………………………………………………………… (91)
6.18 使用自动放球系统放球 ………………………………………………………… (92)
6.19 放球后状态文件的产生 ………………………………………………………… (93)
6.20 探空曲线显示区的操作 ………………………………………………………… (94)
6.21 探空数据显示区的操作 ………………………………………………………… (99)
6.22 风矢的显示 ……………………………………………………………………… (99)
6.23 风廓线的显示…………………………………………………………………… (100)
6.24 探空仪盒内温度曲线的显示…………………………………………………… (100)
6.25 整分钟坐标曲线显示区的操作………………………………………………… (100)
6.26 整分坐标数据显示区的操作…………………………………………………… (104)
6.27 全部曲线显示区的操作………………………………………………………… (105)
6.28 显示气球飞行轨迹的操作……………………………………………………… (108)
6.29 每秒坐标数据显示区的操作…………………………………………………… (109)
6.30 补放小球数据操作……………………………………………………………… (110)
6.31 显示软件版本信息……………………………………………………………… (111)
6.32 退出放球软件…………………………………………………………………… (111)
6.33 放球软件或计算机系统崩溃后的处理方法…………………………………… (112)
6.34 安全提示………………………………………………………………………… (112)
第7章 数据处理软件……………………………………………………………… (114)
7.1 软件的运行 ……………………………………………………………………… (114)
7.2 数据处理软件窗口组成 ………………………………………………………… (114)
7.3 数据处理的一般步骤 …………………………………………………………… (115)
7.4 探空数据处理 …………………………………………………………………… (122)
7.5 图像显示 ………………………………………………………………………… (150)
7.6 数据辅助处理 …………………………………………………………………… (156)
7.7 数据通信 ………………………………………………………………………… (165)
7.8 制作月报表 ……………………………………………………………………… (167)
7.9 打印 ……………………………………………………………………………… (179)
7.10 查看……………………………………………………………………………… (180)

7.11　帮助 …… (182)
第 8 章　文件系统与命名规则 …… (183)
8.1　文件系统 …… (183)
8.2　主要文件命名规则 …… (184)
第 9 章　背景地图制作方法 …… (192)
第 10 章　系统操作注意事项 …… (194)
10.1　如何正确调整接收机增益和频率 …… (194)
10.2　放球过程中 L 波段雷达丢球、旁瓣抓球如何处理 …… (195)
10.3　校正、修改计算机时钟 …… (195)
10.4　雷达天线“死位”应如何处理 …… (196)
10.5　放球过程应注意的事项 …… (196)
10.6　放球过程中凹口消失如何处理 …… (196)
10.7　基测箱的湿球温度表的纱布更换规定 …… (196)
10.8　软件在 Window XP/2000 下打印所遇问题的解决方法 …… (196)
第 11 章　发报软件使用方法 …… (200)
11.1　软件的运行 …… (200)
11.2　参数设置 …… (201)
11.3　报文发送 …… (205)
11.4　查询发报日志 …… (206)
11.5　刷新文件列表 …… (206)
11.6　删除文件 …… (206)
11.7　退出软件 …… (206)
第 12 章　备份软件使用方法 …… (207)
第 13 章　台站仰角极值统计软件使用方法 …… (210)
第 14 章　气球净举力计算软件使用方法 …… (214)
第 15 章　格式转换软件的使用方法 …… (215)
第 16 章　自动站远程显示软件使用方法 …… (218)
附录 A　L 波段(Ⅰ型)高空气象观测系统值班操作规程 …… (220)
附录 B　高空台站元数据 XML 格式说明 …… (225)
附录 C　状态文件格式说明 …… (231)
附录 D　国内高空观测和状态参数 XML 编码格式 …… (235)
附录 E　基数据文件格式说明 …… (239)
附录 F　高空全月观测数据归档格式(G 文件) …… (248)
附录 G　高空气象观测数据格式　BUFR 编码 …… (271)

第 1 章　L 波段(Ⅰ型)高空气象观测系统软件简介

L 波段(Ⅰ型)高空气象观测系统软件(以下简称 L 波段软件)是与 L 波段(Ⅰ型)高空气象观测系统配套使用的组合软件,主要由“放球软件”“数据处理软件”“发报软件”和若干工具软件组成。其中“放球软件”主要用于完成高空实时观测时的雷达控制、状态监测、数据录取及简单处理等工作,“数据处理软件”用于完成数据处理和各种气象产品、报表的生成和打印等工作,“发报软件”用于向信息中心传输各类报文及数据文件。

1.1　软件组成

操作手册由以下两方面的内容组成:

●观测系统软件:1 套(光盘、U 盘等介质);

●业务操作手册:1 本。

观测系统软件是一个软件组合,由 10 个单独的软件组成(表 1.1),协同完成日常高空观测业务工作。

表 1.1　观测系统软件组成

序号	文件名	意义	功能
1	Radar. exe	放球软件	用于与雷达连接,接收雷达观测系统发送来的球坐标(仰角、方位、距离)和探空温、压、湿数据,软件同时能对数据做显示、删除、修改等处理
2	datap. exe	数据处理软件	计算各标准等压面气象要素值、各规定高度层风、选取特性层、对流层、零度层、最大风层、编发各类报文、制作各类月报表、图形显示、打印,此外还可提供空间加密观测资料、特殊风层资料、任意等间隔高度气象要素值、爱玛图、飞行轨迹图、升速曲线、月值班日志、监控文件、基数据文件等产品,并可对原始数据进行平滑、修正、查询、恢复等处理
3	sendreport. exe	发报软件	采用 FTP 协议,符合国省数据环境(CIMISS)传输要求专用于通过互联网发送各种高空观测资料报文的软件
4	SondeFilebackup. exe	文件备份软件	方便台站在每次观测完成后备份最重要的观测数据
5	ReadAWSData. exe	自动站远程显示软件	可以在高空观测业务机端实时显示接入本局域网任何自动气象站的观测数据,方便高空站在放球时输入检查瞬间观测值
6	GetLowestEl. exe	台站仰角极值统计软件	可以从测站历年数据文件中提取仰角数据进行统计,从而形成台站最低工作仰角图用于台站观测环境评估
7	nlf. exe	气球净举力计算软件	用于计算小球净举力,以方便观测员充灌小球用于测风

续表

序号	文件名	意义	功能
8	tfs. exe	格式转换软件	将二进制的数据文件(S 文件)转换成文本格式的文件以方便用户阅读和使用
9	字库安装程序 . exe	天气现象字库安装程序	安装系统需要录入的天气现象符号
10	lradar. chm	在线帮助软件	提供有关观测系统软件操作使用方面的在线帮助

1.2 软件对计算机软件和硬件的要求

安装和使用 L 波段(Ⅰ型)高空气象观测系统软件,计算机必须具备如下软、硬件条件:

●Windows 9X/Windows 2000/Windows XP/Vista/Windows 7/Windows 8/Windows 10(32 位/64 位)中文版本;

●至少一个符合 RS-232 标准串行口(COM);

●CPU 工作频率 200 MHz 以上;

●至少 32 MB 的扩展内存和不小于 20 G 的硬盘;

●一个与 Windows 兼容的鼠标;

●17 寸(分辨率不低于 1024×768@256 色)显示器;

●宽行打印机。

1.3 软件的安装

L 波段软件提供安装程序方便用户安装。安装之前,应确保计算机至少满足了对软件和硬件的要求。安装软件的步骤如下:

(1)启动 Windows;

(2)将装有软件的 U 盘或光盘插入计算机的 USB 接口或光盘驱动器内;

(3)启动资源管理器;

(4)运行 U 盘,安装软件中或光盘文件中的 setup. exe 文件;

(5)待屏幕上出现图 1.1 软件安装向导界面后,选择“下一步”;

(6)安装软件进入图 1.2 所示的步骤,软件默认的安装位置是系统盘(C 盘),但推荐将软件安装在计算机的 D 盘上,更改安装位置的方法是用鼠标点击如图 1.3 所示的“浏览”按钮(黑色粗圈内),在如图 1.4 所示的弹出对话框中选择 D 盘即可。确定好盘符后,单击“下一步”,待安装软件出现如图 1.5 后继续单击“下一步”;

注:不管用户如何选择安装位置,安装软件只会将 L 波段软件安装在用户选择的盘符根目录下!

(7)安装软件出现如图 1.6 所示的安装状态窗口显示安装进程;

(8)如果一切顺利,将出现如图 1.7 所示的安装完成对话框,单击“完成”按钮,在如图 1.8 对话框上选择“是,立即重新启动计算机”后待计算机重新启动后完成软件的全部安装。

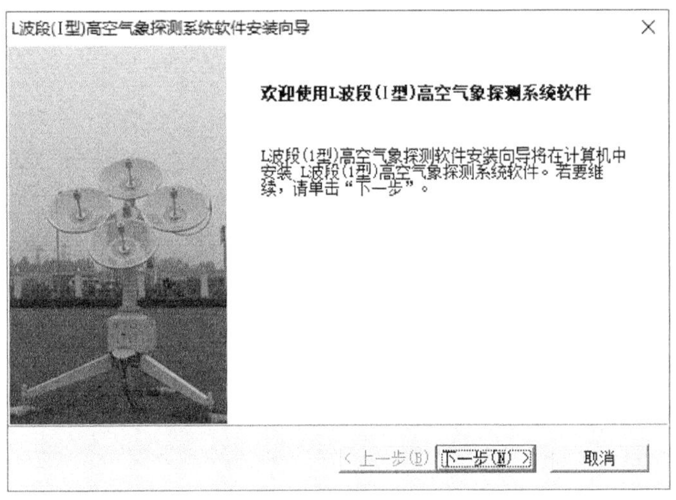

L波段(I型)高空气象探测系统软件安装向导
欢迎使用L波段(I型)高空气象探测系统软件
L波段(I型)高空气象探测软件安装向导将在计算机中安装 L波段(I型)高空气象探测系统软件。若要继续，请单击“下一步”。
< 上一步(B)
下一步(N) >
取消

图 1.1　软件安装向导界面

L波段(I型)高空气象探测系统软件安装向导
选择目的地位置
选择安装程序安装文件的文件夹。
安装程序将在以下文件夹中安装 L波段(I型)高空气象探测系统软件。
要安装到此文件夹，请单击“下一步”。 要安装到其它文件夹，请单击“浏览”，然后选择其它文件夹。
目的地文件夹
C:\
浏览(R)...
InstallShield
< 上一步(B)
下一步(N) >
取消

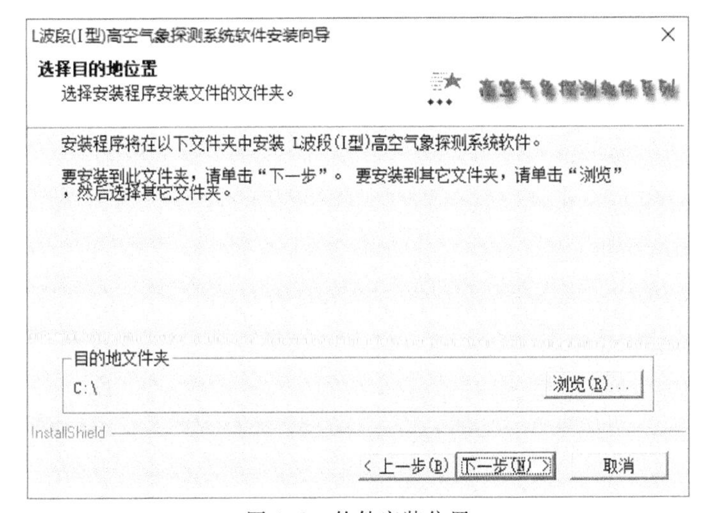

图 1.2　软件安装位置

L波段(I型)高空气象探测系统软件安装向导
选择目的地位置
选择安装程序安装文件的文件夹。
安装程序将在以下文件夹中安装 L波段(I型)高空气象探测系统软件。
要安装到此文件夹，请单击“下一步”。 要安装到其它文件夹，请单击“浏览”，然后选择其它文件夹。
目的地文件夹
C:\
浏览(R)...
InstallShield
< 上一步(B)
下一步(N) >
取消

图 1.3　选择软件安装位置

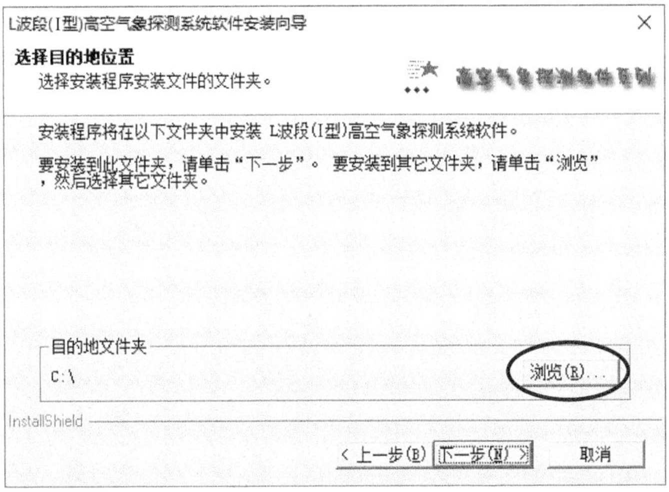

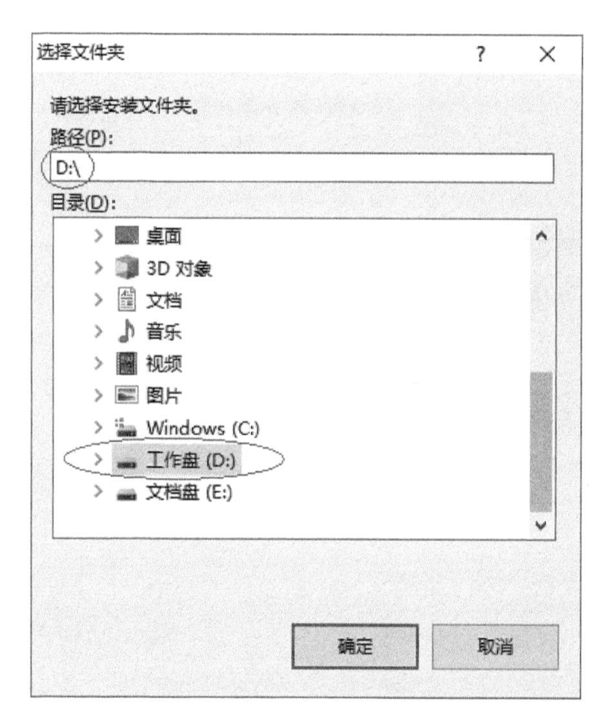

图 1.4　选择 D 盘

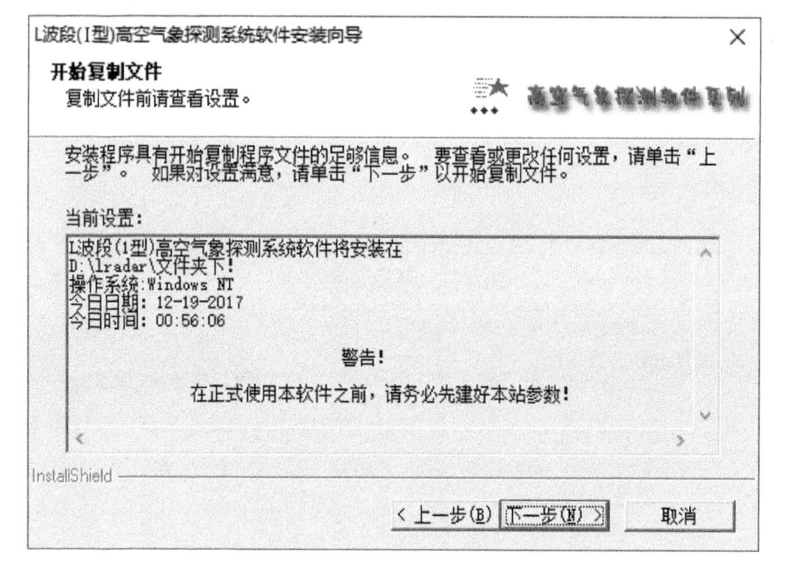

图 1.5　软件安装信息

软件安装完成后，安装程序将在计算机用户选择的盘符上建立一个名为 lradar 的文件夹，在 lradar 文件夹下分别创建了如图 1.9 所示的 bak、bcode、control、dat、datap、datbak、gcode、graph、help、map、monthtable、para、sound、statusdat、textdat、tfs、txt 共 17 个子文件夹，用来存放各种类型的文件。这些文件夹的意义和作用如下：

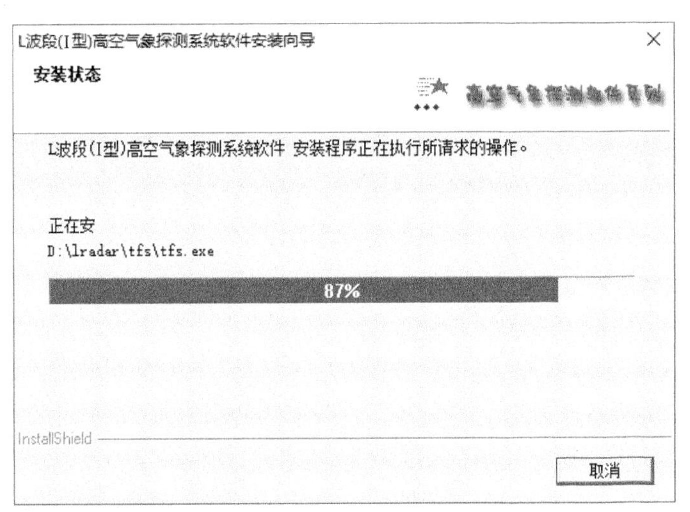

图1.6 软件安装进度

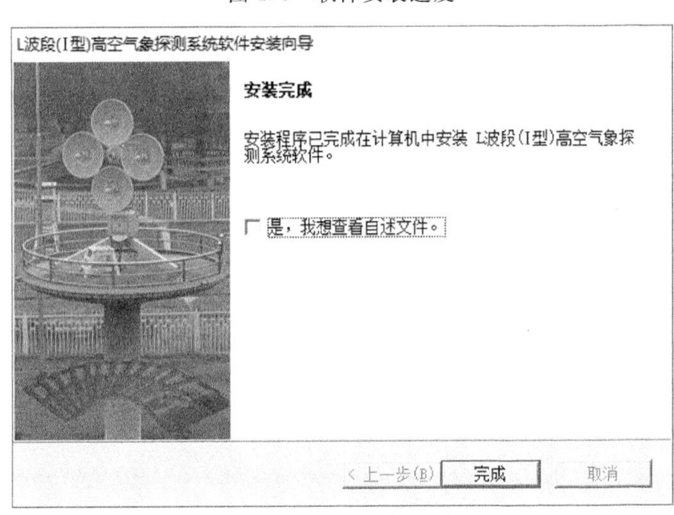

图1.7 软件安装完成

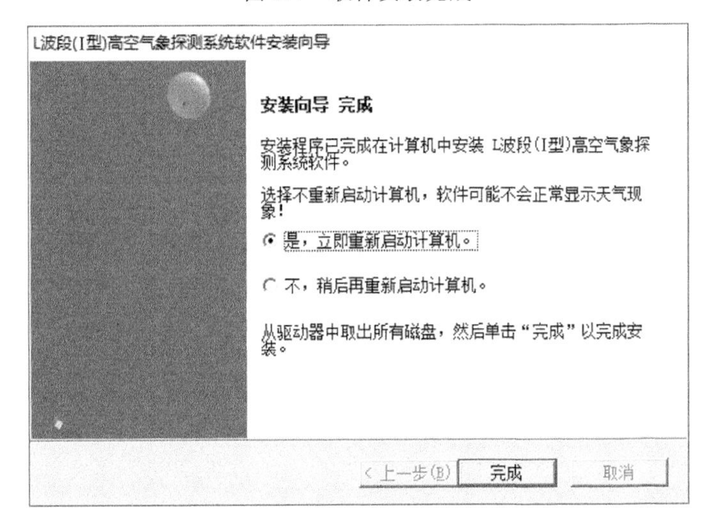

图1.8 重启计算机

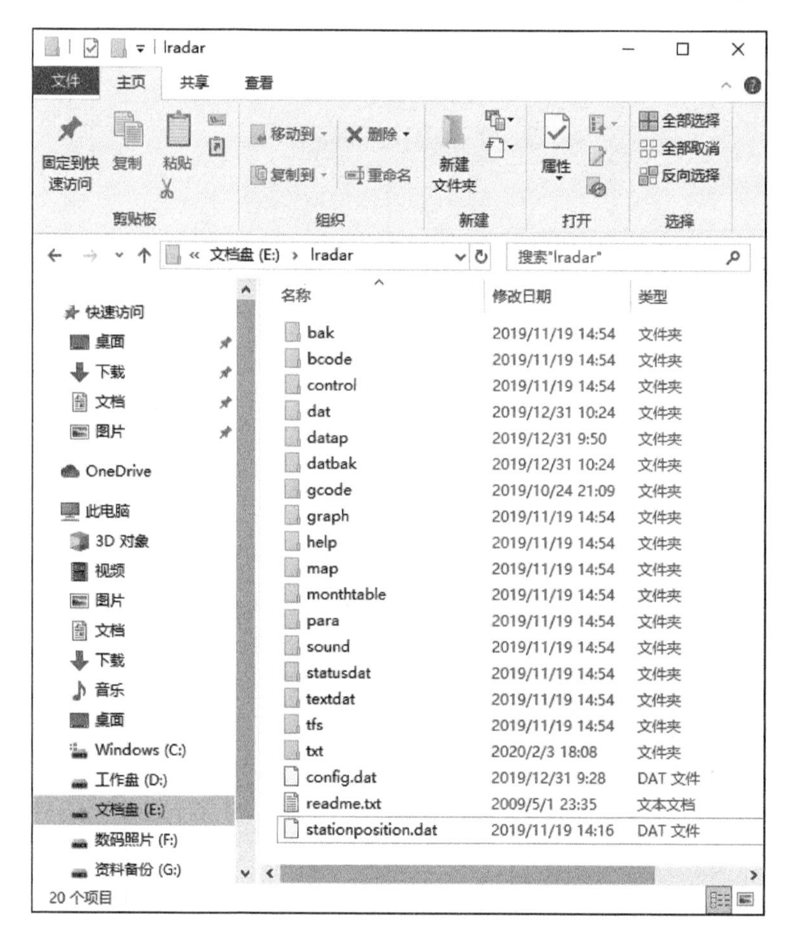

图 1.9　L 波段软件文件夹结构

——bak：当发生重放球时，放球软件检测到 datbak 文件夹内存放有本时次前一个放球数据文件后，会在用户按下放球键的同时将前一个放球数据文件推送至该文件夹内存放；

——bcode：存放特殊风气象产品的文本文件；

——control：存放“放球软件”（radar. exe）及“放球软件”运行时所需的各种库文件等；

——dat：存放每次观测的数据文件（S 文件）；

——datap：存放“数据处理软件”（datap. exe）及“数据处理软件”运行时所需的各种库文件等；

——datbak：存放每次观测原始数据文件（S 文件）；

——gcode：存放报文文件，如 TTAA、TTBB、TTCC、TTDD、PPAA、PPBB、PPCC、PPDD 及各时段的 BUFR 文件；

——graph：以图形形式保存的台站仰角极值统计软件绘制的图形文件；

——help：存放帮助文件和业务操作手册电子文档；

——map：存放气球飞行轨迹背景地图文件；

——monthtable:存放月报表数据文件;

——para:存放待施放探空仪的参数文件,该文件由探空仪生产厂家以光盘的形式提供,使用时须保证待施放的探空仪参数文件已存放在该目录里,放球软件默认在该文件夹读取指定序列号的探空仪参数文件;

——sound:存放雷达工作时所需的各种声音、波形文件;

——statusdat:放球软件和数据处理软件产生的有关本次放球的各类状态信息文件(状态文件、基数据、XML 文件等)存放在此文件夹内;

——textdat:存放雷达试验数据,以及各类报表以文本形式保存的文件;

——tfs:存放“数据格式转换软件”(tfs.exe),该软件可将L波段二进制数据文件转换为文本文件;

——txt:以文本文件形式保存的台站仰角极值统计软件绘制的文本文件。

软件安装完成后,会在计算机的“开始”菜单下建立一个“L波段(Ⅰ型)高空气象观测系统软件”文件夹,在该文件夹中包含“放球软件”“数据处理软件”“净举力计算”“数据格式转换”“L波段文件备份软件”“台站环境参数统计软件”“自动站远程显示软件”“帮助文件”等软件所有可执行的各种软件子菜单项,如图1.10所示,同时也会在Windows桌面增加“L波段(Ⅰ型)放球软件”“L波段(Ⅰ型)数据处理软件”“L波段报文发送软件”“L波段文件备份软件”“自动站远程显示软件”五个快捷方式图标,如图1.11所示。

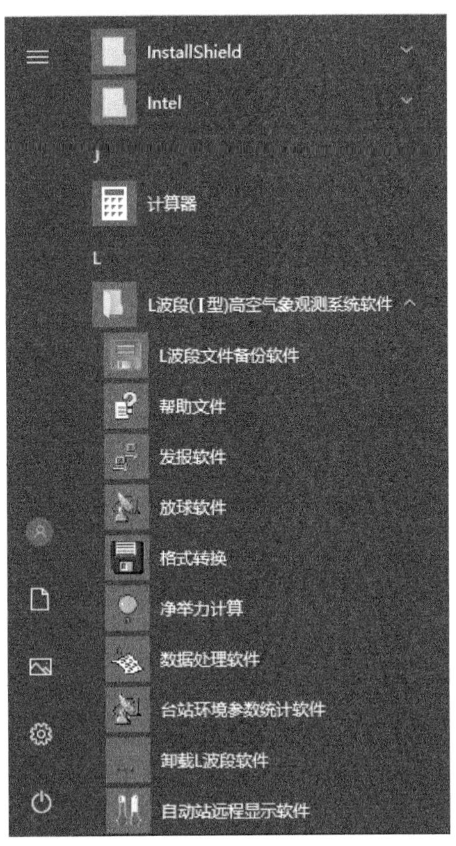

图1.10 软件开始菜单

图 1.11　软件在桌面的图标

1.4　天气现象字库的安装

安装天气现象字库这一步骤不是必须的，只有在全新的计算机上安装完成 L 波段软件后才需要安装天气现象字库，在 lradar\datap 文件夹下，有一个“字库安装程序 . exe”的文件，用鼠标双击即可运行天气现象字库安装软件，安装过程与 L 波段软件的安装一样，安装完成后选择重新启动计算机即可。需要说明的是 V6.0.0.20200101 版以前，天气现象字库和 L 波段软件是同时安装的，从 V6.0.0.20200101 版开始，两者开始分开安装。

1.5　设置计算机显示器的分辨率和颜色数

目前我国高空观测站所配置的计算机和显示器均能满足运行 L 波段（Ⅰ型）高空气象观测系统软件对计算机系统的最低要求，因此软件使用者可以略过以下文字，直接进入 1.6 节。

L 波段（Ⅰ型）高空气象观测系统软件对计算机系统所要求的最低显示分辨率为 1024×768，颜色数最低为 256 色，推荐使用增强色（16 位）以达到最佳的显示效果，如果计算机的显示分辨率低于 1024×768，运行系统软件中的“放球软件”时，将会出现如图 1.12 所示的对话框以提示操作者更改计算机系统分辨率。

如果你的计算机系统未满足 L 波段（Ⅰ型）高空气象观测系统软件所要求的最低要求，请按以下步骤调整。

（1）将鼠标移到桌面空白处，按鼠标右键，在如图 1.13 所示的菜单中选“属性”项。

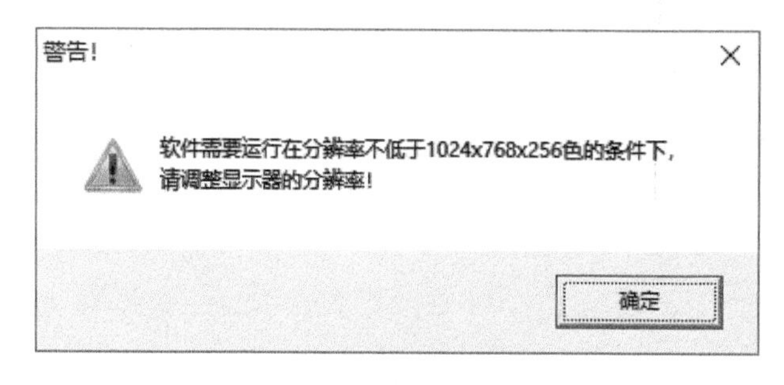

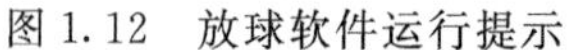

图 1.12　放球软件运行提示

图 1.13　调整计算机显示属性

（2）在如图 1.14 显示属性对话框中，用鼠标选中“设置”，在颜色选项中选“256 色”或“增强色（16 位）”“增强色（16 位）”为 L 波段（Ⅰ型）高空气象观测系统软件推荐使用颜色方案，

“256色”也完全满足软件要求，只是在某些特定的情况下，显示效果不如“增强色(16位)”。在屏幕区域中选中“1024×768像素”，然后单击“确定”按钮即可。

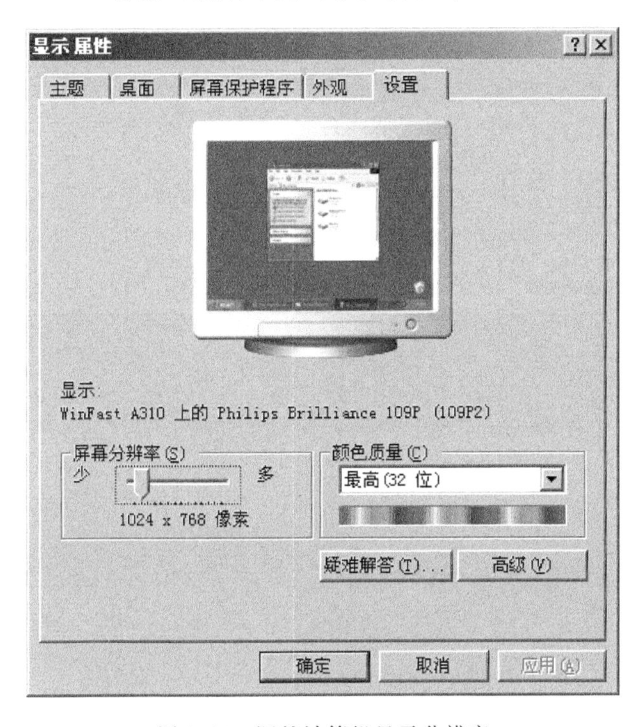

图1.14 调整计算机显示分辨率

(3)如果计算机的操作系统为Windows XP，为保证正常使用L波段软件，请在如图1.15

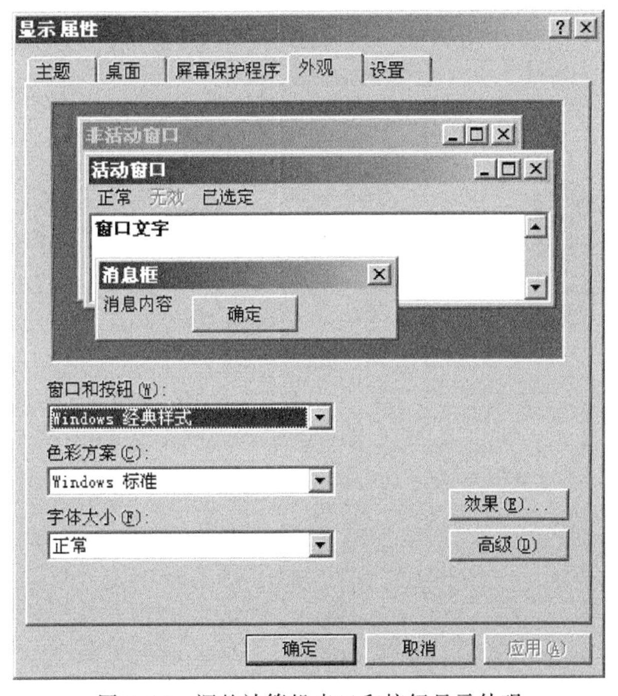

图1.15 调整计算机串口和按钮显示外观

所示的显示属性对话框中,用鼠标选中“外观”页,在窗口和按钮(W)选项中将默认的“Windows XP 样式”改为“Windows 经典样式”。

1.6　卸载

卸载 L 波段(Ⅰ型)高空气象观测系统软件有两种方法:第一种方法是在开始菜单中找到 L 波段软件程序组,选图 1.16 所示的“卸载 L 波段雷达软件”菜单项,待卸载软件弹出如图 1.17 所示的对话框后按“是”按钮即可卸载 L 波段软件,卸载完成后软件会弹出一个如图 1.18 所示的告知对话框。

图 1.16　卸载 L 波段软件

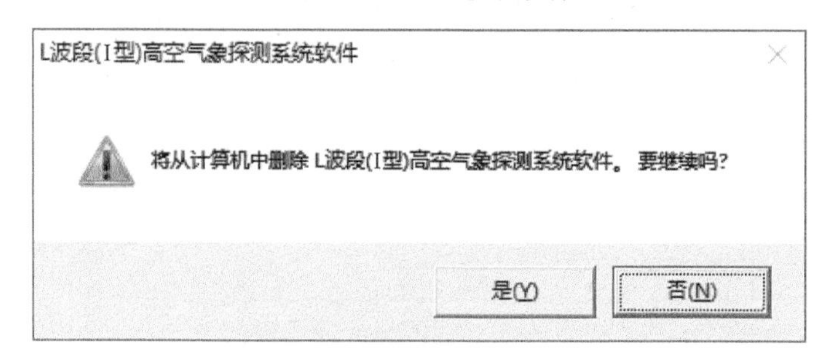

图 1.17　确认卸载 L 波段软件

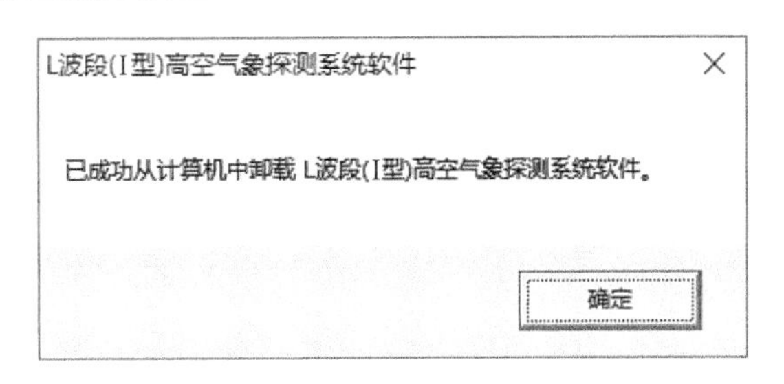

图1.18　完成L波段软件卸载

第二种方法是重新运行安装软件文件包中的setup.exe，在如图1.19所示的安装向导对话框中选“删除(R)”项，就可将软件卸载。如果L波段软件运行过程中产生过新的数据文件、参数、报文等文件(台站参数文件、发报参数文件、S文件等)，那么卸载软件将不会删除这些文件及这些文件所在的文件夹，操作者可根据需要自行手动删除这些文件及文件夹。

虽然卸载软件或使用软件安装程序升级软件时，不会对原有数据文件和台站参数等造成任何破坏，但为了安全起见，在删除或升级前，推荐将数据文件和台站参数文件先行备份。

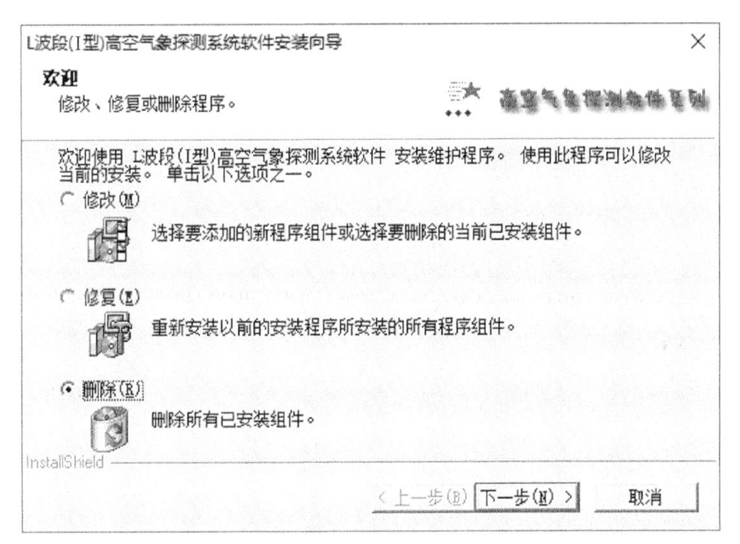

图1.19　卸载L波段软件

需要备份的重要文件清单：

——S文件

dat和datbak两个文件夹内的S文件均需要备份，推荐使用L波段自带的备份软件备份；

——parameter.dat

台站参数文件，包含本站站名、站号、海拔高度、经纬度等重要参数，位于datap文件夹内；

——Telegraphy.dat

编报配置文件，位于datap文件夹内；

——transmit.dat

发报参数文件，包含IP地址、用户名、密码等重要参数，位于datap文件夹内；

——uploadlog.txt

发报日志文件，详细记录了每次发报的过程，位于datap文件夹内。

第2章 软件主要特点

L波段软件是一个基于Windows中文版操作系统的32位应用软件,研发始于1997年,采用C++语言开发,开发环境工具为Borland C++5.02和VC++6.0,1998年12月达到参加动态试验状态,1998年12月—2000年12月,软件参加了为期三年的中国气象局在北京南郊观象台组织的动态考核试验,并根据软件在考核中所暴露的问题以及台站观测员的建议,对软件进行了修改和完善,增加了很多实用的功能和工具软件,第一套L波段软件于2002年1月1日在北京南郊观象台(54511站)正式投入业务使用,目前中国气象局所属全国120个高空气象观测站及中国援建的蒙古国南戈壁省探空站使用该软件执行每天常规高空观测任务,为天气预报、气候分析、科学研究和国际交换提供准确、及时的高空气象观测资料,一些行业用户、科研院所、大专院校也使用该软件开展相关研究、教学工作。经过近20年的发展,现在的L波段软件已是一个包含放球软件、数据处理软件、发报软件、台站环境参数统计软件、气球净举力软件、文件备份软件、格式转换软件等大型组合软件包,集仪器准备、雷达操作控制、数据采集处理、气象产品报表生成、打印上传、质量统计及人员培训等工作为一体,具有性能稳定、资料处理准确、自动化程度高、功能全面和兼容性、实用性、安全性强的高空观测软件。

2.1 设计思想

2.1.1 通用性

研发设计一种通用的高空气象观测系统软件,使得它不仅能连接L波段(Ⅰ型)高空气象观测系统,也能连接兼容其他型号雷达和无线电经纬仪类高空气象观测系统。

2.1.2 安全性

在整个放球工作的2 h内,必须保证软件有极高的运行可靠性和稳定性,同时软件也必须具备自动数据备份机制,确保系统在发生意外时数据不会丢失,并具有在发生意外时在观测中断处延续施放工作的能力。

2.1.3 可扩展性

采用面向对象编程技术开发,提高软件的开发效率和代码重用率,以利于整个系统功能的扩展和平滑升级。

2.1.4 规范性

软件处理方法和输出产品要严格遵循中国气象局气象行业规范《常规高空气象观测业务

规范》。

2.1.5　易用性

软件力求达到操作简便、自动化程度高、用户界面友好美观、参数配置容易、形象直观的效果，以方便各种学历、年龄段的观测员学习使用。

2.1.6　先进性

能兼容综合观测、单独测风、无线电经纬仪的工作方式，自动处理各种复杂天气下的特殊情况，也可容许人工介入各种处理过程；在接收观测数据的同时，可随时处理、显示、输出各类报表、报文、图形等内容，确保高空观测资料的准确性、可比性、代表性。

2.2　主要特点

L 波段软件是我国首个使用数字式电子探空仪类的高空观测软件，与过去老软件相比，提供的气象产品更丰富，除了能提供普通的报文、报表产品外，还能提供特殊应用目的产品、图形产品、秒数据、高空全月观测数据、时间、空间定位数据等产品。这些均是 L 波段软件有别于国内外其他同类软件的重要标志，其中状态文件可用来监测全国新一代高空气象观测系统工作状态。尤其是秒数据产品的提供，使得我国的天气预报和气候研究有机会使用实时高精度、空间定位准确的气象观测数据，对提高气象预报的准确率具有其重要的意义。

——首创了电子探空仪数据处理和辐射订正方法，这些处理方法得到了中国气象局的认可，并被写入到新版的《常规高空气象观测业务规范》中，填补了我国电子探空仪类数据处理软件的空白。

——采用面向对象编程技术，提高了软件的开发效率和代码重用率，降低了软件的出错概率。软件充分利用 Windows 图形界面的优点，达到了界面友好美观、操作使用方便、显示内容丰富、形象直观的效果。

——国内首创集雷达操作、控制、故障检测及数据处理为一体的软件，减少了硬件设备，简化了操作，降低了劳动强度。

——软件兼容综合观测、无线电经纬仪和单独测风三种工作方式，使用灵活、能根据设备和工作性质在三种工作方式之间自由切换。

——软件容错功能强，在雷达和探空仪发生部分故障的情况下软件仍能正常工作输出正确结果。

——开发了丰富的气象产品。除能提供 WMO(世界气象组织)和中国气象局常规气象业务产品外，还提供空间加密观测资料、航空特殊风层资料、任意等间隔高度气象要素值、任意时段边界层气象要素统计值、任意高度上的风玫瑰图、埃玛图、飞行轨迹图、升速曲线、月值班日志、监控文件、基数据文件等产品。

——软件具有较高的可靠性和稳定性，可保证整个放球过程中对雷达的可靠操作及数据录取，可提供各规定层资料的经、纬度和时间定位信息，有利于提高预报的准确度。

——开发了多重数据质量控制手段和数据恢复与备份功能，能对错误数据自动判别剔除、能使用多种数学算法对数据进行滤波、随时可对文件或原始数据进行恢复或部分恢复。

——软件智能化程度高,能自动处理各种复杂天气下的特殊情况,也可容许人工介入各种处理过程;在接收观测数据的同时,可随时处理、显示、输出各类报表、报文、图形等内容,确保了高空观测资料的准确性、可比性、代表性,能够提供详细的雷达监测文件的软件,便于中国气象局监控全国所有 L 波段系统的运行情况。

2.3 应用

L 波段软件除承担常规高空气象观测任务为国际资料交换、气象预报、气候预测等提供高空气象资料外,还参加了北京奥运会、神州载人飞船、灾害天气监测、科学试验研究、北斗/GPS 系统比对试验等活动,在这些重大气象保障任务中发挥了重要作用。

2.4 主要功能

——可显示雷达方位、仰角(图形数据方式);

——可显示雷达接收机频率、增益(图形数据方式);

——可对雷达状态进行全面控制(天线手动/自动、增益手动/自动、频率手动/自动、发射机开关控制),雷达状态用图形和数据方式直观地显示出来;

——显示待施放探空仪序列号;

——监视雷达计算机之间的通信状态;

——故障显示、报警、定位(声音、图形方式);

——具备雷达高度和气压计算高度数据实时显示功能(并具备当两者相差一定数值时的报警功能);

——具备在放球过程中显示温、压、湿曲线及数据能力;

——具备在放球过程中显示球坐标曲线及数据能力;

——具备在放球过程中自动修改和人工修改各种数据的能力;

——具备在放球过程中显示风廓线的能力;

——具备录取每秒球坐标数据的能力;

——具备显示气球飞行轨迹的能力;

——具备显示升速数据的能力;

——放球过程中自动定时(自定义时长间隔)备份数据;

——保存未经处理的所有原始数据;

——具备浏览任意时次所观测的温、压、湿和球坐标数据的能力;

——具备删除、修改、平滑、恢复数据的能力;

——具备在观测过程中对下沉记录处理的能力;

——具备补放测风球的能力;

——具备施放过程中系统“死机”再重新启动后继续接收信号的能力;

——具备放球时间订正功能;

——显示处理前、后探空曲线对比图;

——显示处理前、后球坐标曲线对比图;

——计算规定等压面气象要素值；
——计算任意气压层气象要素值；
——计算任意时刻、任意气压、任意高度上的气象要素值；
——选择对流层顶；
——选择零度层；
——选择特性层；
——计算量得风层；
——选择最大风层；
——计算规定高度上(距雷达、距海平面)的风；
——制作 BUFR、TTAA、TTBB、TTCC、TTDD、PPAA、PPBB、PPCC、PPDD 报文；
——显示风随高度的变化曲线；
——制作探空、测风月报表(高表-13、高表-14、高表-16、高表-21、高表 1、高表 2)；
——显示埃玛图；
——制作上报月资料软盘；
——具备通过局域网和互联网传输数据的能力；
——兼容无斜距测风(气压高度测风)和雷达单独测风工作方式；
——打印所有必须的气象产品；
——可从原始数据中提取各种资料并以文本格式保存；
——计算气球的空间、时间定位数据并编制报文；
——在线帮助。

第3章　计算公式

3.1　本站气压

用单管水银气压表计算本站气压的公式：

$$p_h = (p + C) \times \frac{g_{\varphi,h}}{g_n} \times \frac{1+\lambda \times t}{1+\mu \times t} \tag{3.1}$$

式中：

p_h——本站气压，单位为百帕（hPa）；

p——水银气压表读数，单位为百帕（hPa）；

C——水银气压表器差修正值，单位为百帕（hPa）；

$g_{\varphi,h}$——测站重力加速度，单位为米/秒^2（m/s^2）；

g_n——标准重力加速度，单位为米/秒^2（m/s^2），其值为9.80665 m/s^2；

μ——水银膨胀系数，单位为米^3/℃，其值为0.0001818 m^3/℃；

λ——为铜标尺膨胀系数，单位为米^3/℃，其值为0.0000184 m^3/℃；

t——经器差修正后的水银气压表附属温度表读数，单位为摄氏度（℃）。

而式（3.1）中的测站重力加速度：

$$g_{\varphi,h} = g_{\varphi,0} - 0.000003086h + 0.000001118(h - h') \tag{3.2}$$

$g_{\varphi,0}$——纬度φ处的平均海平面重力加速度，单位为米/秒^2（m/s^2）；

h——测站海拔高度，单位米（m）；

h'——以站点为圆心半径为150 km范围内的平均海拔高度，单位米（m），在150 km范围内地形较平坦的台站，设$h'=h$。否则$g_{\varphi,h}$应该采用实测值。

而式（3.2）中的测站纬度φ处的平均海平面重力加速度：

$$g_{\varphi,0} = 9.80620 \times [1 - 0.0026442 \times \cos 2\varphi + 0.0000058 \times (\cos 2\varphi)^2] \tag{3.3}$$

式中：

φ——测站纬度，单位为度（°）。

3.2　水汽压及相对湿度计算公式

饱和水汽压的计算采用世界气象组织推荐的Goff-Gratch公式。

3.2.1　水汽压计算公式

水汽压（E）即温度等于露点温度时的饱和水汽压，计算公式见式（3.4）：

$$E=\begin{cases}E_{\omega} & t_d \geqslant -10\ ℃ \\ E_i & t_d \leqslant -40\ ℃ \\ [(40.0+t_d)\times E_{\omega}-(10.0+t_d)\times E_i]/30 & -40\ ℃ < t_d < -10\ ℃\end{cases} \tag{3.4}$$

式中：

E——水汽压，单位为百帕(hPa)；

E_{ω}——纯水平水面饱和水汽压，单位为百帕(hPa)；

E_i——纯水平冰面饱和水汽压，单位为百帕(hPa)；

t_d——露点温度，单位为摄氏度(℃)。

3.2.2　纯水平水面饱和水汽压的计算公式

$$\lg E_{\omega}=10.79574\times(1-T_0/T)-5.028\times\lg(T/T_0)+1.50475\times10^{-4}\times[1-10^{-8.2969\times(T/T_0-1)}]+0.42873\times10^{-3}\times[10^{4.76955\times(1-T_0/T)}-1]+0.786 \tag{3.5}$$

式中：

T_0——水的三相点温度，取 273.16，单位为开尔文(K)；

T——绝对温度，单位为开尔文(K)。

3.2.3　纯水平冰面饱和水汽压

$$\lg E_i=-9.09685\times(T_0/T-1)-3.56654\times\lg(T_0/T)+0.87682\times[1-T/T_0]+0.78614 \tag{3.6}$$

3.2.4　使用通风干湿表计算空气中水汽压的公式

适合通风速度为 2.5 m/s 的干湿表。

$$E=E_{\omega}-A\times p\times(t-t_w) \tag{3.7}$$

式中：

E——空气中的水汽压，单位为百帕(hPa)；

E_{ω}——湿球温度所对应的饱和水汽压，单位为百帕(hPa)，当湿球结冰时使用冰面饱和水汽压公式[即式(3.6)]计算，当湿球未结冰时使用水面饱和水汽压公式[即式(3.5)]计算(单位：百帕)；

A——通风干湿表系数(单位为$℃^{-1}$)，湿球未结冰时 $A=0.000662$，湿球结冰时 $A=0.000584$；

p——测站气压，单位为百帕(hPa)；

t——干球温度，单位为摄氏度(℃)；

t_w——湿球温度，单位为摄氏度(℃)。

3.2.5　空气相对湿度计算公式

$$U=(E/E_{\omega})\times100 \tag{3.8}$$

式中：

U——相对湿度，以百分率(%)表示。

3.3 露点温度及温度露点差计算公式

3.3.1 露点温度

$$T_{\mathrm{d}}=\frac{243.12(7.65t/(243.12+t)+\lg U-2)}{7.65-(7.65t/(243.12+t)+\lg U-2)} \tag{3.9}$$

式中：

T_{d}——露点温度，单位为摄氏度(℃)；

t——气温，单位为摄氏度(℃)；

U——相对湿度，以百分率(%)表示。

3.3.2 温度露点差

$$\Delta t=t-T_{\mathrm{d}} \tag{3.10}$$

式中：

Δt——温度露点差，单位为摄氏度(℃)；

t——气温，单位为摄氏度(℃)；

T_{d}——露点温度，单位为摄氏度(℃)。

3.4 厚度及海拔高度计算公式

3.4.1 相邻两气压层间的厚度

由大气静力学公式推导而来的相邻两气压层间的厚度计算公式：

$$\Delta H=\frac{R_d}{G}\overline{T}_v(\ln p_1-\ln p_2) \tag{3.11}$$

式中：

ΔH——厚度，单位为米(m)；

R_d——干空气比气体常数，取值 287.05 J/(kg·K)；

G——标准重力加速度，单位为米每二次方秒(m/s²)，取值 9.80665 m/s²；

$$\frac{R_d}{G}=29.27096$$

$\overline{T}_v$——层间平均虚温，单位为开(K)；

p_1——下层气压，单位为百帕(hPa)；

p_2——上层气压，单位为百帕(hPa)。

$$\overline{T}_v=\overline{T}\left(1+0.00378\,\frac{\overline{U}\cdot\overline{E}}{\overline{p}}\right) \tag{3.12}$$

式中：

$\overline{T}$——层间平均绝对温度，单位为开(K)；

$\overline{U}$——平均相对湿度，单位为百分比(%)；

$\overline{E}$——对水面的平均饱和水汽压，单位为百帕(hPa)；

$\overline{p}$——平均气压，单位为百帕(hPa)。

层间平均绝对温度 $\overline{T}$(K)与层间平均摄氏温度 $\overline{t}$(℃)的关系：

$$\overline{T}=273.15+\overline{t} \tag{3.13}$$

对水面平均饱和水汽压 $\overline{E}$ 用新系数的马格努斯公式计算：

$$\overline{E}=6.112\exp\left(17.62\times\frac{\overline{t}}{243.12+\overline{t}}\right) \tag{3.14}$$

式中：

$\overline{t}$——两气压层间平均温度，单位为摄氏度(℃)。

平均气压 $\overline{p}$ 的计算：由于大气压随高度按指数递减，有关大气压的平均、内插等计算都按其对数值进行，如：

$$\overline{p}=\exp[(\ln p_1+\ln p_2)/2] \tag{3.15}$$

式中：

$\overline{p}$——平均气压，单位为百帕(hPa)；

p_1——下高度气压，单位为百帕(hPa)；

p_2——上高度气压，单位为百帕(hPa)。

3.4.2　各气压层的海拔位势高度

各气压层的海拔位势高度使用式(3.11)从下而上累加而得。

3.5　量得风层的计算

3.5.1　气球水平投影距离计算公式(雷达测风方式)

$$L_i=R_i\times\cos\delta_i \tag{3.16}$$

$$L_{i+1}=R_{i+1}\times\cos\delta_{i+1} \tag{3.17}$$

式中：

L_i——第 i 分钟气球水平投影距离，单位为米(m)；

R_i——第 i 分钟雷达测得的斜距，单位为米(m)；

δ_i——第 i 分钟雷达测得的仰角，单位为度(°)；

L_{i+1}——第 $i+1$ 分钟气球水平投影距离，单位为米(m)；

R_{i+1}——第 $i+1$ 分钟雷达测得的斜距，单位为米(m)；

δ_{i+1}——第 $i+1$ 分钟雷达测得的仰角，单位为度(°)。

3.5.2　气球水平投影距离计算公式(无线电经纬仪、小球测风方式)

$$L_i=H_i\times\cot\delta_i \tag{3.18}$$

$$L_{i+1}=H_{i+1}\times\cot\delta_{i+1} \tag{3.19}$$

式中：

L_i——第 i 分钟气球水平投影距离，单位为米(m)；

H_i——第 i 分钟经纬仪测得高度,单位为米(m);
δ_i——第 i 分钟经纬仪测得的仰角,单位为度(°);
L_{i+1}——第 $i+1$ 分钟气球水平投影距离,单位为米(m);
H_{i+1}——第 $i+1$ 分钟经纬仪测得高度,单位为米(m);
δ_{i+1}——第 $i+1$ 分钟经纬仪测得的仰角,单位为度(°)。

3.5.3 气球水平投影距离正北分量计算公式

$$x_i = L_i \times \cos \alpha_i \tag{3.20}$$

$$x_{i+1} = L_{i+1} \times \cos \alpha_{i+1} \tag{3.21}$$

式中:

x_i——第 i 分钟气球水平投影距离的正北分量,单位为米(m);
L_i——第 i 分钟气球水平投影距离,单位为米(m);
α_i——第 i 分钟雷达或经纬仪测得的方位,单位为度(°);
x_{i+1}——第 $i+1$ 分钟气球水平投影距离的正北分量,单位为米(m);
L_{i+1}——第 $i+1$ 分钟气球水平投影距离,单位为米(m);
α_{i+1}——第 $i+1$ 分钟雷达或经纬仪测得的方位,单位为度(°)。

3.5.4 气球水平投影距离正东分量计算公式

$$y_i = L_i \times \sin \alpha_i \tag{3.22}$$

$$y_{i+1} = L_{i+1} \times \sin \alpha_{i+1} \tag{3.23}$$

式中:

y_i——第 i 分钟气球水平投影距离的正东分量,单位为米(m);
L_i——第 i 分钟气球水平投影距离,单位为米(m);
α_i——第 i 分钟雷达或经纬仪测得的方位,单位为度(°);
y_{i+1}——第 $i+1$ 分钟气球水平投影距离的正东分量,单位为米(m);
L_{i+1}——第 $i+1$ 分钟气球水平投影距离,单位为米(m);
α_{i+1}——第 $i+1$ 分钟雷达或经纬仪测得的方位,单位为度(°)。

3.5.5 气球水平投影距离正北、正东分量差计算公式

$$\Delta x = x_{i+1} - x_i \tag{3.24}$$

$$\Delta y = y_{i+1} - y_i \tag{3.25}$$

式中:

Δx——第 i、$i+1$ 分钟间气球水平投影距离的正北分量差,单位为米(m);
x_i——第 i 分钟气球水平投影距离的正北分量,单位为米(m);
x_{i+1}——第 $i+1$ 分钟气球水平投影距离的正北分量,单位为米(m);
Δy——第 i、$i+1$ 分钟气球水平投影距离的正东分量差,单位为米(m);
y_i——第 i 分钟气球水平投影距离的正东分量,单位为米(m);
y_{i+1}——第 $i+1$ 分钟气球水平投影距离的正东分量,单位为米(m)。

3.5.6　风向、风速计算公式

$$\Delta t=(t_{i+1}-t_i)\times 60 \tag{3.26}$$

$$V=\frac{\sqrt{\Delta x^2+\Delta y^2}}{\Delta t} \tag{3.27}$$

$$\theta=\tan^{-1}(\Delta y/\Delta x) \tag{3.28}$$

式中：

Δt——第 i、$i+1$ 分钟之间时间差，单位为秒(s)；

t_i——第 i 分钟雷达或经纬仪测量时间，单位为分钟(min)；

t_{i+1}——第 $i+1$ 分钟雷达或经纬仪测量时间，单位为分钟(min)；

V——空中风风速，单位为米/秒(m/s)；

Δx——第 i、$i+1$ 分钟间气球水平投影距离的正北分量差，单位为米(m)；

Δy——第 i、$i+1$ 分钟气球水平投影距离的正东分量差，单位为米(m)；

θ——空中风风向中间过渡量，单位为度(°)。

风向中间过渡量 θ 通过下列判断变换后得到最终的空中风风向 D：

$\Delta x>0$ 时：

$$D=180°+\theta \tag{3.29}$$

$\Delta x<0$ 时：

$\Delta y\geqslant 0$
$$D=360°+\theta \tag{3.30}$$

$\Delta y<0$
$$D=\theta \tag{3.31}$$

$\Delta x=0$ 时：

$\Delta y=0$
$$D=\text{静风(C)} \tag{3.32}$$

$\Delta y>0$
$$D=270° \tag{3.33}$$

$\Delta y<0$
$$D=90° \tag{3.34}$$

式中：

D——空中风风向，单位为度(°)。

3.6　内插计算公式

3.6.1　规定风层内插计算公式

规定等压面层、规定高度层、对流层顶、零度层、温湿特性层等高度层的风从与其相邻的上、下两量得风层中线性内插求取：

$$V=V_{下}+(V_{上}-V_{下})\times\frac{T-T_{下}}{T_{上}-T_{下}} \tag{3.35}$$

$$D=D_{下}+(D_{上}-D_{下})\times\frac{T-T_{下}}{T_{上}-T_{下}} \tag{3.36}$$

式中：

V——规定风层(需内插层)的风速，单位为米/秒(m/s)；

$V_{下}$——下层量得风层的风速，单位为米/秒(m/s)；

$V_上$——上层量得风层的风速，单位为米/秒(m/s)；

T——规定风层（需内插层）的时间，单位为分钟(min)；

$T_下$——下层量得风层的时间，单位为分钟(min)；

$T_上$——上层量得风层的时间，单位为分钟(min)；

D——规定风层（需内插层）的风向，单位为度(°)；

$D_下$——下层量得风层的风向，单位为度(°)；

$D_上$——上层量得风层的风向，单位为度(°)。

3.6.2　气压内插公式

由于大气压随高度升高按指数递减，因此大气压内插计算按其对数值进行，其内插公式为：

$$p=\exp[\ln p_下+(\ln p_上-\ln p_下)\frac{T-T_下}{T_上-T_下}] \tag{3.37}$$

式中：

p——需内插层的气压，单位为百帕(hPa)；

$p_下$——下层气压，单位为百帕(hPa)；

$p_上$——上层气压，单位为百帕(hPa)；

T——需内插层的时间，单位为秒(s)；

$T_下$——下层时间，单位为秒(s)；

$T_上$——上层时间，单位为秒(s)。

3.6.3　温度、湿度等其他要素的内插公式

温度、气压、湿度、高度、空间定位等气象要素值的线性内插计算参见式(3.35)。

3.7　规定等压面间的平均升速

$$V=\frac{H_i-H_{i-1}}{(t_i-t_{i-1})/60} \tag{3.38}$$

V——升速，单位为米/分(m/min)；

H_i——上层等压面位势高度，单位为米(m)；

H_{i-1}——下层等压面位势高度，单位为米(m)；

t_i——上层等压面时间，单位为秒(s)；

t_{i-1}——下层等压面时间，单位为秒(s)。

3.8　平均升速

$$V=\frac{H-H_0}{T/60} \tag{3.39}$$

式中：

V——气球平均升速，单位为米/分(m/min)；

H——探空终止高度,单位为米(m);

H_0——测站海拔高度,单位为米(m);

T——终止时间,单位为秒(s)。

3.9　矢量风计算公式

$$V_E = V \times \sin D \tag{3.40}$$

$$V_N = V \times \cos D \tag{3.41}$$

式中:

V_E——偏东风矢量,单位为米/秒(m/s);

V——风速,单位为米/秒(m/s);

D——风向,单位为度(°);

V_N——偏北风矢量,单位为米/秒(m/s)。

3.10　雷达测量位势高度计算公式

用雷达测定的斜距和仰角计算位势高度,需要进行大气折射修正。

3.10.1　大气折射引起的仰角测量误差修正

大气折射引起的测角误差由 τ、δ 两部分角度误差组成:

$$\tau = \frac{n_0 - n}{\tan E_0} \tag{3.42}$$

$$\delta = \tan^{-1}\left(\frac{n_0/n - \cos\tau - \sin\tau\tan E_0}{\sin\tau - \cos\tau\tan E_0 + (n_0/n)\tan E}\right) \tag{3.43}$$

式中:

τ——测角误差,单位为弧度(rad);

n_0——地面折射指数;

n——目标所在高度的折射指数;

δ——测角误差,单位为弧度(rad);

E_0——地面实测目标仰角,单位为度(°);

E——目标射线在目标高度的仰角,单位为度(°)。

$$n = 1 + N \times 10^{-6} \tag{3.44}$$

$$N = \frac{77.6}{T}\left(p + 4810\,\frac{e}{T}\right) \tag{3.45}$$

式中:

N——目标所在高度的折射率;

p——目标所在位置大气的气压,单位为百帕(hPa);

e——目标所在位置大气的水汽压,单位为百帕(hPa);

T——目标所在位置大气的温度,单位为开(K)。

根据折射余弦定理:

$$E=\cos^{-1}\left(\frac{n_0}{n}\cdot\frac{R+Z_0}{R+Z_0+Z_{测}}\cos E_0\right) \tag{3.46}$$

式中：

R——地球平均半径，单位为米(m)，$R=6371000$ m；

Z_0——测站的海拔几何高度，单位为米(m)；

$Z_{测}$——气球离测站的几何高度，单位为米(m)。

准确仰角值 E' 为

$$E'=E_0-(\tau-\delta) \tag{3.47}$$

实际计算表明，由于目标仰角高于 6°，大气折射误差 $\tau-\delta$ 一般小于 0.2°。

3.10.2　测距误差修正

由于电磁波在大气中的实际传播速度小于光速，由此引起的测距误差：

$$\Delta r\cong(\bar{n}-1)\cdot r\cong\left(\frac{n_0+n}{2}-1\right)\cdot r \tag{3.48}$$

式中：

Δr——测距误差，单位为米(m)；

n_0——地面折射指数；

n——目标所在高度的折射指数；

r——雷达测得的斜距读数，单位为米(m)。

3.10.3　球坐标中的几何高度计算公式

$$Z_{拔}=Z_0+(R+Z_0)\cdot\left(\sqrt{1+\frac{r^2}{(R+Z_0)^2}+\frac{2r}{(R+Z_0)}\sin E}-1\right) \tag{3.49}$$

式中：

$Z_{拔}$——目标海拔几何高度，单位为米(m)；

Z_0——测站海拔几何高度，单位为米(m)；

R——地球平均半径，单位为米(m)，$R=6371000$ m；

r——目标物斜距，单位为米(m)；

E——目标物仰角，单位为度(°)。

3.10.4　几何高度-位势高度转换

$$H=\frac{g_{\varphi,0}}{G}\cdot\frac{RZ_{拔}}{(R+Z_{拔})} \tag{3.50}$$

式中：

H——目标物的位势高度，单位为米(m)；

$g_{\varphi,0}$——纬度为 φ 海平面处的重力加速度，单位为米/秒^2(m/s^2)，计算方法见公式(3.1)；

R——地球平均半径，单位为米(m)，$R=6371000$ m；

$Z_{拔}$——目标物在球坐标中的海拔几何高度，单位为米(m)；

G——标准重力加速度，单位为米/秒^2(m/s^2)，$G=9.80665$ m/s^2。

3.11 用雷达测高计算气压

用雷达测得的位势高度[见式(3.45)]计算气压时,可由式(3.10)变换而得:

$$p_2=\exp\left(\ln p_1-\frac{H_2-H_1}{H^*\overline{T_V}}\right) \tag{3.51}$$

其中:

p_2——上层气压,单位为百帕(hPa);

p_1——下层气压,单位为百帕(hPa);

H_2——上层位势高度,单位为米(m);

H_1——下层位势高度,单位为米(m);

H^*——常数,$H^*=29.27096$;

$\overline{T_V}$——层间平均虚温,单位为开(K),计算见式(3.11)。

3.12 相对经纬度的计算公式

3.12.1 相对纬度偏移

$$\Delta\varphi=\frac{L\cos\beta}{2\pi(R+Z)/360} \tag{3.52}$$

式中:

$\Delta\varphi$——相对纬度偏移,单位为度(°);

L——目标物在测站高度离测站的水平距离,单位为米(m);

β——目标物方位角,单位为度(°);

R——地球平均半径,单位为米(m),取值同前;

Z——目标物海拔几何高度,单位为米(m)。

3.12.2 相对经度偏移

$$\Delta\delta=\frac{L\sin\beta}{2\pi(R+Z)\cos\varphi/360} \tag{3.53}$$

式中:

$\Delta\delta$——相对经度偏移,单位为度(°);

L——目标物在测站高度离测站的水平距离,单位为米(m);

β——目标物方位角,单位为度(°);

R——地球平均半径,单位为米(m),取值同前;

Z——目标物海拔高度,单位为米(m);

φ——测站纬度,单位为度(°)。

3.13 相对时间的计算公式

$$T=k\times10000+\mathrm{abs}(t-GG) \tag{3.54}$$

式中：

T——相对时间（时间定位数据），单位为秒（s）；

t——各层资料的实际观测时间，单位为秒（s）；

GG——观测开始时间，以最接近的时次取整；

k——相对时间符号，如果 $t-GG\geqslant0$，$k=0$；如果 $t-GG<0$，$k=1$。

3.14 热敏电阻温度元件的误差订正

探空仪热敏电阻的温度元件存在着长波辐射误差、太阳辐射误差及滞后误差，对这些误差需要进行订正。热敏电阻温度元件不同其误差大小不同，为此其误差订正方法应由厂家提供，经中国气象局审定后使用。现以中国气象科学研究院开发的直径为 1 mm 的白色杆状热敏电阻为例加以说明。

3.14.1 长波辐射误差

温度元件的长波辐射误差（PDTL）：

$$\mathrm{PDTL}=0.287\times10^{-8}\times(F-T^4)/Nu \tag{3.55}$$

式中：

PDTL——长波辐射；

F——温度元件接收到的长波辐射；

T——温度元件绝对温度，单位为开（K）；

$$Nu=1.14+0.01433\sqrt{PW} \tag{3.56}$$

式中：

Nu——努塞特数，无量纲数；

$$PW=10200(p_{i-1}-p_i) \tag{3.57}$$

式中：

PW——通风量；

i——施放后的分钟数，单位为分钟（min）；

p_{i-1}——第 $i-1$ 分钟对应的气压，单位为百帕（hPa）；

p_i——第 i 分钟对应的气压，单位为百帕（hPa）。

3.14.2 太阳辐射误差

3.14.2.1 太阳高度角计算公式

$$s_a=\sin^{-1}(\sin\varphi\times\sin\delta+\cos\varphi\times\cos\delta\times\cos\omega) \tag{3.58}$$

式中：

s_a——太阳高度角，单位为度(°)；

φ——测站纬度，单位为度(°)；

δ——太阳赤纬角，单位为度(°)；

ω——太阳时角，单位为度(°)。

$$\delta=0.3723+23.2567\times\sin(wt)+0.1149\times\sin(2wt)-0.1712\times\sin(3wt)-0.7580\times\cos(wt)+0.3656\times\cos(2wt)+0.0201\times\cos(3wt) \tag{3.59}$$

式中：

w——常数，无量纲，$w=360/365.2422$。

$$t=n-1-n_0$$

式中：

n——积日，日期在年内的顺序号，例如：1 月 1 日其积日为 1，平年 12 月 31 日的积日为 365，闰年则为 366，等等。

$$n_0=78.801+(0.2422\times(Y-1969))-\mathrm{int}(0.25\times(Y-1969)) \tag{3.60}$$

式中：

Y——日期年。

$$\omega=15\times(h+m/60+s/3600+\mathrm{eot})+\sigma-300$$

式中：

h——施放北京时小时，单位为小时(h)；

m——施放北京时分钟，单位为分钟(min)；

s——施放北京时秒，单位为秒(s)；

σ——测站经度，单位为度(°)；

eot——时差。

$$\mathrm{eot}=\sum_{k=0}^{5}\left[A_k\cos\left(\frac{2\pi kN}{365.25}\right)+B_k\sin\left(\frac{2\pi kN}{365.25}\right)\right] \tag{3.61}$$

式中：

N——每一个闰年开始为 1～4 a 循环的最后一天；

A_k、B_k——系数，取值参见表 3.1。

表 3.1　A_k、B_k 系数值

k	A_k	B_k
0	2.0870×10^{-4}	0
1	9.2869×10^{-3}	-1.2229×10^{-1}
2	-5.2258×10^{-2}	-1.5698×10^{-1}
3	-1.3077×10^{-3}	-5.1602×10^{-3}
4	-2.1867×10^{-3}	-2.9823×10^{-3}
5	-1.5100×10^{-4}	-2.3463×10^{-4}

3.14.2.2　太阳辐射误差计算公式

太阳辐射误差(PDT)为：

$$\mathrm{PDT}=(0.85+\mathrm{REF}\cdot\sin h)\cdot\frac{A}{Nu} \tag{3.62}$$

式中：

H——日高角，单位为度(°)；

REF——地气系统(特别是云顶)的反射率：

$$\mathrm{REF}=2.43\times\left[0.286+0.6Nc\left(1-\frac{1}{CH+1}\right)+0.2\right] \tag{3.63}$$

式中：

CH——云层厚度，单位为千米(km)；

N_c——云量，满天有云时 N_c为1。

A——太阳辐射强度随气压和日高角变化的削减因子：

$$A=\frac{1}{1+(0.11/(0.038+\sin h))(p_i/p_0)} \tag{3.64}$$

式中：

p_0——地面气压，单位为百帕(hPa)；

p_i——施放I分钟后的气压，单位为百帕(hPa)；

H——为日高角，单位为度(°)；

Nu——努塞特数，计算方法同式(3.51)。

如探空仪在云层以下，则式(3.60)应再除一云层削减因子，即：

$$\mathrm{PDT}=\mathrm{PDT}\div\left(1+1.11\times\frac{DH}{0.1+\sin h}\right) \tag{3.65}$$

式中：

DH——上面各层云的总厚度，单位为千米(km)。

3.14.3 热敏电阻温度元件的滞后误差

热敏电阻的滞后系数λ(s)经理论计算和实验测试验证为：

$$\lambda=\frac{4.824}{KNu} \tag{3.66}$$

式中：

Nu——努塞特数，计算方法同式(3.56)；

K——空气的导热系数，可用以下公式近似计算：

$$K=\begin{cases}0.2+(10000-H)/213000 & H<10000\ \mathrm{m}\\ 0.2 & H\geqslant 10000\ \mathrm{m}\end{cases} \tag{3.67}$$

式中：

H——探空仪高度，单位为米(m)。

滞后误差 DT_λ 为：

$$DT_\lambda=-\lambda\frac{DT}{D\tau} \tag{3.68}$$

式中，$\frac{DT}{D\tau}$为探空仪测得的大气温度变化率。

3.15　基测检定箱和气压基测值测量设备不在同一海拔高度的气压订正公式

探空仪施放前基测时，如果气压基测值使用非基测检定箱测定，基测检定箱与气压测量设备如果不在同一海拔高度上，应将探空仪测得的气压仪器值按式(3.68)订正到气压测量设备所在海拔高度上后再进行气压基值测定比较。

$$p=p_0+(H_c-H_p)\times\Delta p \tag{3.69}$$

式中：

p_0——探空仪测得的气压仪器值，单位为百帕(hPa)；

H_c——基测检定箱海拔高度，单位为米(m)；

H_p——气压基测值测量设备海拔高度，单位为米(m)；

Δp——单位高度气压订正值，单位为百帕/米(hPa/m)，订正值根据气压仪器值从表 3.2 查取。

表 3.2　单位高度气压订正值

气压仪器值(hPa)	单位高度气压订正值(hPa/m)
$p_0\geqslant1010$	0.13
$910\leqslant p_0<1010$	0.12
$800\leqslant p_0<910$	0.11
$690\leqslant p_0<800$	0.09
$590\leqslant p_0<690$	0.08
$480\leqslant p_0<590$	0.07

第 4 章　主要处理方法

4.1　数据类型、单位、显示分辨力

软件处理过程中使用的项目类型、单位、显示分辨力如表 4.1 所示。

表 4.1　项目类型、单位、显示分辨率

项目名称	单位	数据类型	显示分辨力
时间	s min	浮点 浮点	1 0.1
温度	℃	浮点	0.1
气压	hPa	浮点	0.1
相对湿度	%	浮点	1
仰角	°	浮点	0.01
方位	°	浮点	0.01
距离	m	浮点	1
高度	m	浮点	1
露点	℃	浮点	0.1
温度露点差	℃	浮点	0.1
风向	°	浮点	1
风速	m/s	浮点	0.1
经度差	°	浮点	0.001
纬度差	°	浮点	0.001
探空仪参数		双精度浮点	

由于数字式探空仪数据观测精度和采样率的提高，以及数据在计算机内基本上是按浮点(小数点后 6 位)来运算的，而大部分数据的显示只要求精确到整数位或小数点后一位，因此在本软件中出现下列情况，均属于正常：

——某一特性层的气压与规定等压面的某层气压相等，但该特性层上的温度、湿度等要素值与规定等压面对应层上的要素值有一项或多项有微小出入；

——特性层上出现温度等于 0 ℃，但该特性层上的气压与零度层上的气压可能不相同；

——某一对流层顶的气压与规定等压面的某层气压相等，但该对流层顶的温度、湿度等要素值与该规定等压面上的要素值有一项或多项有微小出入。

4.2　温度传感器元件误差订正方法

探空仪温度传感器感应的大气温度值存在需要订正的长波辐射误差、太阳辐射误差和滞后误差，误差订正方法和公式由探空仪研制厂家自行提供，但应经过行业主管部门审定后使用。

4.3　基测检定箱和气压基测值测量设备不在同一海拔高度的气压订正方法

探空仪施放前基测时，如果气压基测值使用非基测检定箱测定，基测检定箱与气压测量设备如果不在同一海拔高度上，应将探空仪测得的气压仪器值用公式（见式（3.69））订正到气压测量设备所在的海拔高度上后再进行气压基值测定比较。

4.4　各层空间定位（相对经度、相对纬度）数据计算

空间定位数据即各层相对测站的相对经度差、相对纬度差。从观测系统测得的每分钟仰角、方位角、斜距（高度）数据使用计算公式[式（3.52）—（3.53）]分别计算得到每分钟的空间定位数据，高空观测资料中规定等压面、温湿特性层、风特性层、零度层、对流层顶、规定高度层风、最大风层等空间定位数据均从该分钟空间定位数据通过时间线性内插方式得到。

4.5　空间定位数据特殊情况下处理方法

4.5.1　探空终止时间大于测风终止时间计算方法

计算探空观测资料空间定位数据的时间大于或等于测风终止时间 1 min 时，探空观测资料空间定位数据作失测处理；大于测风终止时间，但差值小于 1 min 时，探空观测资料空间定位数据采用分钟经纬度数据线性外延方法计算。

4.5.2　分钟经纬度数据失测时空间定位数据计算方法

分钟经纬度数据无论在任何位置连续失测大于 5 min 时，位于该失测层内的观测资料空间定位数据作失测处理；分钟经纬度数据连续失测小于或等于 5 min 时，位于该失测层内的观测资料空间定位数据用上下最接近的分钟空间定位数据通过时间线性内插方式计算。

4.6　量得风层

4.6.1　量得风层的计算

量得风层从观测系统测得的每分钟气球仰角、方位角、斜距（高度）等球坐标数据，根据计

算公式[见式(3.16)—(3.34)]得到，计算量得风层时，采用分段调整计算时间间隔的方式进行计算。

假定：由于采用浮点制和计算精度的提高，风层的计算结果不可能出现静风！

4.6.2 计算量得风层的时间间隔

计算量得风层时计算时间间隔见表 4.2。

表 4.2 计算量得风层时间间隔

时间范围(min)	时间间隔(min)	量得风层时间(min)
0～21	1	0.5,1.5,…,19.5
22～42	2	21.0,22.0,…,40.0,41.0
≥43	4	42.0,43.0……

因 39～43 min、40～42 min 都可计算 41 min 的量得风层，正常情况下用 39 min 与 43 min 计算 41.0 min 的量得风层，当测风数据 42 min 为结束分钟时，采用 40 min 与 42 min 计算 41.0 min 的量得风层。使用小球测风计算时间间隔始终为 1 min。

4.6.3 记录连续失测时的处理方法

遇计算分钟球坐标数据连续失测时处理方法见表 4.3，并采用变更计算层方法进行计算。当20～21 min、39～41 min、40～43 min 记录失测时，相应的量得风层作失测处理。

表 4.3 计算分钟球坐标数据连续失测时处理方法

时间范围(min)	失测时间(min)	处理方法
0～20	=1	记录照常整理
	≥2	作失测处理
20～40	≤2	记录照常整理
	≥3	作失测处理
40 以上	≤4	记录照常整理
	≥5	作失测处理

4.7 规定等压面位势高度计算方法

各规定等压面位势高度用测站位势高度和各规定等压面层间的位势厚度累加得到。计算位势高度时先分别计算出两规定等压面之间的平均温度、平均气压、平均湿度，然后根据厚度计算公式(见 3.4.1 节)计算各规定等压面之间的厚度，终止层气压值精确到 0.1 hPa 参与计算厚度。最后以测站位势高度为起点，分别累加各规定等压面间的位势厚度，得到各规定等压面对应的位势高度。

各规定等压面位势高度和对应时间(距放球时刻)组成时高曲线，时间和位势高度之间的关系为线性关系。

4.8 计算规定层风特殊情况处理方法

从量得风层线性内插规定等压面、温湿特性层、零度层、对流层顶及规定高度风时，下述情况按表4.3的替代范围用最接近的量得风层风就近替代：

——规定层的上、下两量得风层之一为静风时；

——规定层的上、下两量得风层风向相差为(180±3)°，又不能判断风向顺时针还是逆时针变化时。

若超出替代范围，按失测处理。

当内插规定等压面、特性层、零度层、对流层顶及规定高度风遇有上、下两量得风层风失测(或记录终止)时，用最接近的量得风层风替代，其替代范围见表4.4，若超出替代范围，按失测处理。

表4.4 规定层风、向风速代替范围

规定高度范围 ΔH(gpm)	规定高度替代范围(gpm)
≤900(距地)	±100
>900(距地)且≤6000	±200
>6000	±500

量得风层风向变化的判别方法：

当上、下量得风层风向差(180±3)°时，用上、下各两个量得风层的风向变化进行规律判别：

(1)若四个量得风层的风向自上而下依次增大，如120°、200°、17°、56°，则认为风向为顺时针变化(过北)；若四个量得风层的风向自上而下依次减小，如230°、200°、17°、356°，则认为风向为逆时针变化(过南)。这两种情况都被认为可判别风向变化方向，按正常方法内插规定层风；

(2)若上、下各两个量得风层的风向变化不一致，无规律可循，如120°、200°、17°、356°，则被认为不能判断风向变化方向，规定层风则用最接近的量得风层风向、风速替代(在距地≤900 m范围内不适用，按失测处理)。

4.9 规定等压面气象要素值计算方法

4.9.1 规定等压面层

应进行气象要素值计算的规定等压面层见表4.5。

表4.5 规定等压面层

序号	等压面(hPa)	序号	等压面(hPa)	序号	等压面(hPa)	序号	等压面(hPa)	序号	等压面(hPa)
1	地面层	7	500	13	100	19	15	25	1
2	1000	8	400	14	70	20	10	26	终止层
3	925	9	300	15	50	21	7		
4	850	10	250	16	40	22	5		
5	700	11	200	17	30	23	3		
6	600	12	150	18	20	24	2		

4.9.2 地面层气象要素值计算

地面层温度、气压、湿度、风向、风速直接使用瞬间观测值，根据露点计算公式[见式(3.9)]计算出地面层露点温度，将地面层的温度值减去露点温度，得到地面层的温度露点差[见式(3.10)]。

4.9.3 等压面气象要素值计算方法

在时压曲线上计算出规定等压面对应的时间，使用规定等压面的时间分别从时温曲线、时湿曲线上计算出温度、湿度。规定等压面的露点温度、温度露点差按 4.9.2 节计算，当温度小于或等于－60℃时，不再计算露点温度和温度露点差。在量得风层的相同时刻处分别使用线性插值的方法计算[见式(3.35)—(3.36)]出规定等压面的风向、风速。空间定位数据根据规定等压面时间从分钟经纬度数据线性内插得到，时间定位数据根据规定等压面时间与放球时间差得到。当某层规定等压面高度在测站海拔高度以下时，该层不计算气象要素值。

4.9.4 终止层气象要素值计算

终止层温度、气压、湿度直接使用探空终止点数据，终止层的露点温度、温度露点差、风向、风速、空间定位数据、时间定位数据按 4.9.3 节计算。

4.10 零度层的选取和气象要素值计算

4.10.1 选取条件

零度层从时温线上选取，零度层只选一个，当出现几个零度层时，选取高度最低的一层，地面层瞬间温度低于 0 ℃时，不选零度层，施放瞬间温度为零度时，地面层即为零度层。

4.10.2 气象要素值计算方法

零度层选出后，零度层对应的时间也同步选出，根据零度层对应的时间，分别从时压曲线、时湿曲线、时高曲线上线性插值计算(见 6.3 节)出气压、湿度、位势高度。零度层的露点温度、温度露点差、风向、风速、空间定位数据、时间定位数据按 4.9.3 节计算。

4.11 对流层顶的选取和气象要素值计算

4.11.1 选择条件

500～40 hPa 之间，由温度垂直递减率开始≤2 ℃/km 气层的最低高度，向上 2 km 及其以内的任何高度与该最低高度间的平均温度垂直递减率均≤2 ℃/km，则该最低高度选为对流层顶。

4.11.2 第一对流层顶的选取

500～150 hPa(不含150 hPa)之间，若出现符合对流层顶选择条件的气层，则该气层选为第一对流层顶。第一对流层顶最多选一个，如果有几个气层都符合第一对流层顶选取条件，选取高度最低的一个。

4.11.3 第二对流层顶(150～40 hPa)的选取

4.11.3.1 存在第一对流层顶的选取方法

在第一对流层顶以上，由温度垂直递减率开始大于3 ℃/km气层的最低高度起，向上1 km及其以内的任何高度与该最低高度间的平均温度垂直递减率均大于3 ℃/km，并在该最低高度以上又出现符合对流层顶选择条件的气层(若该符合对流层顶条件的气层出现在150 hPa以下，该气层不选为第二对流层顶，而后在150 hPa或以上又出现符合对流层顶条件的气层，则应在此气层以下重新出现由温度垂直递减率开始大于3 ℃/km气层的最低高度起，向上1 km及其以内的任何高度与该最低高度间的平均温度垂直递减率均大于3 ℃/km的过渡层)，则该气层选为第二对流层顶。

4.11.3.2 不存在第一对流层顶的选取方法

当未出现符合第一对流层顶条件的气层时，在150 hPa或以上至40 hPa之间，若出现符合对流层顶的选择条件的气层，则该气层选为第二对流层顶。

第二对流层顶最多选一个。如果有几个气层都符合第二对流层顶选取条件，选取高度最低的一个气层作为第二对流层顶。

因记录终止，拟选的对流层顶处以上的厚度不足2 km时，将记录终止时的温度以干绝热温度递减率(1 ℃/100 m)递减到2 km厚度的位置处，其平均温度垂直递减率≤2 ℃/km时，选为对流层顶，否则不选。

对流层顶附近遇有记录做失测处理时，则不选取该对流层顶。

4.11.4 气象要素值计算方法

选出对流层顶以后，对流层顶对应的时间、温度、气压、湿度、高度也被同步选出。对流层顶的露点温度、温度露点差、风向、风速、空间定位数据、时间定位数据按4.9.3节计算。

4.12 温、湿特性层选取和气象要素值计算

4.12.1 选取条件

温、湿特性层在时温、时湿曲线上选取，满足以下条件之一选为温、湿特性层：

——地面层、终止层、对流层顶；

——第一对流层顶以下，大于400 m的等温层或大于1 ℃的逆温层起始点和终止点；

——温度失测层的起始点、中间点(任选)和终止点；

——温度梯度的显著转折点，即两层间的温度分布与用直线连接的温度比较，大于0.3 ℃

（第一个对流层顶以下）或大于 0.6 ℃（第一个对流层顶以上）差值最大的气层；

——湿度梯度的显著转折点，即两层间的相对湿度分布与用直线连接的相对湿度比较，大于 4%差值最大的气层。

4.12.2　选取方法

选择特性层时，不考虑规定等压面的位置，按照 4.12.1 节在时温、时湿曲线上照实选取，选取顺序如下：

a）地面层、终止层、对流层顶，并将地面层标注为地面层、温度特性层、湿度特性层，将终止层标注为终止层、温度特性层、湿度特性层，将对流层顶标注为对流层顶、温度特性层；

b）第一对流层顶以下的等温、逆温起始点和终止点，并分别标注为温度特性层；

c）温度、湿度失测起始点、中间点和终止点，并分别标注为温度失测起始点、湿度失测起始点、温度特性层、湿度特性层，温度失测中间点、湿度失测中间点、温度特性层、湿度特性层，温度失测终止点、湿度失测终止点、温度特性层、湿度特性层；

d）温度梯度的显著转折点，并标注为温度特性层，重复该方法直至所有相邻两层间没有温度梯度特性层为止；

e）湿度梯度的显著转折点，并标注为湿度特性层，重复该方法直至所有相邻两层间没有湿度梯度特性层为止；

f）完成以上选择后，若 110～100 hPa 之间没有温湿特性层时，在 110～100 hPa 之间加选任意一层，并标注为温度、湿度特性层；

g）完成以上选择后，如两特性层的上层气压与下层气压比值小于 0.6 时，该两特性层之间任意加选一层，并标注为温度、湿度特性层。

4.12.3　气象要素值计算方法

温、湿特性层选出后对应的时间、温度、气压、湿度也被同步选出。根据温、湿特性层对应的时间，从时高线上线性插值计算（见 6.3 节）出位势高度。温、湿特性层的露点温度、温度露点差、风向、风速、空间定位数据、时间定位数据按 4.9.3 节计算。

4.13　风特性层的选取和气象要素值计算

4.13.1　选取条件

风特性层从量得风层上选取，分别从时间风向、风速曲线上选取各自特性层后合成为最终风特性层，满足以下条件之一选为风特性层：

——地面层、终止层、最大风层；

——风失测层的起始点、中间点（任选）和终止点；

——风速上升曲线的显著转折点，即两层间的风速分布与用直线连接的风速比较，大于 1 m/s差值最大的气层；

——风向上升曲线的显著转折点，即两层间的风向分布与用直线连接的风向比较，大于 2.5°差值最大的气层。

4.13.2　选取方法

选择风特性层时，按照 4.13.1 节选取条件在量得风层风向、风速曲线上照实选取，选取顺序如下：

a)地面层、最大风层、终止层，并分别标注为地面层和风特性层、最大风层和风特性层、终止层和风特性层；

b)0～20 min(含 20 min)，失测大于或等于 4 min 的起始点、中间点(任选)和终止点，并分别标注为风失测起始点和风特性层、风失测中间点和风特性层、风失测终止点和风特性层；

c)20～40 min(含 40 min)，失测大于或等于 6 min 的起始点、中间点(任选)和终止点，并分别标注为风失测起始点和风特性层、风失测中间点和风特性层、风失测终止点和风特性层；

d)40 min 以上，失测大于或等于 10 min 的起始点、中间点(任选)和终止点，并分别标注为风失测起始点和风特性层、风失测中间点和风特性层、风失测终止点和风特性层；

e)风速上升曲线的显著转折点，并标注为风特性层，重复该方法直至所有相邻两层间没有风速特性层为止；

f)风向上升曲线的显著转折点，并标注为风特性层，重复该方法直至所有相邻两层间没有风向特性层为止。

4.13.3　气象要素值计算方法

风特性层选出后风向、风速、时间也被同步选出，根据风特性层对应的时间分别从时温曲线、时压曲线、时湿曲线、时高曲线上线性插值计算(见 6.3 节)出温度、气压、湿度、位势高度。风特性层的露点温度、温度露点差、空间定位数据、时间定位数据按 4.9.3 节计算。

单独测风观测时只计算位势高度、空间定位、时间定位数据。

4.14　温、压、湿失测处理方法

遇有温、压、湿数据连续失测的情况，按表 4.6 处理，当连续失测处在 500 hPa 层上、下时，按 500 hPa 以下的规定处理。

表 4.6　温、压、湿数据连续失测处理方法

要素	500 hPa 及以下		500 hPa 以上	
	失测时间 Δt(min)	规定	失测时间 Δt(min)	规定
气压	$\Delta t \leqslant 5$	按前后趋势拟合连线	$\Delta t \leqslant 7$	按前后趋势拟合连线
	$\Delta t > 5$	重放球	$\Delta t > 7$	不管温度记录是否正常，位势高度只计算到可靠气压记录为止。如后来又有可靠的气压、温度记录出现，可继续整理规定等压面温度、湿度记录(失测位势高度)，气压失测段加补失测特性层

续表

要素	500 hPa 及以下		500 hPa 以上	
	失测时间 Δt(min)	规定	失测时间 Δt(min)	规定
温度	$\Delta t \leqslant 2$	按前后趋势拟合连线	$\Delta t \leqslant 3$	按前后趋势拟合连线
	$2 < \Delta t \leqslant 5$	按前后趋势拟合连线,供计算厚度和系统误差订正,温度数据作失测处理	$3 < \Delta t \leqslant 7$	按前后趋势拟合连线,供计算厚度和系统误差订正用,温度数据作失测处理
	$\Delta t > 5$	重放球	$\Delta t > 7$	不管气压记录是否正常,位势高度只计算到可靠温度记录为止。如后来同时又有可靠的气压温度记录出现,可继续整理规定等压面温度、湿度记录(失测位势高度),温度失测段加补失测特性层
湿度	$\Delta t \leqslant 2$	按前后趋势拟合连线	$\Delta t \leqslant 3$	按前后趋势拟合连线
	$2 < \Delta t \leqslant 5$	按前后趋势拟合连线,供计算厚度和系统误差订正,湿度数据作失测处理	$3 < \Delta t \leqslant 7$	按前后趋势拟合连线,供计算厚度和系统误差订正用,湿度数据作失测处理
	$\Delta t > 5$	重放球(若失测层无云且前次同等高度平均相对湿度低于 30% 时,可不重放球。按前后趋势拟合连线,代计算厚度和系统误差订正用,湿度记录作失测处理)	$\Delta t > 7$	湿度记录只整理到有可靠湿度记录为止,其他照常整理(相对湿度按 1% 计算)

4.15　规定高度层风的计算

4.15.1　综合观测时次

4.15.1.1　距测站观测系统天线位势高度层

距测站观测系统天线位势高度层见表 4.7。

表 4.7　距测站观测系统天线位势高度层

序号	高度(gpm)
1	300
2	600
3	900

4.15.1.2　距海平面位势高度层

综合观测时次需要计算距海平面位势高度风的高度层见表 4.8。

表 4.8　距海平面位势高度层

序号	高度(gpm)	序号	高度(gpm)	序号	高度(gpm)	序号	高度(gpm)
1	500	9	6000	17	16000	25	32000
2	1000	10	7000	18	18000	26	34000
3	1500	11	8000	19	20000	27	36000
4	2000	12	9000	20	22000	28	38000
5	3000	13	10000	21	24000	29	40000
6	4000	14	10500	22	26000	30	42000
7	5000	15	12000	23	280000	31	44000
8	5500	16	14000	24	30000	32	46000

4.15.1.3　计算方法

计算距观测系统天线高度的风向、风速时，使用的实际高度要加上测站海拔高度和观测系统天线距测站海拔高度的高度。

规定高度层时间从时高线上线性内插求取，规定高度层的风向、风速、空间定位数据、时间定位数据按 4.9.3 节计算，遇观测系统失测需补放升速为 200 m/min 的小球测风时，根据测风失测的各规定层高度在小球测风记录中，用高度线性插值方法计算(见 6.3 节)出风向、风速值，并补入观测记录中。

当测风终止时间大于探空终止时间时，若测风量得风层时间大于探空终止时间，则探空终止高度以上的规定高度层风使用单独测风方法进行计算，该部分规定高度层的风不参与编发报文，只作资料保存。

4.15.2　单独测风时次

4.15.2.1　距测站观测系统天线位势高度层

单独测风时次需要计算距测站观测系统天线位势高度风的高度层见 4.15.1.1 节。

4.15.2.2　距海平面位势高度层

单独测风时次需要计算距海平面位势高度风的高度层见 4.15.1.2 节。

4.15.2.3　规定等压面层

单独测风时次需要计算各规定等压面风，规定等压面层见表 4.4，但不包括表 4.4 中的地面层和未终止在规定等压面上的终止层。

4.15.2.4　计算方法

使用仰角、斜距计算[见式(3.49)]出几何高度(考虑地球曲率的影响)转换为位势高度[见式(3.50)]后得到地面至高空随时间变化的时高线。规定等压面的时间根据最接近本时次综合观测的等压面高度，在时高线上线性内插求取，若距本时次 24 h 内综合观测失测或其终止高度低于本次单独测风观测终止高度，则使用表 4.9 各规定等压面所对应的平均高度在时高线上线性内插求取时间，规定高度层的时间也在时高线上内插求取，规定等压面、规定高度层的风向、风速、空间定位数据、时间定位数据按 4.9.3 节计算，遇观测系统失测需补放升速为

200 m/min 的小球测风时，按 4.15.1.3 处理。

表 4.9 规定等压面平均高度

规定等压面(hPa)	平均高度(gpm)	规定等压面(hPa)	平均高度(gpm)
1000	0	100	16000
925	750	70	18000
850	1500	50	20000
700	3000	40	22000
600	4000	30	24000
500	5500	20	26000
400	7000	15	28000
300	9000	10	30000
250	10500	7	33000
200	12000	5	35000
150	14000		

4.16 最大风层的选取和气象要素值计算

4.16.1 选取方法

最大风层在量得风层里选取，高度在 500 hPa(5500 gpm)以上，从某一高度开始至某一高度结束，出现风速均连续大于 30 m/s 的区域为“大风区”，在该“大风区”中，风速最大的层次，选为最大风层(5500 gpm 指单独测风或经纬仪小球测风方式)，同一“大风区”中，同一风速最大的层次有两层或以上时，选取高度最低一层为最大风层。

在某“大风区”以上，又出现另一“大风区”，且其最大风速与前一“大风区”后出现(等于或小于 30 m/s 的“大风闭合区”)的最小风速之间的差值等于或大于 10 m/s 时，后一“大风区”中风速最大的层次，也选为最大风层。

当大风区跨越 500 hPa 时，该大风区内无论风速最大的层次出现在 500 hPa 以上或以下(包括 500 hPa)，作为特殊情况，该风速最大的层次也选为最大风层。

当某一“大风区”中的最大风速与前一大风区后的“大风闭合区”中出现的最小风速之间的差值虽小于 10 m/s，但该最大风速值比前一“大风区”中选出的最大风层的风速值大，且该最大风速层次为前一“大风区”后所有量得风层的风速最大值，作为特殊情况，该风速最大的层次补选为最大风层。

“大风区”的开始和终止都已观测到，为“闭合大风区”，只观测到“大风区”的开始，而没有观测到终止，则为“非闭合大风区”。

最大风层在观测记录表及编发的报文中以风速从大到小的次序排序，当两层风速相等时，以高度从低到高的次序排序。

当测风终止高度高于探空终止高度时，参与报文编发的最大风层只选到探空终止时刻用于报文编发，探空终止高度后的最大风层仍按以上选择条件选取，选出的最大风层只作为资料保存,不参与报文编发。

4.16.2　气象要素值计算方法

最大风层选出后,最大风层风向、风速、闭合方式、时间也同步选出。根据最大风层对应的时间分别从时温曲线、时压曲线、时湿曲线、时高曲线上计算出温度、气压、湿度、位势高度。最大风层的露点温度、温度露点差、空间定位数据、时间定位数据按4.9.3节计算。

4.17　综合观测无斜距的处理

雷达观测系统综合观测时次,在仰角、方位角数据正确的前提下,全部测风球坐标分钟数据无斜距时,数据处理采用仰角、方位角、探空高度(无斜距方式)计算[见式(3.18)—(3.34)]量得风层,若部分测风球坐标分钟数据无斜距时,这部分数据采用高度替代(斜距)方式计算量得风层。

4.18　气球下沉记录的处理

4.18.1　探空数据的处理

确定气球下沉起始点和终止点时刻并将下沉段删除,下沉终止点以后的探空记录时间减去气球下沉段时间长度后前移衔接至下沉起始点处,以后探空记录照常整理。

4.18.2　测风数据的处理

气球下沉开始时间到下沉终止时间之间的球坐标秒数据随探空数据删除而同步删除,下沉终止点以后的球坐标秒数据时间减去气球下沉段时间长度后前移衔接至气球下沉起始点处,整分球坐标数据重新从每秒球坐标数据整分处读取,计算量得风层时遇下沉记录上下衔接点间的量得风层不计算,落在该层的规定层风,符合线性内插条件按线性内插计算,不符合则按靠近法替代。

4.19　仰角低于测站观测系统天线最低工作仰角的处理

观测时当仰角从某分钟开始低于测站观测系统天线最低工作仰角,而后又回升到此值以上,测风记录照常处理。

观测时当仰角从某分钟开始低于测站观测系统天线最低工作仰角直至球炸,测风记录则只处理到等于或大于测站观测系统最低工作仰角之时。

4.20　常规报文编制方法

高空气象报告电码按QX/T 120—2010《高空风探测报告编码规范》、QX/T 121—2010《高空压、温、湿、风探测报告编码规范》和《高空气候月报表》(FM75-Ⅵ)规定编报。

4.21　高空气象标准格式文件编制

高空气象标准格式报文文件按 QX/T 418—2018《高空气象观测数据格式　BUFR 编码》规定的格式编制。

4.22　高空记录月报表的编制与统计方法

4.22.1　高空风记录月报表的编制方法

高空风记录月报表各项只编制不统计。

高空风记录月报表中的区站号、档案号、台（站）名、年、月、经纬度和观测系统天线海拔高度等照实编制，月报表时间栏（GG）的编制根据放球实际时间，以北京时为准（分钟数/60，第二位小数四舍五入）编制。

遇有观测记录失测，月报表的相应栏编制空白。

只要观测记录表中有资料，不论其资料多少，均编制到月报表相应栏中，遇有观测记录不到 500 hPa 或不足 10 min 重放球，但又超过规范规定的放球最迟限制时间，已获得 500 hPa 或不足 10 min 的记录也要在月报表相应栏编制。地面、距观测系统天线高度风、距海平面高度风，编制相应的风向和风速，最大风层栏编制相应的高度、风向和风速。编制要求包括：

——ddd 栏编制风向，以度（°）为单位；

——ff 栏编制风速，以米/秒（m/s）为单位，保留一位小数，遇有静风时，风向编制为 C，风速编制为 0；

——hhhhh 栏编制海拔高度，以米（m）为单位。

最大风层栏只挑选观测记录中风速最大的两层编制，遇有观测记录中出现 3 个或 3 个以上最大风层时，风速最大的填在第一栏，当第一、第二最大风层的风速相等时，高度低的填入第一最大风层栏，高度高的填入第二最大风层栏。

4.22.2　高空压、温、湿记录月报表编制和统计

高空压、温、湿记录月报表中（规定层）的地面层、规定等压面、零度层、对流层顶中的各项除编制外还必须进行旬平均、月平均和月总次数、月最高值、月最低值的统计，特性层项只编制不做统计。

高空月平均矢量风、风的稳定度，温度露点差计算表中的地面层、规定等压面的各项分别进行月平均和矢量风、风稳定度统计，并用于编发高空气候月报报文。

月报表时间栏（GG）的编制根据放球的实际时间，以北京时为准（分钟数/60，第二位小数四舍五入）编制。

遇有观测记录失测，月报表的相应栏编制空白。

只要观测记录表中有资料，不论其资料多少，均编制到月报表相应栏中，遇有观测记录不到 500 hPa 或不足 10 min 重放球，但又超过规范规定的放球最迟限制时间，已获得 500 hPa 或不足 10 min 的记录也要在月报表相应栏编制。

高空压、温、湿记录月报表中的区站号、档案号、台(站)名、年、月、经纬度、探空仪型号照实编制，海拔高度编制测站海拔高度。

地面层、各规定等压面层、零度层、对流层顶及特性层各栏，编制相应的气压、高度、温度、露点、风向、风速，编制要求包括：

——PPPP(或 PPP)栏编制气压，以百帕(hPa)为单位，保留一位小数；

——HHHH(或 HHHHH)栏编制位势高度，以米(m)为单位；

——TTT 栏编制温度，以摄氏度(℃)为单位，保留一位小数；

——T_dT_d栏编制露点，以摄氏度(℃)为单位，保留一位小数；

——DDD 栏编制风向，以度(°)为单位；

——FF 栏编制风速，以米/秒(m/s)为单位，保留一位小数，遇有静风时，风向编制为 C，风速编制为 0；

——旬平均栏编制该旬实有观测记录各层气压、高度、温度、露点代数和的平均值；

——月平均栏编制该月实有观测记录各层气压、高度、温度、露点代数和的平均值；

——月总次数栏编制该月实有观测记录各层气压、高度、温度、露点总次数；

——月最高值栏编制该月实有观测记录各层气压、高度、温度、露点的最高值；

——月最低值栏编制该月实有观测记录各层气压、高度、温度、露点的最低值。

旬平均栏、月平均栏平均值温度、气压、露点保留一位小数，高度不取小数。地面层气压的旬平均值、月平均值栏分别根据每日观测记录地面瞬间气压值统计。

(规定层)中的各栏，只要有资料(包括只有一次)，都应在统计栏中统计次数、计算平均值，并选取最高、最低值，但遇特殊情况时，按以下规定统计：

——当地面气压刚好处在某一规定等压面附近，遇有地面气压低于该规定等压面值(包括只有一次)时，该规定等压面只挑选高度月最高值，其余各项(包括旬平均、月平均、月总次数、月最高值、月最低值)均不作统计；

——当地面温度刚好处在 0 ℃附近，遇有地面温度低于 0 ℃(含只有一次)时，零度层只挑取气压的最低值和高度的最高值，其余各项均不作统计；

——当某规定等压面的温度刚好处在－60 ℃附近，遇有该规定等压面温度等于或低于－60 ℃(含只有一次)时，该规定等压面的露点只统计月最高值，露点的旬平均、月平均、月总次数、月最低值均不作统计，但高度、温度的各项仍需要作统计。

4.23　高空全月观测数据归档格式文件的制作

高空全月观测数据归档格式文件(G 文件)的制作按 QX/T 234—2014《气象数据归档格式　探空》规定的格式编制。

第5章　台站常量参数设置

在完成雷达建站和标定后，软件正式投入业务使用之前，需要将台站常用参数输入计算机内保存以方便日常业务观测使用。台站常用参数包括“本站常用参数”中的台站名称、海拔高度、区站号、经度、纬度、干湿球器差订正值、气压表器差订正值、值班人员代码等；“设置发报参数”中的站名代号、报文标志、报文保存位置及备份方式。台站常用参数的设置正确与否，直接影响观测数据处理的准确性，需认真仔细选择、填写。“参数”只需在第一次运行软件时输入一次，以后日常工作中只需要及时修改发生变动的“参数”项，并经常检查其正确与否。

运行数据处理软件(运行数据处理软件方法可参见7.1节)，在如图5.1所示的“设置”菜单中选“本站常用参数”菜单项，在如图5.2弹出的密码对话框中输入密码(初始状态的默认密码是123456)，即可进入本站常用参数设置。

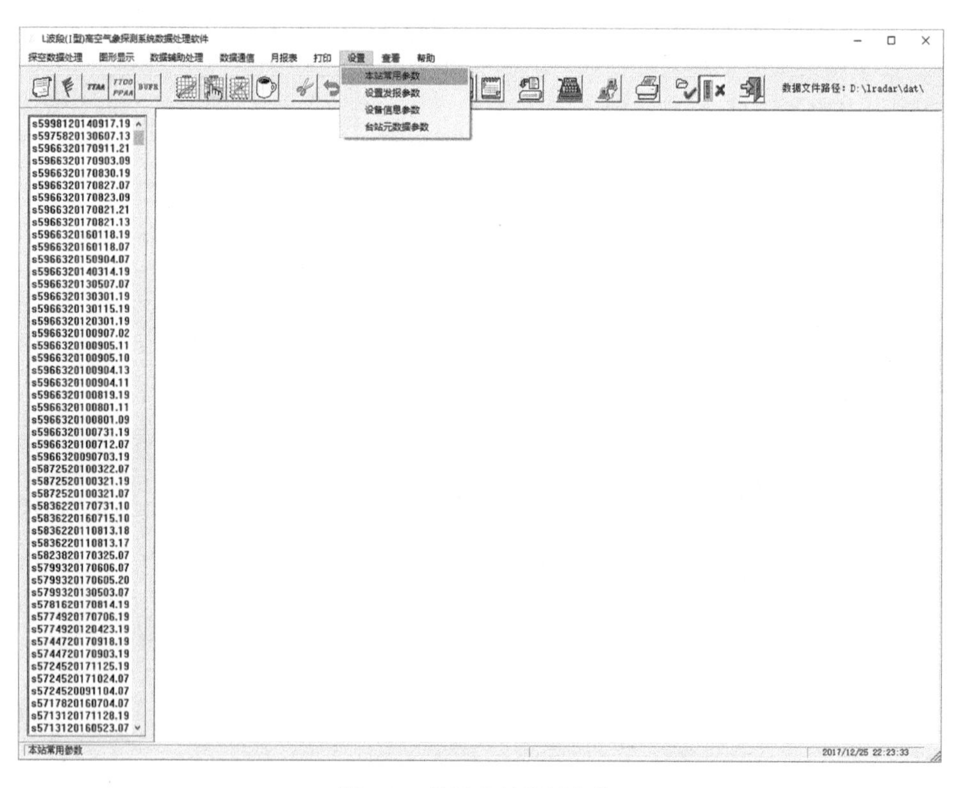

图5.1　设置本站常用参数

本站参数设置由一个包含“测站参数”“计算机操作”“文件路径”“干球器差”“湿球器差”“附温器差”“气压器差”“值班人员”“特殊风层1”“特殊风层2”“平均高度”“GCOS站设置”12项内容属性页的属性对话框来完成，下面分别对各属性页的填写加以阐述。

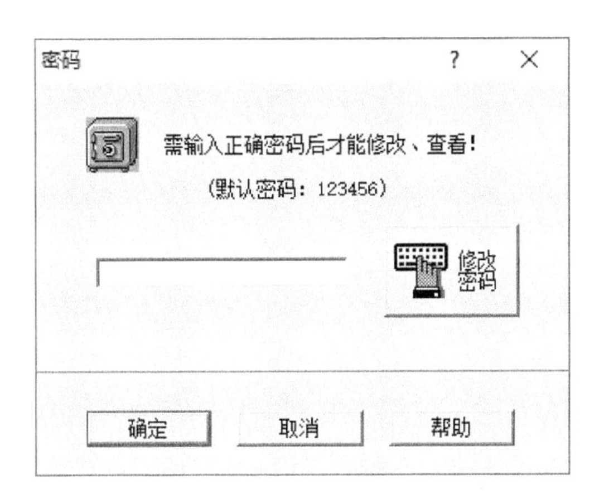

图5.2　输入本站常用参数密码界面

5.1　本站常用参数

5.1.1　测站参数填写

测站参数属性页所显示的内容如图5.3所示,每项内容的填写方法如下:

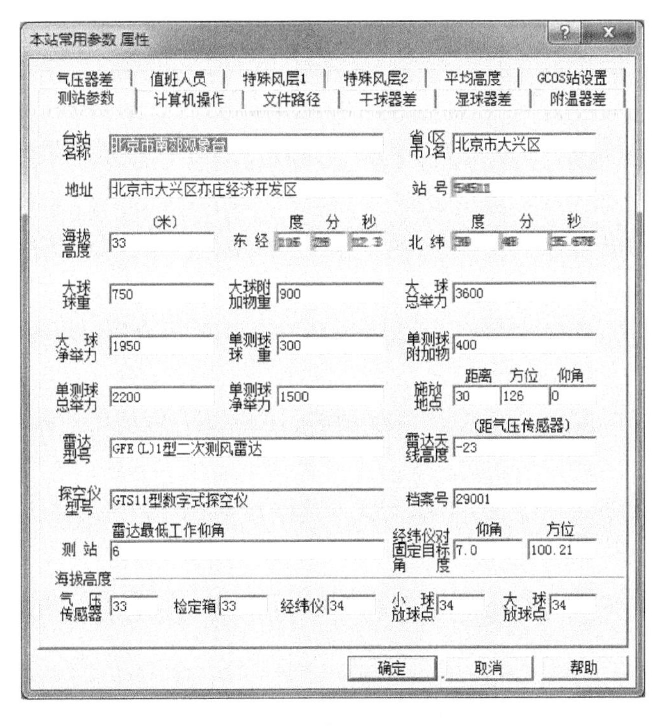

图5.3　测站参数填写属性页

——台站名称:××国家高空气象观测站;

——省(自治区、直辖市)名:探空站所在省、市、区名,该参数主要供制作G文件使用;

——地址:填写测站所在地详细地址,该参数主要供制作 G 文件使用;

——区站号:每个台站的唯一编号,每天观测所产生的数据文件名也将使用到该参数;

——海拔高度:测站自动站气压传感位置的海拔高度,即为测站海拔高度,单位米,填写到小数点后一位;

——东经:测站所在地经测绘部门测定的经度,以度、分、秒为单位分别填写;

——北纬:测站所在地经测绘部门测定的纬度,以度、分、秒为单位分别填写;

——大球球重:默认的施放探空气球的球重,以克为单位填写,特指 750 g 的气球,放球软件运行时调用该值作为本次施放气球球重默认值;

——大球附加物重:默认的施放探空气球的附加物重量,以克为单位填写,特指 750 g 的气球,放球软件运行时调用该值作为本次施放气球附加物重默认值;

——大球总举力:默认的施放探空气球的总举力,以克为单位填写,默认 750 g 的气球,放球软件运行时调用该值作为本次施放气球总举力值的默认值;

——大球净举力:默认的施放探空气球的净举力,以克为单位填写,特指 750 g 的气球,放球软件运行时调用该值作为本次施放气球净举力的默认值;

——单测球球重:默认的进行单测风时施放气球的球重,以克为单位填写,特指 300 g 的气球,进行单测风观测时放球软件调用该值作为本次施放气球球重的默认值;

——单测球附加物重:默认的雷达单测风时施放气球的附加物重,以克为单位填写,特指 300 g 的气球,进行单测风观测时放球软件调用该值作为本次施放气球附加物重的默认值;

——单测球总举力:默认的雷达单测风时施放气球的总举力,以克为单位填写,特指 300 g 的气球,进行单测风观测时放球软件调用该值作为本次施放气球总举力的默认值;

——单测球净举力:默认的雷达单测风时施放气球的净举力,以克为单位填写,特指 300 g 的气球,进行单测风观测时放球软件调用该值作为本次施放气球净举力的默认值;

——施放地点:填写雷达天线距本站最常用的放球点位置距离、方位和仰角(单位为米、度、度),放球软件运行时默认该位置为每天的放球点初始位置,如果本次放球因风向原因改变了放球地点,可以在放球软件更改;

——雷达型号:软件已默认填写该雷达的型号:L 波段(Ⅰ型)二次测风雷达,操作人员无需修改;

——探空仪型号:填写测站与雷达配套使用的探空仪型号,该框是灰化的,不能改写,但可以将鼠标移动此框内,单击鼠标右键在如图 5.4 弹出的菜单中选择本站使用的探空仪类型,前三种是旧型号探空仪,后三种是改进型号,从 2020 年 1 月日开始业务使用,测站可根据本站使用探空仪的情况在以上六种探空仪中任选一种进行观测;

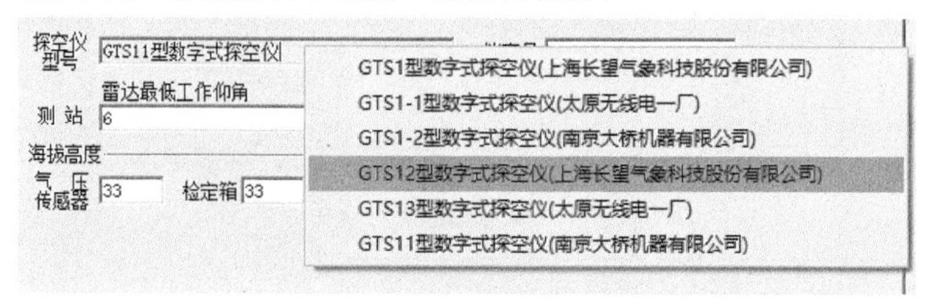

图 5.4　探空仪型号选择

——雷达天线高度：填写雷达天线光电轴中心点距测站气压传感器的高度，即仰角等于 90°时，摄像头平面距测站气压传感器的高度，单位为米，可填写到小数点后一位，参见图 5.5 的示意。高表-13 中的本站海拔高度实际指的就是本站海拔高度加上雷达天线高度后的数值，对 54511 站就是 33＋3＝36 m，高表-13 中规定高度上 300 m、600 m、900 m 的风计算是以雷达天线高度为基准的高度，而这三个高度对应的实际海拔高度需要加上本站海拔和雷达天线高度，对 54511 站来说 300 m、600 m、900 m 对应的海拔高度就是 336(300＋33＋3)m、636(600＋33＋3)m、936(900＋33＋3)m；

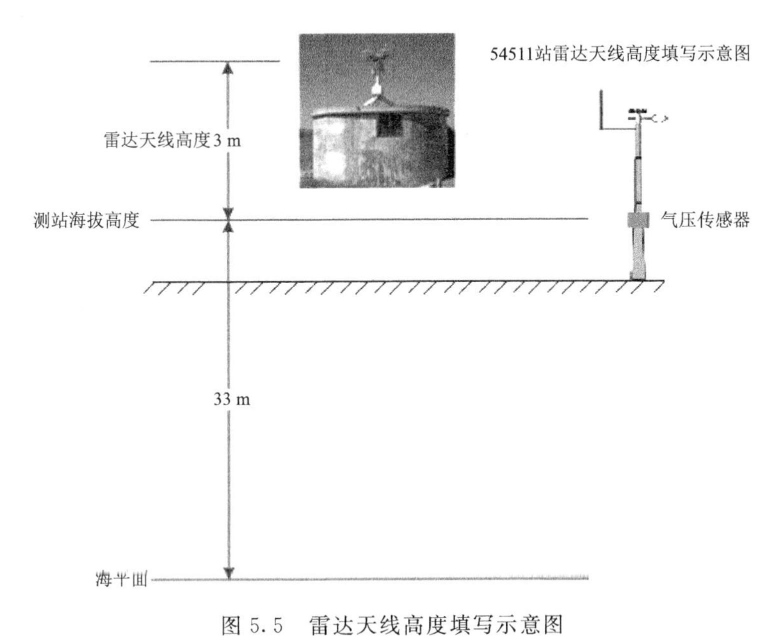

图 5.5 雷达天线高度填写示意图

——档案号：填入本站的档案号，在月报表中要使用；

——雷达最低工作仰角：填写本站测站周边环境条件下雷达的最低工作仰角，数据处理软件依据该数值进行量得风层的计算，具体处理方法参见 4.19 节仰角低于测站雷达最低工作仰角的处理；

——经纬仪固定目标物的仰角：填入光学经纬仪对固定目标物的仰角(单位为度(°)，保留小数两位)，使用光学经纬仪补放小球时会用到该参数；

——经纬仪固定目标物的方位：填入光学经纬仪对固定目标物的方位(单位为度(°)，保留小数两位)，使用光学经纬仪补放小球时会用到该参数；

——气压传感器(海拔高度)：以米为单位填写自动气象站气压传感器海拔高度(此数值与本站海拔高度值相同)，在对 GTS1、GTS1-1、GTS1-2 探空仪进行基测时，软件使用此高度将探空仪气压仪器值订正到气压传感器高度平面进行气压基测；

说明：该参数只有使用上海(GTS1)、太原(GTS1-1)、大桥(GTS1-2)生产的探空仪才会用到，GTS12、GTS13、GTS11 等新探空仪不使用该参数。

——检定箱(海拔高度)：填入探空仪检定箱所在处的海拔高度(以米为单位)，该参数只有使用上海(GTS1)、太原(GTS1-1)、大桥(GTS1-2)生产的探空仪才会用到；

——经纬仪(海拔高度)：填入使用小球测风时光学经纬仪所架设地的海拔高度(单位为

米)；

——小球放球点(海拔高度)：填入小球施放所在地点海拔高度(单位为米)，补放小球时需使用该参数；

——大球放球点(海拔高度)：填入大球施放所在地海拔高度(单位为米)。

注：

1)对 GTS1、GTS1-1、GTS1-2 型探空仪进行基测时，基测检定箱和自动气象站气压传感器不在同一海拔高度，程序会按两高度差对仪器所发的气压值进行订正，自动填入基值测定记录框的“仪器值”栏中，对 GTS12、GTS13、GTS11 型探空仪进行基测时，由于气压基测值直接使用基测箱的气压读数，软件不再对气压仪器值进行订正。

2)测站“雷达最低工作仰角值”的确定方法：根据资料查出本站高空风最多的下风方向(观测中出现低仰角较多的几个方向上)选一个离雷达 500 m 远的放球点，在静风晴朗的白天，由 3～4 人携带气球、回答器、绳子、绞车和联络工具等到放球点；回答器接成探空工作状态，频率调在 1675 MHz，挂在气球下数米处固定好，尽量减少摆动；利用绞车均匀而缓慢地上升回答器(大约控制在 15 m/min 左右的速度至雷达仰角 20°～30°)，然后以同样的速度下降(可反复几次)。在气球开始上升时，一人在雷达天线瞄准镜里观测回答器；与雷达操作者同时读取天线仰角值并记录。根据两种数据绘出系统误差曲线；若仰角较高，系统误差为 0，则在仰角值的轴两边各划一条偏差 0.08°的横线，选择振荡波形系统误差曲线与偏差相交的最高仰角值，即为雷达最低工作仰角。

5.1.2　计算机操作

计算机操作页所显示的内容如图 5.6 所示，每项内容的填写和选择方法如下：

——与雷达通信用串行口：雷达与计算机之间的指令和数据交换采用 RS-232 串行口(COM)，该项用于选择计算机与雷达通信所用的串行口，软件默认使用的串行口是“COM1”，但可根据计算机本身配置进行更改，串口及编号可以通过图 5.7 计算机设备管理器查看；

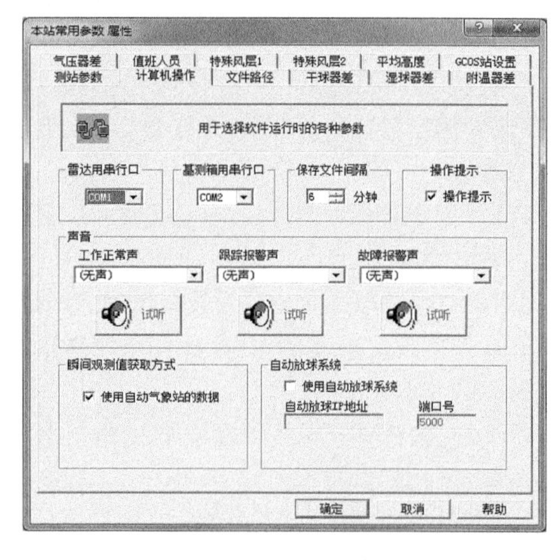

图 5.6　有关计算机操作输入页　　　　图 5.7　查看计算机串口编号

——与基测箱通信用串行口：基测箱与计算机之间的指令和数据交换采用串行口，该项用于选择计算机与基测箱通信所用的串行口，软件默认使用的串行口是“COM2”，但可根据计算机本身配置进行更改，串口及编号可以通过图 5.7 计算机设备管理器查看；

——保存数据时间间隔：指明放球软件进行高空观测时每隔多长时间将录取的球坐标和温、压、湿数据存盘一次，默认值是 1 min，该时间间隔设置只对放球软件在往 dat 文件夹保存文件时有效，对 datbak 文件夹的保存操作始终只按 1 min 的时间间隔保存文件，不受调整文件保存时间间隔的影响，保存文件操作对 dat 文件夹发生在 02 秒，对 datbak 发生在 32 秒，两个文件夹交替进行文件保存操作，防止在保存文件时遇上停电等意外事故造成两个文件夹的文件同时被损坏；

——操作提示：该选项决定放球软件运行时，当鼠标移至某个按钮、窗口区域时，是否显示一个解释该按钮、窗口意义的提示小窗，如图 5.8 所示，如果不勾选该项，图 5.8 中下部“放球开关”的小窗不会显现；

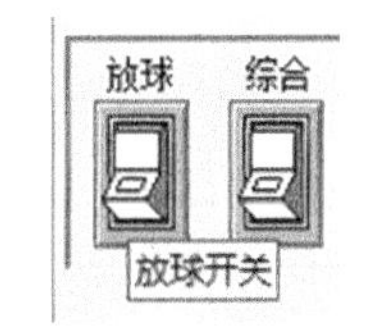

图 5.8　操作提示

——工作正常声：决定当雷达工作正常时，计算机所发出的声音，默认是无声方式(推荐方式)；

——跟踪报警声：决定当雷达出现丢球，测距出错等现象时，计算机所发出的声音，默认是无声方式；

——故障报警声：决定当雷达出现故障时，计算机发出什么样的声音，默认是无声方式；

——瞬间观测值获取方式。

“使用自动气象站的数据”选项对放球软件运行效果有直接影响，如果没有勾选“使用自动气象站的数据”，放球软件运行时，基值测定对话框如图 5.9 所示，气压值从水银气压表读取，软件自动完成气压综合值的订正，此时只有气压表附温和气压表读数能够输入数据(读数)，综合订正值和本站气压是灰化的，由软件自动计算填写。而在瞬间观测记录页中，勾选或未勾选“使用自动气象站的数据”，三种型号的探空仪运行效果分别如图 5.9 或图 5.10 所示。

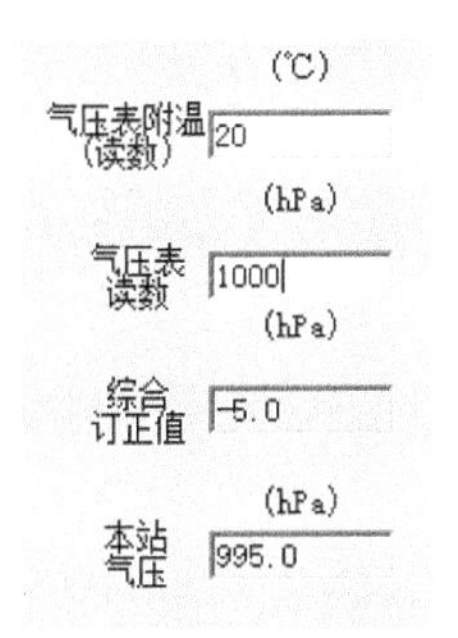

图 5.9　没有勾选“使用自动气象站的数据”选项时

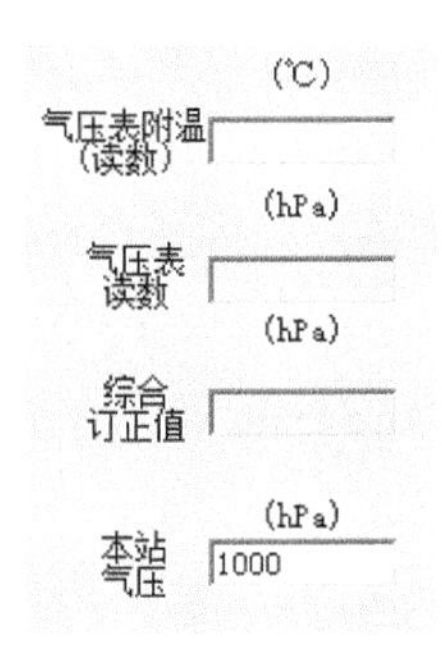

图 5.10　勾选“使用自动气象站的数据”选项时

——自动放球系统：勾选上该选项后，表明放球软件将与自动放球系统联动进行施放气球的工作，放球软件的操作方法与以前一样，只是按下放球键后，会在向雷达发送放球指令的同时将放球指令同步通过网络发送至自动放球系统，由自动放球系统将气球施放出去，不勾选该选项时，放球软件的使用方法与原使用方法一样，与自动放球系统不再有任何关联，同时后面的自动放球 IP 地址和端口号两个选项灰化，不能进行改变操作(未装备自动放球系统或装备但暂时不准备使用的切记不要勾选)；自动放球 IP 地址填写自动放球系统分配的 IP 地址号，同时需要在 L 波段软件工作机新增加一个 IP 地址，具体 IP 地址号由南京大桥机器有限公司确认；端口号填写自动放球系统分配的网络地址号，具体端口号由南京大桥机器有限公司确认。

5.1.3　文件路径

文件路径页所显示的内容如图 5.11 所示，每项内容的填写和选择方法如下。

数据只保存到服务器：将每天观测所录取的数据文件保存到网络服务器的指定位置上，不推荐将文件实时保存在别的电脑上，但可以利用该功能将文件保存在本机上别的位置(如 F 盘等)。

数据只保存到本地机：将每天观测所录取的数据文件保存到本地计算机的指定位置(即与雷达相连的业务工作计算机)，如路径为 D:\lradar\dat\，D:\lradar\datbak\。

数据同时保存到本地机和服务器：将每天观测所录取的数据文件同时保存到本地计算机、网络服务器的指定位置。

改变存放文件的路径位置只能使用右侧的“游览”按钮，按下“游览”按钮后，计算机会弹出如图 5.12 所示的路径选择对话框，在对话框中分别选数据文件所保存的位置。

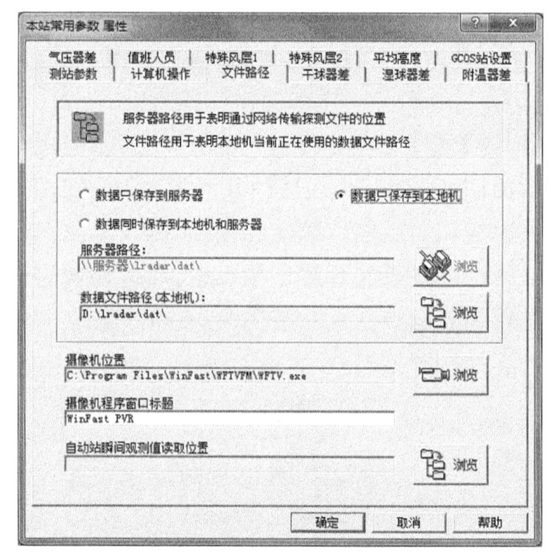

图 5.11　文件路径输入页

图 5.12　更改路径对话框

说明：“数据只保存到本地机”为默认状态也是推荐选择，除非有特殊需要，不要修改文件保存方式和保存文件路径。

——摄像机位置：指定摄像机执行文件的存放位置(就是运行该文件能显示图像天线上摄像机拍摄的图像的软件)，当点击如图 5.13 放球软件上的摄像机按钮时，放球软件将在该位置寻找摄像机文件并运行它。

——摄像机程序窗口标题：填入摄像机程序标题条内的字符，这样软件可使摄像机程序窗口总是置于其他窗口之上，而不会让别的程序窗口挡住摄像镜头显示窗口。

——自动气象站瞬间观测值读取位置：设置自动站分钟常规要素文件所在的文件夹(需要先在自动站业务机上将该文件夹设置为只读共享方式)，使用该功能的前提是自动气象站业务机和L波段业务机同时联入局域网。该文件夹告知放球软件在一键输入瞬间观测值时，应该到什么地方去读取。该文件夹的全称是：\ISOS\dataset\省名\站号\AWS\。设置自动气象站文件夹只能使用旁边的浏览按钮，设置完成后，放球软件在放球输入瞬间值时可以一键将自动站的气温、气压、湿度、风向、风速、能见度读入瞬间观测记录页中对应的框中。其中温、压、湿、风向、风速数据软件自动从\ISOS\dataset\省名\站号\AWS\新型自动站\订正\Minute文件夹下的分钟常规要素文件读取。能见度的数据从\ISOS\dataset\省名\站号\AWS\天气现象综合判断\Minute文件夹下的文件读取。

自动气象站路径设置方法：

按下右侧的浏览键，在如图5.14所示的浏览文件夹对话框中，打开网络，找到局域网上该自动站计算机，选中自动站软件存放文件的文件夹（D:\ISOS\dataset\省名\站号\AWS\）位置，选中该文件夹按“确定”即可。

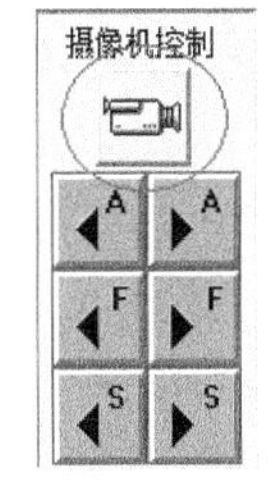

图5.13　摄像机调整按钮组

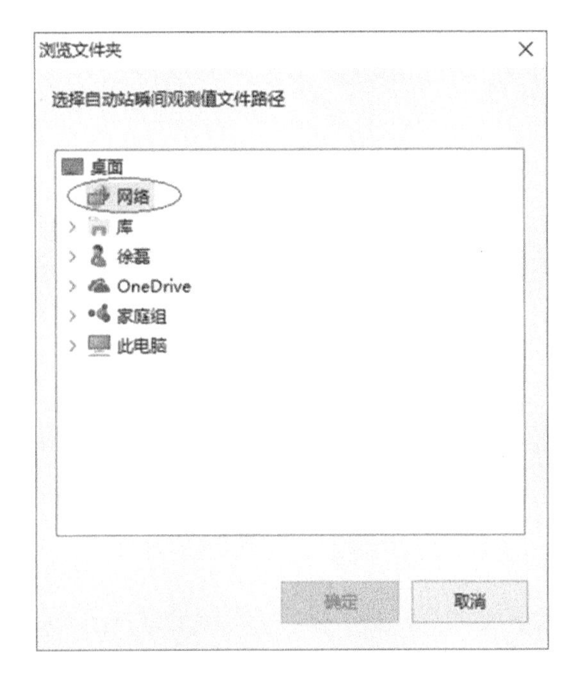

图5.14　更改自动气象站路径

5.1.4　干球器差

填写干球器差的意义在于使用通风干湿表做基测和瞬时观测时，操作员输入干球温度表读数后，软件会自动将干球器差订正值加上，并计算出订正后的最终干球值，减轻操作员的工作强度，同时也降低出错概率。干球器差订正值属性页所显示的内容如图5.15所示，每项内容的设置填写方法如下：该页上共有8行，每行上有3个输入框，如第一行3个框内的数据分别是−50.0、−15.0、0.2，代表的意义是干球温度表在−50～−15 ℃范围内的器差是0.2 ℃，各台站可根据本站对干球温度表的检定结果，分段输入即可。

仪器有效期按图5.15格式填写，当有效期快到后（提前6天），每次运行数据处理软件时都会进行如图5.16所示的提示！

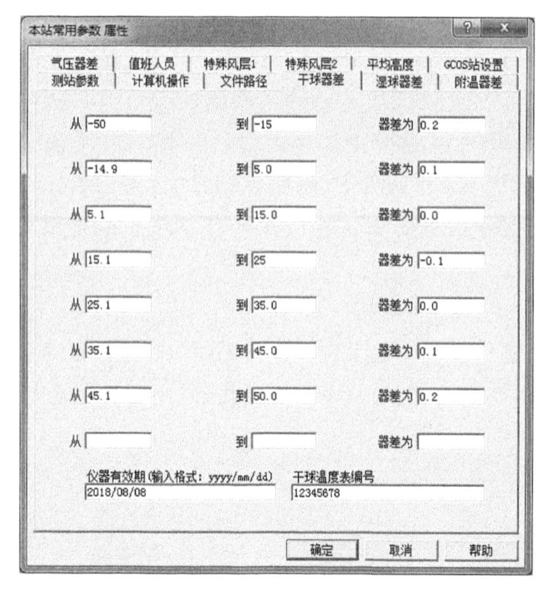

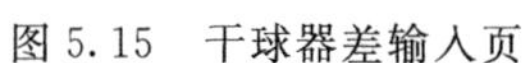
图5.15　干球器差输入页

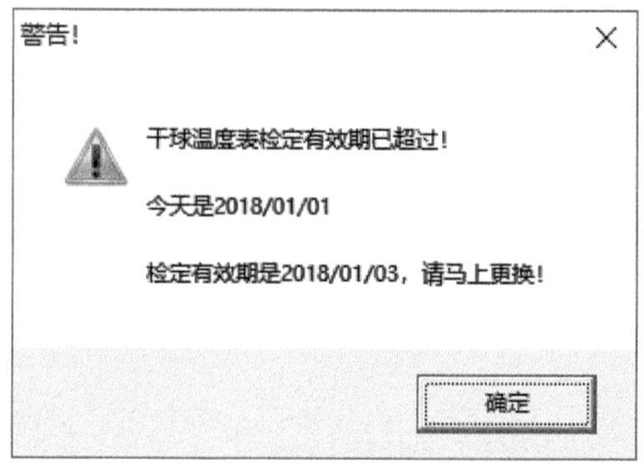

图5.16　仪器超过有效期提示

5.1.5　湿球器差

与干球器差的填写方法完全一致。

5.1.6　附温器差

填写气压表附温器差订正值,与干球器差的填写方法完全一致。

5.1.7　气压器差

气压器差订正值属性页所显示的内容如图5.17所示,填写气压器差的意义在于使用水银气压表做基测和瞬间观测输入时,操作员输入水银气压表读数后,软件会自动将气压器差订正值加上,并根据温度和气压订正后的值计算出气压综合订正值,合并得到订正后的最终气压值,减轻操作员的工作强度,同时也降低出错概率。

填写气压表器差订正值,与干球器差的填写方法基本相同,只是气压值从大到小降序按气压段填写(如:1100～850 hPa器差为0.1;从849.9～500 hPa器差为0.0……)。否则,程序无法读取正确气压表器差值。

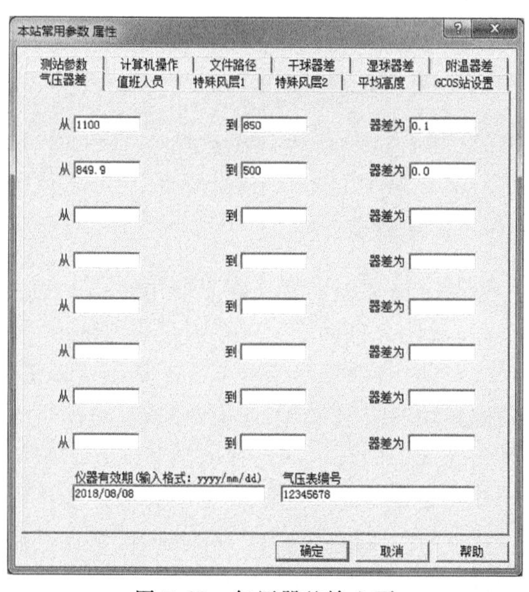

图5.17　气压器差输入页

5.1.8　人员代码

人员代码属性页所显示的内容如图 5.18 所示，该功能是为方便输入值班人员姓名而设置，共可输入 24 个工作人员姓名，在姓名框中用汉字输入值班人员的真实姓名即可。对话框的右侧担班人员(默认)有三个输入框：当担班人员为不固定时，三个输入框空白即可；若输入三个担班人员姓名，则每次运行“放球软件”时，都会自动在放球软件地面参数的瞬间观测记录页中的计算者、校队者、预审者填入这三个人名。

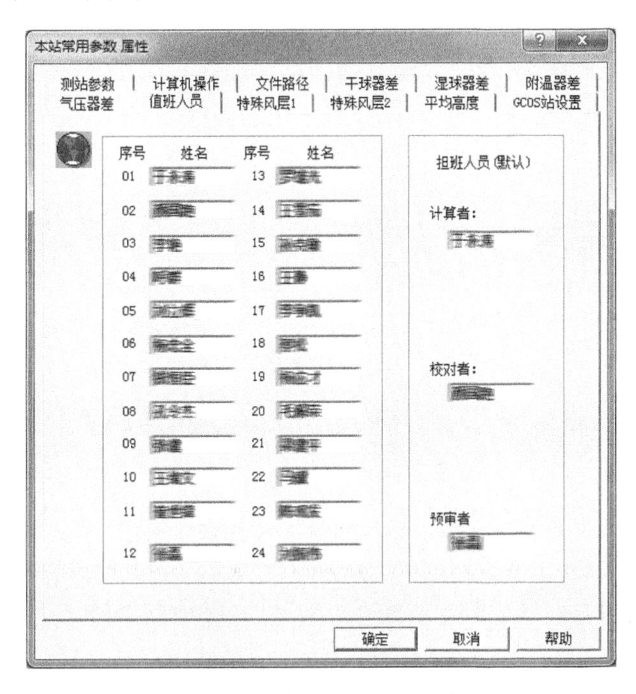

图 5.18　值班人员姓名列表

5.1.9　特殊风层 1

特殊风层 1 属性页所显示的内容如图 5.19 所示，主要提供除规定高度层风外的任意高度风层要素。在下面的各个框中输入所需风的高度值，数据处理软件将会根据这些输入值，计算出这些特殊风层的风向、风速。高度的输入值没有任何大小和顺序的限制。

5.1.10　特殊风层 2

与特殊风层 1 的使用方法完全一致，不再赘述。

5.1.11　平均高度

规定等压面平均高度页如图 5.20 所示，用于输入各规定等压面的平均高度，主要用于雷达单独测风观测方式，如果单测风终止高度高于前 24 小时的综合观测探空终止高度时，则使用平均高度计算各规定等压面层的风要素值，没有执行单测风观测的高空站也需要填写。

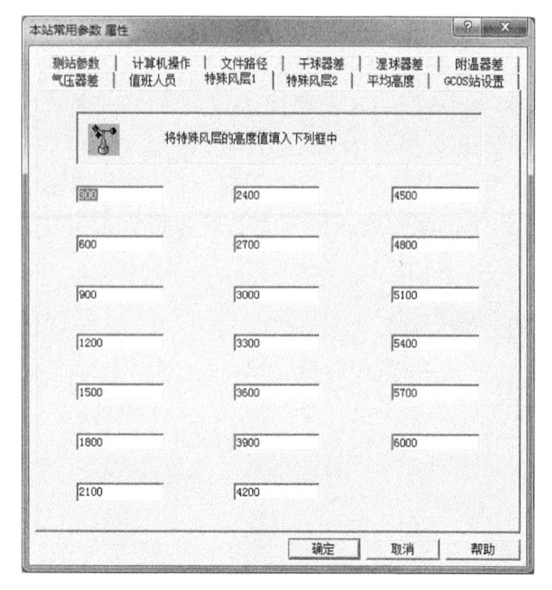

图 5.19　自定义特殊风层高度

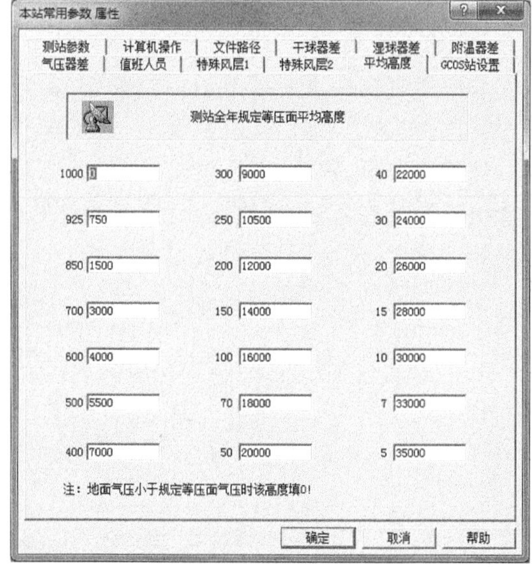

图 5.20　规定等压面平均高度

5.1.12　GCOS 站设置

目前我国西藏那曲，内蒙古海拉尔、二连浩特，湖北宜昌，云南昆明，甘肃民勤，新疆喀什 7 个高空站（不含香港）被世界气象组织（WMO）确认为全球气候观测系统（GCOS）站，并颁发了 GCOS 探空站证书。全球 GCOS 探空站网是 1997 年 WMO 确立的，由全世界 161 个探空站组成。该站网的目的是确保长期稳定地获取高空大气的基本气象要素数据，满足对全球尺度的气候系统研究需要。WMO 的基本系统委员会根据全球的探空站长期运行状况和区域分布进行遴选，确定入选的全球 GCOS 探空站。

WMO 考虑到世界各国发展能力不平衡，对 GCOS 探空提出了七点基本要求：

（1）要保证观测资料的长期性和连续性，包括做好观测人员的技术培训，确保观测环境变化尽量处于最小程度，以及要做好观测仪器换型的对比评估等；

（2）每天要进行不少于两次的完整观测，最低观测高度不能低于 30 hPa，尽可能达到 5 hPa，以满足监测平流层大气循环以及大气成分相互作用的需要；

（3）要按时、准确地提供高空温度、湿度和风观测数据的月报（CLIMAT、TEMP），每月前 5 天，最晚不迟于前 8 天，应报送上月的 CLIMAT、TEMP；

（4）每个 GCOS 探空站要进行严格的质量控制，要定期检定、确认和维护观测设备，以确保观测质量；

（5）探空仪传感器在施放前必须进行基值检测，以确保观测精度。在观测过程中和观测终止时，要对观测数据进行审核和订正，确保最终发送的观测资料报文的准确性；

（6）若由于人为或非人为原因致使观测失败时，要施放备份探空仪，以确保探空资料的完整性；

（7）要报送每次观测的详细数据，包括探空仪的有关标识符、观测数据的修订以及观测程序的升级、观测环境的变化、探空仪换型、探空数据的订正等。因为气候变化的研究，需要探空仪测量系统误差保持非常高的稳定性。

我国 7 个 GCOS 站需要按照图 5.21 进行本站设置,GCOS 站高表 14 中规定等压面新增 3、2、1 作为标准等压面,编报时,规定等压面风终止在 10 hPa 或以下,风的指示码与原规定一样,规定等压面风终止在 10 hPa 以上,风的指示码为“1”,TTCC 报 10 hPa 以上如果规定等压面没有风,发“/////”,不能省略。

非 GCOS 站按照图 5.22 设置,也是软件初始的默认设置。

所有参数设置好了以后,按“确定”按钮,保存这些参数设置,本站常用参数以文件名 parameter.dat 保存在 datap 文件夹里。

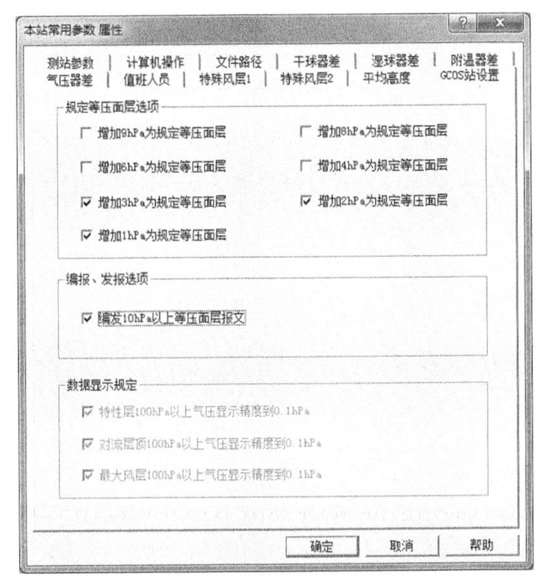
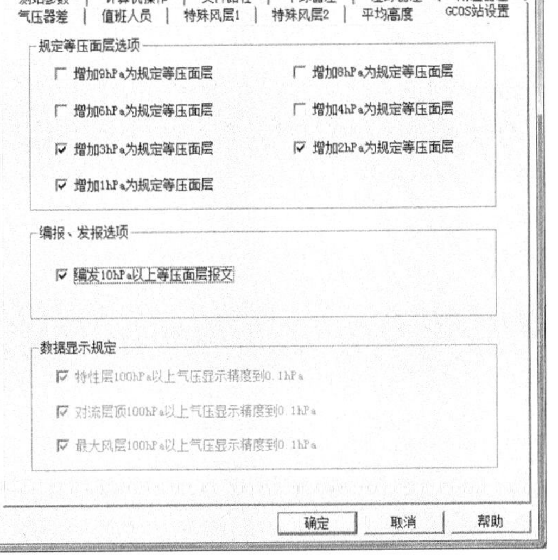

图 5.21　GCOS 站设置模板

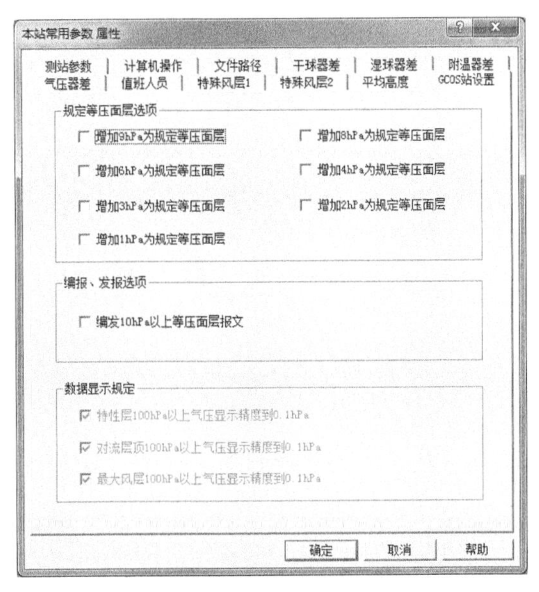

图 5.22　非 GCOS 站设置模板

5.2　发报参数设置

为了发出符合本站 TAC 类报文的报头、站名代号与类型标志,在正式使用软件前需要设置发报参数。运行“数据处理软件”,进入“设置”菜单,选“设置发报参数”菜单项,在弹出的“密码”对话框中输入密码后(密码同本站常用参数密码),按“确定”按钮,在软件弹出的如图 5.23 所示的“发报参数设置”对话框上进行本站发报参数和发报类型的设置,其中大部分报文参数软件已经默认设置好了,不需要改变,测站只需关注“站名代码(报文文件用)”的填写。本站要发的报文类型由中国气象局下达,参加国际交换的报文在“标志”中输入“10”;只在国内交换的报文,在“标志”中输入“40”;不参加编发的报文,在“标志”中可输入“0”或空白不填。

5.2.1　站名代号(报文文件)设置

根据《气象通讯工作手册》台站发报通信规程,“站名代号”输入本站的 4 位大写英文字母代号,软件编发的 TEMP 和 PILOT 类型报文文件名会截取这 4 个大写英文字母的后 3 个字母作为报文文件的后缀名,图 5.23 报文文件名示例:UP181200.EPK。

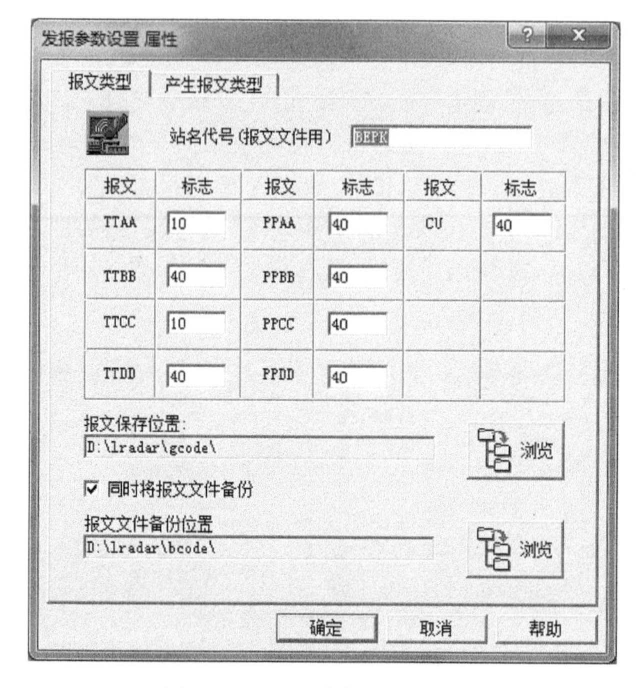

图 5.23　TAC 类报文编制设置

5.2.2　TTAA 报文标志设置

设置 TTAA 报头标志,我国高空观测站固定为“10”,软件已默认设置好,不需要改动。

5.2.3　TTBB 报文标志设置

设置 TTBB 报头标志,我国高空观测站固定为“40”,软件已默认设置好,不需要改动。

5.2.4　TTCC 报文标志设置

设置 TTCC 报头标志,我国高空观测站固定为“10”,软件已默认设置好,不需要改动。

5.2.5　TTDD 报文标志设置

设置 TTDD 报头标志,我国高空观测站固定为“40”,软件已默认设置好,不需要改动。

5.2.6　PPAA 报文标志设置

设置 PPAA 报头标志,我国高空观测站固定为“40”,软件已默认设置好,不需要改动。

5.2.7　PPBB 报文标志设置

设置 PPBB 报头标志,我国高空观测站固定为“40”,软件已默认设置好,不需要改动。

5.2.8　PPCC 报文标志设置

设置 PPCC 报头标志,我国高空观测站固定为“40”,软件已默认设置好,不需要改动。

5.2.9　PPDD 报文标志设置

设置 PPDD 报头标志，我国高空观测站固定为“40”，软件已默认设置好，不需要改动。

5.2.10　CU 报文标志设置

设置气候报报头标志，我国高空观测站固定为“40”，软件已默认设置好，不需要改动。

5.2.11　报文保存位置设置

报文文件保存路径一般推荐如图 5.23 所示即可（也是软件的默认设置），软件已默认设置好，不需要改动。

5.2.12　报文文件备份位置设置

如果勾选了“同时将报文文件备份”选项，在产生报文文件时，软件会将报文文件同时备份到“报文文件备份位置”指定的文件夹里，该位置由高空观测站根据本站的需要和工作习惯自行设置，备份文件时是按照数据文件的年、月，新建一个如图 5.24 所示的文件夹，因此不会存在报文文件名在经过一个月后由于重名而覆盖上一个月的问题，设置时需将“同时将报文文件备份”勾选上，否则浏览按钮是灰化的，不能使用。

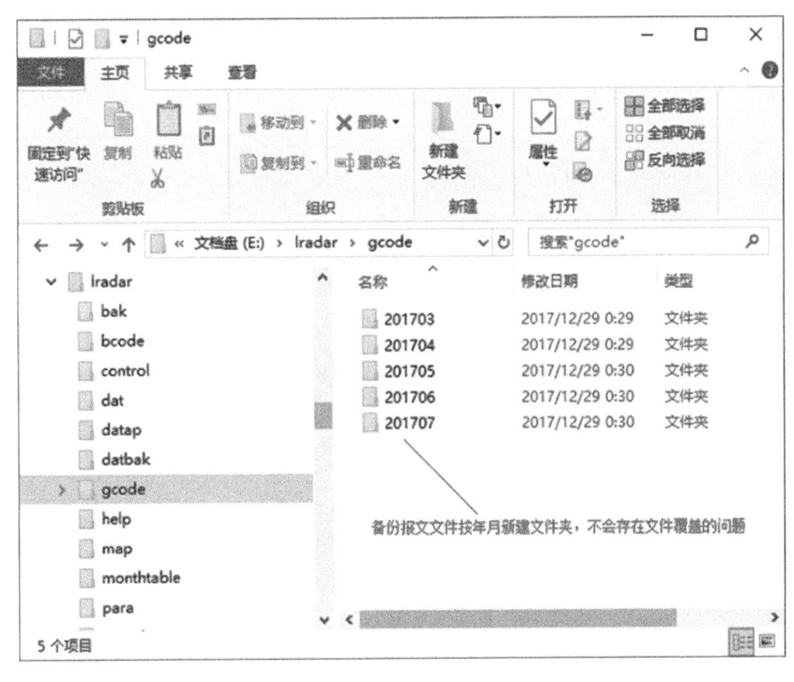

图 5.24　报文文件备份位置设置

5.2.13　产生报文文件选择

该功能用于兼容报文双、单轨制传输模式，避免在单轨制模式下误发送现在由 L 波段软件自动产生的报文和状态文件给通信信息和审核部门造成混乱。在如图 5.25 所示的“产生报文类型”属性页上，对报文文件进行勾选，软件将会根据设置勾选对报文文件进行相应的产生。为安全起见，BUFR 文件和 XML 文件总是会产生，不会随是否勾选的操作而变化！

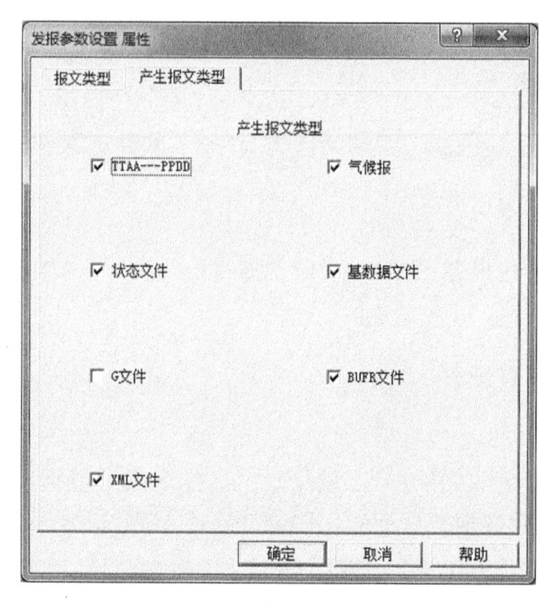

图 5.25　产生报文文件选择

所有发报参数设置完毕，按“确定”按钮，保存发报参数的设置，发报参数以文件名 Telegraphy. dat 保存在 datap 文件夹里，Telegraphy. dat 是二进制的文件，不能用记事本打开。

5.3　设备信息参数

在“设置”菜单中选“设备信息参数”，即可进入设备信息参数设置。设备信息参数在图 5.26 所示的对话框中设置，只需要填写探空仪、气球、电池生产批次、气球生产厂家信息，气球生产厂家信息填写方法：在图 5.26 所示的对话框中将鼠标光标点入气球生产厂家框内，单击鼠标右键，在弹出的菜单中选择正确的气球生产厂家即可，该对话框中的探空仪型号、探空仪生产厂家、电池相关信息不需填写，软件会根据本站常用参数中的探空仪型号自动填写对应的探空仪、电池相关信息。设置完毕后按“确定”按钮即可，每次的数据文件都会将这些设备信息录入。

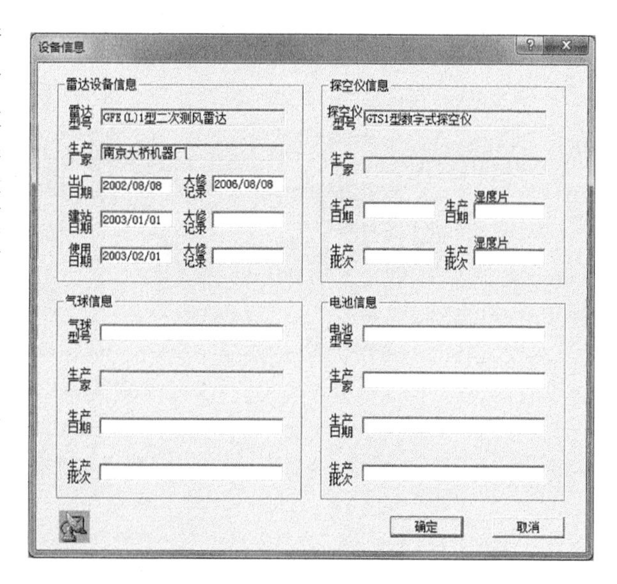

图 5.26　设备信息参数设置

5.4　台站元数据参数

在“设置”菜单中选“台站元数据参数”，即可进入台站元数据参数设置。台站元数据参数在图 5.27 所示的属性对话框中设置，台站元数据中的台站信息每年定期上报一次至中国气象局，之后如果有台站信息变动则编报 XML 文件中<Station>元素的相应内容；如果无台站信息变动，则 XML 文件中<Station>元素可省略不写。具体上传可参考相关规定，台站元数据参数文件内容格式可参考附件 A。

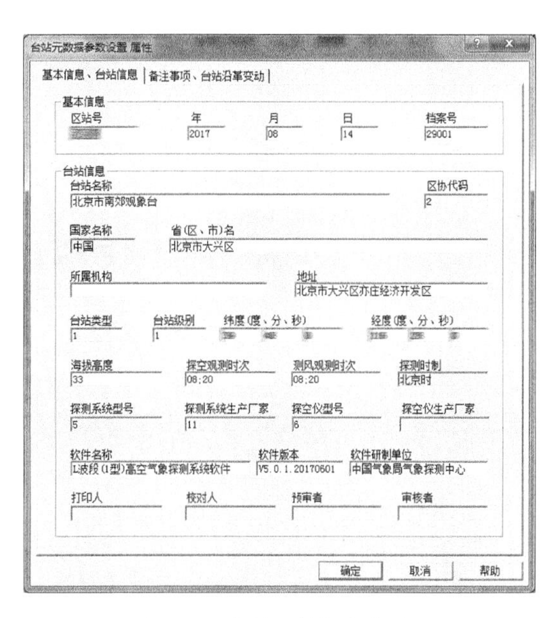

图 5.27　台站元数据参数设置

5.5　修改密码

为了避免因随意修改本站参数而引起人为的错误，可通过修改密码达到只有经过授权人员才能修改本站常用参数、发报设置等参数文件的目的，密码的修改方法如下：在如图 5.28 中的对话框中输入旧密码，然后按“修改密码”铵钮，在弹出的图 5.29 的对话框中输入新的密码和确认新密码后，按“确定”铵钮，新的密码即可生效使用。

图 5.28　修改密码

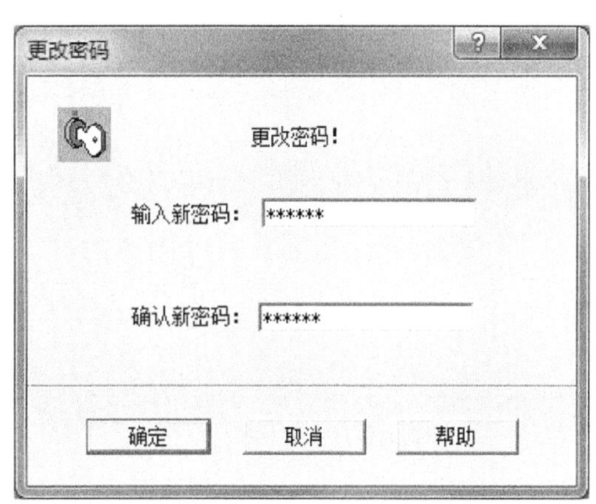

图 5.29　确认密码

第6章　放球软件的使用

“放球软件”主要用于与雷达通过通信接口相连，接收雷达观测系统发送来的球坐标（仰角、方位、距离）和探空温、压、湿数据，同时也能对数据进行显示、删除、修改等处理工作，“放球软件”采用面向对象技术设计，各功能模块相互独立，在完成数据接收和处理的同时，还可完成雷达系统的控制、状态监测、探空仪基测等工作，软件设计了三种工作方式（综合观测、无线电经纬仪和单独测风），能根据设备和工作性质在三种工作方式之间自由切换，接收到的数据、台站信息、操作过程能以指定的时间间隔保存。由于探空是个非常复杂的非受控过程，软件还设计了各种特殊情况的数据处理模块，一旦软件检测到特殊情况数据，软件能自动调用这些模块来处理这些数据。对工作中接收到的异常数据，软件设计有剔除、插值替换、平滑等数值模块来处理这些数据。为更可靠地提高数据质量，软件还提供完全的人机交互手段，允许操作员以人工介入的方式处理所有的数据。

6.1　启动放球软件

用鼠标单击“开始”按钮，从“程序”菜单中选择“L波段（Ⅰ型）高空气象观测系统软件”项，然后再单击如图6.1所示“放球软件”项或直接在计算机桌面上用鼠标左键双击“L波段（Ⅰ型）放球软件”，见图6.2的图标，都可运行“放球软件”。

图6.1　从“开始”菜单运行放球软件

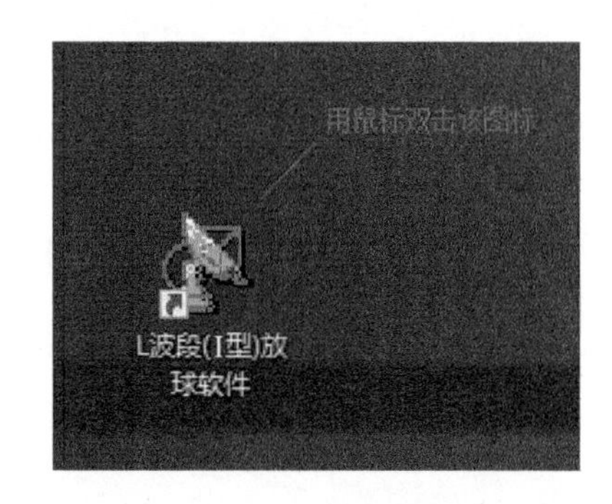

图6.2　从桌面运行放球软件

放球软件运行后，如果没有发现本站常用参数文件，放球软件会弹出图 6.3 所示的信息提示框，提醒操作员设置本站常用参数，软件还会对本站参数中的站号、经纬度、海拔高度进行相关性审核检查，如发现填写错误会弹出图 6.4 所示提示框进行提示。由于迁站等原因造成本站海拔高度和经纬度改变而引起的审核提示，如果能确保本站站号、经纬度、海拔高度是正确的，可以暂时不用理会该提示，不影响软件的正常使用。

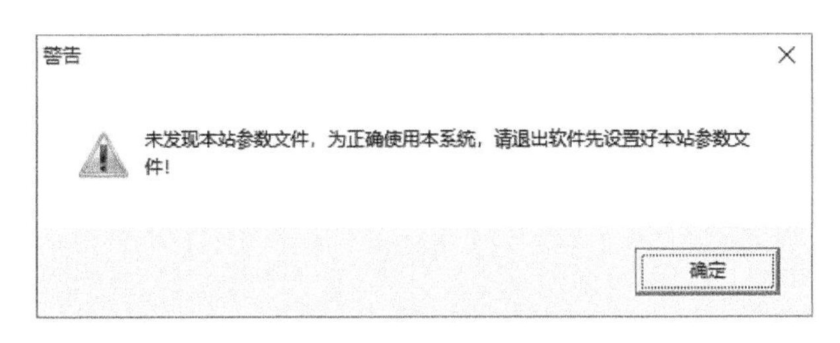

图 6.3　未发现本站参数文件提示

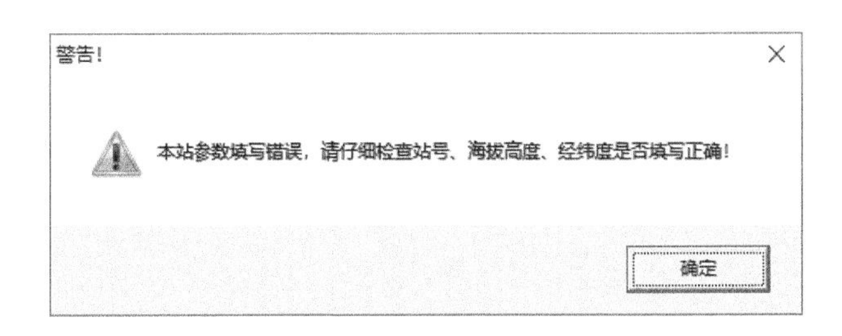

图 6.4　站号、经纬度、海拔高度相关性审核错误提示

如果计算机与雷达通信的串行口(COM)被占用或者不存在，放球软件会弹出如图 6.5 所示的提示框，计算机串行口损坏也会出现该提示框，出现该提示框后，表明放球软件不能使用，应退出软件仔细检查计算机和参数设置，直到解决该问题。

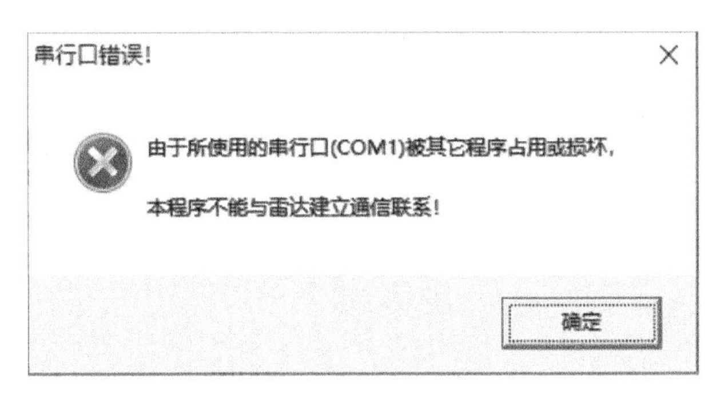

图 6.5　计算机串口错误提示

如果在分辨率低于 1024×768 的显示器上运行放球软件，放球软件会弹出如图 6.6 所示的提示框，软件能使用但会出现显示画面不全的现象。

运行放球软件时，如果发现存在本时段数据文件(S 文件)，放球软件会弹出如图 6.7 所示的提示框。

由于放球软件第一次运行时会对网络进行访问操作(访问自动放球系统计算机)，首次运

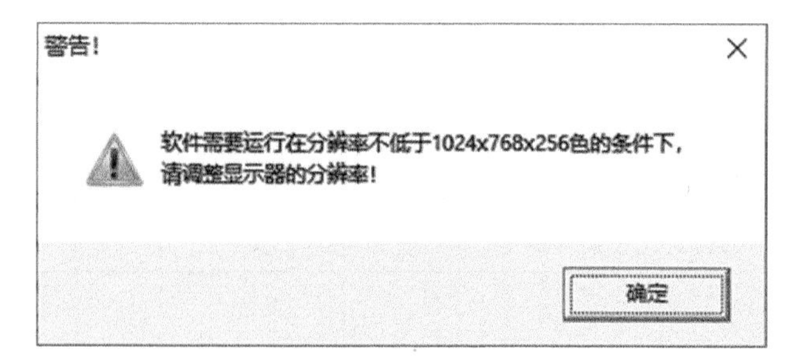

图 6.6　显示器显示分辨率太低提示

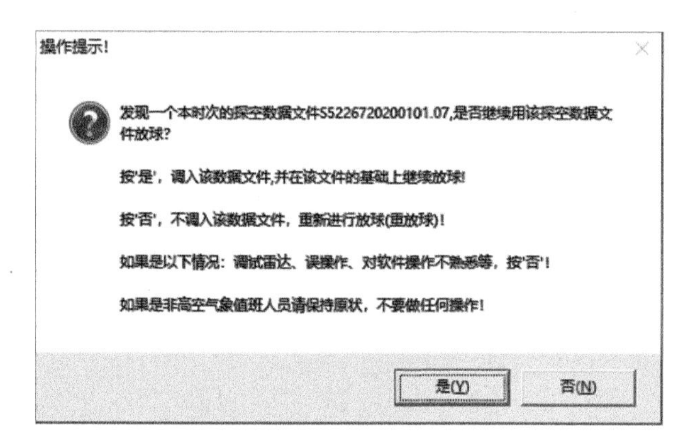

图 6.7　发现存在本时段数据文件(S 文件)时提示

行放球软件,Windows 系统会有如图 6.8、图 6.9 所示的提示,如果出现上述提示,需要选择“允许访问”或“解除阻止”,否则放球软件不能操控自动放球系统。

图 6.8　放球软件访问网络时系统提示(一)

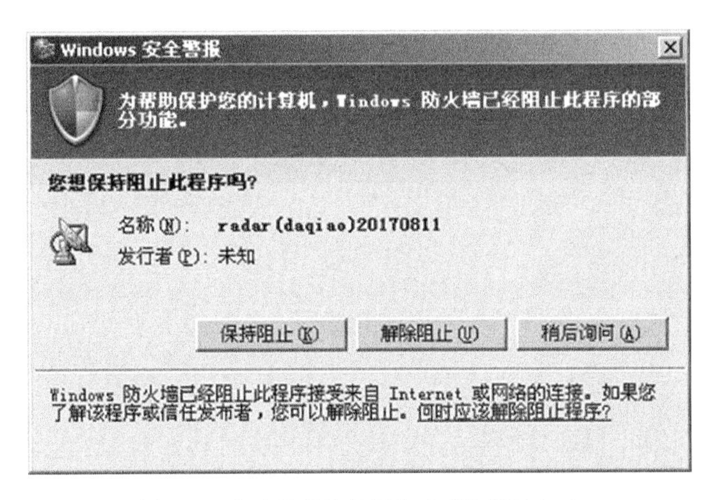

图 6.9　放球软件访问网络时系统提示(二)

6.2　放球软件的界面组成

“放球软件”运行后，将在显示器的屏幕上显示一个如图 6.10 所示用于方便完成高空气象观测任务的主画面，主画面分为两大部分:左侧为雷达的状态监视、控制区;右侧为探空数据、球坐标数据录取、显示、处理区。

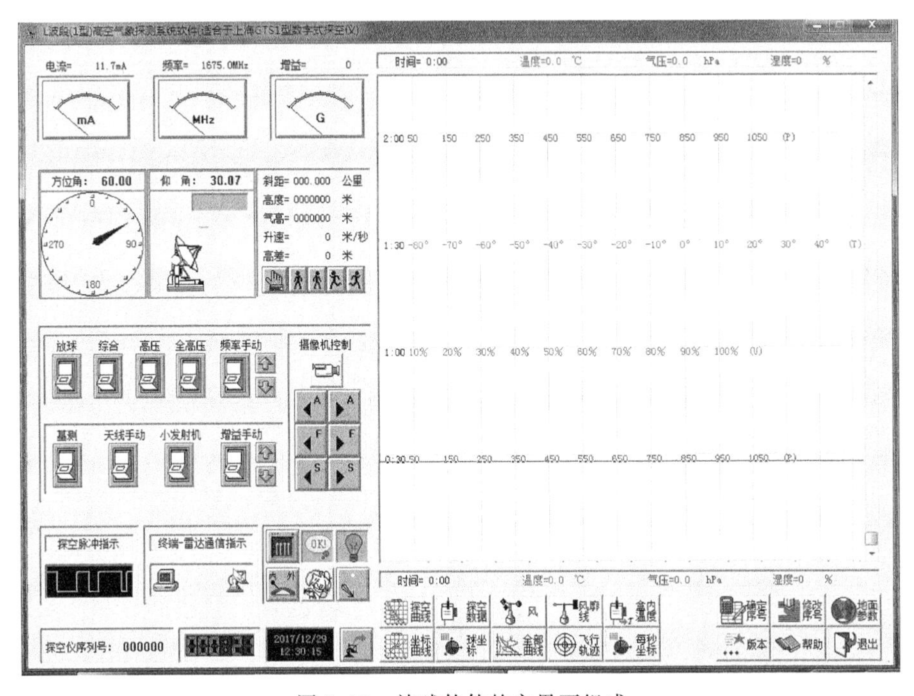

图 6.10　放球软件的主界面组成

如果计算机配备的显示器分辨率在 1280×1024 以上，则软件显示的主界面如图 6.11 所示，在此界面下，增加了曲线窗口的显示面积，时间轴从一屏 140 s 增大到 225 s，增大了 60%。

针对我国台站配备有较多 1440×900 分辨率的宽屏显示器，软件在此分辨率下，显示的界面如图 6.12 所示，可以充分利用宽屏的特点显示更多的内容。

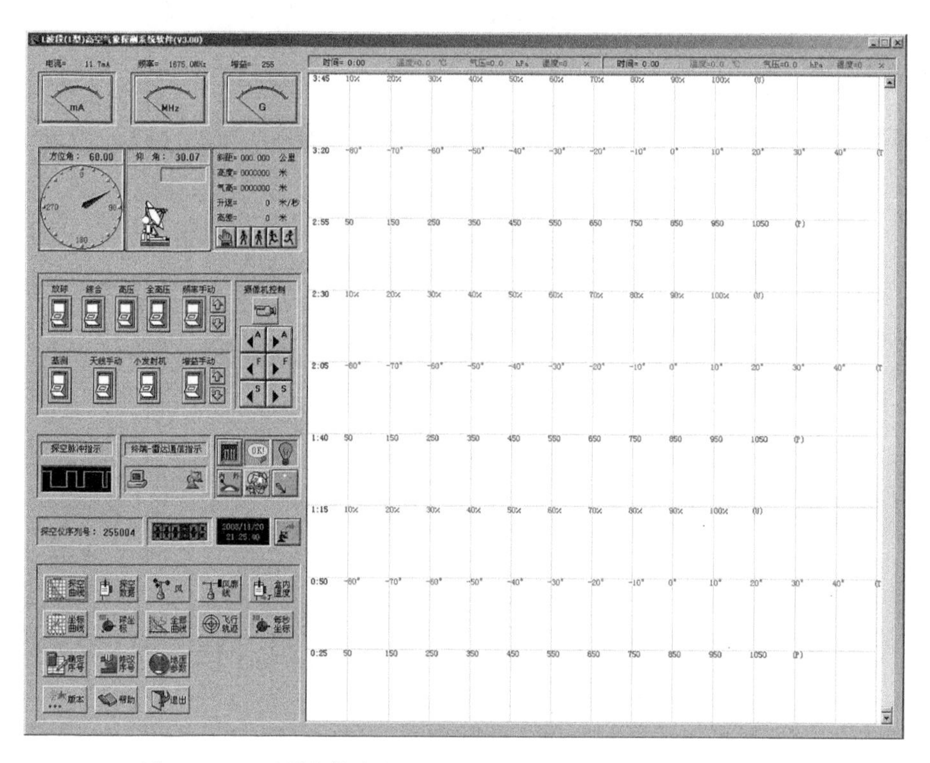

图 6.11　显示器分辨率在 1280×1024 以上时放球软件的主界面

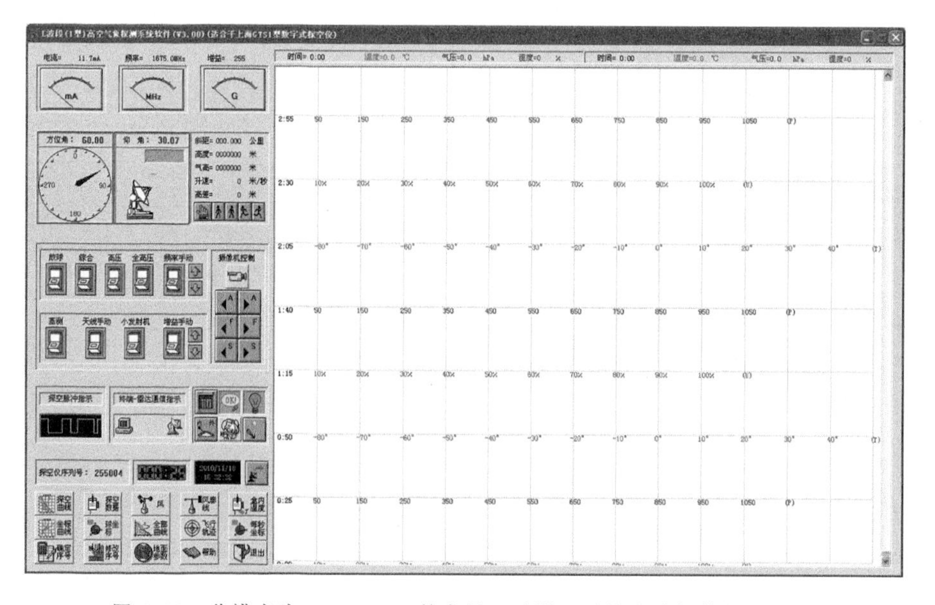

图 6.12　分辨率为 1440×900 的宽屏显示器显示的放球软件的主界面

6.3　方位角、仰角显示功能

方位角、仰角显示区如图 6.13 所示，以数字或仪表盘形式显示雷达天线所处的实时方位角、仰角数据，工作时当雷达天线的仰角大于 85°时，软件会用图 6.14 所示的“气球过顶!”字样不断闪烁提醒操作员留意雷达天线可能过顶。

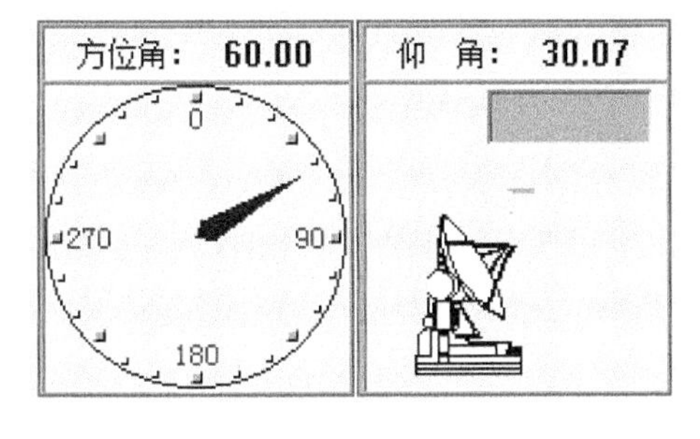

图 6.13　方位角、仰角显示

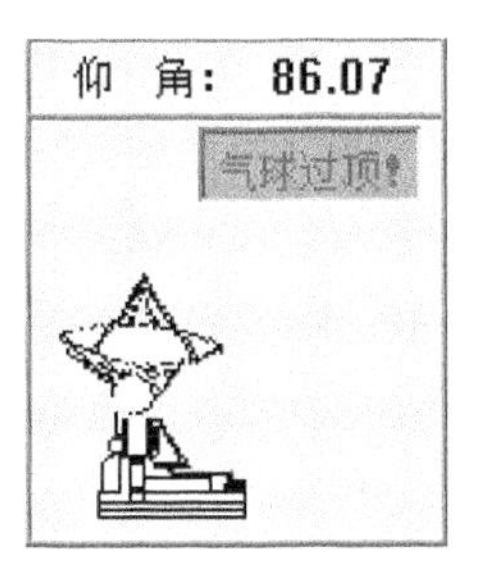

图 6.14　仰角过顶报警提示

6.4　距离显示控制功能

距离显示及控制的画面如图 6.15 所示，主要用来显示探空仪距雷达的斜距和距离地面的高度。“斜距”字样后面显示的是探空仪此刻离雷达天线的实时距离，单位是千米(km)；“高度”显示的是探空仪距地面的高度，单位是米(m)，此高度就是雷达高度，是根据雷达测得的探空仪仰角、斜距计算而得(加上了地球曲率补偿)；“气高”显示的也是探空仪距地面的高度，单位为米(m)，但此高度是根据探空仪发回的温、压、湿数据计算出来的。在雷达处于正常工作状态时，这两个高度数据应基本一致，当这两个高度相差较大时，软件会通过声音和如图 6.16 所示的图像方式发出报警，提醒操作员注意此时可能出现雷达跟踪丢球、距离跟踪、探空译码、瞬间地面气压值输入错误等方面的问题。操作员应及时根据计算机上所显示的信息将雷达或错误数据恢复到正确状态。“升速”显示的是施放气球以秒为单位的即时升速值。下侧的五个按钮用于距离跟踪控制，左边的第一个按钮是距离手动/自动切换开关。距离自动跟踪失控时，可切换到距离手动跟踪状态，根据示波器上显示的距离跟踪情况，分别用鼠标按动四个距离跟踪按钮，移动距离跟踪波门，使其跟踪到回答脉冲的前沿。左边两个按钮分别是距离慢速减少、距离增加按钮；右面两个按钮分别是距离快速减少、距离增加追踪按钮。

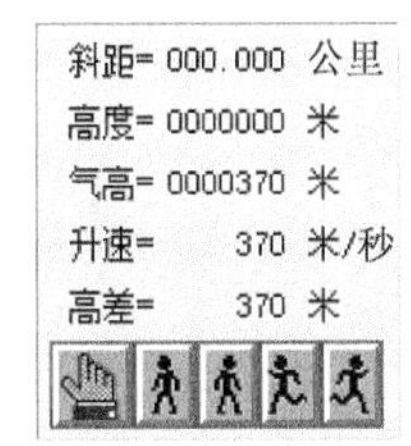

图 6.15　距离显示控制

图 6.16　高度误差报警

6.5　雷达发射机、接收机控制

放球软件对雷达的发射机、接收机的控制如图 6.17 所示。采用三维动画开关,以便操作员控制和改变雷达发射机、接收机的各种状态。各开关的功能如下。

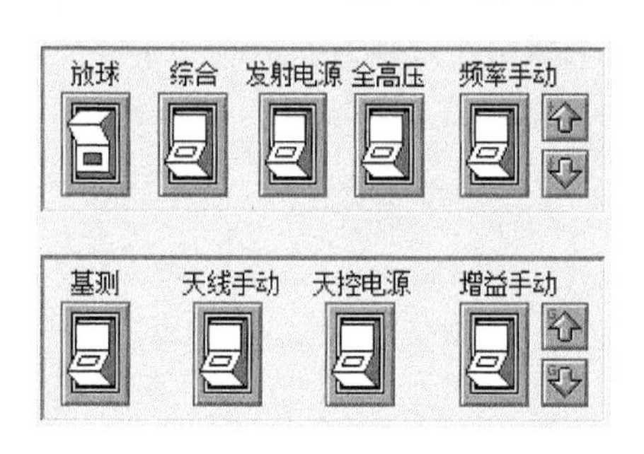

图 6.17　雷达发射机、接收机控制

6.5.1　“放球”开关

“放球”开关用于在施放气球的瞬间,通知计算机气球已经施放。这时计算机将复位放球软件计时器,将各种状态清零,数据接收缓冲区清空,观测正式开始。

6.5.2　“综合”开关

默认状态为“综合观测”方式。按下“综合”按钮时,本次观测改为“单测风”方式(即雷达单独测风方式)。

6.5.3　“基测”开关

“基测”开关为探空仪施放前进行基值测定时用,基测开关打开后,会关闭雷达天线波瓣的跳变扫描模式,使得在地面接收探空仪信号更加稳定。只有打开“基测”开关,探空仪发出的温、压、湿数据才会进入到“基值测定记录”页的“仪器值”框内。

6.5.4　“频率手/自动”开关

当频率手/自动开关处于关闭时,接收机处于频率手动状态,操作员可通过此开关右侧的两个小按钮,手动调节接收机的本振频率;当开关打开时(开关上部有红色方块),接收机处于频率自动控制状态。监视、控制区上方的频率表如图 6.18 所示,在手动或自动控制状态时,会形象地显示接收机频率所发生的变化。

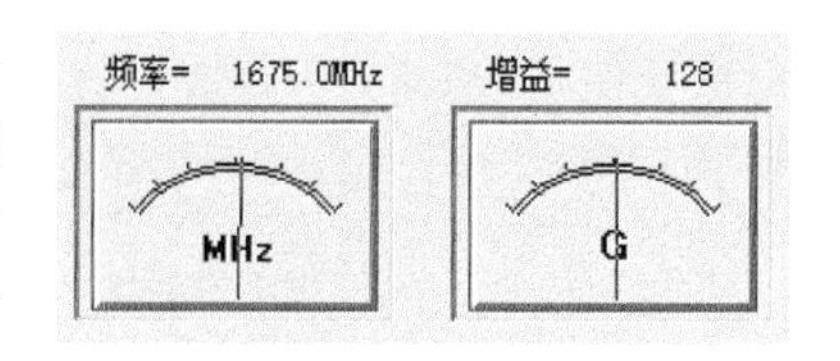

图 6.18　频率、增益显示

6.5.5　“天控手/自动”开关

当天控手/自动开关处于“关”状态时,天线处于手动控制状态,此时可用雷达天线控制盒手柄操控雷达天线的转动;当开关处于“开”状态时,天线处于自动跟踪控制状态,雷达将根据接收到的信号强度自动操控天线跟踪目标。

6.5.6 “增益手/自动”开关

当增益手/自动开关处于“关”状态时，接收机处于增益手动状态，操作员可通过开关旁边的两个小按钮手动调节接收机的增益；当开关处于“开”状态时，接收机处于增益自动调节状态。监视、控制区上方的增益指示表(图6.18)在手动或自动控制状态时，则会形象地显示雷达接收机增益所发生的变化。

6.5.7 “小发射机”开关

用于地面探空仪调试、放球初期近距离测距时使用，远程后，雷达会自动将小发射机切换成发射机其他工作状态。

6.5.8 “摄像机控制”按钮

摄像机系列控制按钮由如图6.19所示的七个按钮组成，用于调取摄像机画面的开启，并可利用它下面六个按钮调整其亮度(A)、焦距(F)、缩小和放大(S)，按上面第一个有摄像机图形的按钮，软件会根据本站常用参数里指定的位置(参见图5.11文件路径输入页)调用摄像机显示软件。

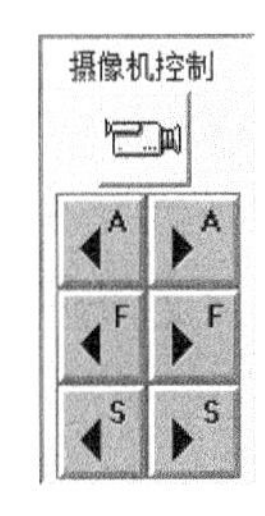

图6.19 摄像机控制按钮

6.5.9 “高压”开关

探空仪距雷达1 km后，发射机自动切换为此状态，具体含义可参看厂家编写的有关雷达操作手册。

6.5.10 “全高压”开关

探空仪距雷达10 km后，发射机自动切换为此状态，具体含义可参看厂家编写的雷达操作手册。

6.5.11 “发射机磁控管电流指示表”

当发射机处于“小发射机”“高压”“全高压”各种状态时，监视、控制区上方的“发射机磁控管电流指示表”会有如图6.20所示不同量的显示。

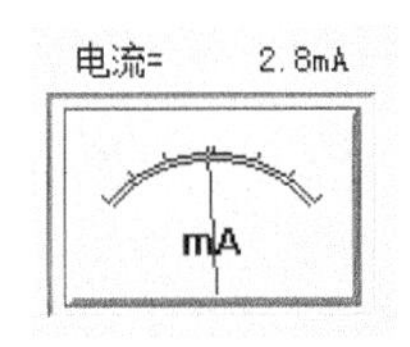

图6.20 发射机磁控管电流指示表

注：以上各开关呈红色显示时为开启状态(综合/单测风开关除外)

6.6 探空电码监测

探空脉冲监测功能用来帮助操作员判断雷达接收的探空仪信号是否正常。在正常观测过程中，雷达会不断地向计算机发送其所接收到的温、压、湿编码数据，这时如图6.21所示的电码脉冲将会不断地从右向左移动，反之脉冲会停止移动。脉冲移动与否指明计算机是否正常接收到雷达发送的探空仪编码信号。

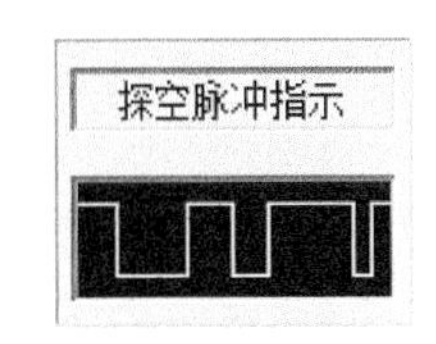

图6.21 探空电码监测

6.7 终端(计算机)—雷达通信指示

终端(计算机)—雷达通信指示功能用来指示雷达与计算机之间的通信状态,如图6.22所示。正常工作时,由于雷达不断有数据送往计算机,可以看到有蓝色箭头不断从“雷达”向“计算机”方向移动。如果没有不断移动的蓝色箭头,那么可以判定雷达或者计算机的串口发生了故障。只有当计算机向雷达发送某指令时(例如操作天控开关),才会有指令数据发往雷达,这时可以看到红色箭头从“计算机”向“雷达”方向移动一次。操作员可根据“通信指示”指示,判断雷达和计算机之间的连接、传送数据是否正常。

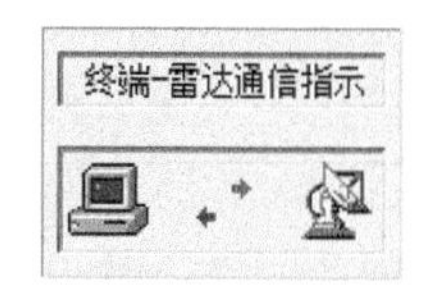

图6.22 计算机—雷达通信指示

6.8 雷达故障报警监测

用来监测雷达是否发生故障。当雷达发生故障或天线仰角达到上、下限位时,“雷达故障报警”图标会由正常状态的“OK”变为如图6.23所示的闪烁“HELP”,并伴随报警声。按下如图6.24所示的“雷达故障显示开关”按钮,软件将会弹出一个如图6.25所示的对话框,对话框上有三个标签,分别是如图6.25所示的“故障类型”、如图6.26所示的“故障位置图”和如图6.27所示的“印制板号”图,在该对话框上可查看具体故障内容。在“故障类型”中,可能出现故障的地方用红×表示,正常用绿√表示;用鼠标点击“故障位置图”页,可标出发生故障的印制板在雷达机柜中所处的位置(绿灯变红);在“印制板号”中显示发生故障的印制板号。

图6.23 雷达故障报警

图6.24 雷达故障显示开关

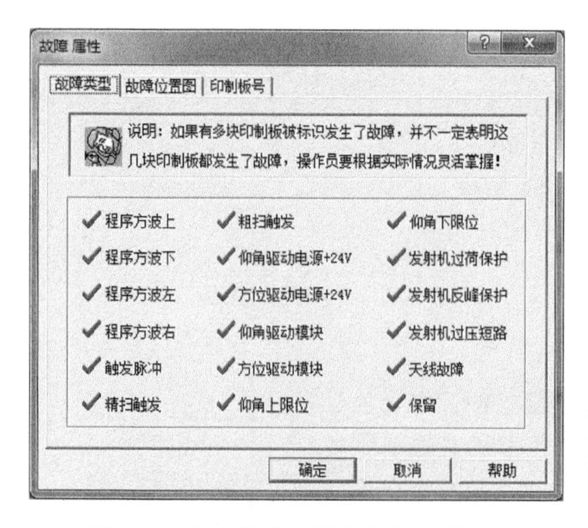

图6.25 雷达故障显示中的“故障类型”

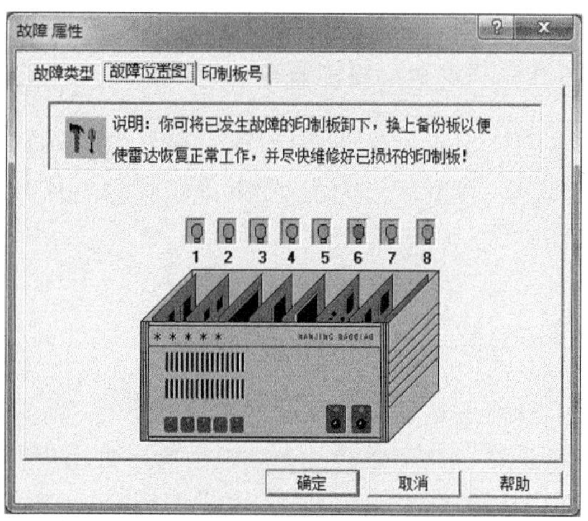

图6.26 雷达故障显示中的“故障位置图”

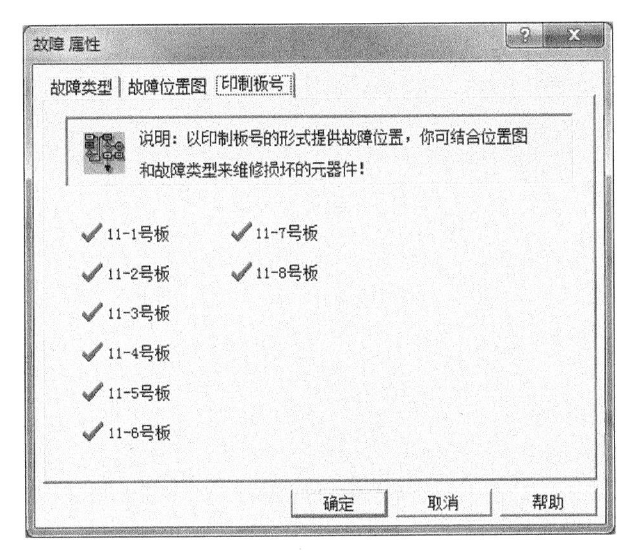

图 6.27　雷达故障显示中的“印制板号”

6.9　天线跟踪旁瓣的处理

当雷达天线出现旁瓣跟踪或丢球状态时而导致如图 6.16 所示的“高度误差报警指示灯”闪烁时，可根据雷达测高和气压高度的数值差来判别雷达是否处于旁瓣跟踪状态，如果判断天线是旁瓣跟踪，可以按下如图 6.28 所示的“天线扇扫控制”按钮，雷达会在一定范围内自动调整天线位置，尽快恢复到主瓣跟踪状态。

图 6.28　天线扇扫控制

6.10　示波器距离/角度及天线内/外控制切换开关

示波器距离、角度及天线内、外控制切换开关如图 6.29 所示，上面为示波器距离/角度切换开关按钮，下面是天线内/外控制切换开关按钮，图 6.29 中状态为雷达配套示波器处于四条亮线的角度跟踪显示方式，示波器上显示仰角、方位各两条亮线(四条亮线从左到右分别代表上、下、左、右)；打开小发射机，按下该按钮后，示波器将处于如图 6.30 所示的距离显示方式，示波器显示两条扫描粗横线，下面横线代表 16 km 范围，中间突起部分代表其中 2 km 范围；上面的横线就是该 2 km 的放大显示。当雷达天线对准探空仪时，上面横线中可以看到一个向上的距离回波凹口(即探空仪的回波信号，简称凹口或缺口)。距离跟踪正确时，凹口将对准下面横线中两条暗色竖线(距离跟踪点瞄准线)。第二、三个按钮形状的图形分别是雷达故障、跟踪报警指示灯。天线内、外控制切换开关用于选择天线的内、外控制方式，默认为内控方式，操作员可以在室内使用手柄控制天线的转动；按下该按钮后，天线将处于外控方式，操作人员可在室外天线处用手柄控制天线的转动。

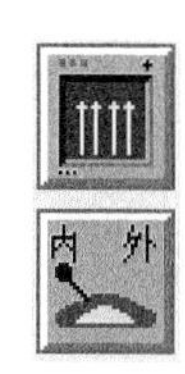

图 6.29　示波器距离/角度及天线内/外控制切换开关

图 6.30　按下图 6.29 中的开关后显示的示波器距离/角度及天线内/外控制切换开关

6.11　操作提示

当鼠标在操作界面上各个控制按钮上移动时，软件会在鼠标下方显示一个如图 6.31 所示的黄色小窗口，窗口内的文字说明该按钮的操作意义。但该功能可在“数据处理软件”的“本站常用参数”中打开或关闭。

图 6.31　操作提示

6.12　探空、球坐标图形、数据显示处理区

在主画面的右侧是探空、球坐标图形、数据显示处理区，如图 6.32 所示。显示处理区由上状态栏、图形数据显示区、下状态栏、两排按钮组成。

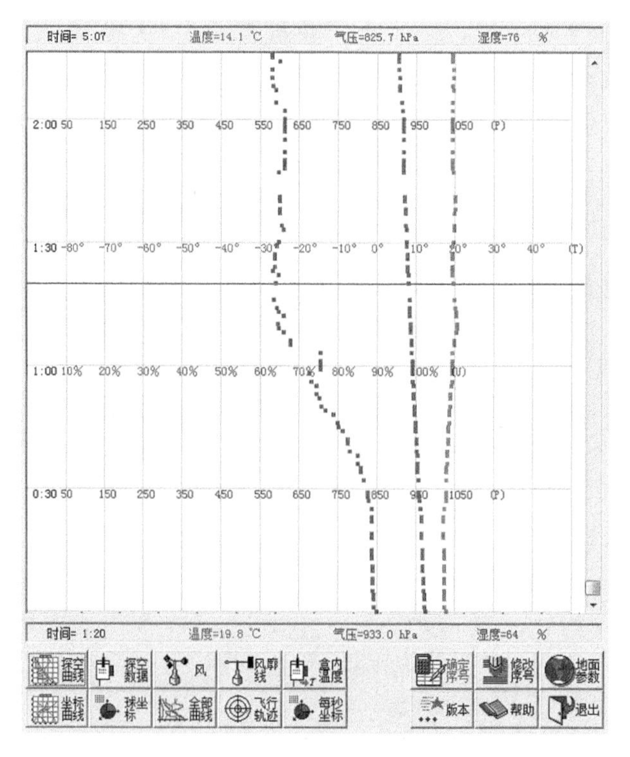

图 6.32　探空、球坐标图形、数据显示处理区

上状态栏：显示当前放球软件实时接收的温、压、湿探空数据。

下状态栏：是某一时刻的温、压、湿探空数据或仰角、方位角、斜距数据（在“探空曲线”或“坐标曲线”显示状态，鼠标指向某一时刻，此栏会显示此时刻探空或测风数据）。

下面左侧二排10个按钮分别用于在数据图像显示区中，显示不同的数据和图形。

●“探空曲线”

按下“探空曲线” 探空曲线 按钮时，显示区显示的是温、压、湿坐标曲线。通常为监视、修改、删除探空点状态。显示区中单击鼠标右键，在弹出的菜单上，可对曲线进行放大、缩小、删除、恢复等各种操作。

●“探空数据”

按下“探空数据” 探空数据 按钮时，显示区显示的是时间及探空数据、探空仪盒内温度。

●“坐标曲线”

按下“坐标曲线” 坐标曲线 按钮时，显示区显示的是仰角、方位角、距离坐标曲线。在显示区中单击鼠标右键，在弹出的菜单上，可对曲线进行放大、缩小、删除、恢复等各种操作。

●“球坐标”

按下“球坐标” 球坐标 按钮时，显示区显示的是时间、仰角、方位、距离球坐标数据以及量得风层的风向、风速，可用来监视测风数据状态。

●“风”

按下“风” 风 按钮时，显示区用风羽图形式显示量得风层的风向、风速。

●“全部曲线”

按下“全部曲线” 全部曲线 按钮时，显示区显示温、压、湿、仰角、方位、距离坐标曲线和根据上月月报表制作的平均等压面高度曲线。

●“风廓线”

按下“风廓线” 风廓线 按钮时，显示区以曲线的形式显示风向、风速廓线。

●“飞行轨迹”

按下“飞行轨迹” 飞行轨迹 按钮时，显示区显示的是气球飞行轨迹的水平投影。在显示区中单击鼠标右键，在弹出的菜单上可对图形进行放大、缩小操作。

●“盒内温度”

按下“盒内温度” 盒内温度 按钮时，显示区以曲线形式显示探空仪盒内温度的变化。显示区中单击鼠标右键，在弹出的菜单上可对曲线进行放大、缩小、删除、恢复操作。

●“每秒坐标”

按下“每秒坐标”按钮时，显示区显示的是软件每秒录取的雷达球坐标数据；右侧二排 6 个按钮的意义如下。

●“地面参数”

按下“地面参数”按钮时，会弹出一个对话框，操作员可在此对话框上输入此次放球时的各种参数，进行基测、瞬间值的输入、补放小球和更改处理方法等操作。

●“确定序号”

按下“确定序号”

按钮时，用于调入待施放探空仪的参数文件。

●“修改序号”

当调入探空仪参数后，“确定序号”

按钮呈“灰化”锁定状态，若要重新调入或修改探空仪参数，可按“修改序号”

按钮，使“确定序号”恢复使能开启状态。

●“帮助”

按下“帮助”

按钮时，显示在线帮助文件。

●“版本”

按下“版本”按钮时，弹出如图 6.33 所示的对话框显示有关放球软件信息。

●“退出”

按下“退出”按钮时，退出“放球软件”。

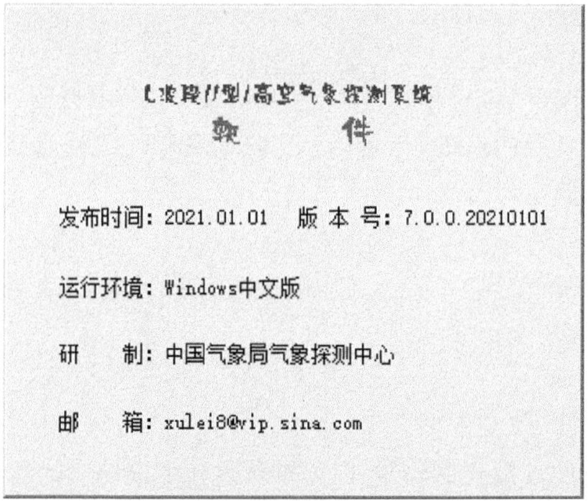

L波段(Ⅰ型)高空气象探测系统
软　件

发布时间：2021.01.01　版 本 号：7.0.0.20210101

运行环境：Windows中文版

研　　制：中国气象局气象探测中心

邮　　箱：xulei8@vip.sina.com

图 6.33　软件版本信息

6.13　调入待施放探空仪的参数文件

此项工作为放球及对将施放探空仪进行基值测定前的准备工作，应在放球前 45 分钟左右开始进行。

放球前，应该保证待施放的探空仪参数文件已经拷贝到 lradar\para 文件夹里，不同型号的探空仪参数文件名不同，各型探空仪参数文件名参见表 6.1。

表 6.1 各种型号探空仪参数文件说明

探空仪型号	厂家	文件名示例	文件名意义
GTS1	上海长望	P255028. K01	探空仪序列号为 255028,2001 年 11 月生产的探空仪
GTS12	上海长望	P178022. A12	探空仪序列号为 178022,2012 年 1 月生产的探空仪
GTS1-1	太原无线电一厂	T59142. B12	探空仪序列号为 59142,2012 年 2 月生产的探空仪
GTS13	太原无线电一厂	无	无
GTS1-2	南京大桥	Id. dat	文件为多个探空仪集合
GTS11	南京大桥	120600053. coeff	探空仪序列号 120600053,2012 年 6 月生产

上海长望 GTS1 和 GTS12 型探空仪采用“P”+“探空仪序列号”+“.”+“月”+“年”组合表示探空仪参数文件,其中 1—12 月分别用 A—L 字母表示,如文件名“P255028. K01”表示探空仪序列号为 255028,2001 年 11 月生产的探空仪。

太原 GTS1-1 型探空仪采用“T”+“探空仪序列号”+“.”+“月”+“年”表示,其中 1—12 月分别用 A—L 字母组合表示探空仪参数文件,如文件名“T59142. B12”表示探空仪序列号为 59142,2012 年 2 月生产的探空仪。

南京 GTS1-2 型所有探空仪参数文件均打包在文件名为 id. dat 的一个文件内,id. dat 文件中存放有很多探空仪参数文件,由放球软件根据探空仪的序列号在 id. dat 文件中按序号查找,南京 GTS11 型探空仪改为每个探空仪对应一个参数文件的方式,如文件名“120600053. coeff”表示探空仪序列号为 120600053,2012 年 6 月生产,后缀名固定为 coeff,没有意义。太原 GTS13 型探空仪参数固化在探空仪内部,不再需要外部参数文件。

6.13.1 GTS1 型探空仪参数文件调入方法

使用 GTS1(长望)型探空仪在调用探空仪的参数文件之前,需要先将基测箱的电源线、信号线分别接在待放探空仪的电源、信号接口上,将湿度片插入基测瓶瓶盖的湿度片插槽内,放入高湿活化瓶中并压紧瓶盖,开启基测箱开关,进行高湿老化。把测量开关放在 T_0 挡、按下功能 R 键,当基测箱显示窗口显示被测元件在高湿环境内的阻值 $R>300$ kΩ 时,即认为高湿老化完毕,所需时间在 1 min 以上。老化完毕后,将带有湿度片的瓶盖迅速盖在干燥瓶上,测量开关仍在 T_0 档位置,当瓶内温度、元件阻值稳定不变时(约 3 min 后),可分别按下功能 R、T 键,读取 T_0、R_0 值(测量湿度片 R_0 的标准范围:8 kΩ$\leqslant R_0\leqslant$20.0 kΩ),同时打开雷达电源、电机开关及示波器开关;运行“放球软件”,打开摄像机,选择摄像机控制按钮,摄像机不清晰时,可分别调整其亮度(A)、焦距(F)、缩小和放大(S)按钮;“天控”开关置于手动,用操纵杆摇动雷达天线,使其尽量对准探空仪所在方向,调整雷达接收机增益和频率,观察“放球软件”雷达状态监视、控制区左下角如图 6.34 所示实时显示的探空仪序列号。

探空仪序列号: 253166

图 6.34 探空仪序列号显示

当探空仪序列号显示稳定并且与所要施放的探空仪序列号一致时,用鼠标按右边处理区下方的“确定序号”按钮,软件弹出一个如图 6.35 所示的对话框,对话框上“正在使用的探空仪序列号”显示的数字序列必须与待施放的探空仪序列号一致,当雷达天线与探空仪位置不在同一高度,且无法对准探空仪,图 6.34 显示的探空仪序列号与所要施放的探空仪序列号始终无法一致时,也可在图 6.35 所示的对话框上“正在使用的探空仪序列号”位置直接手动输入正确的探空仪序列号和正确的探空仪校正年、月后，按对话框上的“确定”按钮，“放球软件”会根据探空仪序列号和校正年、月，自动到\lradar\para 文件夹找到该探空仪参数文件，并将该探空仪参数显示在如图 6.35 所示的对话框内。如果探空仪超过使用有效期 2 年，在确定图 6.36 对话框后软件会弹出如图 6.37 所示的提示警告框，该提示仅起警示作用，并不影响该探空仪继续使用。GTS1 型探空仪因为同时还提供了纸质版的探空仪参数，因此可对比图 6.35 对其进行校对、修改。最后根据基测箱的 T_0 与 R_0 值（保留一位小数）输入 dT0 和 dR0。

图 6.35　GTS1 型探空仪参数文件内数据

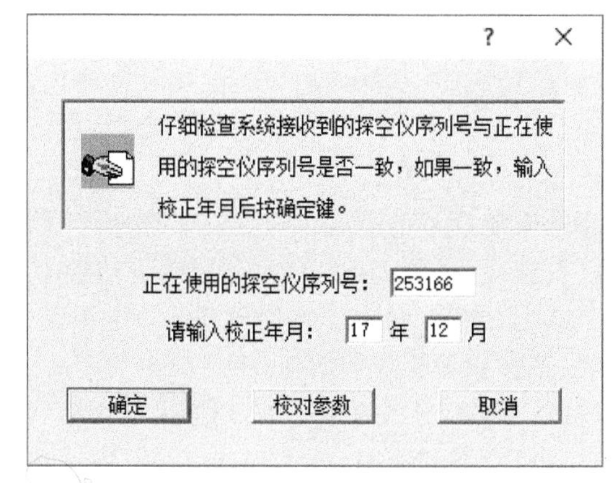

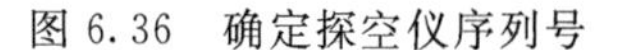

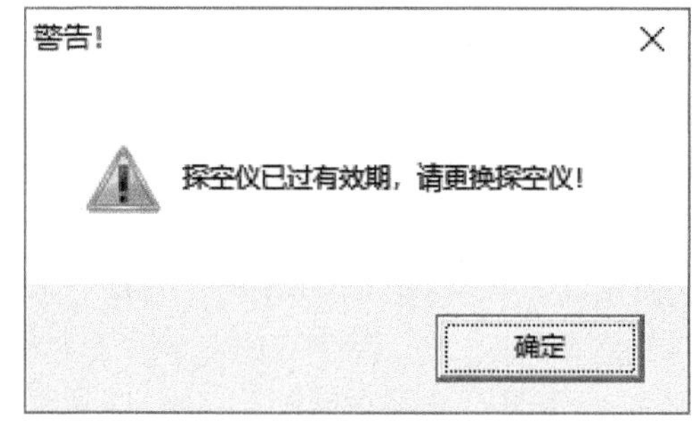

图 6.36　确定探空仪序列号

图 6.37　探空仪过有效期警告

如果软件未找到该探空仪的参数文件，则会弹出一个如图 6.38 所示的信息框提示未找到该探空仪的参数文件，对于 GTS1、GTS1-1 型探空仪，操作员也可根据厂家提供的纸质版参数（探空仪箱内的参数纸张上所示）在如图 6.35 所示的对话框上手动输入探空仪参数。

对于 GTS1 型探空仪，如果人工输入的 dR0 值超过 8～20 kΩ 范围时软件会有如图 6.39 所示的提示。

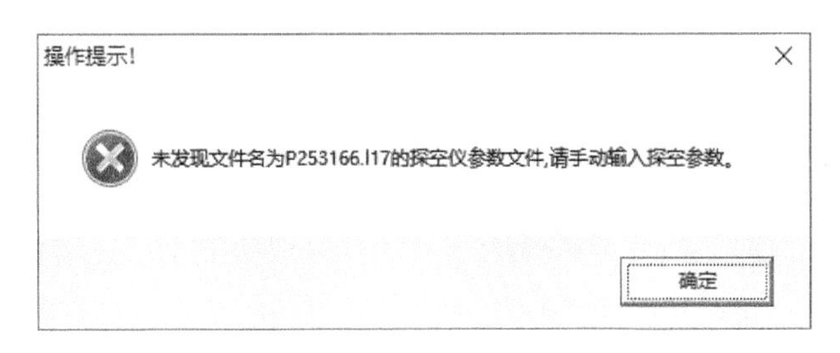

图 6.38　未找到探空仪参数文件提示

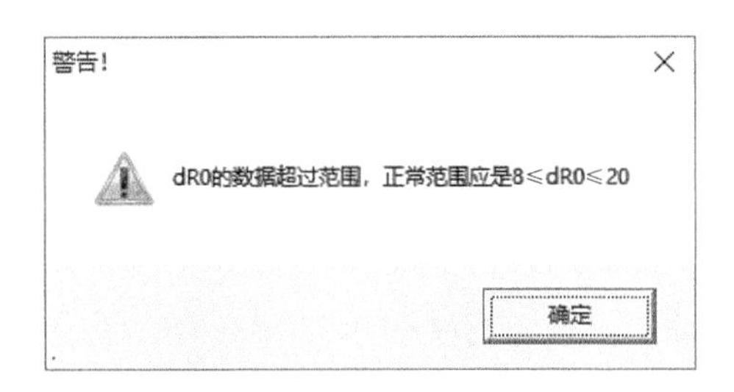

图 6.39　GTS1 型探空仪 dR0 值超标提示

如果输入了错误的校正年、月数值导致调入了错误参数文件或更换探空仪时，也需先按“修改序号”按钮，再按“确定序号”按钮，选择图 6.36 对话框上的“确定”按钮，重新调入新的参数文件。

当所有参数经检查无误后，按“确定”按钮后，此参数文件被放球软件调入，供软件在放球过程中解算探空仪温、压、湿数据所用，同时探空仪的仪器号码被固化保存，不再受外界信号强弱和各种操作的影响。为防止误操作，“确定序号”按钮被软件“灰化”锁定处理，之后如要再次校对、修改此参数文件或者调入新的探空仪参数文件，则需先按“修改序号”按钮，再按“确定序号”按钮重复以上过程。

6.13.2　GTS1-1 型探空仪参数文件调入方法

GTS1-1(太原)型探空仪参数文件调入方法与 GTS1 基本一致，湿度片也需要老化过程，只是探空仪参数显示对话框有所区别，如图 6.40 所示。如果探空仪超过使用有效期 2 年，在确定图 6.36 对话框后软件也会弹出如图 6.37 所示的提示警告，该提示仪起警示作用，不影响该探空仪继续使用。GTS1-1 型探空仪因为同时还提供了纸质版的探空仪参数，因此可使用纸质探空仪参数对比图 6.40 对探空仪参数进行校对、修改。最后根据基测箱的 T0 与 R0 值(保留一位小数)输入 T0 和 R0。

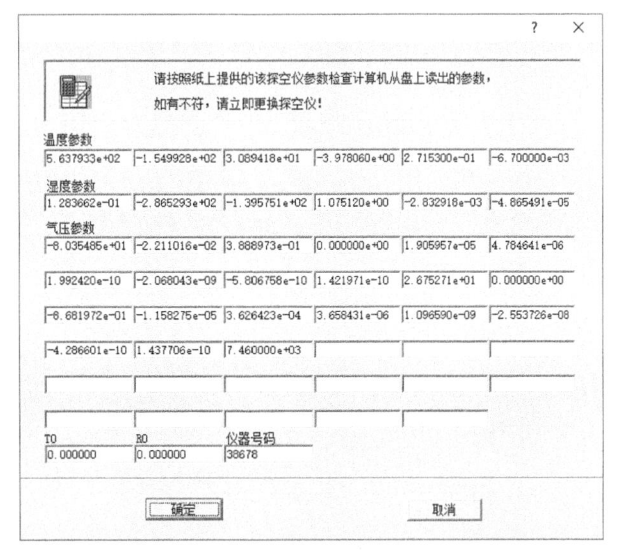

图 6.40　GTS1-1 型探空仪参数文件内数据

当所有参数经检查无误后,按“确定”按钮后,此参数文件被放球软件调入,供解算探空仪温、压、湿数据所用,同时探空仪的仪器号码被固化保存,不再受外界信号强弱的影响。为防止误操作,“确定序号”按钮被软件“灰化”锁定处理,之后如要再次校对、修改此参数文件或者调入新的探空仪参数文件,则需先按“修改序号”按钮,再按“确定序号”按钮重复以上过程。

如果输入了错误的校正年、月导致调入了错误参数文件或更换探空仪时,也需先按“修改序号”按钮,再按“确定序号”按钮,选择图 6.36“确定”按钮,重新调入新的参数文件。

6.13.3　GTS1-2 型探空仪参数文件调入方法

GTS1-2 型号探空仪由于采用湿敏电容传感器,施放前不需要进行活化处理,可以在接通基测箱电源后,摇动雷达天线,使其尽量对准探空仪,调整雷达接收机增益和频率,观察实时“放球软件”雷达状态监视、控制区左下角显示的探空仪序列号(图 6.34),当探空仪序列号显示稳定并且与所要施放的探空仪序列号一致时,按右边处理区下方的“确定序号”按钮,软件会弹出一个如图 6.41 所示的对话框,与图 6.36 相比对话框上少了校正年、月的输入框,按对话框上的“确定”按钮后,“放球软件”会根据探空仪序列号和校正年、月,自动到\lradar\para 文件夹找到 id.dat 文件中对应该探空仪的参数,并将该探空仪参数显示在如图 6.42 所示的对话框上。

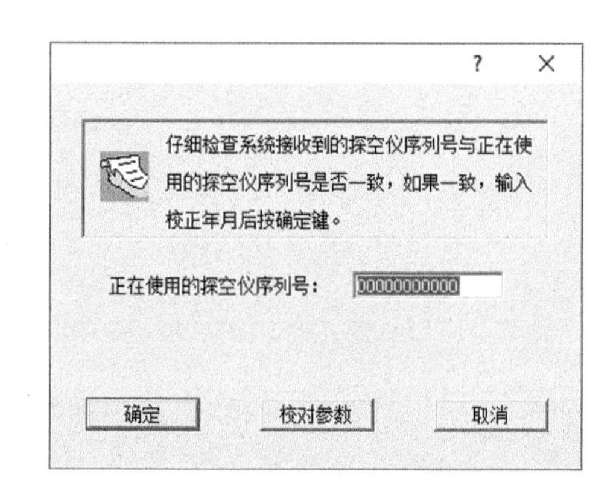

图 6.41　GTS1-2 型号探空仪确定序列号操作

20702000003探空仪参数

P0	P1	P2	P3	P4	P5
-124.216263	13.658619	2.259155	-0.044876	0.000935	0.000000
P6	P7	P8	P9	P10	P11
-150.735199	16.469275	1.863997	-0.024677	0.000542	0.000000
P12	P13	P14	P15	P16	P17
22.810499	23.140100	900.000000	8.394300	8.456800	900.000000
P18	P19	P20	P21	P22	P23
8.362179	5.521817	0.000000	-439.275024	57.236526	-1.479187
P24	P25	P26	P27	P28	P29
-551.284851	75.400002	-2.193248	0.969917	0.001299	-0.000010
P30	P31	P32	P33	P34	P35
13.282281	0.000000	25.000000	-30.000000	0.000000	3.718316
P36	P37	P38	P39	P40	P41
16.685200	3.308039	11.578126	-4900.565430	1298.329346	-77.009346
P42	P43	P44	P45	P46	探空仪序列号
2.555491	-565.358582	515.128967	-22.424961	0.768744	20702000003

确定　　取消

图 6.42　GTS1-2 型探空仪参数文件内数据

当所有参数经检查无误后，按“确定”按钮后，此参数文件被放球软件调入，供解算探空仪温、压、湿数据所用，同时探空仪的仪器号码被固化保存，不再受外界信号强弱的影响。为防止误操作，“确定序号”按钮被软件“灰化”锁定处理，之后如要再次校对、修改此参数文件或者调入新的探空仪参数文件，则需先按“修改序号”按钮，再按“确定序号”按钮重复以上过程。

如果输入了错误的校正年、月导致调入了错误参数文件或更换探空仪时，也需先按“修改序号”按钮，再按“确定序号”按钮，选择图 6.41“确定”按钮，重新调入新的参数文件。

6.13.4　GTS12 型探空仪参数文件调入方法

使用 GTS12(长望)型探空仪调用探空仪的参数时与 GTS1 基本相同，由于 GTS12 型探空仪不再需要湿度传感器老化处理过程，可直接确定探空仪序列号，当探空仪序列号显示稳定并且与所要施放的探空仪序列号一致时，用鼠标按右边处理区下方的“确定序号”按钮，软件会弹出一个如图 6.36 所示的对话框，输入正确的探空仪校正年、月后，按对话框上的“确定”按钮后，“放球软件”会根据探空仪序列号和校正年、月，自动到\lradar\para 文件夹找到该探空仪参数文件，并将该探空仪参数显示在图 6.43 所示的对话框上。如果探空仪超过使用有效期 2 年，在确定图 6.36 对话框后软件会弹出如图 6.37 所示的提示警告，该提示仅起警示作用，不影响该探空仪继续使用。GTS12 型探空仪因为同时还提供了纸质版的探空仪参数，因此可对比图 6.43 对其进行校对、修改。

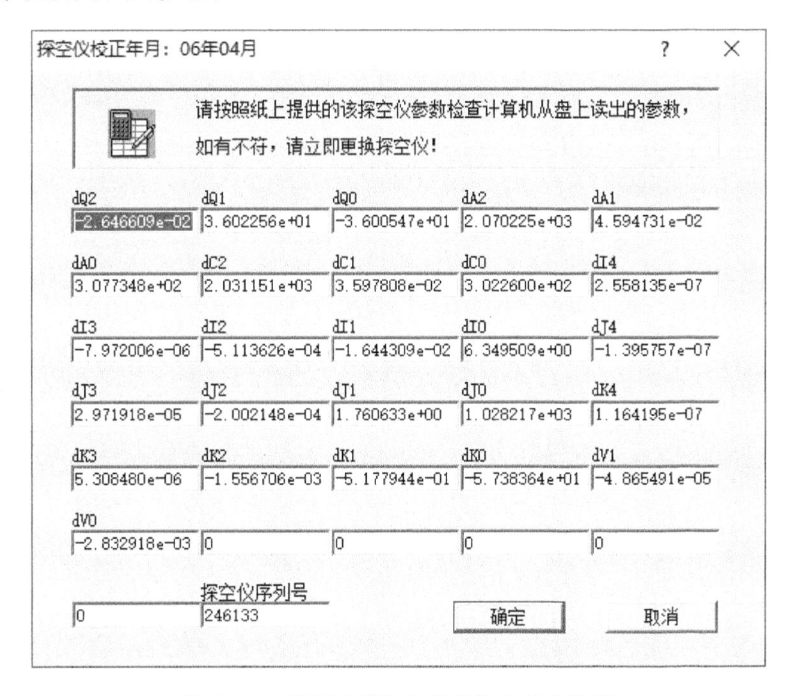

图 6.43　GTS12 型探空仪参数文件内数据

当所有参数经检查无误后，按“确定”按钮后，此参数文件被放球软件调入，供解算探空仪温、压、湿数据所用，同时探空仪的仪器号码被固化保存，不再受外界信号强弱的影响。为防止误操作，“确定序号”按钮被软件“灰化”锁定处理，之后如要再次校对、修改此参数文件或者调入新的探空仪参数文件，则需先按“修改序号”按钮，再按“确定序号”按钮重复以上过程。

如果输入了错误的校正年、月导致调入了错误参数文件或更换探空仪时，也需先按“修改序号”按钮，再按“确定序号”按钮，选择图 6.36“确定”按钮，重新调入新的参数文件。

6.13.5　GTS13 型探空仪参数文件调入方法

GTS13(太原)型探空仪不需要调用探空仪参数文件(探空仪上电后直接输出温、压、湿数据)，运行放球软件后，软件界面右下角“确定序号”和“修改序号”两个按钮处于灰化状态，如图 6.44 所示，不能进行点击操作。

因为 GTS13 型探空仪不再需要调用探空仪参数文件，GTS13 型探空仪确定探空仪序列号的方法与其他型号的探空仪有较大不同，探空仪的仪器号码的确定与探空仪的基测是合并同时进行的，方法和步骤如下：

(1)打开基测开关；

(2)等待如图 6.45 所示的探空仪序列号显示稳定准确后，按下“地面参数”按钮；

图 6.44　“确定序号”和“修改序号”两个按钮处于灰化状态

图 6.45　探空仪序列号显示

(3)在打开的地面参数属性对话框中先检查如图 6.46 所示的“测站放球参数”属性页中的仪器号码是否正确，如不正确，重复以上的操作直到图 6.46 显示的仪器号码与待施放的仪器一致后再进行探空仪的基测；

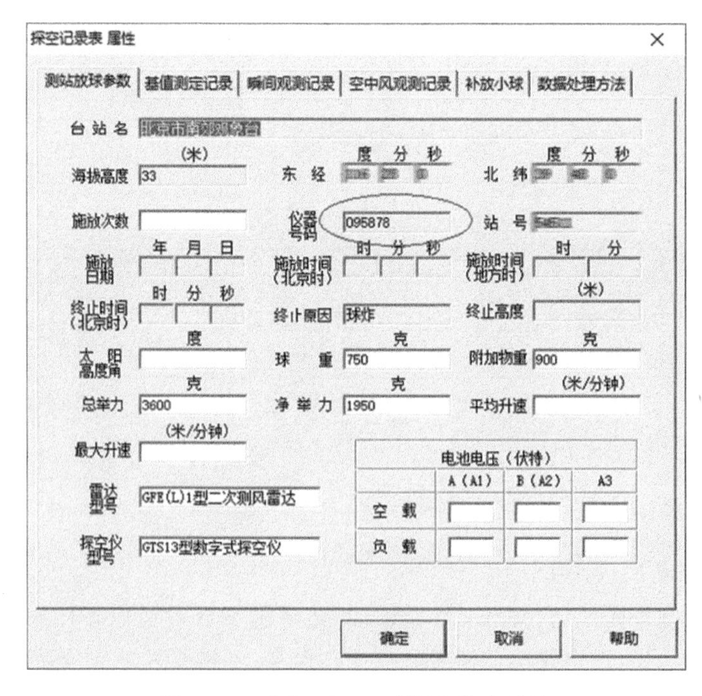

图 6.46　确定 GTS13 型探空仪序列号

(4)探空仪基测合格后,按“确定”按钮,基测开关自动关闭,仪器号码被固化不再随外界信号强弱的变化,探空仪基测合格后,按“确定”按钮,基测开关自动关闭,探空仪仪器号码被固化,同时图 6.45 所示的探空仪仪器号码也不再变化;

(5)如遇中途更换探空仪,只需再次打开基测开关,图 6.45 所示的探空仪仪器号码将重新跟随外界仪器号码的变化而变化,重复以上的步骤进行新的探空仪基测即可。

6.13.6 GTS11 型探空仪参数文件调入方法

GTS11 型探空仪的参数文件调入方法与 GTS1-2 完全一致,不再赘述。

6.14 探空仪施放前的基值测定和瞬间观测值的输入

进行探空仪基值测定时环境要稳定,避免阳光直射。探空仪和标准仪表都要充分感应,才能进行比较,此项工作是对待施放的探空仪进行测量精度是否合格的一个快速检查步骤,必须以实事求是、认真负责的态度对待,不合格的探空仪不得施放。

GTS1 和 GTS1-1 型号探空仪基测时,需要首先将干燥瓶中已做 T0、R0 的湿度片取出,插入探空仪盒盖湿度元件座内(GTS1-2、GTS11、GTS12、GTS13 型探空仪没有这个操作过程),再把此盒盖放入基测箱内并使盒盖插头与箱内插座相连,关闭基测箱门,给基测箱湿球温度表上蒸馏水。基测箱开关呈开启状态,测量开关放在 T 位置,等放球软件右边显示、处理区上方状态栏雷达接收的温、压、湿数据稳定后(3～5 min 即可分别按基测箱的功能 T、U 按钮,读取标准温度、湿度进行基测值 T、U 的对比),打开状态监视、控制区的“基测”开关,按“地面参数”按钮,软件会弹出一个如图 6.46 所示对话框,该对话框包含 6 个属性页,分别是“测站放球参数”“基值测定记录”“瞬间观测记录”“空中风观测记录表”“补放小球数据”“处理方法”。选择“基值测定记录”页(图 6.47),可以看到探空仪感应的周边环境温、压、湿仪器值已经显示在对话框中各自对应的位置,在“干球温度”“相对湿度”框中手工输入基测箱感应的温度(保留一位小数)、湿度(保留到整数),如果没有勾选“使用自动气象站”,在(水银气压表)气压表附温和气压表读数处分别人工输入这两个数值(各保留一位小数),软件会自动计算出水银气压表综合订正值和本站气压,如果勾选了“使用自动气象站的气压值”,在本站气压处直接输入自动气象站的气压值,温、湿、压三种基测值输入完毕后,软件会将三种基测值按给定的探空仪合格标准与雷达所接收到的温、压、湿仪器值进行探空仪基值测定比较判定(GTS1、GTS1-1、GTS1-2 型探空仪基测使用自动站气压时,输出的气压仪器值已经进行了基测箱与气压传感器的高度差订正。GTS11、GTS12、GTS13 型探空仪基测,使用新型基测箱,标准气压使用基测箱显示的气压,探空仪仪器值不需要进行高度差订正)。探空仪合格后(各型探空仪基测合格标准见表 6.2),按下对话框下面的“确定”按钮。如果探空仪基测结论是合格的,软件会自动关闭“基测”开关。在探空仪基测合格的情况下,如再次打开放球软件的“基测”开关,当再按动“地面参数”按钮时,软件会弹出如图 6.48 所示的警告提示框:按“是”按钮,软件将重新接收探空仪所发温、压、湿数据作为基值测定记录“仪器值”,进行新的探空仪基值测定过程。否则,按“否”按钮,再进行其他“地面参数”的输入或检查。

表 6.2　各种型号探空仪基值测定合格标准

探空仪型号	合格标准
GTS1	$-0.4\ ℃\leqslant\Delta t\leqslant 0.4\ ℃$ $-2\ \mathrm{hPa}\leqslant\Delta p\leqslant 2\ \mathrm{hPa}$ $-5\%\leqslant\Delta u\leqslant 5\%$
GTS1-1	
GTS1-2	
GTS12	$-0.3\ ℃\leqslant\Delta t\leqslant 0.3\ ℃$ $-2\ \mathrm{hPa}\leqslant\Delta p\leqslant 2\ \mathrm{hPa}$ $-4\%\leqslant\Delta u\leqslant 4\%$
GTS13	
GTS11	

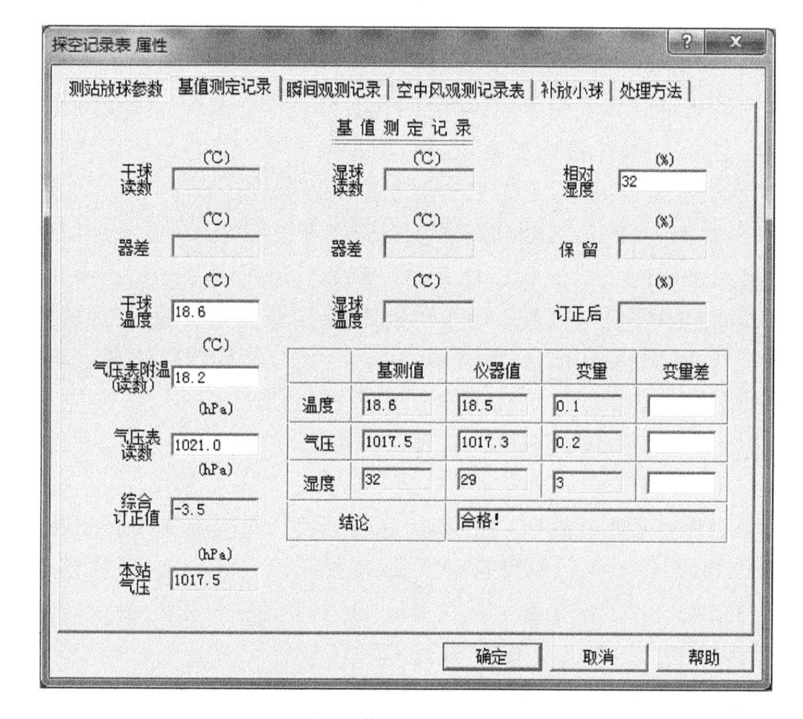

图 6.47　基值测定对话框属性页

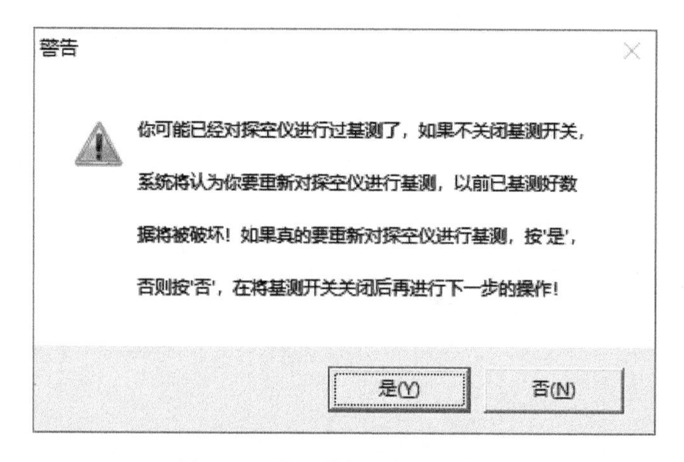

图 6.48　忘记关闭基测开关提示

在如图6.49所示的“测站放球参数”属性页中，一般不需要手动输入任何数据，这些数据都将由软件从“本站常用参数”产生的文件中自动读取。若临时更改了球型，与台站常用参数中设置的数据不一致时，可在球重、附加物重、净举力、总举力栏中填改本次数据。地面瞬间各气象观测数据由地面标准仪器获取，并应在放球前或后5 min内进行，在“瞬间观测记录”页中，如果没有勾选如图6.50所示“使用自动气象站的气压值”，需要人工输入保留一位小数的干球温度、湿球温度、气压表附温、气压表读数及云量、云状、地面风向、风速、天气现象、能见度、计算者、校对者、预审者等项内容。计算机会自动根据台站参数中设定的参数对干球温度、湿球温度、气压表读数进行器差订正，并计算出地面温度、相对湿度、本站气压综合订正值及本站气压。当冬季湿球温度表结冰时，在湿球温度值后输入一个字符“b”，湿球结冰和未结冰输入方法参见表6.3。

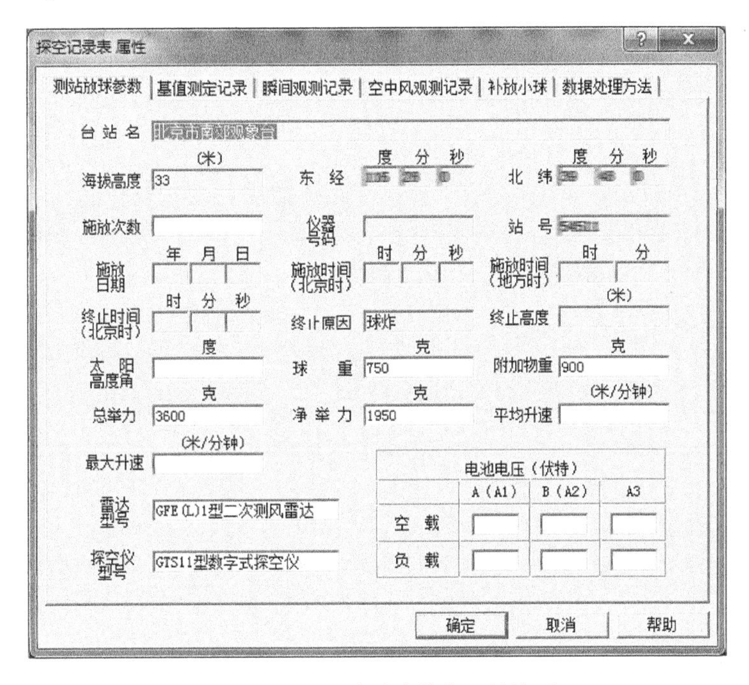

图6.49　测站放球参数输入属性页

表6.3　湿球温度输入实例

湿球温度	输入值
未结冰输入	−1.5
结冰输入	−1.5b

冬季温度低于−10.0 ℃时，可只读取、输入干球温度，并将探空仪在施放点测得的湿度值作为湿度瞬间值直接输入“湿度值(温度<−10 ℃)”栏中，软件会自动使用此湿度值。如果勾选了如图6.51所示“使用自动气象站的气压值”，高空业务计算机与地面自动站的计算机均接入了局域网，并且在本站常用参数中“文件路径”页中也进行了正确的自动站分钟常规要素文件所在的文件夹设置，按“瞬间”按钮，可以将自动站的气温、气压、湿度、风向、风速、能见度读入瞬间观测记录页中对应的框中(可自适应读取单温度、多温度传感器自动站文件格式)。其

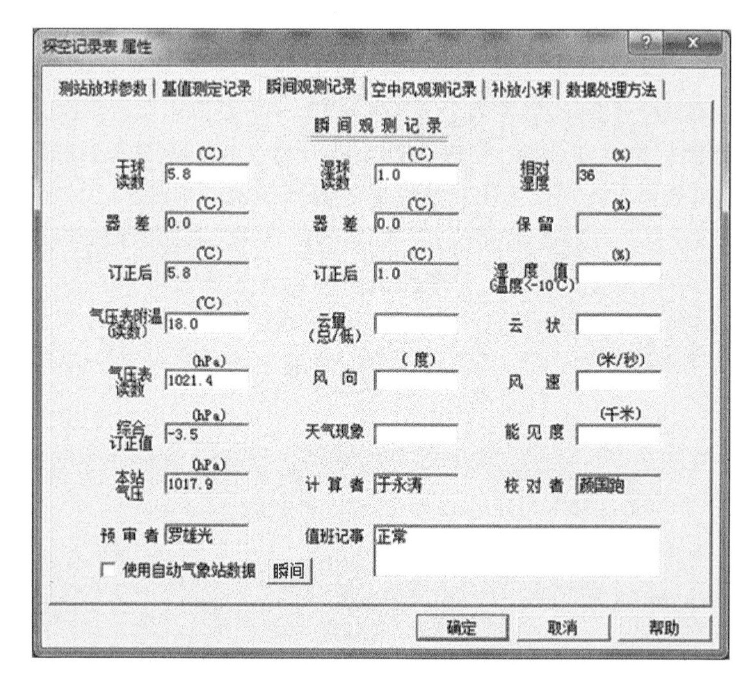

图 6.50　瞬间观测记录输入属性页(未勾选使用自动气象站的气压值)

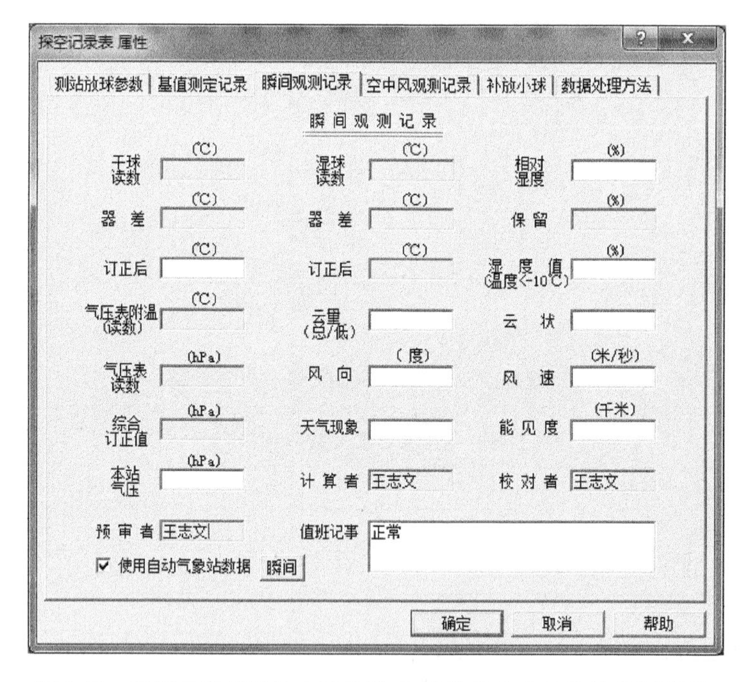

图 6.51　瞬间观测记录输入属性页(勾选使用自动气象站的气压值)

中:气温为自动气象站 1 min 的平均值;气压为自动气象站 1 min 的平均值;湿度为自动气象站 1 min 的平均值;风向为 2 min 的平均值,风向为 0 时自动转换为 360°填写,风速小于或等于0.2 m/s时风向自动填“C”(做静风处理);为适应编码方式向 BUFR 格式转变(风速编码带 1 位小数),地面风速保留一位小数,照实填写。风速为 2 min 的平均值;能见度为 10 min 的平均值，单位千米(km)，保留一位小数点固定填 0。

放球后 5 min，“瞬间”按钮灰化，不能再进行读取自动站数据的操作。为减轻值班员的工作负担，软件提供快捷的天气现象输入方法，使用方法是：先将光标点入图 6.51 所示的“天气现象”输入框中，单击鼠标右键，软件会弹出一个如图 6.52 所示天气现象符号菜单，用鼠标选中对应的天气现象符号后，此天气现象符号将自动填入天气现象栏中，如有多个天气现象，可使用该菜单连续输入。“云量”栏中的总云量与低云量用符号“/”分开(填写样式：10/10)。“云状”栏输入云属符号，第一个字母应大写，多种云状间应留空格；云状推荐使用软件提供的菜单输入，使用方法：将光标点入“云状”空格中，单击鼠标右键，会弹出如图 6.53 所示云状和天气现象符号菜单，点击所需的云状和天气现象符号，该符号将填入“云状”空格中。风向以整数位输入，风速保留一位小数输入，风向也可以单击鼠标右键，在弹出的如图 6.54 所示菜单中选择十六个方位数值之一，静风时风向输入英文字母大小写 C 均可，风速输阿拉伯数字 0。能见度

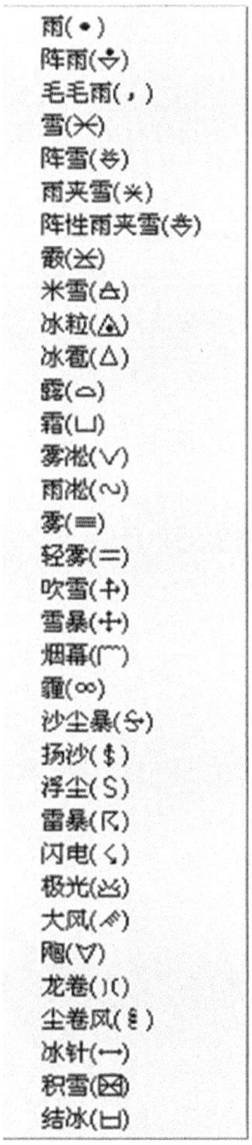

雨(•)
阵雨
毛毛雨(,)
雪
阵雪
雨夹雪
阵性雨夹雪
霰
米雪
冰粒
冰雹(△)
露
霜
雾凇(V)
雨凇(~)
雾(≡)
轻雾(=)
吹雪
雪暴
烟幕
霾(∞)
沙尘暴
扬沙($)
浮尘(S)
雷暴
闪电
极光
大风
飑(▽)
龙卷)(
尘卷风
冰针
积雪
结冰

图 6.52　天气现象符号输入菜单

无云
积云(Cu)
积雨云(Cb)
层积云(Sc)
层云(St)
雨层云(Ns)
高层云(As)
高积云(Ac)
卷云(Ci)
卷层云(Cs)
卷积云(Cc)
雨(•)
阵雨
毛毛雨(,)
雪
阵雪
雨夹雪
阵性雨夹雪
霰
米雪
冰粒
冰雹(△)
露
霜
雾凇(V)
雨凇(~)
雾(≡)
轻雾(=)
吹雪
雪暴
烟幕
霾(∞)
沙尘暴
扬沙($)
浮尘(S)
雷暴
闪电
极光
大风
飑(▽)
龙卷)(
尘卷风

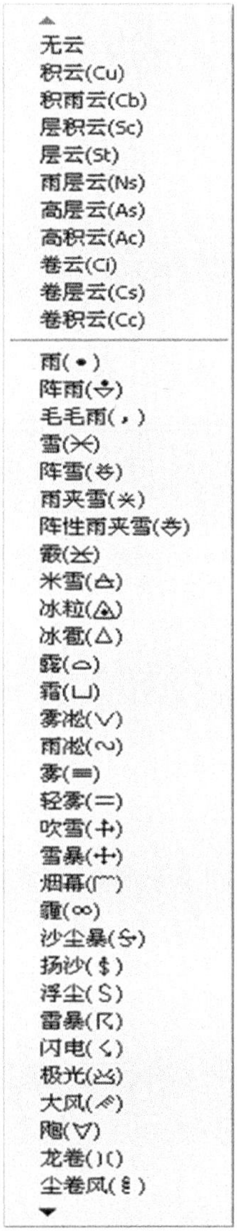

图 6.53　云状和天气现象符号输入菜单

C
360
23
45
68
90
113
135
158
180
203
225
248
270
293
315
338

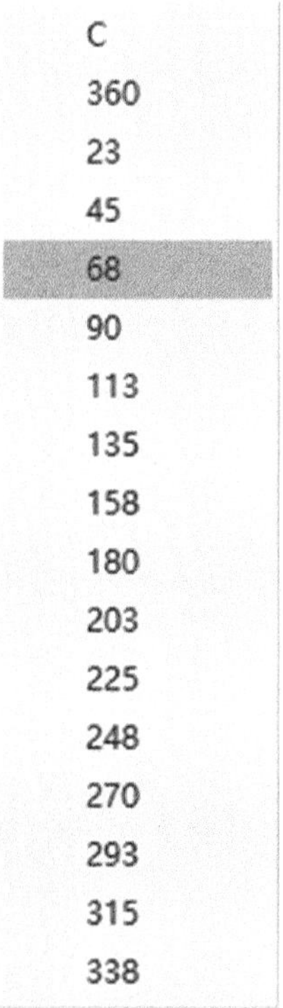

图 6.54　风向输入菜单

保留一位小数输入，以千米(km)为单位。计算者、校对者、预审者栏的输入，只能使用本站常用参数中人员代码页预设定的人员姓名输入，调入方法：将光标点入计算者、校对者、预审者输入空格中，单击鼠标右键，在弹出的操作人员菜单中用鼠标选取相应的人名。

图 6.55 中的“空中风观测记录”属性页不需要进行任何人工输入。补放小球数据操作见 6.29 节。

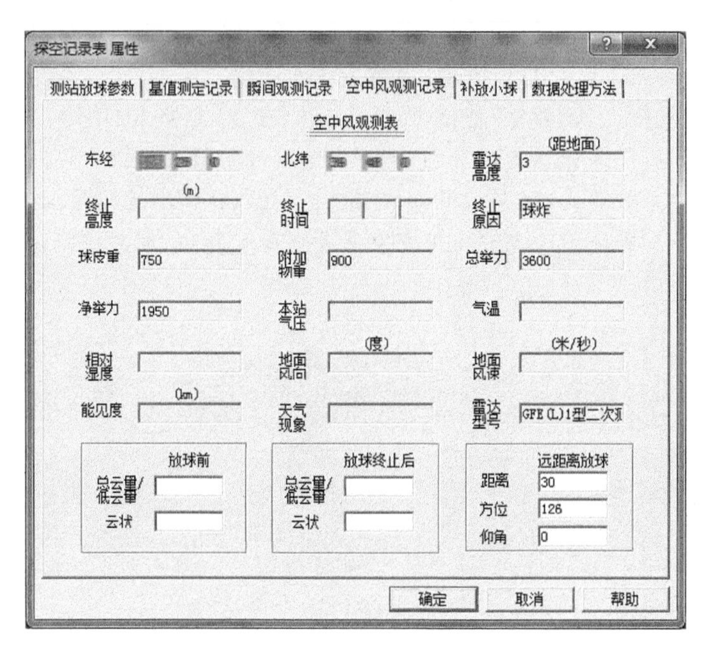

图 6.55　空中风观测记录输入属性页

数据处理方法页如图 6.56 所示，在该页处理方法中，有三项选项，分别是：

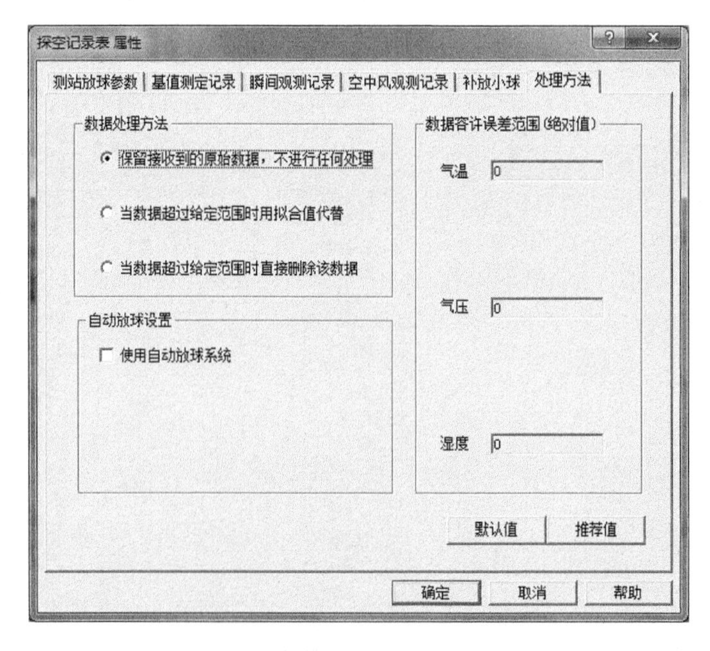

图 6.56　数据处理方法选择属性页

(1)“保留接收到的原始数据,不进行任何处理”;

(2)“当数据超过给定范围时用拟合值代替”;

(3)“当数据超过给定范围时直接删除该数据”。

选择(1)时(也即默认值),软件对接收到的探空数据不进行任何处理;

选择(2)时,软件将对接收的数据质量进行实时监控,一旦发现异常数据,软件将根据上下数据情况,对异常数据进行拟合代替,此处理在放球过程中每分钟进行一次;

选择(3)时,软件将对数据中的异常数据进行直接删除处理(只对 GTS1-2 型探空仪有效)。当选择(2)时,数据处理的效果取决于整个系统接收数据的质量,如果在放球过程中由于信号弱、干扰等而造成连续异常数据时,数据拟合代替功能可能会失效,此时应及时选择回(1)选项,通过人工介入处理数据。

自动放球设置:这个选项的初始状态由数据处理软件中本站常用参数中自动放球相关设定确定,但操作员可以随时在放球软件里通过这个选项来决定本次放球是否使用大风自动放球装置。

以上工作完成后,单击“探空记录表”对话框下面的“确定”按钮,如果探空仪的基测是合格的,软件还会对本次放球时间是否在正确时间范围内进行检查,如软件发现虽然是在业务放球时间段内放球,但由于本次放球时间与上次放球时间间隔时间过长或提前了,软件将会弹出一个如图 6.57 所示的信息框进行报警,该功能可帮助操作员发现计算机时间中的年或月被人为修改的错误。

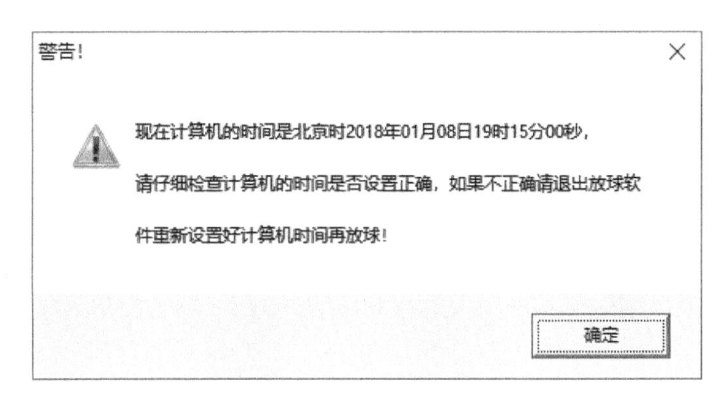

图 6.57 放球时间错误报警提示

软件同时还会对操作员填写的瞬间观测值中天气现象、能见度、湿度三者进行相关性质量审核,如有问题,将给出错误提示。

审核依据:

(1)天气现象分别是扬沙、浮尘、轻雾或霾,能见度大于或等于 7.5 km;

(2)天气现象分别是沙尘暴或雾,能见度大于或等于 0.75 km;

(3)当天气现象为霾,相对湿度大于或等于 80%;

(4)当天气现象为雾,相对湿度小于 80%。

如果一切正常便可进入正式的高空观测工作状态。

6.15　开始放球

常规定时高空气象观测时次是指北京时 02 时、08 时、14 时、20 时，正点施放时间分别为北京时 01 时 15 分、07 时 15 分、13 时 15 分、19 时 15 分，各高空气象观测站具体进行的观测时次及方式，由中国气象局规定。

常规定时高空气象观测应在正点进行，不得提前施放。遇有恶劣天气或其他原因，不能正点施放时，可延时放球。

常规定时高空气象观测时次的可用数据未达 500 hPa 或不足 10 min，应重放球。

综合观测时次的温、压、湿要素其中之一连续失测或数据可信度低的处理方法，按中国气象局常规高空气象观测规范相应规定。综合观测或雷达单独测风时，遇有近地层高空风失测(海拔高度≤5500 m)，应在正点放球后 75 min 内用经纬仪测风(小球)的方法补测，确因天气原因无法补测的，按失测处理。

施放前的一切准备工作就绪后，进入放球步骤。对于 GTS1、GTS1-1、GTS1-2、GTS11、GTS12 型探空仪，如果没有确定探空仪序列号并调入探空仪参数文件，按下放球键软件会弹出图 6.58 对话框进行提示。如果探空仪没有进行基测或基测不合格，软件会弹出如图 6.59 所示的对话框进行提示。

图 6.58　按放球键未调入探空仪参数文件提示

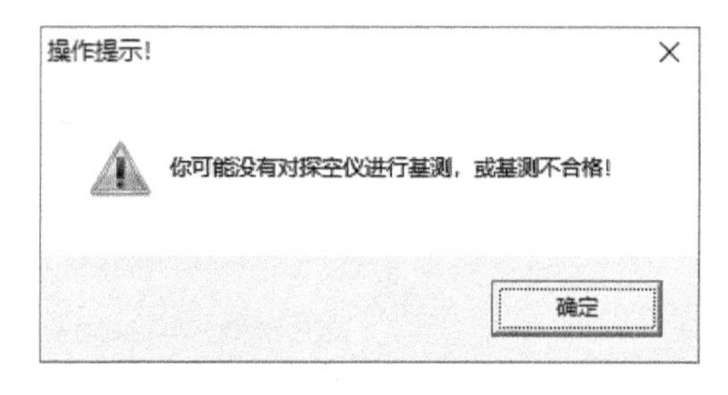

图 6.59　放球时探空仪未进行基测或基测不合格提示

以上两步骤完成后，如果不是在业务放球时间段内放球，软件会弹出图 6.60 对话框进行提示，该提示不影响继续放球，可以继续进行后续放球的步骤，这个功能主要用于发现计算机时间设置错误。天线控制开关在放球前没有打开处于手动跟踪状态时，软件会弹出图 6.61 对话框进行提示，但不影响继续放球，天线控制开关在手动状态下开关上部的字样为“天控手动”，在自动状态下开关上部字样为“天控自动”。

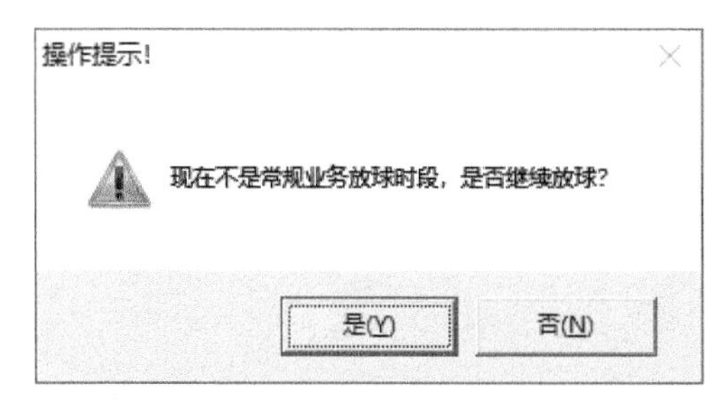

图 6.60　不在业务放球时间段内放球提示

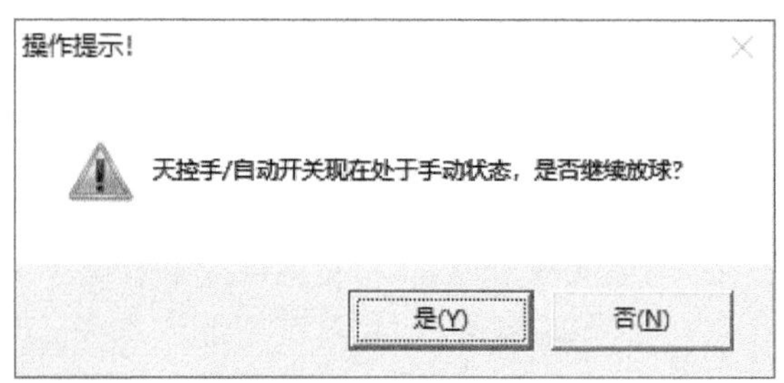

图 6.61　天线未处于自动跟踪状态时提示

雷达接收机增益开关在放球前没有打开处于手动状态时，软件会弹出图 6.62 对话框进行提示，但不影响继续放球，雷达接收机增益开关在手动状态下开关上部的字样为"增益手动"，在自动状态下开关上部字样为"增益自动"。基测开关在放球前如果处于打开状态时，软件会弹出图 6.63 对话框进行提示，必须关闭基测开关才能继续放球。

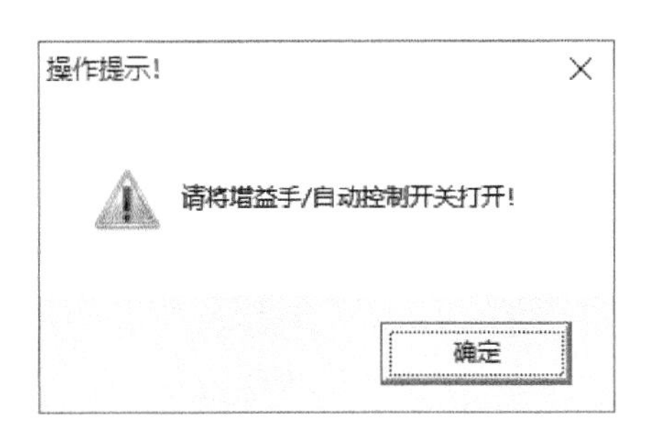

图 6.62　接收机增益未处于自动状态时提示

图 6.63　放球前基测开关未关闭时提示

放球前没有进行瞬间观测值输入，软件会弹出图 6.64 对话框进行提示，但不影响继续放球，瞬间值可在放球前后 5 min 内进行观测。如果是 01 时放球，但是单测风开关没有打开，软件会弹出图 6.65 对话框进行提示，但不影响继续放球，01 时放球即可以是单侧风也可以是综合观测。

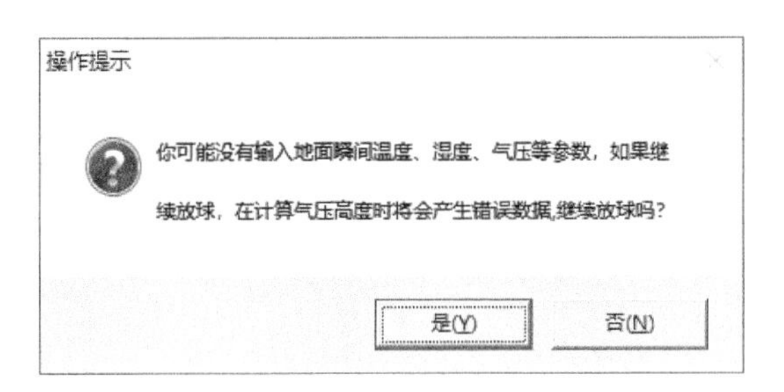

图 6.64　放球前没有进行瞬间观测值输入提示

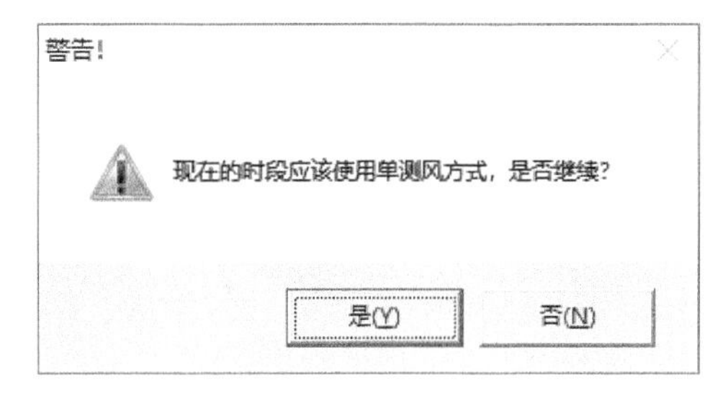

图 6.65　单测风时段(01 时)放球，单测风开关未打开提示

如果输入了瞬间气压值，但瞬间气压值有明显的错误，软件会弹出图 6.66 对话框进行提示，但不会影响继续放球。

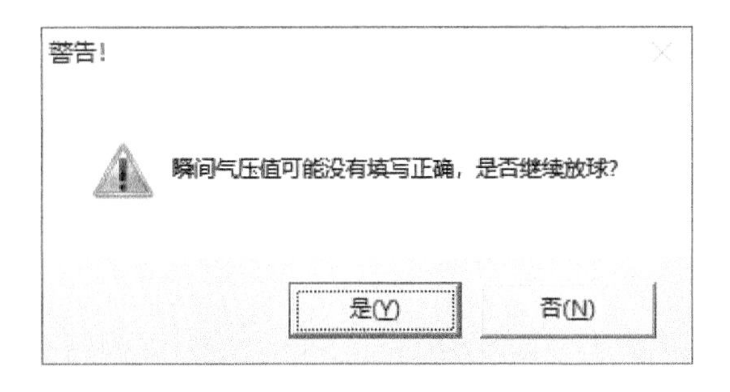

图 6.66　瞬间气压值输入错误提示

如果使用自动放球系统放球，自动放球系统没有准备好时，软件会弹出一个如图 6.67 所示的信息框进行提示，但操作员可以随时到"地面参数"对话框中的"处理方法"属性页中取消

本次使用自动放球系统选择。

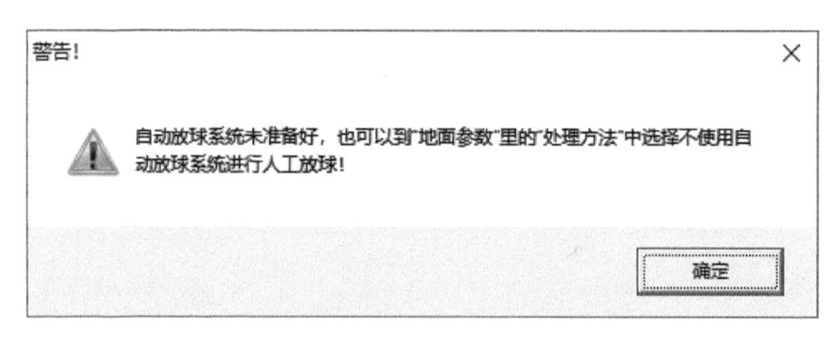

图 6.67　自动放球系统未准备好时提示

为了防止在放球过程中的误操作，当一切正常按“放球”开关时，计算机并不是立即响应进入放球状态，而是弹出一个如图 6.68 所示的对话框，要求操作员确认是否真的是放球开始。如果是真的放球开始，在室外观测员施放气球开始瞬间按下“确定”按钮，如果是误操作，按“取消”按钮即可。

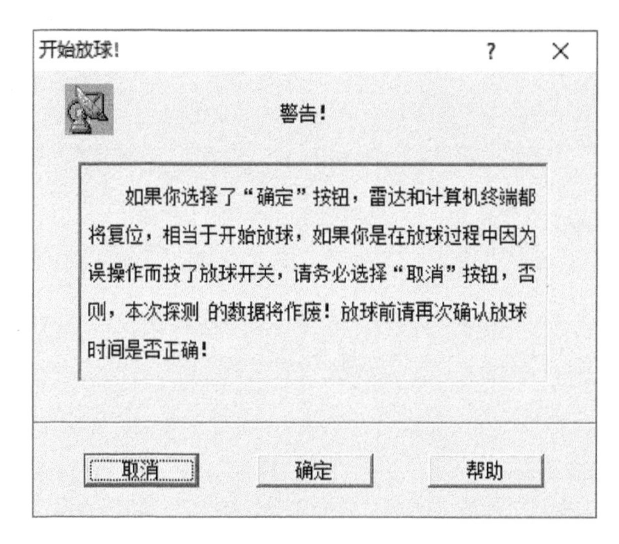

图 6.68　准备放球提示

一旦按下放球“确定”按钮，软件将会进行如下操作：

——放球开关合上；

——根据放球时刻形成本次放球数据文件名并立即同时保存到 dat 和 datbak 文件夹里；

——放球时间清零　；

——根据经纬度和放球日期计算放球时刻的太阳高度角；

——保存放球前的数据；

——将放球前的数据保存的同时清空探空温、压、湿、球坐标秒数据接收缓冲区；

——将瞬间值作为探空第一组数据；

——将放球点位置数据作为测风秒数据和整分第一组数据。

放球期间，软件会持续将接收到的所有数据以指定的时间间隔同时存放在硬盘\lradar\

dat 文件夹及\lradar\datbak 文件夹下，\lradar\dat 文件夹也是数据处理软件使用的文件夹，在数据处理软件中对数据文件有任何改动将被保存回到\lradar\dat 文件夹；后者作为原始数据资料保存。

施放地点应根据天气情况、场地环境，选在便于雷达天线自动跟踪，不易丢球的位置。根据规范要求，气球施放时探空仪的高度应尽量与本站气压表在同一水平面上，高差不超过 4 m。施放探空仪位置与瞬间观测仪器的水平距离不超过 100 m。

在放球 5 min 后会自动产生雷达状态文件，状态文件存放在 statusdat 文件夹内（statusdat 文件夹在安装或升级软件时会自动创建）。

放球开始阶段软件会对接收的数据与瞬间值进行比较，如发现接收的数据与瞬间值有较大差异，软件会弹出如图 6.69 所示的信息提示框进行提示。

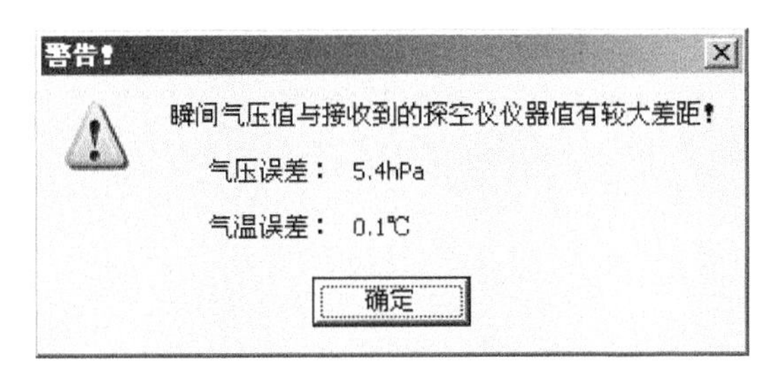

图 6.69　接收数据差大提示

6.16　先放球后确定放球时间

先放球后确定放球时间的功能主要用于让放球场地条件良好的探空站实现一个人值班。使用该功能，必须在完成探空仪基测、瞬间观测后进行（瞬间观测也可以延后进行），但一定确保不要按下放球开关，到放球时间时就可以直接在放球场将气球施放，不需要室内、室外操作人员相互配合，气球施放后操作员可以在计算机端从容确定放球时间。该功能能杜绝由于气球施放人员和终端操作人员配合失误造成的放球失败或需要修改、订正放球时间的事故发生，也可以让放球场地良好的探空站实现一个人值班，也特别适合在大风等恶劣天气条件下使用。气球施放出去后，在软件探空曲线显示区用鼠标将水平基准线移至如图 6.70 所示气压发生变化之前的最后一点（不是发生变化的第一点），然后单击鼠标右键，在弹出如图 6.71 所示的菜单中选择“设置放球开始时间”菜单项，在随后弹出的如图 6.72 所示的确认对话框按“是”按钮后，放球软件将执行以下工作：

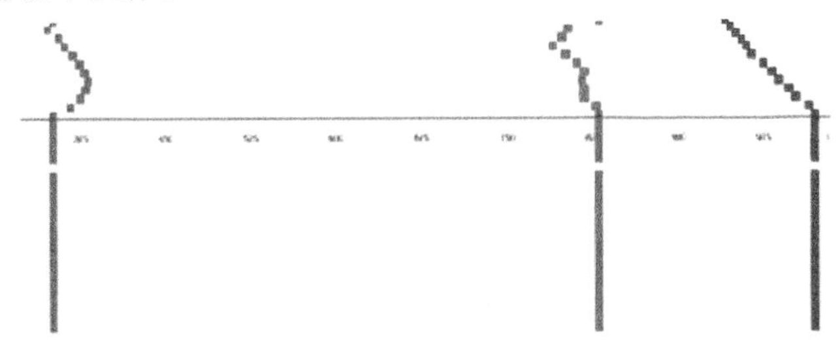

图 6.70　寻找放球开始点

●放球开关合上；

●根据基准线所指定的放球时刻推算出实际的放球北京时和地方时，根据放球时刻形成本次放球数据文件名；设置真实正确的放球时间；

●根据经纬度和放球日期计算放球时刻的太阳高度角(用于辐射订正)；

●保存放球前的数据；

●将放球前的数据保存的同时清空探空温、压、湿、球坐标秒数据接收缓冲区；

●将瞬间值作为探空第一组数据；

●将放球点数据作为测风秒数据和整分第一组数据。

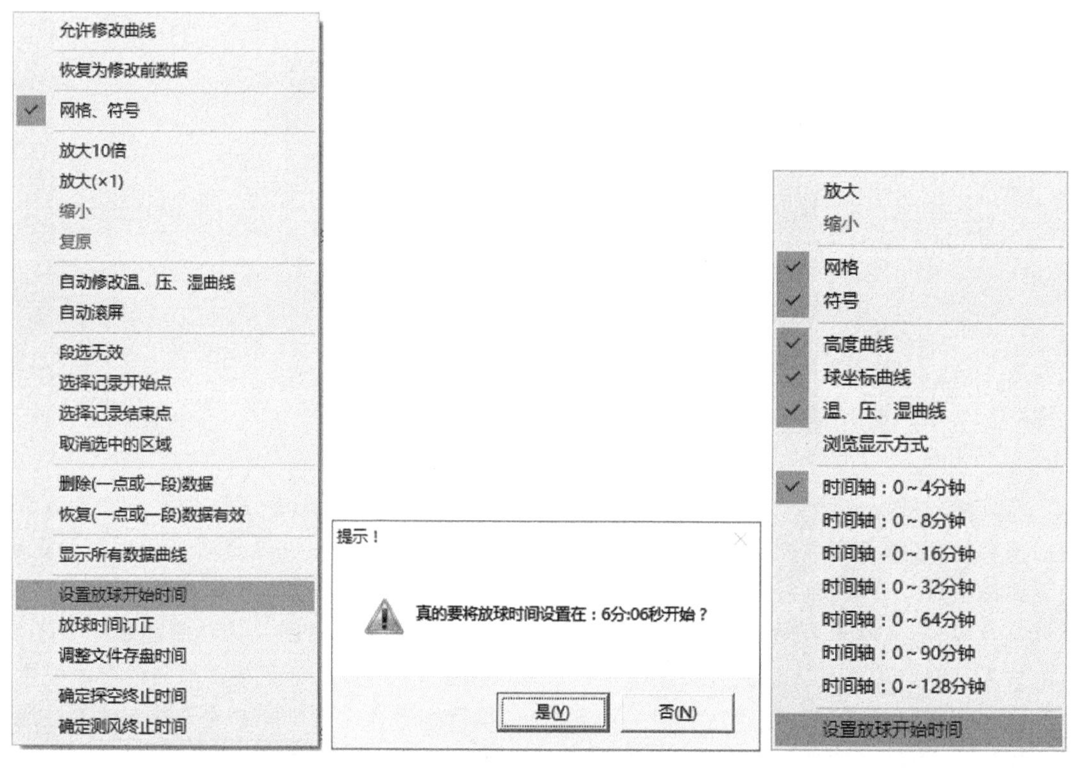

图 6.71　设置放球开始时间菜单

图 6.72　确定放球开始时间

图 6.73　单测风设置放球开始时间菜单

单测风观测时，设置放球时间既可在秒数据显示区也可在全部曲线显示区进行，在秒数据显示区和全部曲线显示区都是通过单击鼠标右键，在弹出的如图 6.73 所示菜单上选择“设置放球开始时间”菜单项即可，需要说明的是，单测风开关打开后“设置放球开始时间”菜单项才会在菜单中显示，设置放球开始时间时最好将全部曲线先设置为浏览显示方式，这样可以通过鼠标位置对应的仰角、方位数据的变化更好准确地设置放球时间，如果在曲线上不好确定放球时刻，也可以到秒数据里找到精确的施放时刻进行，更详细的操作说明参见 6.17 节。

6.17　重新设置放球时间

放球过程中，按下放球按钮后，如发现因配合失误导致放球时间错误，如果放球时次是综合观测，可在探空曲线显示窗口里单击鼠标右键，在如图 6.74 所示的弹出菜单中，选中“恢复为放球前状态”菜单项，待放球软件弹出如图 6.75 所示的对话框后，如确需恢复至放球前状态(以便重新进行放球时间确定)，按下“是”按钮，放球软件将关闭放球开关并恢复到初始运行状态，此时即可重新进行确定放球时间操作。

重新确定放球时间方法：

在探空曲线显示窗口里根据气压的变化用鼠标将水平标线移至气压发生变化之前的最后一点(发生变化的前一点)(图 6.70)，单击鼠标右键，在弹出的菜单中，此前“恢复为放球前状态”位置处改变为如图 6.76 所示的“设置放球开始时间”菜单项，选中该菜单项即可重新设置新的放球时间。

重复设置放球时间不会丢失数据，可重复进行，直至设置了正确的放球时间为止。

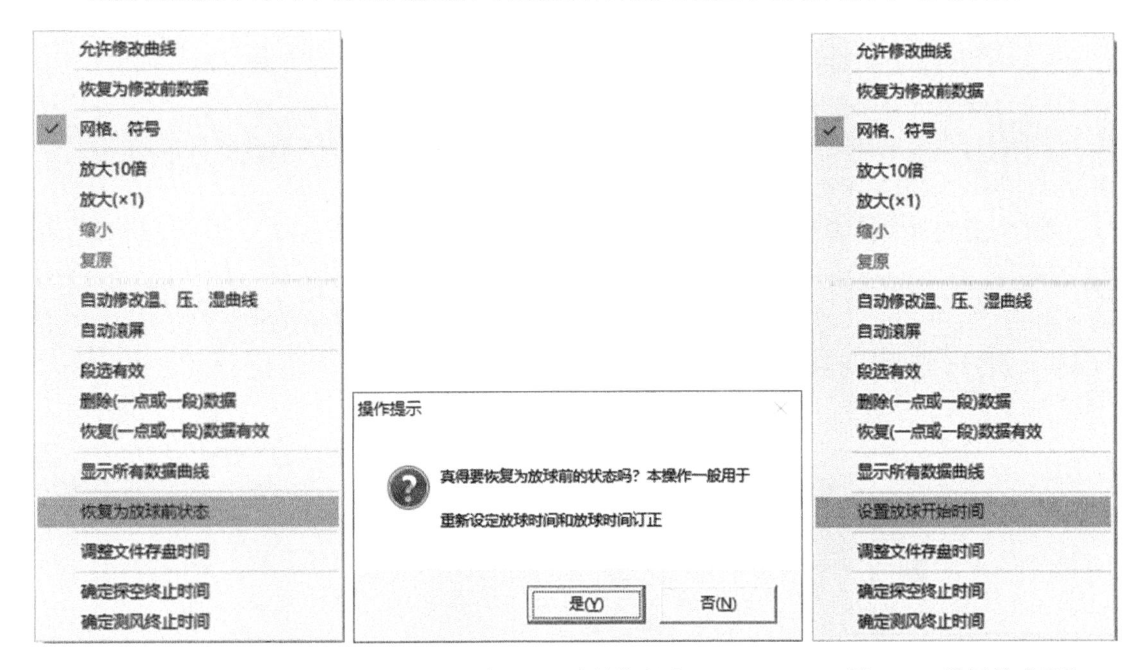

图 6.74　恢复为放球前状态

图 6.75　确认恢复为放球前的状态

图 6.76　设置放球开始时间菜单项

单独测风观测时，重新设置放球时间即可在秒数据显示区也可在全部曲线显示区进行，在秒数据显示区和全部曲线显示区通过单击鼠标右键，在弹出的菜单中交替选择“恢复为放球前状态”/“设置放球开始时间”(图 6.77、图 6.78)菜单项即可。单独测风观测时单测风开关打开后“恢复为放球前状态”/“设置放球开始时间”菜单项才会显示，设置放球开始时间时最好将全部曲线先设置为浏览显示方式，这样可以通过鼠标位置对应的时间更好地准确设置放球时间，如果在曲线上不好确定放球时刻，也可以到秒数据里找到精确的施放时刻进行。

时间	仰角	方位角	斜距	高度	是否有效
0:01	30.07	60.00	5.000	33	√
0:02	30.07	60.00	5.000	33	√
0:03	30.07	60.00	5.000	33	√
0:04	30.07	60.00	5.000	33	√
0:05	30.07	60.00	5.000	33	√
0:06	30.07	60.00	5.000	33	√
0:07	30.07	60.00	5.000	33	√
0:08	30.07	60.00	5.000	33	√
0:09	30.07	60.00	5.000	33	√
0:10	30.07	60.00	5.000	33	√
0:	[illegible]	60.00	5.000	33	√
0:	[illegible]	60.00	5.000	33	√
0:	[illegible]	60.00	5.000	33	√
0:	[illegible]	60.00	5.000	33	√
0:15	30.07	60.00	5.000	33	√
0:16	30.07	60.00	5.000	33	√
0:17	30.07	60.00	5.000	33	√
0:18	30.07	60.00	5.000	33	√
0:19	30.07	60.00	5.000	33	√

删除数据
恢复数据
设置放球开始时间

图 6.77　在秒数据显示区进行可重复设置放球时间操作

图 6.78　在全部曲线显示区进行可重复设置放球时间操作

综合观测时，如遇放球时刻探空数据缺失而不能在图 6.70 中精确定位放球时间时，可按单测风重新设置放球时间的方法在秒数据显示区进行。

如果进行了恢复为放球状态后直接退出放球软件的操作，重新进入放球软件后，状态仍为放球前状态，放球开关不会自己打开，需要再设置放球时间后才会打开。

可重复设置放球时间功能只支持改进型三种型号的探空仪(GTS12、GTS13、GTS11)，不支持旧型号(GTS1、GTS1-1、GTS1-2)。

6.18　使用自动放球系统放球

配备有自动放球系统的台站如果选择使用图 6.79 所示的自动放球系统施放气球，地面准备完毕后点击放球开关，如果自动放球系统尚未准备就绪时，软件会弹出如图 6.80 所示的对

图 6.79　自动放球系统

话框，提醒操作者等待自动放球系统准备完毕，自动放球系统未加电或出现故障也会出现该提示，如果临时决定不使用自动放球系统，可在图 6.56 中不勾选“使用自动放球系统”，就可按照传统的人工放球方式放球。

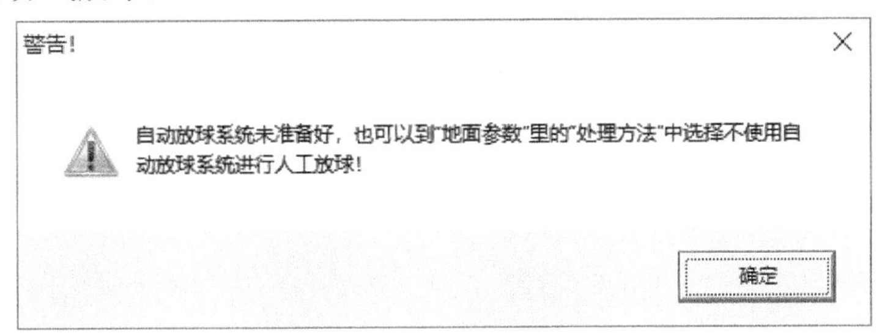

图 6.80　自动放球系统未准备好提示

当自动放球系统准备好后，放球软件通过网络向自动放球系统发送放球指令，该放球指令也会同步发送至 L 波段雷达，但软件界面上的放球开关的闭合不会象人工放球那样跟随鼠标左键的点击同步闭合，而是先要等待大风放球设备发回气球已经飞离充气方仓的指令，在放球软件接收到该指令后，放球软件才会将放球开关闭合，按下放球开关至放球开关真正闭合，其中经历的时间可能有几秒到十几秒，时间的长短取决于气球飞离充气方舱的顺利程度。

如果出现软件将 L 波段软件施放气球命令发出，自动放球系统也将气球顺利施放出去，但放球软件没有收到自动放球系统返回的气球已飞离气球方舱的指令情况，此时放球开关不会闭合，放球开关没有闭合意味着软件不会开始保存数据文件，为了避免操作员在放球过程中忽视气球已施放出去而放球键没有闭合的现象，放球软件会每隔 3 min 弹出一个如图 6.81 所示的信息框提醒操作员使用人工的方法来确定放球时间，确定方法是在温、压、湿曲线上用鼠标将水平线移至如图 6.70 所示气压发生变化之前的最后一点（发生变化的前一点），然后按下鼠标右键，选择如图 6.71 所示的“设置放球开始时间”菜单项即可。

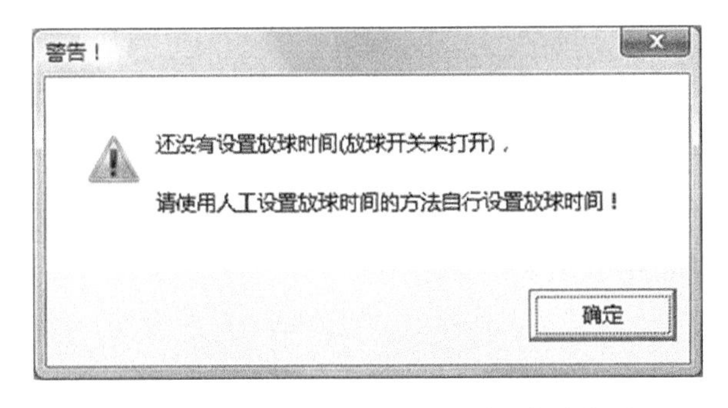

图 6.81　气球已施放而放球开关未闭合提示

6.19　放球后状态文件的产生

放球软件运行 5 min 后会自动产生两个包含 L 波段各种状态数据的文件（状态文件），一个是文本格式文件（取决于是否勾选产生），另一个是 xml 格式的文件，两个文件的文件名定义可以参考第 8 章，内容格式可以参考附录 D。

6.20　探空曲线显示区的操作

按下软件右侧下面的“显示温、压、湿三曲线” 按钮后，软件会将图形数据显示区切换为显示以时间为纵轴的温、压、湿离散点状态，如图 6.82 所示，按鼠标右键，可通过弹出的菜单对曲线进行一系列操作。

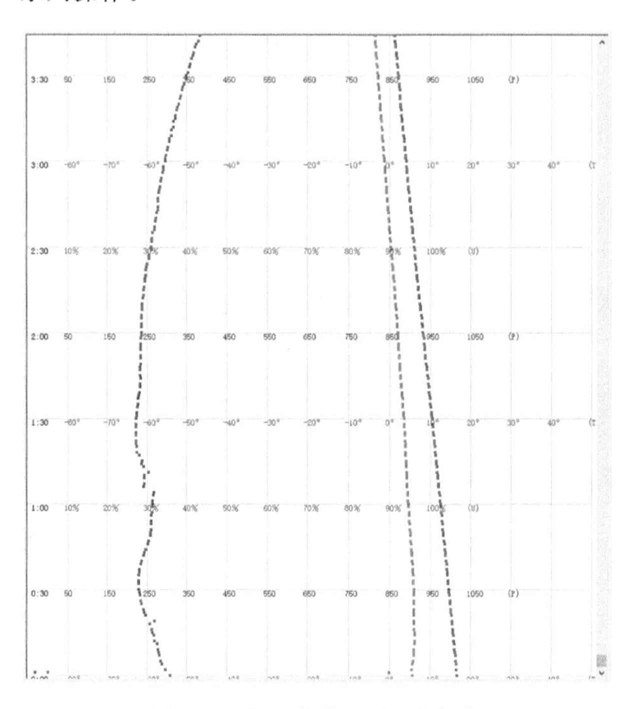

图 6.82　探空曲线显示区的操作

6.20.1　手动修改曲线操作

放球过程中，在“探空曲线”状态下，对于曲线上的错误数据（“飞点”），在可判断正确位置前提下，谨慎使用人工修改的方法来修正这些曲线。修改方法：在图像显示区中，按下鼠标右键，在弹出的如图 6.83 所示菜单上先选择“允许修改曲线”菜单项，然后再次按鼠标右键后，此时弹出的菜单如图 6.84 所示，“允许修改曲线”菜单项下面多了三个菜单项，分别是“修改温度曲线”“修改气压曲线”“修改湿度曲线”，选中三个菜单就可分别对三种曲线进行人工修改，如选“修改温度曲线”后，移动鼠标在显示区选择温度点认为正确的位置上，按鼠标左键，温度曲线上相应的点就会移到此位置。相同的方法可修改气压、湿度曲线，为了提高精确度，以上修改也可在放大“探空曲线”状态下进行。

6.20.2　网格、符号操作

在图 6.83 中的菜单中选择“网格、符号”菜单项，可使探空曲线的网格线和刻度标号显现、消隐，显示效果可在图 6.85 和图 6.86 之间切换。

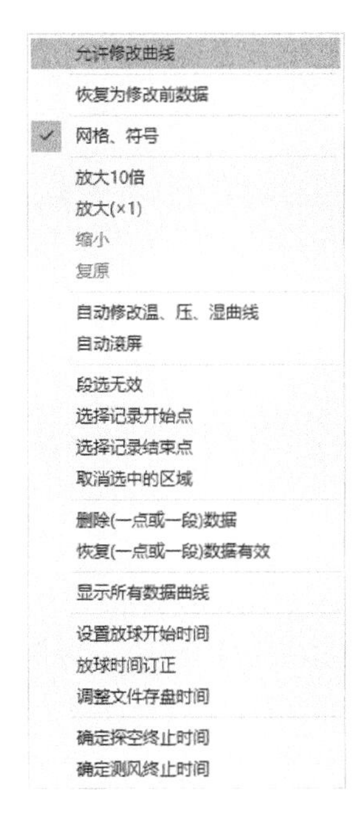

图 6.83　探空曲线操作菜单

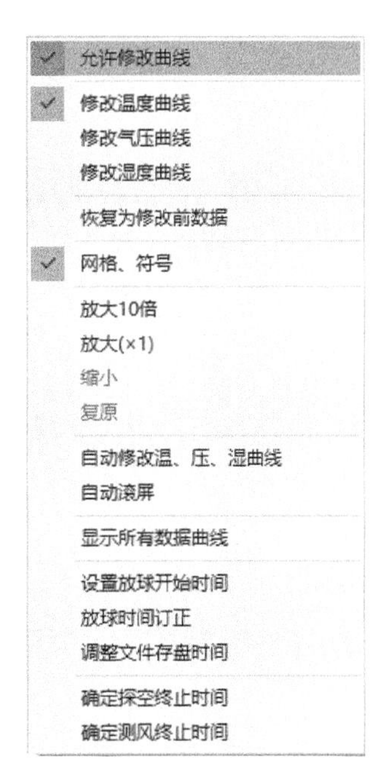

图 6.84　探空曲线操作菜单

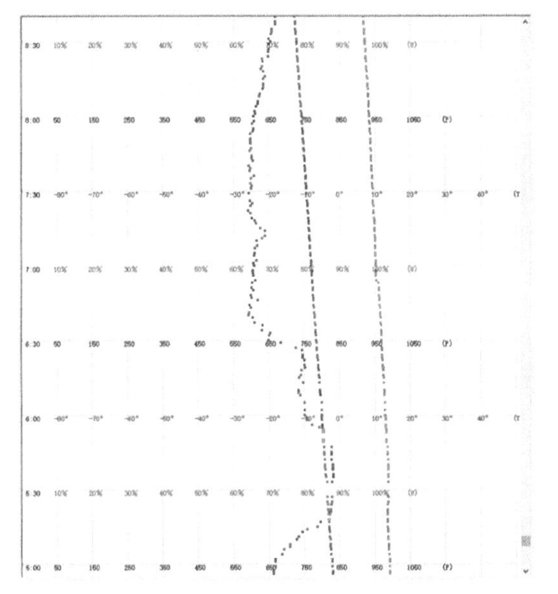

图 6.85　有网格、符号探空曲线显示式样

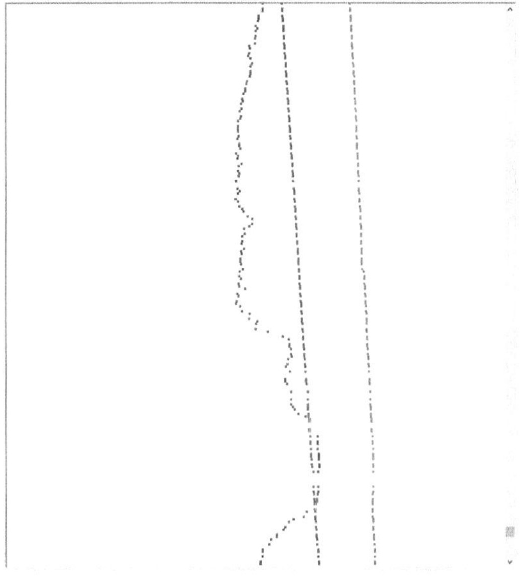

图 6.86　无网格、符号探空曲线显示式样

6.20.3　放大、缩小曲线

按下鼠标右键，在图 6.83 弹出式菜单中，软件提供两种放大方式的菜单项，分别是一步“放大 10 倍”和“放大”菜单项，放大 10 倍是指直接将探空曲线在横轴上放大 10 倍显示，以便操作员更好地观察探空曲线的细节，而“放大”菜单则是步进式放大，最大可以对曲线放大到初始状态的 32 倍，与放大相逆的操作是“缩小”和“复原”，“复原”菜单项可以将曲线直接复原为

初始状态。“缩小”和“复原”这两个菜单项在曲线初始状态时是灰化的。

6.20.4 自动修改温、压、湿曲线

放球过程中，探空曲线出现“飞点”时，可以使用自动修改探空曲线功能。使用方法：按下鼠标右键，在弹出的如图6.83所示菜单中选“自动修改温、压、湿曲线”项，软件会启用自动纠错模块，根据温、压、湿曲线变化趋势，纠正这些错误数据(飞点)。

6.20.5 探空曲线自动滚屏

按下鼠标右键，在图6.83所示的弹出式菜单中，选择“自动滚屏”菜单项后，软件将自动滚屏显示探空曲线，始终处于显示最新曲线的状态，而此时窗口的垂直滚动条不再起作用，在滚屏状态下，段选菜单和删除菜单会隐藏，鼠标双击删除飞点的功能也不起作用，重新选择“自动滚屏”后，恢复为原来状态。

6.20.6 段选有效/无效

在探空曲线显示状态下，在图6.83的弹出式菜单中，如果选择“段选有效”后再次按下鼠标右键，该菜单项的文字会变为“段选无效”，如图6.87所示，“选择记录开始点”“选择记录结束点”“取消选中的区域”也会在其后列出，这三个菜单项就是在段选有效的情况下(此时菜单上的文字是“段选无效”)，用于对曲线段进行操作的，将鼠标移至想要操作的曲线段的开始位置，然后按下鼠标右键，在弹出的菜单中选择“选择记录开始点”，然后将鼠标再移至想要操作的曲线段的结束位置，在弹出的菜单中选择“选择记录结束点”，就可以将开始点和结束点之间的数据选中，选中后的曲线段反白显示，显示效果如图6.88所示，然后就可使用弹出菜单中的“删除(一点或一段)数据”“恢复(一点或一段数据)有效”对选中的曲线点或段进行删除、恢复处理(参见6.19.7节)，“取消选中的区域”菜单项可以清除选中的曲线段的反白显示。

段选无效
选择记录开始点
选择记录结束点
取消选中的区域

图6.87 探空曲线段选操作菜单

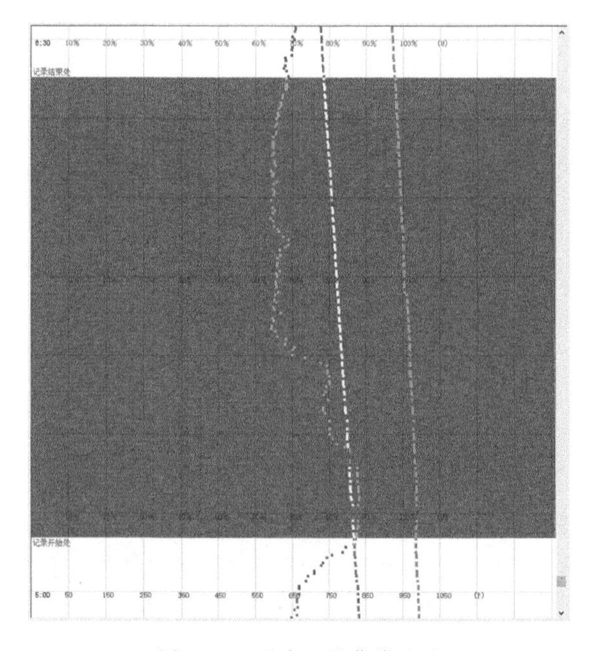

图6.88 选中一段曲线显示

6.20.7　删除、恢复探空数据点

对于自动修改功能无法纠正的温、压、湿“飞点”数据，操作员又无法判断正确位置时，可用此功能删除“飞点”。使用方法：在探空曲线状态下，删除某一时刻“飞点”时，先将鼠标线移到要删除的探空点上，双击鼠标左键，即可删除，或者按下鼠标右键，在弹出如图6.83所示的菜单上选中“删除(一点或一段)数据”项，即可删除此时刻温、压、湿点。若要恢复被删的温、压、湿点，可再将鼠标线移到此点位置，按下鼠标右键，在弹出的菜单上选中“恢复(一点或一段)数据有效”项即可；要删除一段“飞点”时，可先选中想要删除的数据段(参见6.19.6节)，按下鼠标右键，选“删除(一点或一段)数据”项，即可删除这段“飞点”。恢复一段被删的温、压、湿点，选择起始、终止位置方法同上，再按下鼠标右键，选“恢复(一点或一段)数据有效”项，即可恢复。删除、恢复的探空点在“探空数据”状态下，同时被记为无效(打×)或有效(打√)。

6.20.8　只显示有效数据曲线/显示全部曲线

在显示全部曲线状态下(菜单项的文字是“只显示有效数据曲线”)，被删除的曲线用圆圈显示，如图6.89所示，在只显示有效数据曲线状态下(菜单项的文字是“显示全部曲线”)，被删除的数据曲线不显示(空白)，如图6.90所示。

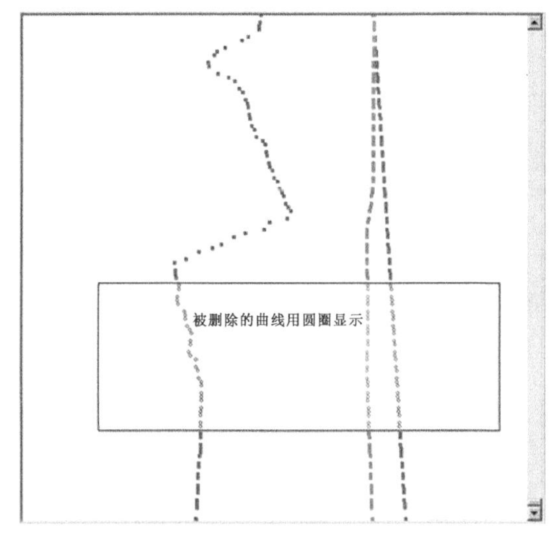

图6.89　显示全部曲线

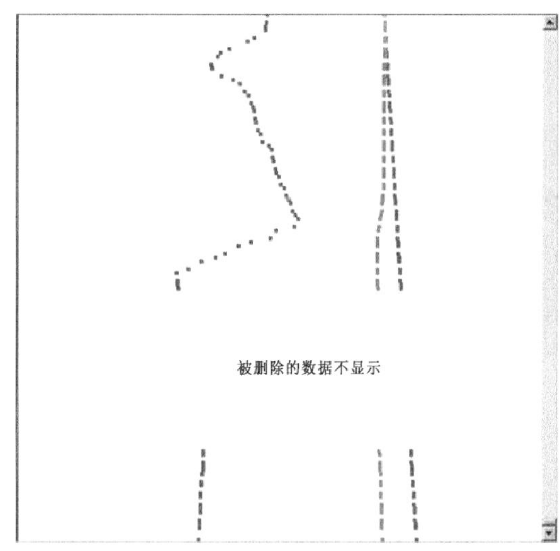

图6.90　只显示有效数据曲线

6.20.9　恢复为修改前数据

如果在操作中，人工不慎修改了不需要修改的探空曲线数据，则可使用该功能进行恢复。使用方法：将鼠标移到要恢复的探空点上，或选中要恢复的一段探空点，按下鼠标右键，然后在如图6.83所示的弹出菜单上选中“恢复为修改前数据”项，该点或该段的数据将自动恢复到修改以前的位置。

放球后，瞬间气压值输入了错误值，且该值小于正确的瞬间气压值时，会出现接收到的一段气压数据值被软件强制低于错误瞬间气压值的现象(气压曲线呈直线状)，这时应先将错误的瞬间气压值改为正确值，然后使用该功能将直线段内的数据进行恢复处理。

6.20.10　调整数据存盘时间

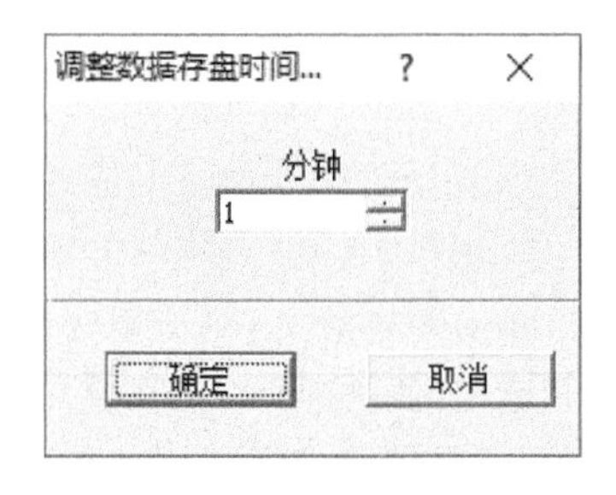

图 6.91　调整数据存盘时间间隔

放球过程中，“放球软件”默认按照数据处理软件“本站常用参数”/“计算机操作”/“保存数据时间间隔”所设定的分钟时间间隔定时保存数据文件，若施放中“放球软件”和“数据处理软件”同时启用时，且在“数据处理软件”中需要充分的时间做某些修改(如发报、下沉记录处理等)，可在“放球软件”中调整数据存盘时间，使用方法是：探空曲线状态下，按鼠标右键，在弹出的菜单中选择“调整数据存盘时间”，在如图 6.91 所示“调整数据存盘时间间隔”选择框上设定所需时间，放球软件将按新的间隔时间保存数据文件。待“数据处理软件”中修改工作完成后，还可随时再次调整数据存盘时间。

6.20.11　确定探空、测风终止时间

当探空终止或测风终止时，在探空曲线或坐标曲线状态下，要利用此功能确定探空和测风的终止时间。终止时间以后录取的数据软件将认为是无效的数据，这些数据虽然会继续录取，但不参与后期的数据计算、处理。使用方法：在探空曲线或坐标曲线显示区中将鼠标线移动到终止数据点上(终止开始的第一点)，按下鼠标右键，在如图 6.83 所示的弹出菜单上选中“确定探空终止时间”或“确定测风终止时间”，在如图 6.92 所示的弹出“确定探空终止时间”或如图 6.93 所示的“确定测风终止时间”对话框上按“确定”完成终止点时间的确定。

图 6.92　确定探空终止时间　　　图 6.93　确定测风终止时间

如果没有确定探空或测风终止时间就退出放球软件，数据处理软件将不会产生 00 格式的 BUFR 报文，此时需要在数据处理软件里面进行探空、测风终止时间的确定，在数据处理软件进行探空、测风终止时间的操作详见数据处理软件相关部分的阐述。

6.20.12　取消终止时间设置

在放球过程中如果误设置了错误的观测终止时间(探空、测风)，可使用鼠标右键菜单中的“取消探空(测风)终止时间设置”来取消终止时间设置，该两菜单项平常是隐藏的，只有进行了确定终止时间操作后该菜单才会像图 6.94 所示显示出来。

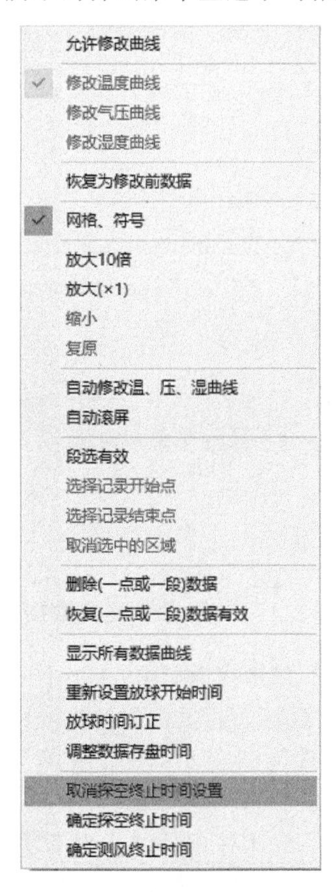

图 6.94　取消探空终止时间设置

6.21　探空数据显示区的操作

按下软件右侧下面的“显示温、压、湿”按钮 [探空数据] 后，图形数据显示区会切换为显示探空温、压、湿数据，按下鼠标右键会弹出如图 6.95 所示的菜单，操作员可以通过该菜单项对自行选择的数据点或段（通过 shift＋鼠标左键组合选定）进行更加精准的删除、恢复操作。

时间= 3:04　温度=18.1 ℃　气压=881.6 hPa　湿度=66 %　|　时间= 0:00　温度=0.0 ℃　气压=0.0 hPa　湿度=0 %

时间	气温	气压	湿度	盒内温度	是否有效
0:00	18.0	976.9	90	18.0	√
0:01	17.6	974.8	89	35.3	√
0:03	17.6	974.2	89	35.3	√
0:04	17.6	973.6	89	35.3	√
0:05	17.6	972.8	89	35.3	√
0:07	17.7	971.9	89	35.2	√
0:08	17.6	971.1	89	35.3	√
0:10	17.6	970.3	89	35.3	√
0:11	17.6	969.5	89	35.3	√
0:13	17.5	968.7	89	35.3	√
	17.5	968.7	89	35.3	√
删除数据	17.5	968.7	89	35.3	√
恢复数据	17.3	965.5	89	35.3	√
0:19	17.3	965.5	89	35.3	√
0:22	17.3	965.5	89	35.3	√
0:23	17.3	965.5	89	35.3	√
0:25	17.3	965.5	89	35.3	√
0:27	18.0	960.8	88	35.4	√
0:28	18.1	960.1	88	35.4	√
0:29	18.2	959.4	88	35.4	√
0:32	18.2	958.1	87	35.4	√
0:34	18.2	957.3	86	35.4	√
0:35	18.2	956.7	86	35.4	√

图 6.95　探空数据显示操作

6.22　风矢的显示

按下软件右侧下面的“显示风向、风速杆”按钮 [风] 后，图形数据显示区会切换为如图 6.96 所示显示风向、风速杆图状态。

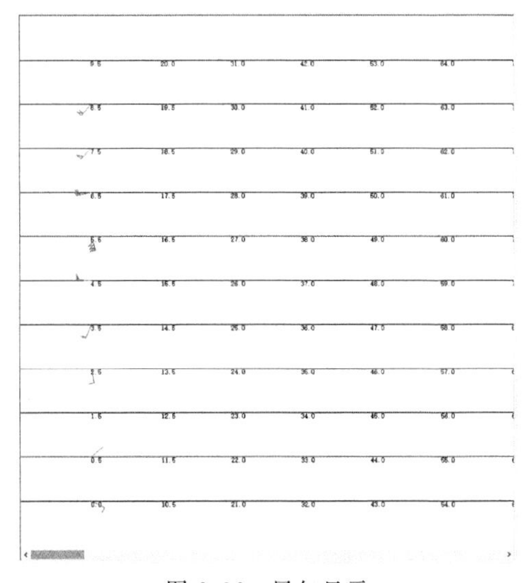

图 6.96　风矢显示

6.23　风廓线的显示

按下软件右侧下面的“显示风廓线曲线”按钮 后，图形数据显示区会切换为如图 6.97 所示显示以时间为纵轴的风廓线曲线图状态，按下鼠标右键，通过如图 6.98 所示弹出的菜单可以更改纵轴时间范围。

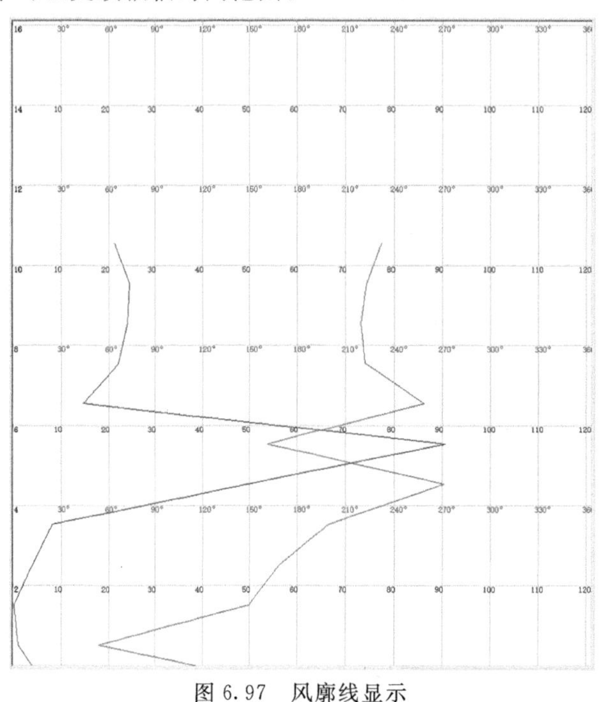

图 6.97　风廓线显示

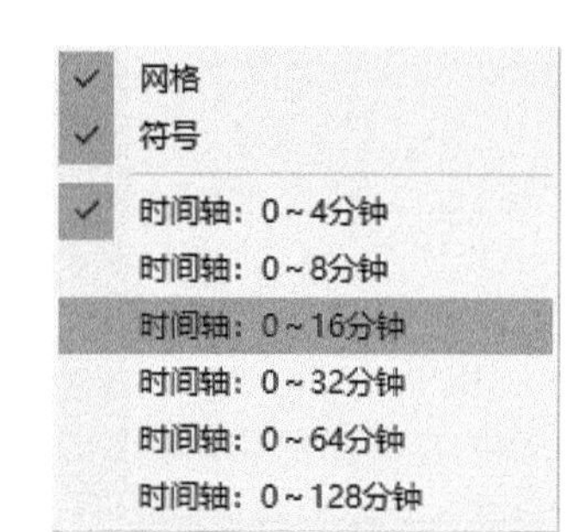

图 6.98　风廓线操作菜单

6.24　探空仪盒内温度曲线的显示

按下软件右侧下面的“显示探空仪盒内温度曲线”按钮 后，图形数据显示区会切换为如图 6.99 所示显示以时间为纵轴的探空仪盒内温度曲线图状态，按下鼠标右键，可以在弹出的如图 6.100 所示的使用“自动修改温度曲线”修正盒内探空曲线，其他操作可参考探空曲线相关部分。

6.25　整分钟坐标曲线显示区的操作

按下软件右侧下面的“显示方位、仰角、斜距曲线”按钮 后，图形数据显示区会切换为如图 6.101 所示显示以整分钟时间为纵轴的气球方位、仰角、斜距曲线图状态，在坐标曲线显示区可以通过鼠标右键的弹出菜单对坐标数据进行一系列的操作。

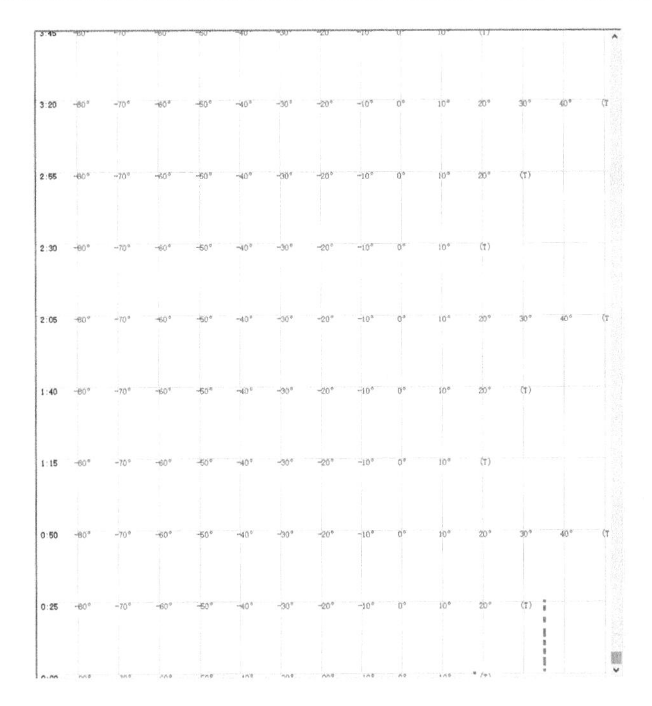

图 6.99　探空仪盒内温度曲线显示

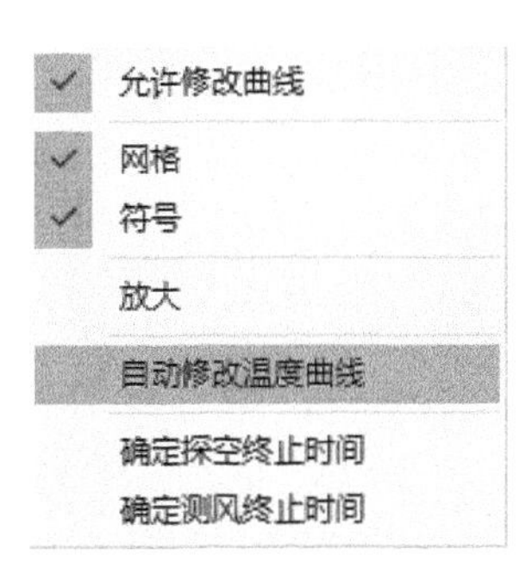

图 6.100　探空仪盒内温度曲线显示操作菜单

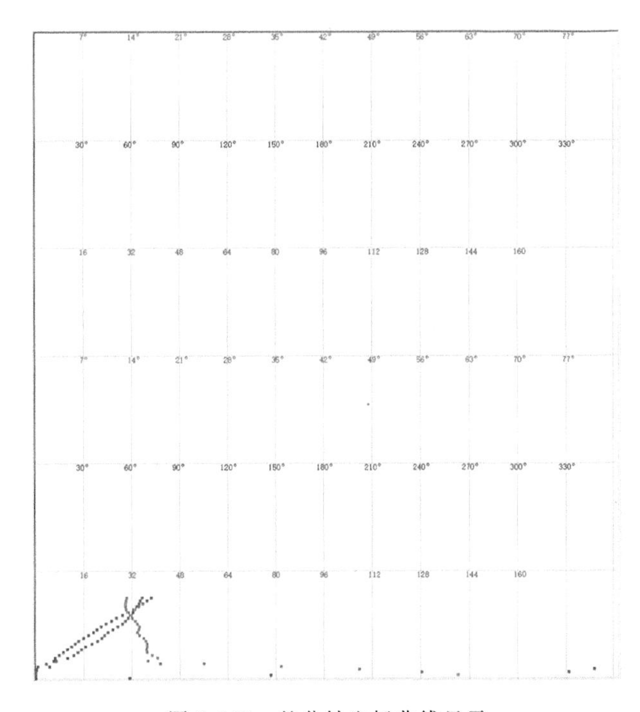

图 6.101　整分钟坐标曲线显示

6.25.1　手动修改整分球坐标曲线操作

放球过程中，球坐标曲线数据点有跳变现象，在可判断正确位置前提下，可以谨慎进行修改。在“坐标曲线”状态下,按下鼠标右键,在如图 6.102 所示的弹出菜单上先选“允许修改曲线”,再次按下鼠标右键,菜单上会增加如图 6.103 所示的“修改仰角曲线”“修改方位曲线”“修改斜距曲线”三个菜单项,分别选择“修改仰角曲线”“修改方位曲线”“修改斜距曲线”菜单项即可对球坐标曲线进行修改,如选中“修改仰角曲线”后,移动鼠标在显示区选择仰角点认为正确的位置上,按下鼠标左键,仰角曲线上相应的点就会移到此位置。使用相同的方法可分别修改方位、斜距曲线。为了提高精确度,以上修改也可在放大曲线的状态下进行。

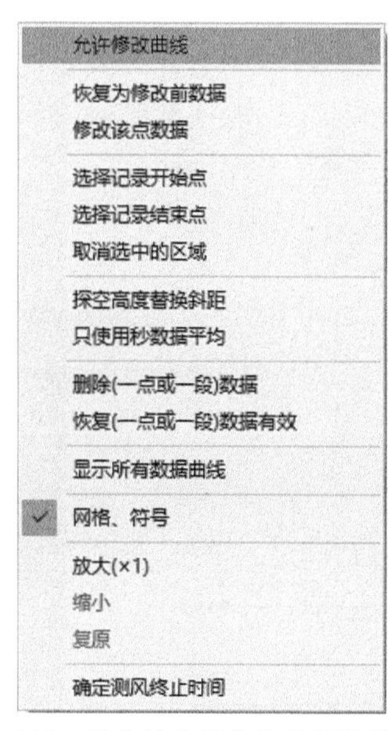

图 6.102　整分钟坐标曲线显示操作菜单

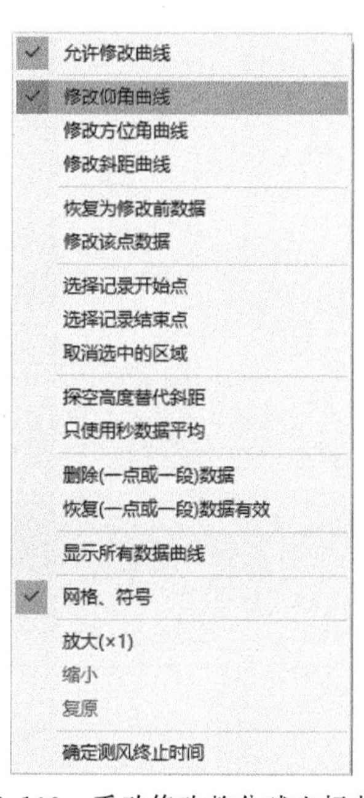

图 6.103　手动修改整分球坐标曲线

6.25.2　恢复为修改前数据

如果在操作中不慎修改了不需要修改的球坐标曲线点,则可使用该功能进行恢复,使用方法是将鼠标移到要恢复的球坐标点上,按下鼠标右键,在弹出的如图 6.102 所示菜单上,选中“恢复为修改前数据”菜单项,该点的数据将恢复到修改以前的值(位置)。

6.25.3　手动修改球坐标数据

在坐标曲线状态下,上、下数据点很密时,由于显示分辨率的问题,精确修改坐标点可能会显得比较困难。此时可使用人工修改球坐标数据的方法:将鼠标移到要修改的球坐标曲线上的某一点。按下鼠标右键,在弹出的如图 6.102 所示菜单项上选“修改该点数据”菜单项,此时软件将弹出一个如图 6.104 所示的对话框,在对话框上该点的时间、仰角、方位、距离数据已显示在相应的位置,其中时间为不可修改量,仰角、方位、斜距数据在可判断正确位置前提下,根据情况酌情修改,修改完成后,按确定键即可完成仰角、方位、距离数据的修改。

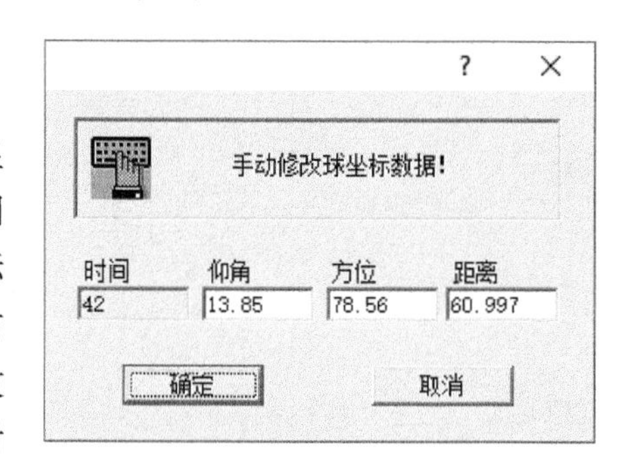

图 6.104　手动修改整分球坐标数据

6.25.4 段选操作

段选操作主要用于批处理，在如图6.100所示的弹出菜单中分别选择“选择记录开始点”“选择记录结束点”“取消选中的区域”可选中或取消一段坐标曲线用于对整个选中的曲线段进行批量删除、恢复等操作，将鼠标移至想要操作的数据段的开始位置，然后按下鼠标右键，在如图6.102所示的弹出菜单上选“选择记录开始点”，然后将鼠标移至想要操作的数据段的结束位置，在弹出如图6.102所示的菜单中选“选择记录结束点”，就可以将开始点和结束点之间的数据选中(该段反白显示)，然后就可使用如图6.102所示的弹出菜单中的“删除(一点或一段)数据”“恢复(一点或一段数据)有效”对选中的数据点或段进行删除恢复处理，“取消选中的区域”菜单项可以取消选中的数据曲线段。

6.25.5 探空高度替代斜距

施放过程中，如遇某分钟斜距跟踪丢失造成斜距不准时，可用鼠标基准线对准斜距不准点，按下鼠标右键，在如图6.102所示的弹出菜单上选“探空高度替换斜距”菜单项，软件会根据探空高度反算出正确的斜距。某一段斜距不准时，可用鼠标对准要修改的起始点，按鼠标右键，选“选择记录开始点”，再将鼠标对准要修改的结束点，按下鼠标右键，选“选择记录结束点”，选择区域反白显示；按鼠标右键，选“探空高度替换斜距”即可，此操作必须保证仰角数据是正确的，否则将会得出错误的斜距数据。

6.25.6 只使用秒数据平均

L波段用于测风的整分坐标数据(仰角、方位、距离)是根据秒数据的仰角、方位、距离通过平滑、滤波等数值算法后从对应的60 s、120 s……处得到的，在整个放球过程中，软件实时地通过这些数值算法来获取整分坐标数据，但如果秒数据的仰角、方位、距离比较混乱，软件没办法通过算法获取正确的整分坐标数据时，软件也提供另一种方法获取整分钟的坐标数据，将鼠标基准线对准该点整分坐标数据点，按下鼠标右键，在如图6.102所示菜单项上选择“只使用秒数据平均”，则鼠标基准线指定的该整分数据即使用秒数据平均，该分钟数据根据前后5 s的秒数据平均得到，不再从自动平滑数据的序列中读取，对该分数据再使用“不使用秒数据平均”后，该分钟数据将重新从自动平滑数据中获取。

6.25.7 删除、恢复球坐标数据点

放球过程中，因信号不好造成球坐标数据点不正确，又无法判断正确位置时，可用此功能删除错误值。使用方法：将鼠标移到要删除点位置，按下鼠标右键，如图6.102所示菜单项上选“删除(一点或一段)数据”项，此分钟仰角、方位角、斜距球坐标数据点被删除(空白)。若要恢复被删除的数据点，将鼠标移到要恢复点位置，按鼠标右键，选“恢复(一点或一段)数据有效”项，即可恢复数据点。删除或恢复一段球坐标数据点，参照6.20.7节删除、恢复探空数据点中删除、恢复一段数据点的方法。删除、恢复的球坐标数据点在“球坐标”状态下，同时被记为无效(打×)或有效(打√)。

6.25.8 只显示有效数据曲线/显示全部曲线

在显示全部曲线状态下(菜单项的文字是“只显示有效数据曲线”)，被删除的曲线用圆圈

显示，在只显示有效数据曲线状态下（菜单项的文字是“显示全部曲线”），被删除的数据曲线不显示（空白），参考 6.20.8 节。

6.25.9　消除显示区的背景网格和刻度

在显示坐标曲线状态时，按下鼠标右键，在弹出的菜单中选中“网格”或“符号”项，可消除显示区内的网格线或符号；再次选择这些项，可恢复显示其网格线或符号。

6.25.10　放大、缩小、复原操作

对坐标曲线进行放大、缩小、复原操作可参考 6.20.3 节。

6.25.11　确定测风终止时间

在坐标曲线里也可确定测风终止时间，将鼠标基准线移动至观测终止开始处，按下鼠标右键，在如图 6.102 所示菜单项上选“确定测风终止时间”，在对话框中单击“确定”按钮即可。

6.26　整分坐标数据显示区的操作

按下软件右侧下面的“显示方位、仰角、斜距数据”按钮 球坐标 后，图形数据显示区会切换为如图 6.105 所示显示以整分钟时间为纵轴的气球方位、仰角、斜距数据状态。

时间	仰角	方位角	斜距	高度	时间	风向	风速	是否有效
0	-1.00	59.00	0.062	0	0.0	117	4	√
1	61.42	147.13	0.012	543	0.5	54	1	√
2	56.23	332.06	0.012	759	1.5	150	0	√
3	47.19	348.30	0.367	1087	2.5	169	4	√
4	35.90	9.00	0.890	1329	3.5	199	8	√
5	24.60	78.22	3.480	1637	4.5	271	50	√
6	16.34	13.20	6.203	1943	5.5	161	91	√
7	17.82	20.40	6.689	2248	6.5	259	15	√
8	17.01	24.16	7.960	2556	7.5	223	22	√
9	16.32	26.63	9.394	2860	8.5	220	24	√
10	16.22	28.97	10.865	3257	9.5	223	25	√
11	16.29	31.44	12.104	3620	10.5	232	21	√
12	16.25	35.29	13.350	3950	11.5	248	24	√
13	16.05	38.79	14.567	4251	12.5	252	24	√
14	15.80	41.38	16.108	4593	13.5	244	27	√
15	15.19	43.40	17.705	4836	14.5	242	28	√
16	14.83	45.44	19.295	5148	15.5	247	28	√
17	15.04	48.41	20.607	5556	16.5	266	27	√
18	15.03	49.68	22.177	5956	17.5	246	26	×
19	14.99	50.85	23.756	6250	18.5	247	27	×
20	14.96	52.02	25.335	6529	19.5	249	27	×
21	14.92	53.20	26.914	6790	20.0	250	27	×
22	14.89	54.37	28.493	7102	21.0	252	27	×
23	14.85	55.54	30.071	7411	22.0	255	27	×
24	14.82	56.71	31.650	7689	23.0	257	27	×
25	14.78	57.88	33.229	8008	24.0	259	28	×
26	14.75	59.06	34.808	8348	25.0	261	28	×
27	14.71	60.23	36.387	8729	26.0	263	28	×
28	14.67	61.40	37.966	9097	27.0	265	28	×
29	14.64	62.57	39.544	9470	28.0	268	28	×
30	14.60	63.74	41.123	9806	29.0	270	29	×
31	14.57	64.92	42.702	10157	30.0	272	29	×
32	14.53	66.09	44.281	10629	31.0	274	29	×
33	14.50	67.26	45.860	11023	32.0	276	29	×
34	14.46	68.43	47.438	11496	33.0	278	30	×
35	14.43	69.61	49.017	11933	34.0	280	30	×
36	14.39	70.78	50.596	12438	35.0	282	30	×
37	14.36	71.95	52.175	12956	36.0	284	31	×
38	14.32	73.12	53.754	13304	37.0	286	31	×
39	14.29	74.29	55.332	13721	38.0	288	31	×
40	14.25	75.47	56.911	14119	39.0	290	31	×
41	14.22	76.64	58.490	14496	40.0	292	32	×
42	14.18	77.81	60.069	14908	41.0	294	32	×
43	14.16	78.94	61.596	15381	42.0	295	25	√
44	14.49	79.19	61.916	15762	43.0	295	19	√
45	14.73	79.32	62.440	16156	44.0	290	13	√
46	14.97	79.44	63.097	16571	45.0	280	8	√
47	15.20	79.58	63.775	16972	46.0	267	17	×
48	6.39	79.72	64.464	17397	47.0	278	11	√

图 6.105　整分坐标数据显示

6.27　全部曲线显示区的操作

按下软件右侧下面的“显示温、湿、压、方位、仰角、斜距曲线”按钮后，图形数据显示区会切换为显示以时间为纵轴，同时将温、湿、压、方位、仰角、斜距、位势高度曲线显示出来，如果软件检测到存在上月规定等压面高表 2 文件，还会增加一条上月规定等压面平均高度一气压曲线，如图 6.106 所示。

6.27.1　放大、缩小、复原曲线操作

在曲线显示区按鼠标右键，在如图 6.107 所示的弹出式菜单上可以对全部曲线进行放大、缩小、复原显示。

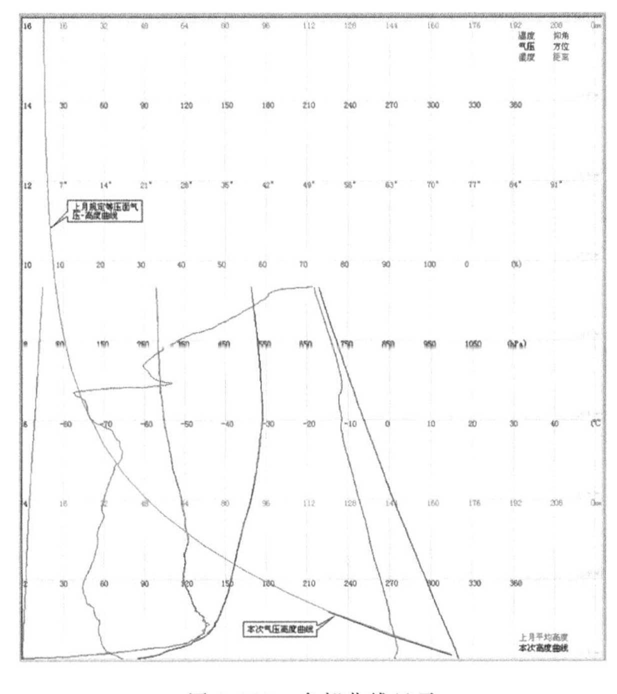

图 6.106　全部曲线显示

图 6.107　放大、缩小、复原曲线操作菜单

6.27.2　网格菜单项操作

选中图 6.107 所示菜单中的“网格”菜单项可以将全部曲线图上的网格线去掉，显示效果见图 6.108。

6.27.3　符号菜单项操作

选中图 6.107 所示菜单中的“符号”菜单项可以将图上的符号（标号）去掉，显示效果见图 6.109。

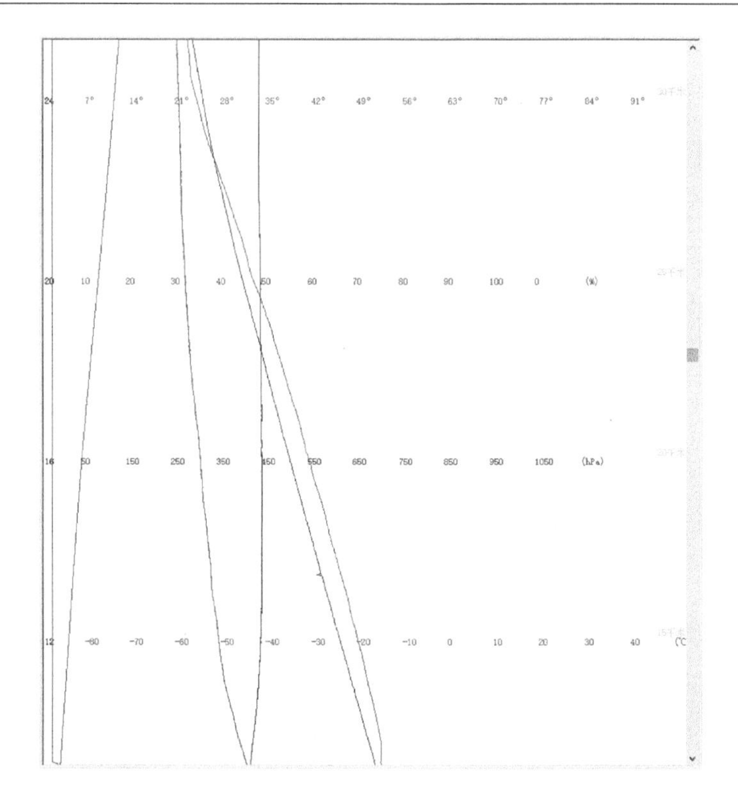

图 6.108　全部曲线去掉网格显示

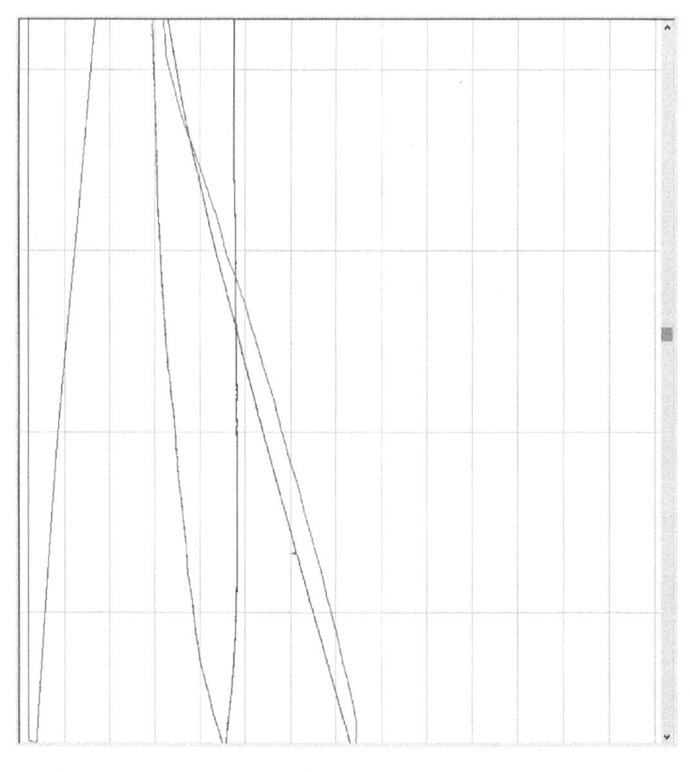

图 6.109　全部曲线去掉符号(标号)显示

6.27.4　高度曲线、球坐标曲线、温、压、湿曲线菜单项操作

图 6.107 菜单上的“高度曲线”“球坐标曲线”“温、压、湿曲线”三个菜单项用于显示、隐藏各自指定的曲线，以便操作员可以更清晰、不受干扰地观察感兴趣的曲线。

6.27.5　实时显示方式/浏览显示方式操作

全部曲线初始状态处于实时显示方式（此时图 6.107 菜单显示为“浏览显示方式”），在此状态下，两个数据显示窗在放球时分别如图 6.110 所示实时显示探空和球坐标秒数据，当选择“浏览显示方式”工作方式时，菜单会增加一个如图 6.111 所示“游览高度曲线/游览探空、球坐标秒数据曲线”菜单项，当选择“游览探空、球坐标秒数据曲线”方式时，鼠标在探空、球坐标秒数据曲线上划过时，状态栏的数据显示区会显示鼠标处的探空、球坐标数据。

时间=58:01　温度=-55.8℃　气压=33.0 hPa　湿度=4 %　|　时间=3481 分钟　仰角=18.07°　方位=95.16°　斜距=73.652km

图 6.110　实时数据显示窗

6.27.6　分时间段显示曲线

软件分别提供如图 6.111 所示 4～128 min 的全程时间量程方式来显示曲线。

6.27.7　单测风先放球后确定放球时间操作

如果是单测风放球（单测风开关确保打开条件下），按下鼠标右键，如图 6.111 所示弹出的菜单会在最后多出一“设置放球开始时间”菜单项（如图 6.112 所示），单测风观测时，先放球后设置放球时间即可在全部曲线显示区也可在秒数据显示区进行，在全部曲线显示区和秒数据

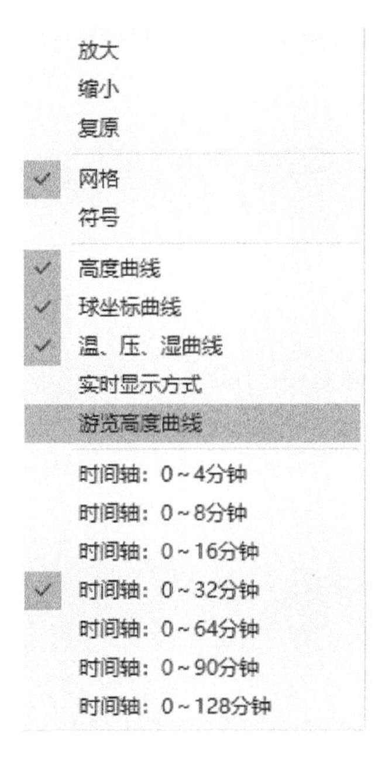

图 6.111　游览高度曲线

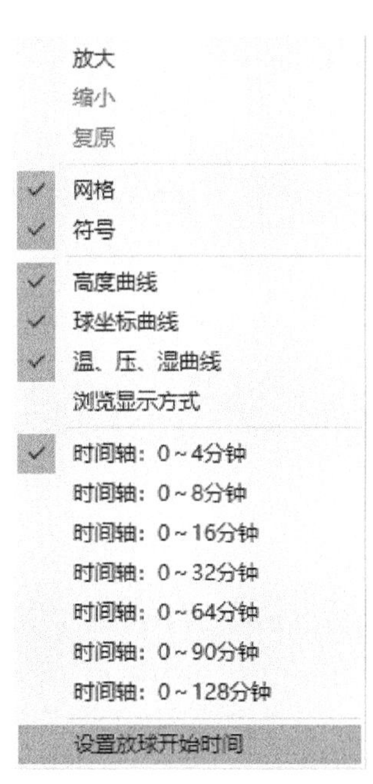

图 6.112　单测风设置放球时间

显示区通过按下鼠标右键，在弹出的菜单中选择“设置放球开始时间”菜单项即可，需要说明的是单测风开关打开后“设置放球开始时间”菜单项才会显示，设置放球开始时间时最好将全部曲线先设置为浏览显示方式，这样可以通过鼠标位置对应的时间更好地准确设置放球时间，如果在曲线上不好确定放球时刻，也可以到秒数据里找到精确的施放时刻进行。

6.28　显示气球飞行轨迹的操作

按下软件右侧下面的“显示气球飞行轨迹”按钮后 ，图形数据显示区会切换为如图 6.113 所示以极坐标方式实时显示气球飞行轨迹曲线，按下鼠标右键会弹出一个如图 6.114 所示的菜单，操作员可以使用此菜单对飞行轨迹显示方式进行各种调整。

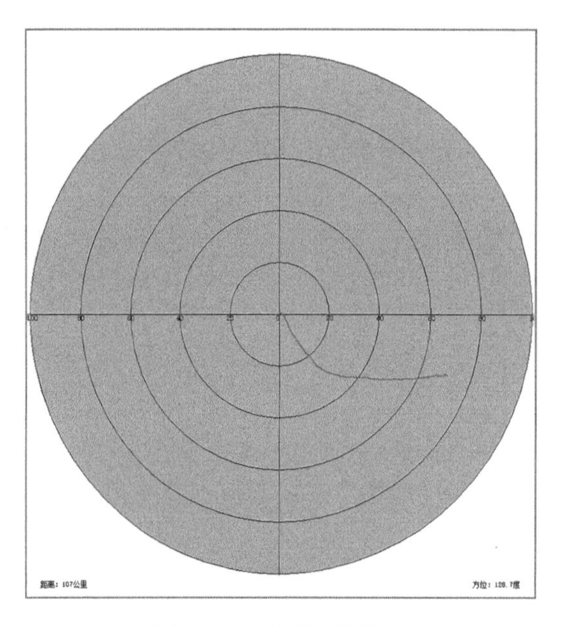

图 6.113　气球飞行轨迹

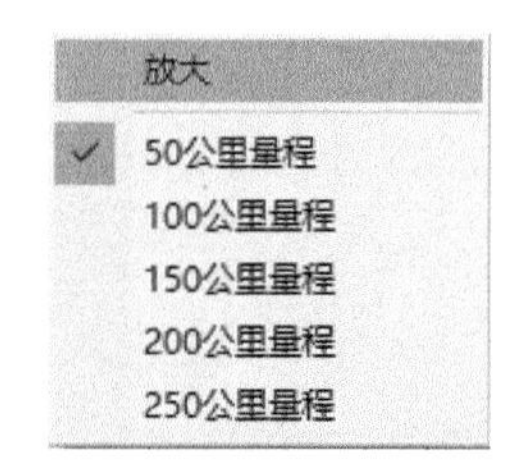

图 6.114　气球飞行轨迹操作菜单

6.28.1　放大飞行轨迹

在如图 6.114 所示的弹出菜单上选“放大”菜单项，可以对飞行轨迹放大 5 倍进行显示，放大后的显示效果如图 6.115 所示，可用垂直或水平滚动条或者直接按下鼠标左键拖动飞行轨迹图查看细节。在放大状态下，鼠标右键的弹出菜单项“放大”变成“缩小”，如图 6.116 所示，选择缩小后，飞行轨迹恢复正常显示。

6.28.2　改变飞行轨迹量程

在如图 6.116 所示的弹出菜单上分别选“50 公里量程”“100 公里量程”“150 公里量程”“200 公里量程”“250 公里量程”菜单项，也可以改变飞行轨迹底图的量程，起到事实上的放大、缩小飞行轨迹显示图效果。

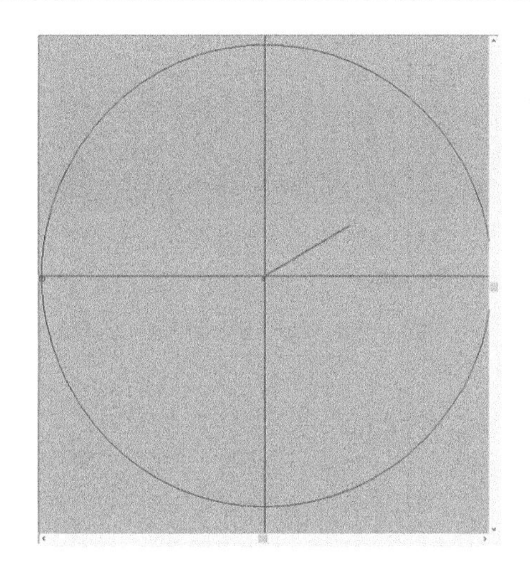

图 6.115　放大气球飞行轨迹

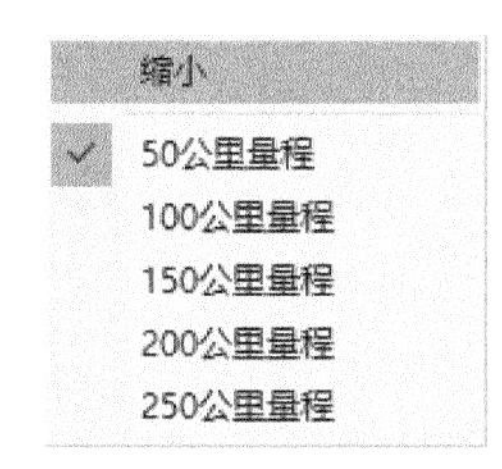

图 6.116　改变气球飞行轨迹量程菜单

6.29　每秒坐标数据显示区的操作

按下软件右侧下面的“显示每秒球坐标数据”按钮 每秒坐标 后，图形数据显示区会切换显示为如图 6.117 所示的每秒录取的坐标数据，其中高度数据为软件通过温、压、湿数据计算出来的位势高度，按下鼠标右键会弹出菜单，操作员可以用此菜单对每秒录取的坐标数据进行删除、恢复操作，单测风时，也可通过该菜单来设置单测风时的放球时间。

时间	仰角	方位角	斜距	高度	是否有效
0:00	0.00	85.00	0.100	0	√
0:01	0.00	85.00	0.100	0	√
0:02	0.46	86.08	0.116	0	√
0:03	2.73	85.30	0.112	50000	√
0:04	7.48	82.69	0.108	78	√
0:05	9.18	81.90	0.136	78	√
0:06	11.60	81.73	0.132	85	√
0:07	14.39	82.79	0.128	93	√
0:08	16.02	83.22	0.124	93	√
0:09	17.97	82.66	0.140	101	√
0:10	19.67	81.20	0.148	109	√
0:11	21.31	78.88	0.144	118	√
0:12	21.87	76.91	0.160	118	√
0:13	23.02	76.51	0.172	125	√
0:14	23.97	77.38	0.176	133	√
0:15	24.15	78.08	0.184	133	√
0:16	24.85	78.63	0.208	140	√
0:17	25.11	78.05	0.204	148	√
0:18	25.29	77.19	0.212	155	√
0:19	25.56	76.50	0.228	155	√
0:20	26.14	76.01	0.244	162	√
0:21	26.64	75.36	0.252	172	√
0:22	27.02	74.40	0.272	172	√
0:23	27.31	72.94	0.268	181	√
0:24	27.95	71.59	0.276	189	√
0:25	28.62	70.30	0.288	197	√
0:26	28.93	69.63	0.288	197	√
0:27	28.90	69.33	0.304	206	√
0:28	29.02	69.98	0.324	214	√
0:29	28.97	70.27	0.328	214	√
0:30	29.03	70.19	0.340	222	√
0:31	29.27	69.68	0.352	231	√
0:32	29.31	68.80	0.356	238	√
0:33	29.12	68.27	0.368	238	√
0:34	28.95	68.02	0.384	246	√
0:35	28.87	68.19	0.404	253	√
0:36	28.72	68.37	0.400	253	√
0:37	28.75	68.87	0.424	261	√
0:38	29.04	69.23	0.432	268	√
0:39	29.11	69.12	0.440	276	√
0:40	29.50	68.76	0.444	276	√
0:41	29.65	68.02	0.460	284	√
0:42	29.62	67.56	0.472	292	√
0:43	29.44	67.44	0.484	292	√
0:44	29.40	67.48	0.496	301	√
0:45	29.65	67.70	0.512	309	√
0:46	29.73	67.58	0.516	319	√
0:47	29.82	67.44	0.536	319	√

图 6.117　每秒坐标数据显示

6.30 补放小球数据操作

如果在某时次施放过程中，遇有近地层高空风失测时需要补放小球，补放小球应在规定时限内补放测风球，补放方法：按“地面参数”按钮，在如图 6.118 的“补放小球”页中，输入小球测风(200 m/min 固定升速)仰角、方位资料。输入“球皮及附加物重”，在净举力栏中会显示用正点瞬间地面气压、温度数据计算出的净举力数值(软件包提供的工具软件净举力计算软件也可用来计算需要施放的小球净举力)，净举力数值用于充灌小球。施放前仰角、方位角数据根据“本站常用参数”中“经纬仪固定目标角度”设置直接读取过来，输入施放后仰角、方位校验数据后，软件自动显示角度误差值，用于订正小球数据。在“施放时、分”栏输入施放小球的时和分。输入小球测风数据(整数位或带 1～2 位小数输入均可)后，按“确定”按钮，小球资料将保存到观测数据文件中，雷达观测测风资料失测的高度(规定高度上的风和规定等面上的风)，软件将自动使用对应高度上小球的风资料代替。若要删除此次小球测风记录，需将所有小球测风的仰角、方位角数据删除后，单击“确定”按钮即可。

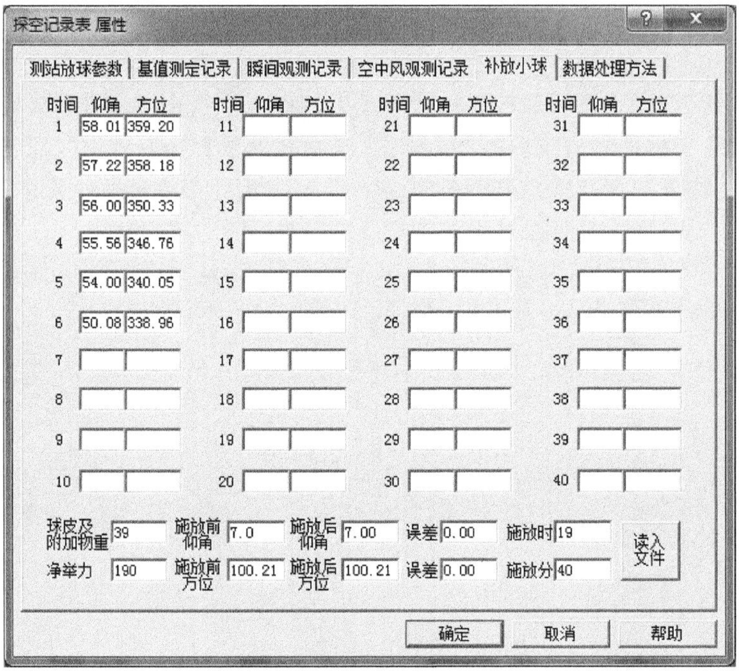

探空记录表 属性

测站放球参数 | 基值测定记录 | 瞬间观测记录 | 空中风观测记录 | 补放小球 | 数据处理方法

时间	仰角	方位	时间	仰角	方位	时间	仰角	方位	时间	仰角	方位
1	58.01	359.20	11			21			31		
2	57.22	358.18	12			22			32		
3	56.00	350.33	13			23			33		
4	55.56	346.76	14			24			34		
5	54.00	340.05	15			25			35		
6	50.08	338.96	16			26			36		
7			17			27			37		
8			18			28			38		
9			19			29			39		
10			20			30			40		

球皮及附加物重 39　施放前仰角 7.0　施放后仰角 7.00　误差 0.00　施放时 19

净举力 190　施放前方位 100.21　施放后方位 100.21　误差 0.00　施放分 40

读入文件

确定　取消　帮助

图 6.118 补放小球数据输入属性页

如果小球测风数据是用电子经纬仪观测的，可以在完成电子经纬仪观测后，将电子经纬仪观测到的数据文件复制到计算机上，然后按读入文件按钮，在图 6.119 对话框中找到小球观测数据文件读入即可，任何符合图 6.120 格式的小球观测数据文件均可正确读入。

如果补放小球时，正常的业务观测仍在继续，必须在放球软件进行小球观测数据补入，如果已经放球结束，在数据处理软件里录入补放的小球观测数据，在数据处理软件里补放小球方法参见第 7 章数据处理软件相关章节。

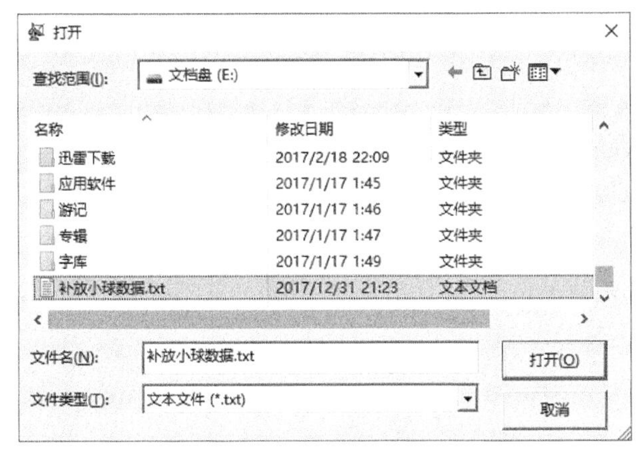

图 6.119　读入小球观测数据文件

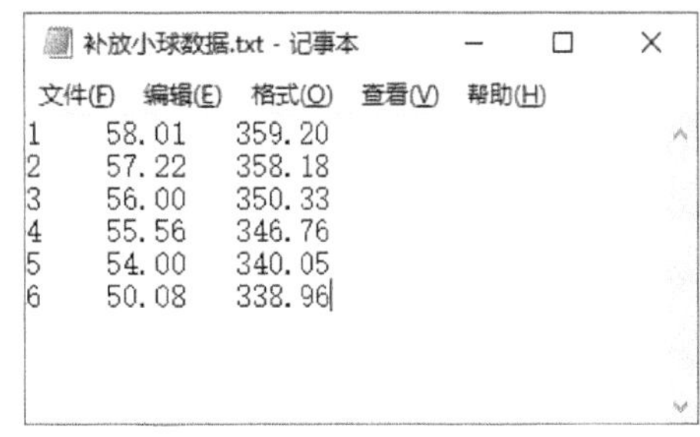

图 6.120　支持的小球观测数据文件格式

6.31　显示软件版本信息

按下软件右侧下面的“显示软件版本号”按钮 后，软件会弹出一个如图 6.121 所示的对话框，上面有软件版本号、发布时间、以及技术支持邮箱等。

6.32　退出放球软件

放球结束后，选择完探空、测风终止时间，按“退出”按钮 ，软件会弹出一个如图 6.122 所示对话框，分别选择探空、测风终止原因，单击“确定”按钮后，“放球软件”将把所有接收到的数据(含球炸后的数据)存储到硬盘指定位置，并退出放球软件。

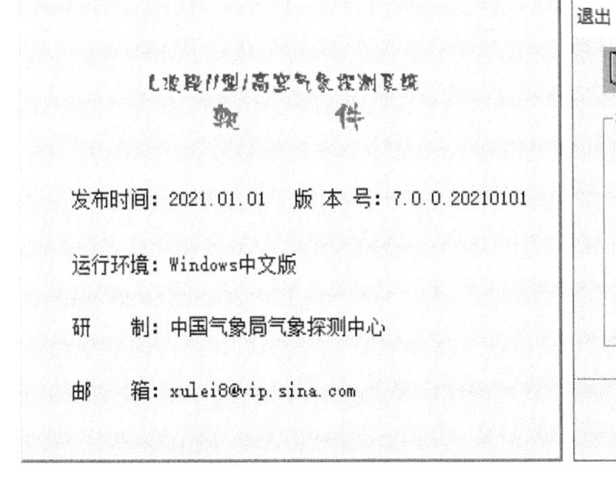

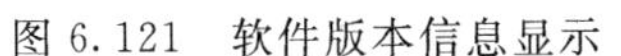
图 6.121　软件版本信息显示

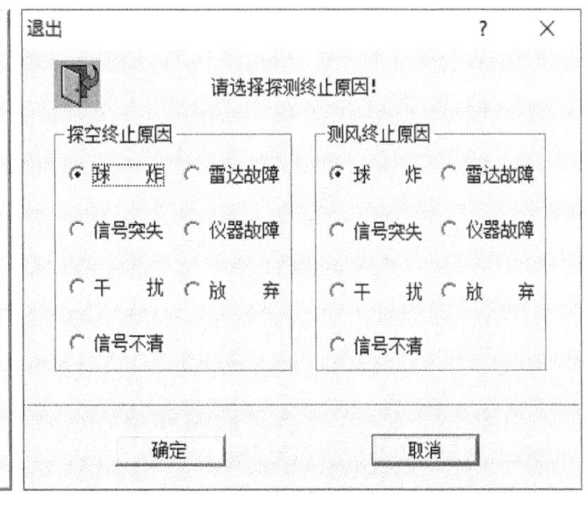

图 6.122　选择终止原因后退出软件

6.33　放球软件或计算机系统崩溃后的处理方法

当施放过程中,如遇有停电、计算机崩溃,可重新启动计算机并运行“放球软件”。

重新运行“放球软件”时,计算机会检查时间,并自动搜索是否存在本时次的数据文件。如现在的时刻为07时,软件将搜索06时、07时、08时硬盘上datbak文件夹里的文件,如发现存在该时刻的文件,软件将弹出一个如图6.123所示的对话框:“发现一个本时次的探空数据文件S5451120180101.07,是否继续用该探空数据文件放球?”单击“是(Y)”,调入该数据文件,并在该文件的基础上继续放球!单击“否(N)”,不调入该数据文件,重新进行放球(重放球)!如果是以下情况:调试雷达、误操作、对软件操作不熟悉等,单击“否(N)”。重放球遇有相同时次数据文件也会有该操作提示。

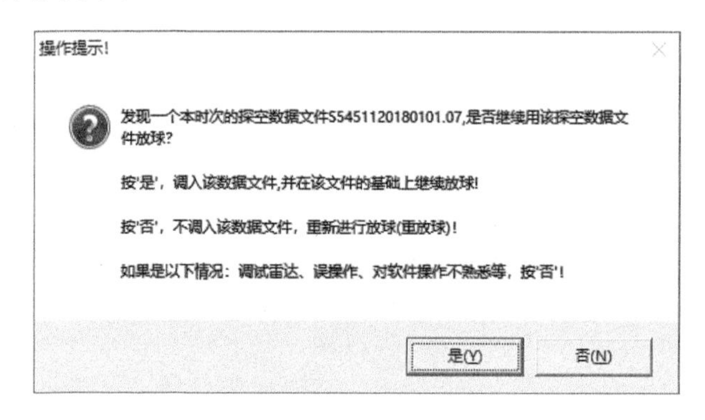

图6.123　接续放球

注:为了使因计算机崩溃造成观测数据丢失减小到最低程度,推荐将本站常用参数中计算机操作页的“保存数据时间间隔”设置为1 min。

6.34　安全提示

由于放球软件对整个观测工作质量的好坏至关重要,因此请仔细阅读以下内容。

——放球过程中,不要随意退出该软件;不要再按“放球”按钮,以免数据丢失。

——放球前,调入、修改探空仪参数并确定后,必须再次核对参数,特别是对输入、修改项进行校对,以免造成不合格探空仪施放。

——放球结束后,应当按“退出”按钮正常退出。不能直接关闭计算机,以免造成数据丢失。

——基测结束后或放球过程中,不要再开启“基测”开关,以免造成基测数据和探空仪仪器号码不准确。

——放球过程中,探空仪载波频率变化较大或出现跳频现象,需大范围手动调整频率时,应先将“天控”方式转为“手动”方式,以免雷达天线失控。频率正确后,及时将“天控”方式转为“自动”方式。

——放球过程中,“放球软件”和“数据处理软件”同时启用时,若在“数据处理软件”中做了某些修改(包括下沉记录处理),而在“放球软件”未作相同处理,则“放球软件”数据存盘时(默认状态为 1 min 存储一次），将把在“数据处理软件”所做修改覆盖。

——放球过程中，不要再按“综合观测、单测风切换开关”按钮；若误按了此开关，务必在弹出的警示框中选择“取消”按钮，以免造成数据存储混乱。

——某次观测未达 500 hPa，需进行重放球时，应先退出“放球软件”，然后关闭雷达主控箱发射高压开关、电机驱动箱开关、主控箱总开关。之后，再按照与关闭相反的顺序开启以上各开关，并运行“放球软件”，进行下一次的放球工作。否则，下一次的放球工作将无法正常进行。

——放球前，手动调整完增益，务必将其开关置于开启状态，且放球后，应保持自动状态，不要轻易按动此开关。

——放球前“天控手/自动”开关应置于“开”状态，以方便天线自动跟踪。

——放球过程中请不要再用鼠标点击“放球”开关，如不小心点击了“放球”开关。软件会弹出一个如图 6.124 所示的询问对话框，务必按“取消”按钮。否则，软件将不再保存实时接收的观测数据。

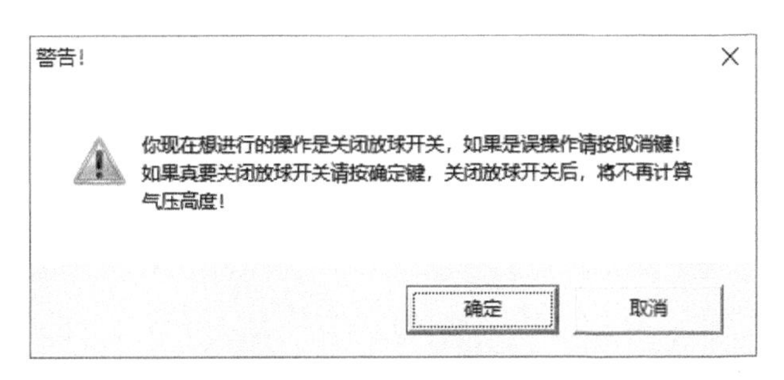

图 6.124　放球过程中不能再用鼠标点击“放球”开关

第 7 章　数据处理软件

数据处理软件是一个集成的数据处理环境，采用标准 Windows 窗口和菜单驱动模式，将各种处理计算方法模块化，利用放球软件生成的基本数据文件计算出各标准等压面气象要素值、各规定高度层风、选取特性层、对流层、零度层、最大风层、编发各类报文、制作各类月报表、图形显示、打印，此外还可提供空间加密观测资料、特殊风层资料、任意等间隔高度气象要素值、埃玛图、飞行轨迹图、升速曲线、月值班日志、监控文件、基数据文件等产品，并可对原始数据进行平滑、修正、查询、恢复等处理。

7.1　软件的运行

用鼠标单击"开始"按钮，从"程序"菜单中选择"L 波段(Ⅰ型)高空观测系统软件"文件夹，然后再单击"数据处理软件"或直接在桌面上用鼠标左键双击"L 波段(Ⅰ型)数据处理软件"图标，即可运行该软件。

7.2　数据处理软件窗口组成

L 波段(Ⅰ型)数据处理软件运行后的主界面窗口如图 7.1 所示。

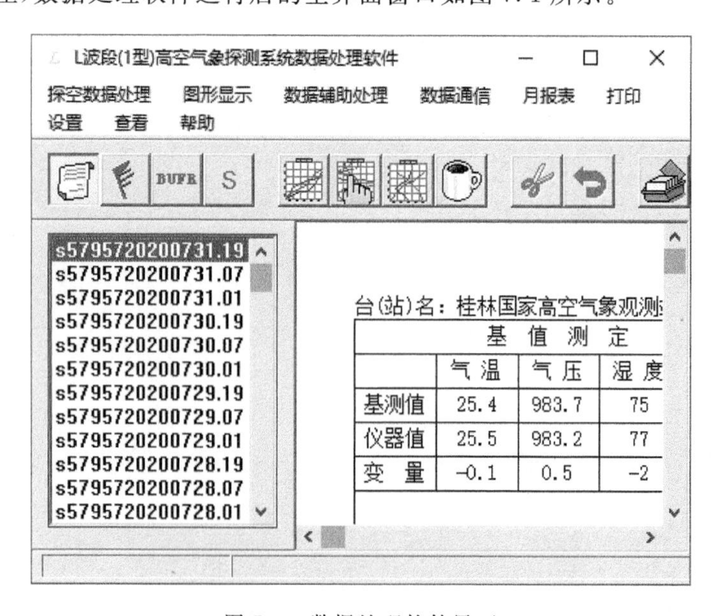

图 7.1　数据处理软件界面

数据处理软件窗口由以下几个部分组成：

——标题栏：窗口最上面写有“L 波段（Ⅰ型）高空气象观测系统数据处理软件”字样；

——菜单栏：窗口的菜单栏集中了各种数据处理功能菜单项；

——工具栏：将常用的数据处理功能设计成快捷按钮，其功能与菜单中某一项对应，用于快速执行一些常用的数据处理命令；

——文件列表区：位于窗口左侧，用于显示各时次观测的数据文件名，最新观测的数据文件排序在最上边；

——数据图形显示区：窗口右侧的空白区用于显示所有气象产品、数据、曲线；

——状态栏：窗口最下部区域，用于显示与当前处理有关的信息。

7.3　数据处理的一般步骤

综合探测正式观测 1 min 后（单测风正式观测 5 min 后），可打开数据处理软件开始处理数据。为得到正确的处理结果，操作员一般应按照以下步骤对原始数据进行检查和处理。

7.3.1　删除终止后所录取的数据

观测终止后，如果在“放球软件”中已经确定了终止时间，则这一步骤可以省略；如果退出“放球软件”时，没有确定探空或测风的终止时间，则退出“放球软件”之后，需用数据处理软件将录取的终止或球炸后的探空、球坐标数据删除掉，否则将得不到正确的处理结果。探空数据删除方法是：在左边的文件列表中选定要处理的文件，然后进入“数据辅助处理”菜单，选“探空数据查询”，此时在数据图形显示区将显示如图 7.2 所示该文件的探空数据，按滚动条，将结束时的数据显示出来。根据气压值找到终止点，用鼠标在时间处点击一下，这时该时间会被反白显示，表明已被选中，然后再到最后一组数据的时间处，按下“Shift”键的同时，单击鼠标左键。

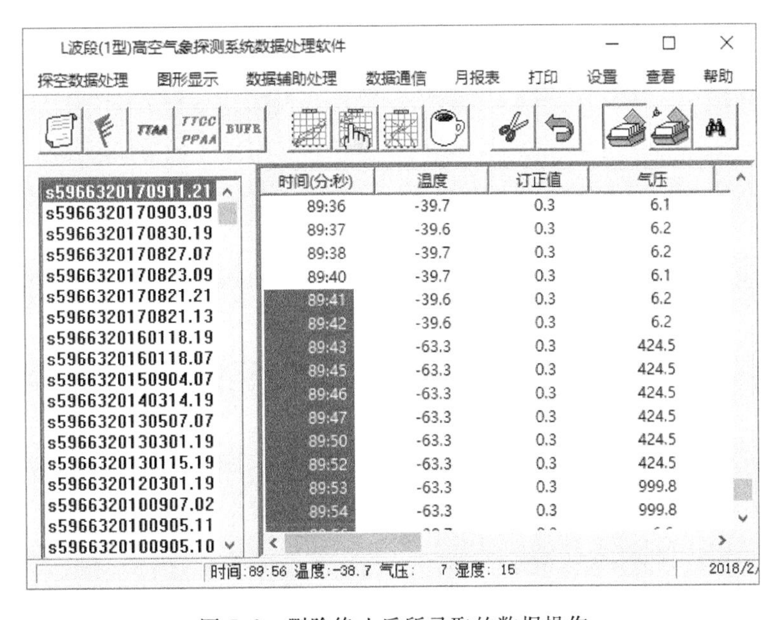

图 7.2　删除终止后所录取的数据操作

这时,从终止处到结束之间的所有时间都会反白显示,进入“数据辅助处理”菜单,选“删除探空测风数据”或直接按快捷工具栏 后,会弹出一个如图 7.3 所示的对话框询问是否真的想删除所选中的数据,单击“确定”按钮,这些数据将被删除;用同样的方法可在“球坐标数据查询”下删除球坐标数据。测风数据删除方法:在左边的文件列表中选定要处理的文件,然后进入“数据辅助处理”菜单,选“球坐标数据查询”,此时在数据图形显示区将显示该文件中的每分球坐标数据,删除方法同探空数据删除。也可以在手动修改探空曲线的状态下,在调出的探空曲线上,用鼠标移至观测终止处,按鼠标右键后在如图 7.4 所示的弹出菜单里选择“设置探空终止时间”和“设置测风终止时间”,这两项菜单项也可用来在放球软件中忘记设置终止时间导致不能自动产生 BUFR 报文文件中的 00 类型文件时重新设置观测终止时间。

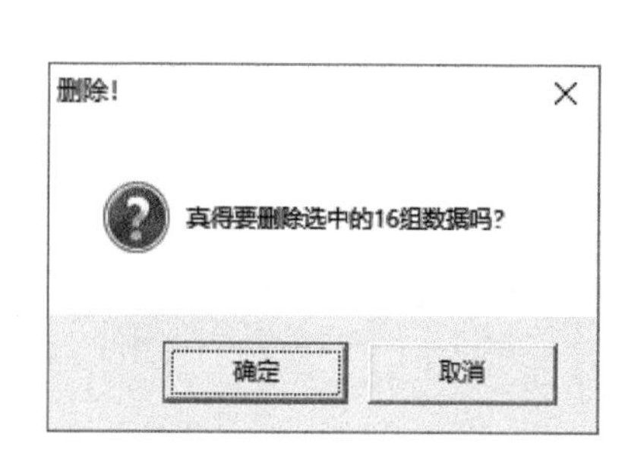

图 7.3　确认删除终止后所录取的数据操作

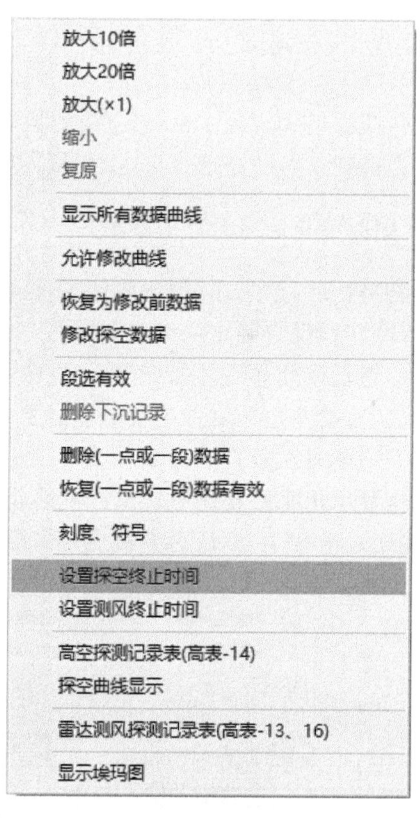

图 7.4　设置探空终止时间操作菜单

7.3.2　自动修正探空数据错误

一般情况,特别是发 TTAA 报文之前,都应执行这一功能。软件可自动检查观测数据,并修正观测数据中的明显错误,使用方法是:在左边的文件列表中选定要进行自动修正错误的文件,然后进入“数据辅助处理”菜单,选“自动修正探空数据错误”或直接按快捷工具栏 ,软件自动修正探空数据错误后在数据图形显示区显示如图 7.5 所示修正前和修正后的对比曲线图。

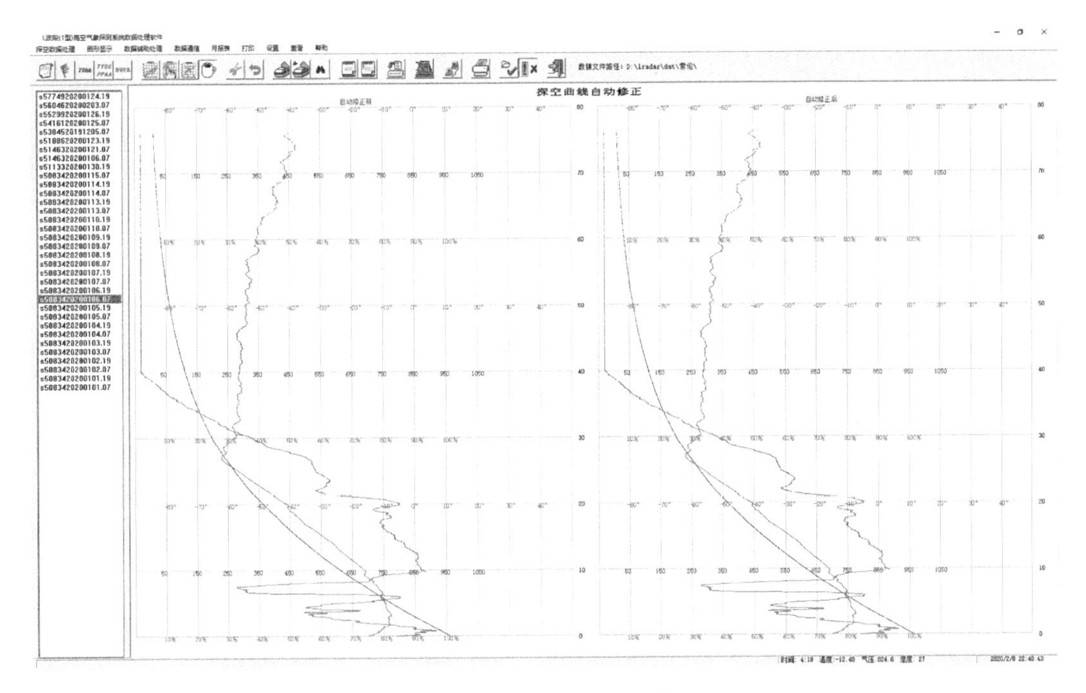

图 7.5　自动修正探空数据错误前、后对比

7.3.3　删除/恢复探空数据

7.3.3.1　删除探空数据

对于自动修正功能无法纠正的温、压、湿“飞点”，操作员又无法判断正确位置时，可进行“飞点”删除操作，第一种方法：选中左侧需要进行删除的数据文件，进入“数据辅助处理”菜单，选“探空数据查询”，用鼠标和 shift 键组合选中一个或一段数据，按 快捷工具栏删除数据。第二种方法：选中左侧需要进行删除的数据文件，选择“手动修正探空曲线”菜单项，软件显示探空离散曲线点，先将鼠标线移到要删除的探空点上，双击鼠标左键，即可删除，或者按鼠标右键，在如图 7.4 所示的弹出菜单上选中“删除(一点或一段)数据”项，即可删除此时刻温、压、湿点。要删除一段“飞点”时，可先选中想要删除的数据段(使用软件的段选功能)，按鼠标右键，选“删除(一点或一段)数据”项，即可删除这段“飞点”。删除的探空点在“探空数据查询”状态下，同时被记为无效(打×)。

7.3.3.2　恢复探空数据

第一种方法：选中左侧需要进行恢复为有效数据的数据文件，进入“数据辅助处理”菜单，选“探空数据查询”，用鼠标和 shift 键组合选中一个或一段无效的数据，选中的数据会如图 7.6 所示的反白显示，表示这部分数据被选中，按下 快捷工具栏，在如图 7.7 所示的提示框上单击“确定”按钮进行恢复；第二种方法：选中左侧需要进行恢复为有效数据的数据文件，选择“手动修正探空曲线”菜单项，软件显示探空离散曲线点，先将鼠标线移到要恢复的探空点上，单击鼠标右键，在弹出如图 7.4 所示的菜单上选中“恢复(一点或一段)数据”项，即可恢复选中时刻温、压、湿点。恢复的探空点在“探空数据”状态下同时被记为有效(打√)。

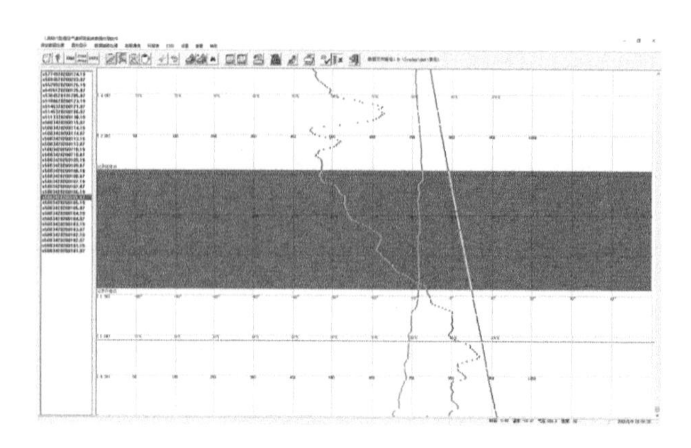

图7.6 选中要进行恢复操作的探空数据

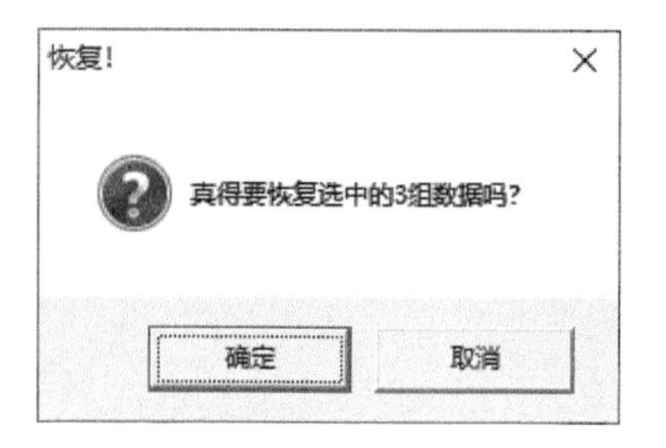

图7.7 确认要恢复的探空数据

7.3.4 手动修正探空曲线错误

对于用自动修正探空数据错误功能没有修正的错误,在可判断正确位置前提下可以用“手动修正探空曲线”功能来人工修正,使用方法是:在左边的文件列表中选定要进行人工修正错误的文件,然后进入“数据辅助处理”菜单,选“手动修正探空曲线”,此时在数据图形显示区将显示三条以离散点所组成的温、压、湿曲线,这些点都可由鼠标移动位置,移动方法是:按下鼠标右键,弹出一菜单,如图7.8所示,选“允许修改曲线”项;按下鼠标右键,选中要修改的曲线类型菜单项(如修改温度曲线),在显示区选择认为正确的位置上,按下鼠标左键,曲线上相应的点就会移到此位置,用同样的方法可修改气压、湿度曲线。在“放大”状态下也可进行上述修改。如移错位置,可将鼠标选定移错点位置,按下鼠标右键,在如图7.8所示的菜单选“恢复为修改前数据”功能,选错的点就会回到原位置。

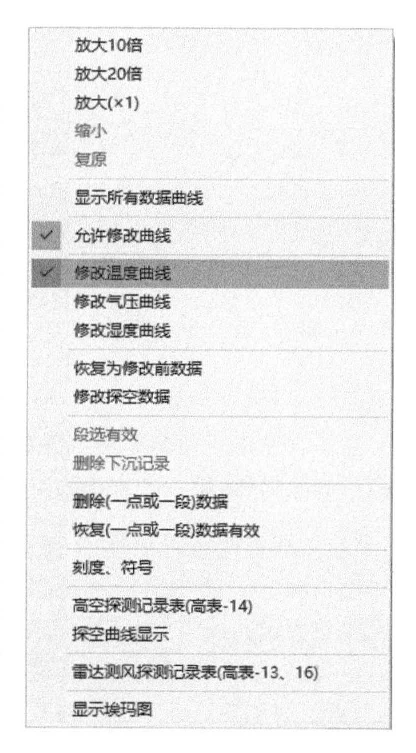

图7.8 探空曲线操作菜单

7.3.5 修改探空数据

为了更精确地修改探空数据,软件还提供“修改探空数据”方法:选择“手动修正探空曲线”状态,使光标线对准要修改的探空点,按下鼠标右键,在弹出的如图7.8所示菜单上选择“修改探空数据”项,软件会弹出一个如图7.9所示对话框,在该对话框上显示了该点的时间、温度、气压、湿度数据,除了时间数据不能修改外,温度、气压、湿度数据都能够进行修改,酌情、谨慎修改其中的温度、气压、湿度数据,单击“确定”按钮即可完成对该点数据的修改。

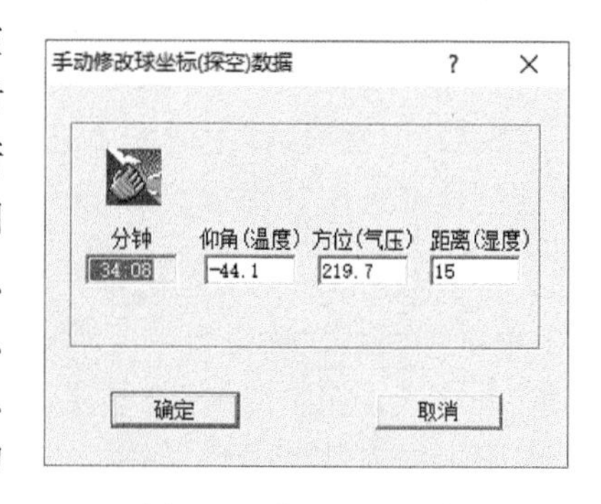

图7.9 修改探空数据

7.3.6　删除/恢复球坐标数据

7.3.6.1　删除球坐标数据

遇有球坐标数据点不正确，又无法判断正确位置时，可对不可信点进行删除处理，第一种删除方法是：进入“数据辅助处理”菜单，选“球坐标数据查询”，用鼠标在需要删除的数据时间处点击一下，这时该时间点会被反白显示，表明已被选中，然后再到最后一组数据的时间处，按“Shift”键同时单击鼠标左键。这时，从终止处到结束之间的所有数据都会如图7.10所示反白显示而被选中，进入“数据辅助处理”菜单，选“删除探空测风数据”或直接按快捷工具栏后，会弹出一个如图7.3所示的对话框询问是否真的想删除所选中的数据，单击“确定”按钮，这些数据将被删除；第二种方法：选中左侧需要进行删除的数据文件，选择“手动修改球坐标曲线”菜单项，软件显示球坐标离散曲线点，将鼠标线移到要删除的球坐标点上，双击鼠标左键，即可删除，或者按下鼠标右键，在如图7.4所示的弹出菜单上选中“删除(一点或一段)数据”项，也可删除此时刻温、压、湿点。要删除一段“飞点”时，可先选中想要删除的数据段(使用软件的段选功能)，按下鼠标右键，选“删除(一点或一段)数据”项，即可删除这段“飞点”。删除的球坐标点在“球坐标数据查询”状态下，同时被记为无效(打×)。

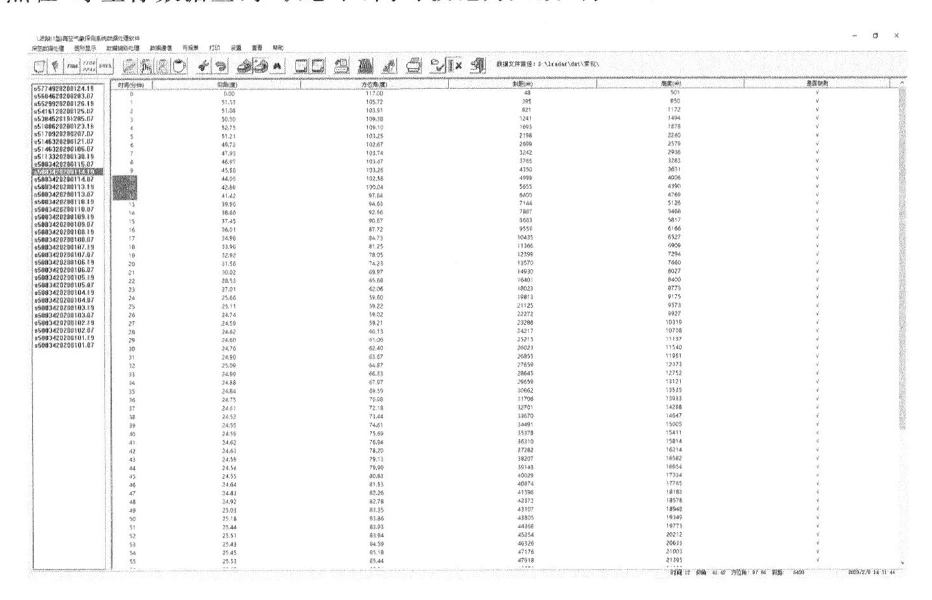

图7.10　删除球坐标数据操作

7.3.6.2　恢复球坐标数据

如要恢复被误删除的球坐标数据，第一种方法是：进入“数据辅助处理”菜单，选“球坐标数据查询”，在需要恢复的数据时间处点击鼠标左键，这时该时间会被反白显示，表明已被选中，然后再到最后一组数据的时间处，按下“Shift”键的同时单击鼠标左键。这时，从终止处到结束之间的所有时间都会反白显示，进入“数据辅助处理”菜单，选“恢复探空测风数据”或直接按快捷工具栏后，会弹出一个如图7.7所示的对话框询问是否真的想恢复所选中的数据，选“确定”按钮，这些数据将被恢复为有效数据。第二种方法：选中左侧需要进行恢复操作的数据文件,选择“手动修正探空曲线”菜单项,软件显示球坐标离散曲线点,先将鼠标光标移到要删除的球坐标点上,双击鼠标左键,即可删除,或者按下鼠标右键,在弹出如图 7.4 所示的菜单上选中“恢复(一点或一段)数据”项,即可恢复此时刻球坐标点。恢复的球坐标点在“球坐标数据查询”状态下,被记为有效(打√)。

7.3.7　手动修改球坐标曲线

球坐标曲线数据点有跳变现象,在可判断正确位置前提下谨慎进行修改,修改方法:在左边的文件列表中选定要修改球坐标的文件名,进入“数据辅助处理”菜单,选“手动修改球坐标曲线”菜单项,将球坐标曲线显示出来,按下鼠标右键,在如图 7.11 所示弹出菜单上先选“允许修改曲线”项,再按下鼠标右键,根据需要选“修改仰角曲线”“修改方位角曲线”“修改距离曲线”菜单项,如果对修改后的数据不满意,可用“恢复为修改前数据”菜单项恢复为修改前的数据。

7.3.8　手动修改球坐标数据

由于显示器分辨率的问题,上、下数据点很紧密时,用手自动修改球坐标曲线功能可能不够精确,这时可采用手动修改球坐标数据方法,使用方法是:在左边的文件列表中选定要修改的数据文件名,然后进入“数据辅助处理”菜单,选“球坐标数据查询”菜单项,在数据图形显示区中显示出整分钟的球坐标数据,用鼠标选中要修改的时间(反白显示),再进入“数据辅助处理”菜单,选“手动修改球坐标数据”菜单项,此时软件会弹出如图 7.12 所示的对话框,在对话框中时间是不可修改量,被灰化显示,其余仰角、方位角、距离在判断正确位置前提下,可酌情谨慎修改。

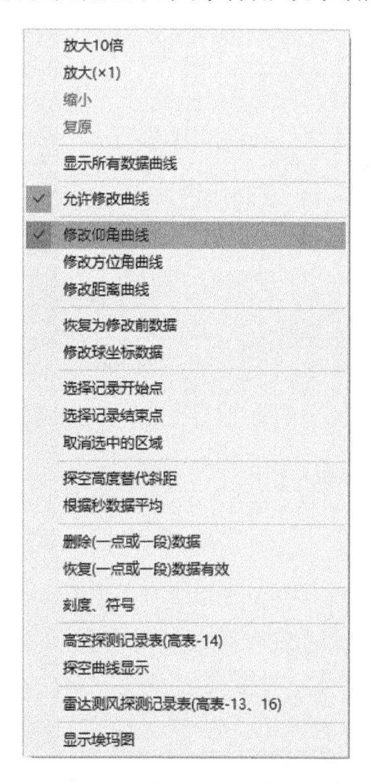

图 7.11　修改球坐标曲线菜单

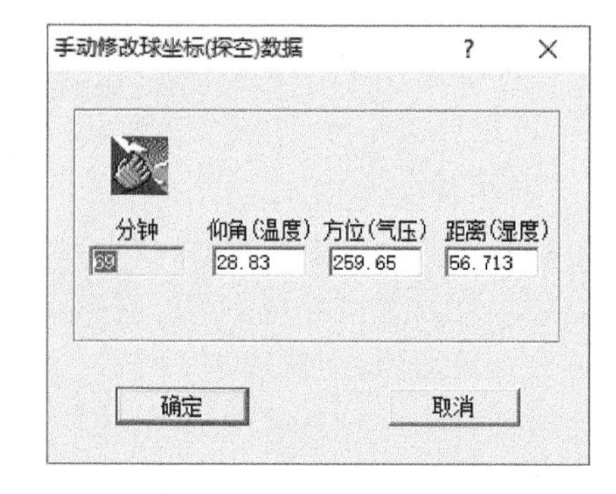

图 7.12　手动修改球坐标数据

7.3.9　高度替代斜距

当有个别球坐标斜距不准时(仰角、方位数据准确)，可用鼠标基准线对准斜距不准点，按下鼠标右键，在如图 7.11 所示的弹出菜单上选“探空高度替换斜距”菜单项，软件会根据探空高度反算出正确的斜距。某一段斜距不准时，可用鼠标对准要修改的起始点，按下鼠标右键，选“选择记录开始点”，再将鼠标对准要修改的结束点，按下鼠标右键，选“选择记录结束点”，选择区域反白显示；按下鼠标右键，选“探空高度替换斜距”即可，此操作必须保证仰角数据是正确的，否则将会得出错误的斜距数据。

7.3.10　删除下沉记录

当遇气球出现下沉后又上升的记录，可用数据处理软件作下沉记录删除处理，一次记录最多可处理下沉记录达 10 次。使用方法是：在左边的文件列表中选定要处理的文件名，进入“数据辅助处理”菜单，选“手动修正探空曲线”，在数据图形显示区显示的温、压、湿曲线上找到下沉记录的起始点和终止点，先把鼠标光标移到下沉起始点，按下鼠标右键，在弹出的菜单中选“选择记录开始点”，然后再将鼠标光标移到下沉终止点，按下鼠标右键，在弹出的菜单中选“选择记录结束点”，此时所选定的下沉记录区域会如图 7.13 所示反白显示。若要取消本次选择的下沉记录区域，选“取消选中的区域”即可。若真要删除此段记录，在显示区按下鼠标右键，在如图 7.14 所示弹出的菜单上选“删除下沉记录”，则所选下沉记录被删除。删除后的探空和测风秒数据记录按秒衔接，软件自动处理记录，不需人工干预。测风记录不用再做单独删除处理，在做下沉探空曲线删除的同时，测风记录也按秒删除，并自动衔接，按重新排序的秒时间读取对应的整分钟球坐标数据用于计算量得风层的风要素值。例如：某次记录 11 分 14 秒气压值为 691.5 hPa，其后 11 分 15 秒气压值为 691.6 hPa 开始下沉，到 18 分 45 秒气压值回到 691.5 hPa，其后 18 分 46 秒气压值为 691.4 hPa。删除此段下沉记录的方法是：先将鼠标光标移至 11 分 15 秒气压值为 691.6 hPa 处，做下沉起始点的确定；再将鼠标光标移至 18 分 45 秒气压值为 691.5 hPa 处，作下沉结束点的确定；11 分 15 秒至 18 分 45 秒区域反白显示；然后做

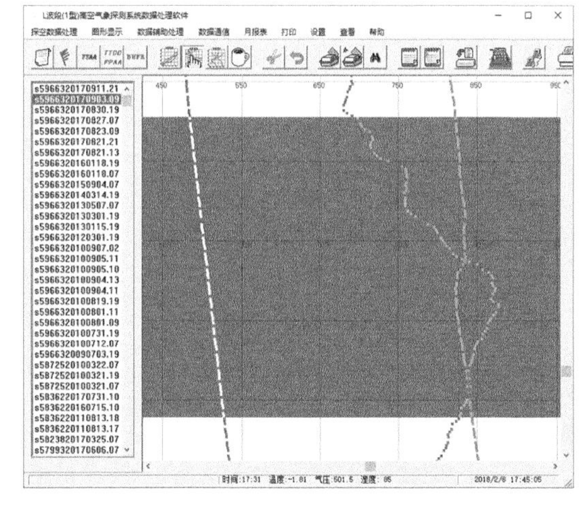

图 7.13　选择删除下沉记录区域

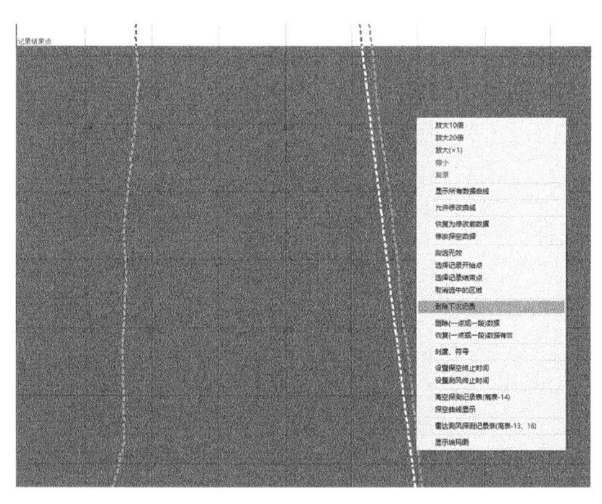

图 7.14　删除下沉记录

“删除下沉记录”处理。处理前的时间18分46秒气压值为691.4 hPa变为处理后的11分15秒气压值为691.4 hPa,其后的时间也相应变化。

删除下沉记录测风计算举例:

(1)气球从7.5分钟开始下沉,10.7分钟回升至下沉位置,则测风从8～10分钟的数据舍去不用,从经过下沉记录处理后的每秒球坐标上读取第8分钟的数据作为整8分钟的数据,第9分钟的数据作为整9分钟的数据,依次类推,第7分钟和第8分钟的量得风层不计算,参见表7.1。

(2)气球从22.7分钟开始下沉,26.3分钟回升至下沉位置,则测风从23～26分钟的数据舍去不用,从经过下沉记录处理后每秒球坐标上读取第23分钟的数据作为整23分钟的数据,第24分钟的数据作为整24分钟的数据,依次类推,第22分钟和第23分钟的量得风层不计算,参见表7.2。

表7.1 删除下沉记录测风计算示例(一)

时间(min)	计算分钟
1	0.5
2	1.5
3	2.5
4	3.5
5	4.5
6	5.5
7	6.5
8	
9	8.5

表7.2 删除下沉记录测风计算示例(二)

时间(min)	计算分钟
20	19.5
21	20.5
22	21.0
23	
24	
25	24.0
26	25.0
27	26.0

对已经做了下沉记录处理的记录,会在高表-14中显示“经过下沉记录处理”字样,若需要恢复为删除下沉记录以前的状态,可进入“数据辅助处理”菜单,选“恢复数据文件”即可。

放球过程中,若做下沉记录处理,需注意放球软件是否还在运行,如果还在运行会因为放球软件定时存盘数据将在数据处理软件做的下沉记录处理清除。

7.4 探空数据处理

7.4.1 修改地面观测记录表

放球过程中,如果没有选择正确的球炸原因、输入正确的气球参数、瞬间观测值、放球点等参数时,可以在数据处理软件中通过该功能进行弥补,使用方法是:在左边的文件列表中选定要进行修改观测记录表的文件,然后进入“探空数据处理”菜单,选“修改地面观测记录表”菜单项,即可在如图7.15所示的弹出的属性对话框相应框中进行修改。关闭对话框时,软件将对天气现象、能见度、湿度三者的相关性进行审核,如有问题,将给出错误提示。审核依据如下:

——天气现象分别是扬沙、浮尘、轻雾或霾,能见度大于或等于7.5 km;

——天气现象分别是沙尘暴或雾,能见度大于或等于0.75 km;

——当天气现象为霾,相对湿度大于或等于80%;

——当天气现象为雾,相对湿度小于80%。

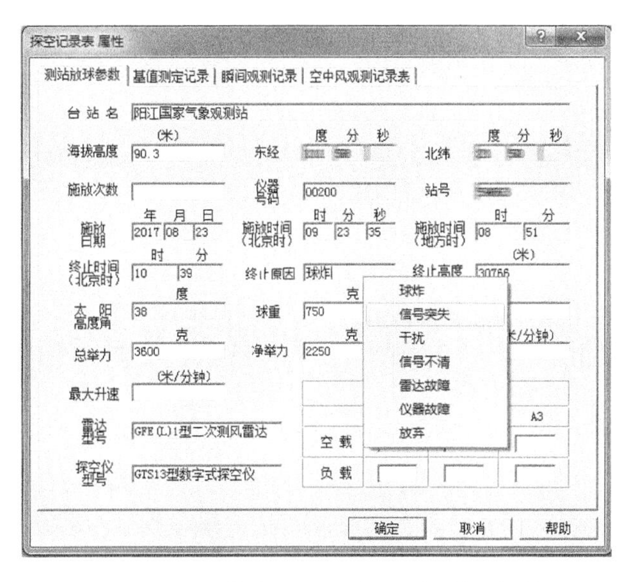

图 7.15　用于修改地面观测记录表属性对话框

7.4.2　地面观测记录表

用表格形式显示本时次观测的地面观测记录及所用探空仪参数。使用方法是:在左边的文件列表中选定要进行显示观测记录的文件,然后进入“探空数据处理”菜单,选“地面观测记录表”菜单项,即可显示如图 7.16 所示地面观测记录。

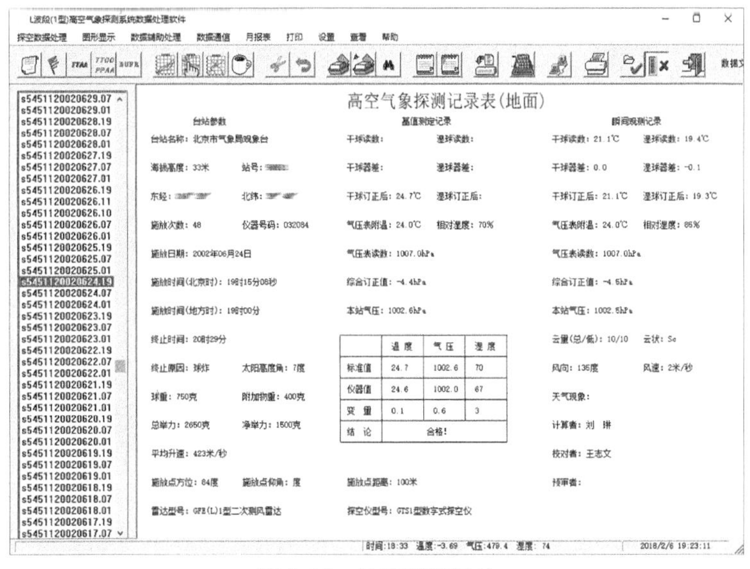

图 7.16　地面观测记录

7.4.3　修改探空仪参数

在校对、审核探空记录时,发现某次探空仪参数输入有误,则可以在本程序左边的文件列表中选定要处理的文件,然后进入“探空数据处理”菜单,选“修改探空仪参数并重新计算探空数据”，输入密码后（同台站参数密码），会弹出如图 7.17 所示的对话框，修改对话框中的探空仪参数之后单击“保存”按钮（其中校正年、月不填），重新整理此记录即可（此功能只支持 GTS1、GTS1-1 型探空仪）。

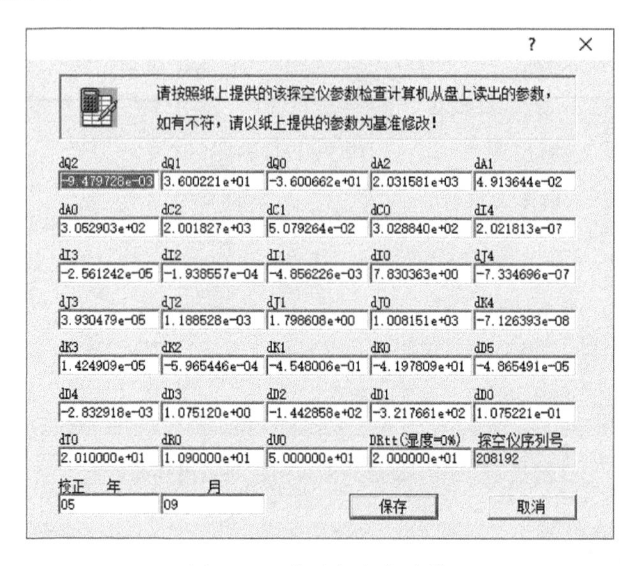

图 7.17　修改探空仪参数

7.4.4　修改数据文件中的仪器器差

如果发现某次观测数据错用了“本站常用参数”中气压表附温器差、气压表器差、干湿球器差，可进入“探空数据处理”菜单，选择“修改文件中的仪器器差”项，在软件弹出的如图 7.18 所示“修改文件中的仪器器差属性”对话框中，修改错误器差值，单击“确定”按钮即可。

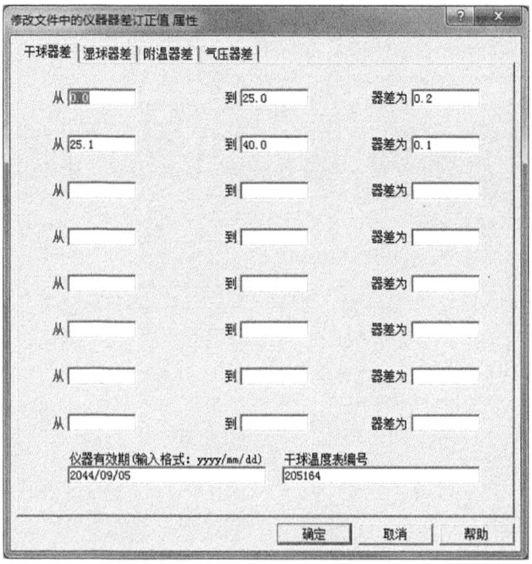

图 7.18　修改数据文件中的仪器器差

注：使用放球软件 radar.exe（V2.01）之前版本产生的数据文件中没有保存“器差值”数据，若要修改此类

观测数据的“器差值”，选择“修改文件中的仪器器差值”项，会弹出“该文件不包含仪器器差值，是否创建?”选择框，单击“是”按钮，会弹出以此时“本站常用参数”中设置的各仪器器差值的对话框，输入正确“器差值”即可；单击“否”按钮，则放弃仪器器差值的创建。

7.4.5　修改数据文件中的设备信息参数

如果发现某次观测数据错误地录用了“本站常用参数”中设备信息参数，可选中该文件，进入“探空数据处理”菜单，选择“修改文件中的设备信息参数”项，在软件弹出的如图 7.19 所示的“设备信息”对话框中，进行修改，只需要填写探空仪、气球、电池生产批次、气球生产厂家信息，气球生产厂家信息填写方法：在图 7.19 所示的对话框中将鼠标光标点入气球生产厂家框内，按下鼠标右键，在弹出的菜单中选择正确的气球生产厂家即可，该对话框中的探空仪型号、探空仪生产厂家、电池相关信息不需填写，软件会根据本站常用参数中的探空仪型号自动填写对应的探空仪、电池相关信息。修改完毕后单击“确定”铵钮即可。

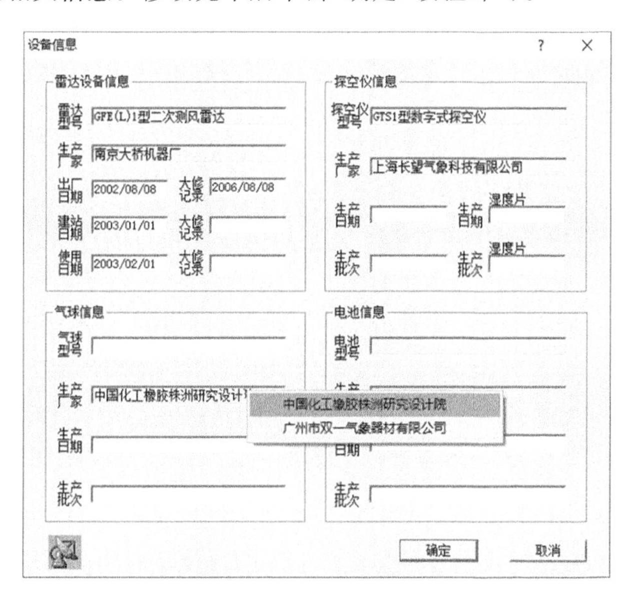

图 7.19　修改数据文件中的设备信息参数

7.4.6　高空观测记录表(高表-14)

高空观测记录表(高表-14)为综合观测的重要资料，表中有“规定标准气压层记录”“零度层记录”“对流层顶记录”“最大风层”“探空报文”“探空仪参数”“空间、时间定位值”等各种气象产品项，规定等压面的终止层带一位小数点参与计算和显示，零度层、对流层顶、最大风层气压、风速带一位小数点计算、显示。输出高表-14 的方法是：在左边的文件列表中选定要输出高表-14 的文件，然后进入“探空数据处理”菜单，选“高空观测记录表(高表-14)”菜单项，也可直接按快捷工具栏上的快捷工具里的 按钮即可在数据图形显示区中显示如图 7.20 所示的高表-14，使用“探空数据处理”菜单下的“(显示内容)保存为文件”菜单项或者直接按快捷工具栏上的 按钮，可将高表-14 显示的内容保存为文本文件(保存在 textdat 文件夹内)，使用“打印”菜单下的“打印数据与图形” 或者直接按快捷工具栏上的 按钮,可打印高表-14。

高空气象观测记录表(高表-14)

台(站)名:桂林国家高空气象观测站　　　　施放时间:2020年07月31日19时16分05秒

基值测定	气温	气压	湿度	结论
基测值	25.4	983.7	75	
仪器值	25.5	983.2	77	合格!
变量	-0.1	0.5	-2	

基测气压使用基测箱数据!

施放瞬间观测			
气压读数:	器差:	附温:	订正值:
本站气压:984.0hPa			
干球读数:℃	干球器差:℃	干球温度:28.3℃	地面风向:C
湿球读数:℃	湿球器差:℃	湿球温度:℃	地面风速:0.0米/秒
湿度:86%	云量:3/0	云状:Ac	天气现象:
能见度:15.0千米	终止高度:29238米	终止时间:20:38:14	终止原因:球炸
瞬间:使用自动站数据!	补放小球记录:无	对比观测记录:无	下沉记录处理:无

其它	
探测系统型号:GFE(L)1型二次测风雷达	
探空仪型号:GTS13型数字式探空仪	站号:
海拔高度:166.6米　北纬:	东经:
平均升速:354米/分　太阳高度角:1.02°	施放次数:62
仪器号码:204280	
工作方式:综合探测雷达测风	

规定标准等压面的记录

气压	平温	平湿	层厚	高度	气温	湿度	露点	T-Td	风向	风速	时间	纬度差	经度差
984.0	28.3	86	0	166	28.3	86	25.7	2.6	C	0	0.0	0000	0000
925	29.6	69	554	720	28.7	64	21.2	7.5	85	6.3	1.5	5001	5003
850	25.8	70	747	1467	23.1	73	17.9	5.2	91	6.9	3.6	5002	5012
700	16.6	83	1659	3126	11.4	85	9.0	2.4	107	11.2	8.2	0006	5038
600	9.2	77	1281	4407	5.8	79	2.4	3.4	96	9.0	11.8	0013	5059
500	1.7	77	1472	5879	-1.5	72	-5.9	4.4	83	11.9	16.0	0009	5084
400	-6.0	62	1749	7628	-11.2	54	-18.6	7.4	61	8.3	21.2	0005	5111
300	-18.0	41	2150	9778	-26.3	43	-35.0	8.7	48	9.0	27.7	5016	5140
250	-31.0	28	1292	11070	-35.9	15	-53.0	17.1	354	4.7	31.4	5025	5146
200	-41.8	24	1511	12581	-48.5	38	-56.5	8.0	57	6.1	35.8	5034	5151
150	-56.0	28	1829	14410	-63.5	21			86	7.0	42.1	5037	5172
100	-70.8	21	2401	16811	-76.4	22			61	18.3	48.2	5053	5215
70	-75.3	16	2065	18876	-72.9	9			77	13.5	54.2	5073	5276
50	-68.7	3	2014	20890	-64.0	2			91	16.0	59.9	5077	5329
40	-62.4	2	1376	22266	-60.9	2			87	16.9	63.4	5079	5361
30	-58.1	2	1811	24077	-56.5	2			89	20.3	68.4	5080	5415
20	-54.4	2	2596	26673	-50.2	2			96	21.5	75.4	5087	5518
15	-50.8	2	1872	28545	-49.3	2			72	20.9	80.2	5088	5568
13.5	-48.4	2	693	29238	-48.2	2					82.2	5096	5594

探空仪参数

零度层

气压	高度	湿度	露点	T-Td	风向	风速	时间	纬度差	经度差
528.1	5424	74	-4.0	4.0	86	12.1	14.7	0010	5075

对流层顶

层次	时间	气压	高度	气温	湿度	露点	T-Td	风向	风速	纬度差	经度差
2	47.5	106.2	16551	-77.0	20			62	17.0	5049	5210

最大风层

层次	闭/非	时间	高度	气压	温度	湿度	露点	T-Td	风向	风速	纬度差	经度差

计算者:郭凯　　校对者:[illegible]　　预审者:赵丽英　　L波段(1型)高空气象探测系统软件

图 7.20　高空观测记录表(高表-14)

7.4.7　可视化高表-14

在显示高表-14 的状态下,按下鼠标右键,弹出的菜单中增加了如图 7.21 所示一个“可视化高表-14”菜单项,选择该菜单,高表-14 转换为如图 7.22 所示的图形方式显示,图中使用规定等压面温度、湿度、风向、风速、高度数据画出了 5 条曲线,用于方便发报前直观地审核规定等压面资料(曲线上的圆圈代表规定等压面的数据),再次按下鼠标右键后,弹出的菜单如图 7.23 所示,增加了“可视化温度曲线”“可视化湿度曲线”“可视化风向曲线”“可视化风速曲线”“可视化高度曲线”五个菜单项,可使用这五个菜单项分别对规定等压面温度曲线、规定等压面湿度曲线、规定等压面风向曲线、规定等压面风速曲线、规定等压面高度曲线进行显示、消隐操作,以便更清晰地审核各个曲线。

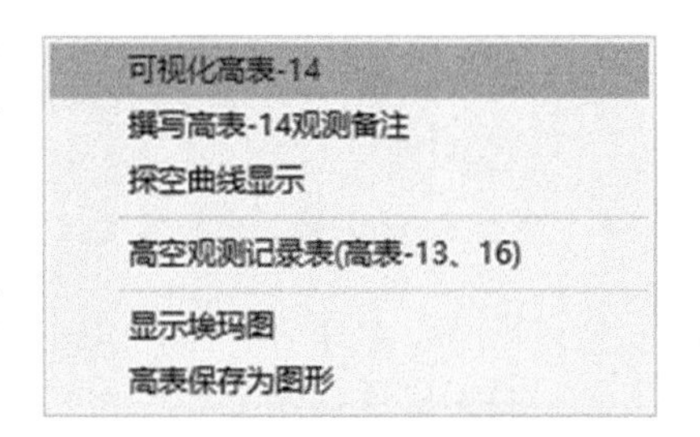

图 7.21　可视化高表-14 菜单项

7.4.8　撰写高表-14 备注

在显示某时次高表-14 的状态下,按下鼠标右键,在弹出的如图 7.24 所示的菜单中选“撰写高表-14 观测备注”菜单项后，软件会弹出一个如图 7.25 所示的对话框，在该对话框上对该时次的观测过程进行备注描述，按确定键后，备注将被写到高表-14 右下角如图 7.26 所示。

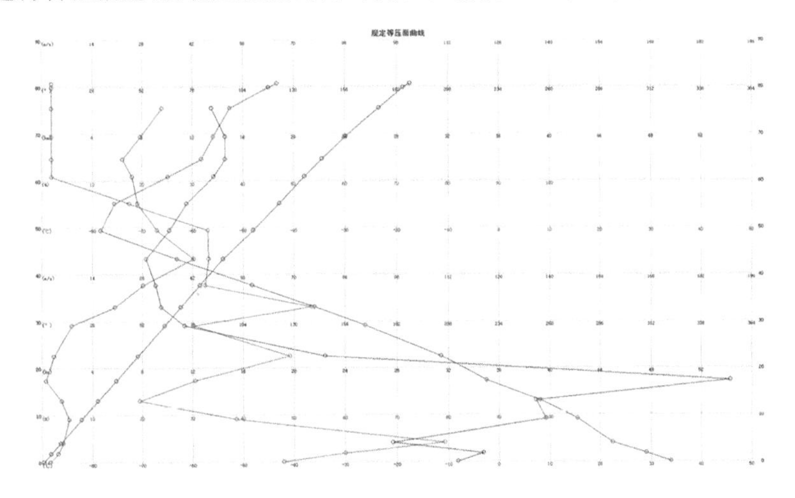

图 7.22　高表-14 可视化显示

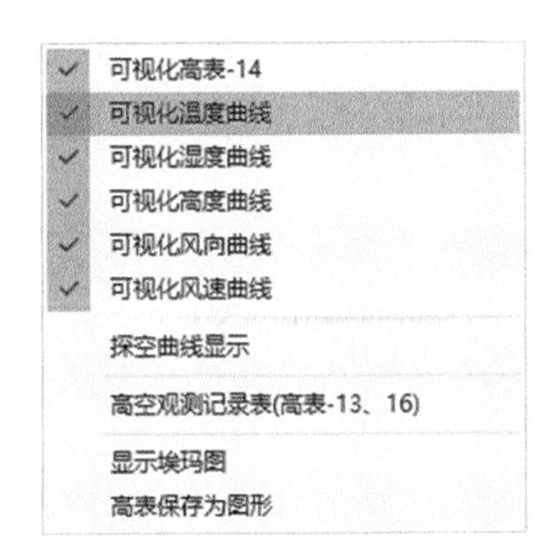

图 7.23　可视化单独曲线显示

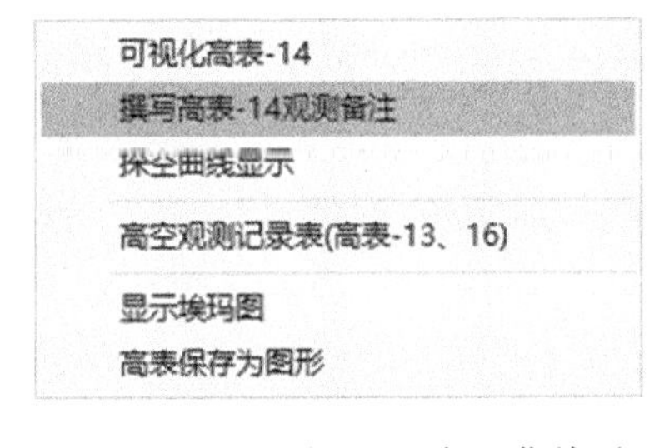

图 7.24　撰写高表-14 备注菜单项

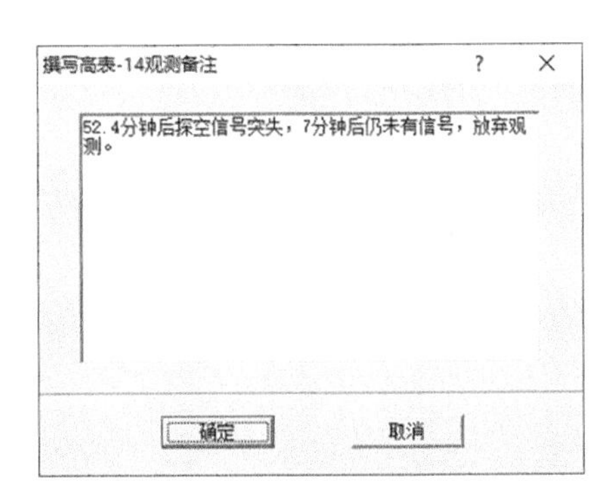

图 7.25　撰写高空观测报表备注对话框

dV1= 5.339262e+02
dV0=-2.720650e+02

纬度差	经度差
0114	0088

纬度差	经度差

纬度差	经度差

52.4分钟后探空信号突失，7分钟后仍未有信号，放弃观测。

L波段(I型)高空气象探测系统软件

图 7.26　高表-14 备注

7.4.9 高精度温、湿特性层

进入“探空数据处理”菜单，选“高精度温、湿特性层”菜单项，即可在数据图形显示区中显示如图7.27所示高精度温、湿特性层，从V7.0开始，温、湿特性层增加了高度、风向、风速（保留一位小数点显示）要素的计算显示以及特性标志，特性层气压保留一位小数显示，不再区别100 hPa上、下分别按保留整数、小数方式显示，按下“保存”按钮后，特性层内容会以文本的方式保留到textdat文件夹下。特性层根据温、湿廓线进行以下标志：

高精度温、湿特性层

台站名称：海南省西南中沙群岛气象台　海拔高度：5.9　仪器号码：134229　2018年09月12日07时15分44秒

东经：[illegible]　北纬：[illegible]　探空仪型号：GTS1型数字式探空仪

层次	气压	高度	温度	湿度	露点	温露差	风向	风速	时间	纬度差	经度差	特性标志
0	1007.3	6	26.4	95	25.5	0.9	120	0.5	0.0	0000	0000	地面层、温度、湿度
1	1004.9	13	28.4	90	26.6	1.8	119	0.6	0.0	0000	0000	温度
2	992.4	138	27.5	88	25.3	2.2	91	1.1	0.4	5000	5000	湿度
3	968.6	361	25.6	95	24.7	0.9	37	2.3	1.0	5001	5001	湿度
4	949.6	529	24.4	93	23.2	1.2	46	2.2	1.5	5002	5001	温度
5	946.3	556	24.8	89	22.8	2.0	47	2.1	1.6	5002	5001	湿度
6	937.2	640	26.0	90	24.3	1.7	51	2.1	1.9	5002	5001	温度
7	936.5	646	23.6	91	22.0	1.6	51	2.1	1.9	5002	5001	温度
8	908.7	919	21.9	94	21.0	0.9	54	2.2	2.7	5003	5002	温度、湿度、温度失测开始、湿度失测开始
9	843.0	1570	X	X	X	X	359	2.8	4.6	5005	5003	温度、湿度、温度失测中间、湿度失测中间
10	777.3	2238	15.2	78	11.5	3.7	358	4.4	6.6	5009	5003	温度、湿度、温度失测结束、湿度失测结束
11	749.2	2543	13.1	79	9.6	3.5	354	3.9	7.4	5010	5003	湿度
12	742.1	2617	12.5	87	10.5	2.0	350	3.9	7.7	5011	5003	温度
13	740.3	2640	12.4	87	10.2	2.2	349	3.9	7.7	5011	5003	湿度
14	738.0	2675	12.3	94	11.4	0.9	346	3.9	7.8	5011	5003	湿度
15	729.7	2778	12.5	86	10.2	2.3	339	4.0	8.1	5012	5003	温度
16	718.7	2899	11.9	79	8.4	3.5	330	4.1	8.5	5013	5002	湿度
17	712.4	2980	11.6	89	9.8	1.8	328	3.8	8.7	5013	5002	湿度
18	703.0	3095	10.9	80	7.5	3.4	325	3.3	9.0	5013	5002	湿度
19	699.7	3135	10.6	82	7.7	2.9	324	3.1	9.2	5014	5002	温度
20	693.1	3223	10.4	73	5.9	4.5	323	2.7	9.4	5014	5001	湿度
21	683.0	3355	10.0	73	5.4	4.6	337	2.1	9.8	5014	5001	温度
22	667.5	3547	8.9	72	4.2	4.7	3	1.3	10.4	5015	5001	湿度
23	660.2	3640	8.1	84	5.5	2.6	359	1.2	10.7	5015	5001	温度
24	650.1	3766	7.8	71	2.9	4.9	341	1.4	11.1	5015	5001	湿度
25	635.8	3947	6.9	71	2.0	4.9	325	1.6	11.6	5016	5001	湿度
26	630.4	4013	6.7	60	-0.4	7.1	335	1.5	11.8	5016	5000	湿度
27	622.6	4112	6.3	66	0.4	5.9	348	1.4	12.1	5016	5000	温度
28	619.4	4156	6.0	67	0.5	5.5	355	1.4	12.3	5016	5000	湿度
29	613.1	4238	5.3	81	2.4	2.9	6	1.3	12.5	5016	5000	湿度
30	606.3	4321	4.7	78	1.2	3.5	16	1.9	12.8	5016	5000	湿度
31	601.8	4376	4.2	81	1.2	3.0	23	2.3	12.9	5016	5000	温度
32	600.4	4403	4.2	60	-2.8	7.0	26	2.5	13.0	5016	5000	湿度
33	596.1	4455	4.2	53	-4.4	8.6	32	2.8	13.2	5017	5001	湿度
34	593.1	4496	4.2	58	-3.4	7.6	37	3.1	13.3	5017	5001	湿度
35	587.4	4572	4.2	25	-13.8	18.0	45	3.6	13.5	5017	5001	湿度
36	571.6	4799	4.2	15	-20.1	24.3	49	5.1	14.1	5018	5002	温度
37	570.9	4805	3.9	15	-20.4	24.3	49	5.1	14.2	5018	5002	温度
38	564.3	4898	3.2	14	-21.5	24.7	51	5.7	14.4	5019	5003	温度
39	533.8	5358	0.5	19	-20.2	20.7	53	7.3	15.7	5021	5007	湿度
40	523.9	5509	-0.5	15	-23.7	23.2	52	7.0	16.2	5023	5008	温度
41	520.3	5562	-1.0	28	-17.0	16.0	52	6.9	16.3	5023	5009	湿度
42	517.6	5602	-1.5	67	-6.7	5.2	51	6.9	16.4	5023	5009	湿度
43	513.2	5672	-2.2	62	-8.4	6.2	50	6.8	16.6	5024	5010	温度
44	510.8	5707	-2.3	52	-10.7	8.4	49	6.8	16.7	5024	5010	湿度
45	506.3	5777	-2.5	16	-24.6	22.1	47	6.7	16.9	5024	5011	湿度

计算者：[illegible]　校对者：[illegible]　审核者：[illegible]　L波段(1型)高空气象探测系统软件

图7.27　高精度温、湿特性层

地面层：标注为地面层、温度（特性层）、湿度（特性层）；

失测开始层：标注为温度（特性层）、湿度（特性层）、温度失测开始层、湿度失测开始层；

失测中间层：标注为温度（特性层）、湿度（特性层）、温度失测中间层、湿度失测中间层；

失测结束层：标注为温度（特性层）、湿度（特性层）、温度失测结束层、湿度失测结束层；

对流层顶：标注为对流层顶、温度（特性层）；

等温层:标注为温度(特性层);

逆温层:标注为温度(特性层);

温度显著转折层:标注为温度(特性层);

湿度显著转折层:标注为湿度(特性层);

终止层:标注为终止层、温度(特性层)、湿度(特性层)。

7.4.10　任意时刻、高度、等压面的气象要素值

进入“探空数据处理”菜单,选“任意时刻、高度、等压面的气象要素值”菜单项,在弹出的如图 7.28 所示对话框上输入任意时间(分、秒)、海拔高度(m)、气压(hPa)数据,单击“确定”按钮后,可显示、打印输入数据所对应的各种气象要素值,如图 7.29 所示,并可保存为文本格式文件(保存在 textdat 文件夹内)。

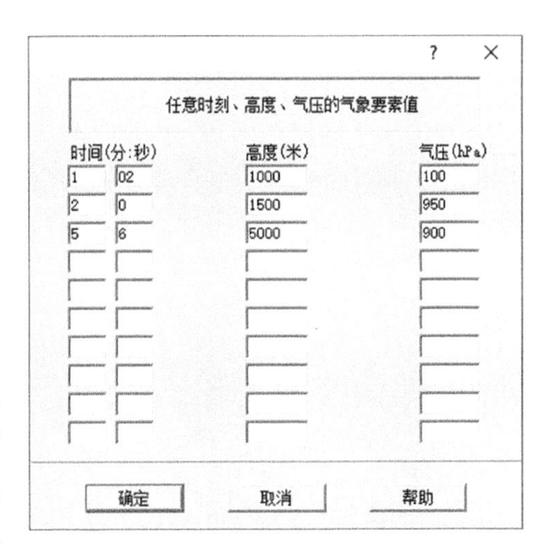

图 7.28　输入任意时刻、高度、等压面对话框

任意时刻、高度、气压上的气象要素

台站名:桂林国家高空气象观测站　　2020/07/31/ 19:16:05

时　间	海拔高度	气　压	温　度	湿　度	露　点	T-Td	风　向	风　速
1:02	547	942.4	29.7	64	22.1	7.6	75	4.5
2:00	896	907.0	27.3	68	20.8	6.5	83	6.7
5:06	1999	798.5	18.5	80	15.0	3.5	112	10.1

时　间	海拔高度	气　压	温　度	湿　度	露　点	T-Td	风　向	风　速
2:17	1000	896.0	26.4	71	20.7	5.7	82	6.9
3:59	1600	837.4	22.0	75	17.3	4.7	97	7.8
15:11	5600	516.0	-0.1	57	-7.5	7.4	82	11.9

时　间	海拔高度	气　压	温　度	湿　度	露　点	T-Td	风　向	风　速
3:20	1367	860.0	23.8	74	18.9	4.9	87	6.8
13:08	4893	567.0	2.8	79	-0.4	3.2	73	9.1
27:10	9606	308.0	-24.7	41	-34.0	9.3	47	10.1

图 7.29　任意时刻、高度、等压面的气象要素

7.4.11　高空加密观测记录表

加密观测记录表主要为任务或科学试验提供高空观测资料，高空加密观测记录表在规定标准气压层中增加了如图 7.30 所示的 975 hPa、950 hPa、900 hPa 三个等压面层的气象要素值，其余部分与高表-14 完全相同，输出高空加密观测记录表方法是：在左边的文件列表中，选定要显示某时次高空加密观测记录表的文件，然后进入“探空数据处理”菜单，选“高空加密观测记录表”菜单项，即可在数据图形显示区中输出上述产品。在显示高空加密观测记录表状态下，选择“发报”菜单项或发报快捷按钮，即可在\lradar\textdat\文件夹下生成该时次加密观测的文本格式的报文文件。

高空气象加密观测记录表(高表-14)

台(站)名：桂林国家高空气象观测站　　施放时间：2020年07月31日19时16分05秒

基值测定				
	气温	气压	湿度	结论
基测值	25.4	983.7	75	合格!
仪器值	25.5	983.2	77	
变　量	-0.1	0.5	-2	
基测气压使用基测箱数据!				

施放瞬间观测			
气压读数:	器差:	附温: 订正值:	本站气压:984.0hPa
干球读数:℃	干球器差:℃	干球温度:28.3℃	地面风向:C
湿球读数:℃	湿球器差:℃	湿球温度:℃	地面风速:0.0米/秒
湿度:86%	云量:3/0	云状:Ac	天气现象:
能 见 度:15.0千米	终止高度:29239米	终止时间:20:38:14	终止原因:球炸
瞬间：使用自动站数据!	补放小球记录：无	对比观测记录：无	下沉记录处理：无

其　它	
探测系统型号:GFE(L)1型二次测风雷达	
探空仪型号:GTS13型数字式探空仪	站号:
海拔高度:165.6米　北纬:	东经:
平均升速:354米/分　太阳高度角:1.02°	施放次数:62
仪器号码:204280	
工作方式:综合探测雷达测风	

规定标准等压面的记录														探空仪参数
气压	平温	平湿	层厚	高度	气温	湿度	露点	T-Td	风向	风速	时间	纬度差	经度差	
984.0	28.3	86	0	166	28.3	86	25.7	2.6	C	0	0.0	0000	0000	
975	29.2	84	82	248	29.4	80	25.5	3.9	C	0	0.2	5000	5000	
950	30.0	70	233	481	29.8	65	22.5	7.3	72	3.9	0.8	5001	5001	
925	29.4	64	239	720	28.7	64	21.2	7.5	85	6.3	1.5	5001	5003	
900	27.7	67	244	964	26.7	69	20.5	6.2	82	6.8	2.2	5002	5006	
850	24.9	72	504	1468	23.1	73	17.9	5.2	91	6.9	3.6	5002	5012	
700	16.6	83	1659	3127	11.4	85	9.0	2.4	107	11.2	8.2	0006	5038	
600	9.2	77	1281	4408	5.8	79	2.4	3.4	96	9.0	11.8	0013	5059	
500	1.7	77	1472	5880	-1.5	72	-5.9	4.4	83	11.9	16.0	0009	5084	
400	-6.0	62	1749	7629	-11.2	54	-18.6	7.4	61	8.3	21.2	0005	5111	
300	-18.0	41	2150	9779	-26.3	43	-35.0	8.7	48	9.0	27.7	5016	5140	
250	-31.0	28	1292	11071	-35.9	15	-53.0	17.1	354	4.7	31.4	5025	5146	
200	-41.8	24	1511	12582	-48.5	38	-56.5	8.0	57	6.1	35.8	5034	5151	
150	-56.0	28	1829	14411	-63.5	21			86	7.0	42.1	5037	5172	
100	-70.8	21	2401	16812	-76.4	22			61	18.3	48.2	5053	5215	
70	-75.3	16	2065	18877	-72.9	9			77	13.5	54.2	5073	5276	
50	-68.7	3	2014	20891	-64.0	2			91	16.0	59.9	5077	5329	
40	-62.4	2	1376	22267	-60.9	2			87	16.9	63.4	5079	5361	
30	-58.1	2	1811	24078	-56.5	2			89	20.3	68.4	5080	5415	
20	-54.4	2	2596	26674	-50.2	2			96	21.5	75.4	5087	5518	
15	-50.8	2	1872	28546	-49.3	2			72	20.9	80.2	5088	5568	
13.5	-48.4	2	693	29239	-48.2	2					82.2	5096	5594	

零度层									
气压	高度	湿度	露点	T-Td	风向	风速	时间	纬度差	经度差
528.1	5425	74	-4.0	4.0	86	12.1	14.7	0010	5075

对流层顶											
层次	时间	气压	高度	气温	湿度	露点	T-Td	风向	风速	纬度差	经度差

对流层顶											
层次	时间	气压	高度	气温	湿度	露点	T-Td	风向	风速	纬度差	经度差
2	47.5	106.2	16552	-77.0	20			62	17.0	5049	5210

最大风层												
层次	闭/非	时间	高度	气压	温度	湿度	露点	T-Td	风向	风速	纬度差	经度差

图 7.30　高空加密观测记录表

7.4.12　等间隔高度、时间上的各气象要素值

可进行按高度和时间分类的等间隔各气象要素值的计算。进入“探空数据处理”菜单，选“等间隔高度、时间上的各气象要素值”项，会弹出如图 7.31 所示的一个“请选择高度、时间间隔”对话框，在图 7.31 对话框上确定是按高度还是时间分类后，按微调按钮或输入 10 m 或

10 s 以上任意数值，再按“确定”按钮后，可显示如图 7.32(按高度)、图 7.33(按时间)所示等间隔高度、时间上的各气象要素值，并可打印、保存为文本文件(保存在 textdat 文件夹内)。

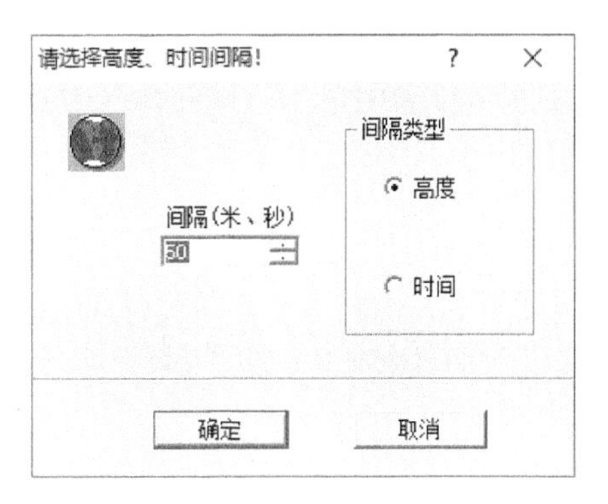

图 7.31　输入等间隔高度、时间对话框

等间隔高度上的气象要素值(距地面)

台站名称：广东省阳江市气象观测站　　海拔高度：88　　仪器号码：012105　　2009年07月03日19时15分12秒

东经：　　北纬：　　探空仪型号：GTS1型数字式探空仪

高度等间隔

高度	时间	气温	气压	湿度	露点	温露差	虚温	风向	风速	纬度差	经度差
0	0.0	27.7	993	94	26.6	1.1	31.9	203	5	0000	0000
50	0.2	27.4	987	94	26.4	1.0	31.6	199	6	0001	0000
100	0.3	27.1	982	94	26.1	1.0	31.2	196	7	0001	0000
150	0.5	26.7	977	94	25.7	1.0	30.8	192	9	0002	0001
200	0.6	26.3	972	95	25.4	0.9	30.3	192	9	0003	0001
250	0.8	25.8	966	95	24.9	0.9	29.7	194	9	0003	0001
300	0.9	25.6	961	95	24.7	0.9	29.5	195	9	0004	0001
350	1.1	25.1	955	95	24.2	0.9	28.9	197	9	0005	0002
400	1.2	24.8	950	94	23.8	1.0	28.5	199	9	0005	0002
450	1.4	24.6	944	94	23.5	1.1	28.3	200	9	0006	0002
500	1.5	23.9	938	94	22.9	1.0	27.4	202	9	0007	0002
550	1.7	23.5	933	95	22.6	0.9	27.0	202	9	0007	0003
600	1.8	23.3	928	95	22.4	0.9	26.8	202	8	0008	0003
650	2.0	23.1	923	95	22.2	0.9	26.5	202	8	0009	0003
700	2.1	22.9	919	94	21.9	1.0	26.3	202	8	0009	0004
750	2.3	22.9	915	93	21.7	1.2	26.3	202	7	0010	0004
800	2.4	22.9	909	91	21.3	1.6	26.3	202	7	0010	0004
850	2.6	23.3	903	86	20.8	2.5	26.8	204	7	0011	0004
900	2.7	22.9	898	89	21.0	1.9	26.4	207	7	0011	0005
950	2.9	22.4	892	91	20.9	1.5	25.8	210	7	0012	0005
1000	3.1	22.0	886	92	20.6	1.4	25.3	214	6	0012	0005
1050	3.2	21.5	881	93	20.2	1.3	24.7	217	6	0013	0005
1100	3.4	21.0	876	94	19.9	1.1	24.2	220	6	0013	0006
1150	3.5	20.5	870	94	19.5	1.0	23.6	224	6	0013	0006
1200	3.7	20.1	865	94	19.1	1.0	23.1	227	6	0014	0007
1250	3.8	19.8	860	94	18.8	1.0	22.8	230	7	0014	0007
1300	4.0	19.7	855	94	18.7	1.0	22.7	233	7	0015	0007
1350	4.2	19.5	850	93	18.3	1.2	22.4	236	7	0015	0008
1400	4.3	19.5	846	91	18.0	1.5	22.5	239	8	0015	0009
1450	4.4	19.3	841	90	17.7	1.6	22.2	242	8	0015	0009
1500	4.6	18.9	836	90	17.3	1.6	21.8	243	8	0016	0010
1550	4.7	18.5	832	91	16.9	1.6	21.3	244	8	0016	0010
1600	4.8	18.2	827	91	16.8	1.4	21.0	245	8	0016	0011
1650	5.0	17.8	822	92	16.6	1.2	20.5	246	8	0017	0012

图 7.32　等间隔高度上气象要素值(按高度)

7.4.13　计算逆温、等温层气象要素值

该功能将温度特性层中的逆温、等温层单独摘出以方便用户使用，进入“探空数据处理”菜单，选“计算逆温、等温层气象要素值”项，可如图 7.34 所示显示本次观测中大气逆温层、等温层气象要素值，并可打印、保存为文本格式文件(保存在 textdat 文件夹内)。

等间隔时间上的气象要素值(距地面)

台站名称：广东省阳江市气象观测站　海拔高度：88　仪器号码：012105　2009年07月03日19时15分12秒

东经：[illegible]　北纬：[illegible]　探空仪型号：GTS1型数字式探空仪

时间等间隔

高度	时间	气温	气压	湿度	露点	温露差	虚温	风向	风速	纬度差	经度差
88	0	27.7	993	94	26.6	1.1	31.9	203	5	0000	0000
364	50	25.7	964	95	24.8	0.9	29.6	195	9	0004	0001
640	100	23.5	933	95	22.6	0.9	27.0	202	9	0007	0003
909	150	23.0	907	89	21.1	1.9	26.5	202	7	0010	0004
1176	200	21.1	877	94	20.0	1.1	24.3	220	6	0013	0006
1443	250	19.4	850	93	18.2	1.2	22.3	236	7	0015	0008
1747	300	17.7	821	93	16.5	1.2	20.4	247	9	0017	0012
2053	350	15.9	794	93	14.8	1.1	18.4	247	9	0018	0016
2358	400	14.6	764	93	13.4	1.2	17.0	241	10	0020	0020
2664	450	12.8	736	93	11.7	1.1	15.0	240	10	0022	0024
2970	500	11.2	710	92	10.0	1.2	13.2	231	11	0025	0028
3269	550	10.3	687	75	6.0	4.3	12.3	228	12	0028	0032
3564	600	10.3	664	30	-6.5	16.8	12.3	223	12	0032	0037
3859	650	8.0	641	45	-3.1	11.1	9.8	220	11	0036	0040
4154	700	6.2	619	54	-2.3	8.5	7.8	223	12	0040	0044
4455	750	4.0	596	63	-2.3	6.3	5.4	223	11	0044	0048
4776	800	3.1	573	46	-7.3	10.4	4.5	222	12	0047	0051
5098	850	1.6	549	12	-24.6	26.2	2.9	225	12	0051	0055
5419	900	-0.4	527	5	-35.2	34.8	0.8	227	12	0055	0060
5740	950	-3.1	506	7	-34.0	30.9	-2.1	229	11	0059	0064
6066	1000	-5.8	485	10	-32.9	27.1	-5.0	234	10	0061	0068
6393	1050	-7.7	465	42	-18.5	10.8	-7.0	232	9	0064	0071
6720	1100	-10.6	445	61	-16.5	5.9	-10.0	225	10	0067	0075
7047	1150	-9.7	427	89	-11.2	1.5	-9.0	246	8	0069	0078
7375	1200	-11.1	410	87	-12.8	1.7	-10.5	257	6	0070	0081
7703	1250	-13.0	393	86	-14.9	1.9	-12.4	268	4	0071	0083
8034	1300	-15.1	377	85	-17.0	1.9	-14.6	293	5	0070	0085
8365	1350	-16.9	361	86	-18.7	1.8	-16.5	308	6	0069	0087
8695	1400	-18.9	345	84	-20.9	2.0	-18.5	312	7	0067	0089
9026	1450	-21.3	329	83	-23.4	2.1	-21.0	312	8	0064	0092
9357	1500	-23.6	315	79	-26.2	2.6	-23.3	309	6	0062	0095
9688	1550	-26.2	301	72	-29.6	3.4	-26.0	344	3	0061	0097
10023	1600	-28.8	287	73	-32.1	3.3	-28.6	20	5	0059	0096
10360	1650	-31.3	275	70	-34.9	3.6	-31.2	28	7	0057	0094

图 7.33　等间隔时间上气象要素值(按时间)

等温层、逆温层气象要素值

台(站)名：海南省西南中沙群岛气象台　海拔高度:5.9米　施放时间：2018年09月12日07时15分44秒

<table>
<tr><td colspan="10">施 放 瞬 间 观 测</td></tr>
<tr><td colspan="10">气温:26.4℃　气压:1007.3hPa　湿度:95%　风向:120°　风速:0.5米/秒　云量:4/1　云状:Ci Cu</td></tr>
<tr><td colspan="10">天气现象：　能 见 度:0.5千米</td></tr>
<tr><td colspan="10">逆 温 层</td></tr>
<tr><td>层次</td><td>气压</td><td>高度</td><td>厚度</td><td>气温</td><td>湿度</td><td>露点</td><td>强度</td><td>风向</td><td>风速</td></tr>
<tr><td rowspan="2">1</td><td>1007.3</td><td>0</td><td rowspan="2">0</td><td>26.4</td><td>95</td><td>25.5</td><td rowspan="2">0.0</td><td>120</td><td>0.6</td></tr>
<tr><td>1004.9</td><td>0</td><td>28.4</td><td>90</td><td>26.6</td><td>120</td><td>0.6</td></tr>
<tr><td rowspan="2">2</td><td>949.6</td><td>518</td><td rowspan="2">133</td><td>24.4</td><td>93</td><td>23.2</td><td rowspan="2">1.2</td><td>45</td><td>2.2</td></tr>
<tr><td>937.2</td><td>651</td><td>26.0</td><td>90</td><td>24.3</td><td>52</td><td>2.1</td></tr>
<tr><td rowspan="2">3</td><td>420.9</td><td>7170</td><td rowspan="2">102</td><td>-12.4</td><td>89</td><td>-13.8</td><td rowspan="2">4.4</td><td>59</td><td>7.9</td></tr>
<tr><td>415.1</td><td>7272</td><td>-7.9</td><td>88</td><td>-9.5</td><td>59</td><td>7.7</td></tr>
<tr><td colspan="10">等 温 层</td></tr>
<tr><td>层次</td><td>气压</td><td>高度</td><td>厚度</td><td>气温</td><td>湿度</td><td>露点</td><td>T-Td</td><td>风向</td><td>风速</td></tr>
<tr><td rowspan="2">1</td><td>601.8</td><td>4356</td><td rowspan="2">417</td><td>4.2</td><td>81</td><td>1.2</td><td>3.0</td><td>22</td><td>2.2</td></tr>
<tr><td>571.6</td><td>4773</td><td>4.2</td><td>15</td><td>-20.1</td><td>24.3</td><td>49</td><td>5.0</td></tr>
<tr><td rowspan="2">2</td><td>370.1</td><td>8191</td><td rowspan="2">440</td><td>-18.2</td><td>86</td><td>-20.0</td><td>1.8</td><td>67</td><td>9.1</td></tr>
<tr><td>350.2</td><td>8631</td><td>-18.1</td><td>28</td><td>-32.0</td><td>13.9</td><td>67</td><td>10.7</td></tr>
</table>

图 7.34　计算逆温、等温层气象要素值

7.4.14　高空观测记录表(高表-13、高表-16)

高空观测记录表(高表-13、高表-16)输出高空观测风资料,有“量得风层”“规定高度层的风”“规定标准气压层上的风”“最大风层”和“空间、时间定位值”等各气象要素值,所有风速均保留一位小数计算、显示。输出高表-13、高表-16 方法是:在左边的文件列表中选定要输出(高表-13 或高表-16)的文件,然后进入“探空数据处理”菜单,选“高空观测记录表(高表-13 或高表-16)”菜单项,也可直接按快捷工具栏上的快捷按钮 即可在数据图形显示区中输出如图 7.35 所示的高表-13(如果软件检测到的是单独测风资料,将自动输出高表-16),并可打印保存为文本文件。

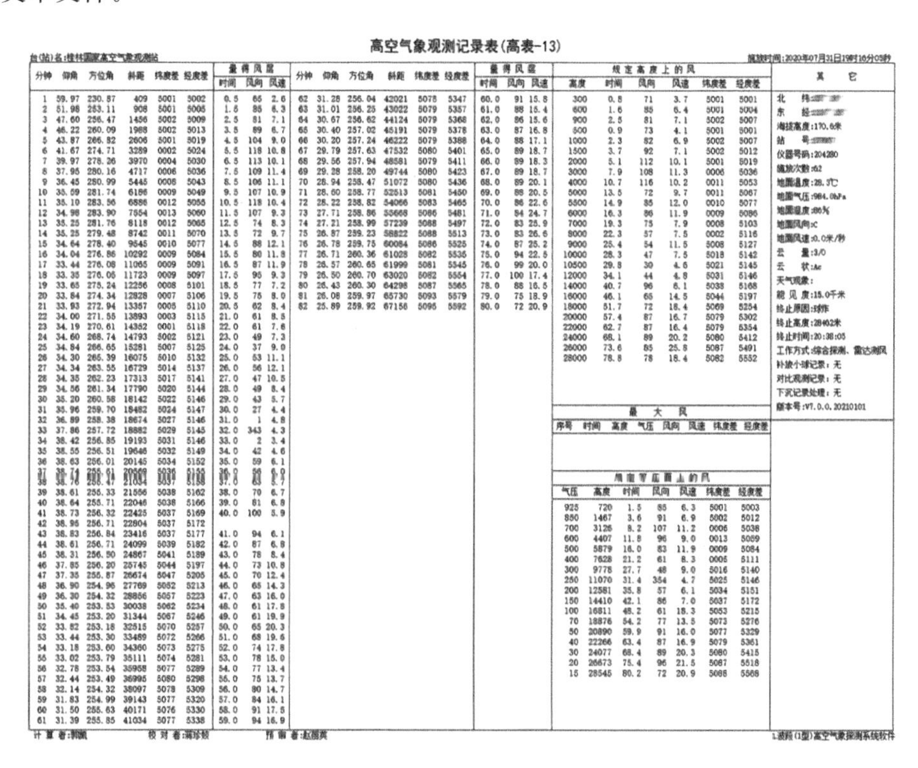

高空气象观测记录表(高表-13)

台(站)名:桂林国家高空气象观测站　　施放时间:2020年07月31日19时16分05秒

分钟	仰角	方位角	斜距	纬度差	经度差	量得风层 时间	风向	风速
1	59.97	230.87	409	5001	5002	0.5	65	2.6
2	51.98	253.11	908	5001	5005	1.5	85	6.3
3	47.60	256.47	1456	5002	5009	2.5	81	7.1
4	46.22	260.09	1988	5002	5013	3.5	89	6.7
5	43.87	266.82	2606	5001	5019	4.5	104	9.0
6	41.67	274.71	3289	0002	5024	5.5	118	10.8
7	39.97	278.26	3970	0004	5030	6.5	113	10.1
8	37.95	280.16	4717	0006	5036	7.5	109	11.4
9	36.45	280.99	5445	0008	5043	8.5	106	11.1
10	35.59	281.74	6186	0009	5049	9.5	107	10.9
11	35.10	283.56	6886	0012	5055	10.5	118	10.4
12	34.98	283.90	7554	0013	5060	11.5	107	9.3
13	35.25	281.76	8118	0012	5065	12.5	74	8.3
14	35.25	279.48	8742	0011	5070	13.5	72	9.7
15	34.64	278.40	9545	0010	5077	14.5	88	12.1
16	34.04	276.86	10292	0009	5084	15.5	80	11.8
17	33.44	276.08	11065	0009	5091	16.5	87	11.9
18	33.35	276.05	11723	0009	5097	17.5	95	9.3
19	33.65	275.24	12256	0008	5101	18.5	77	7.2
20	33.84	274.34	12828	0007	5106	19.5	75	8.0
21	33.93	272.94	13357	0005	5110	20.5	62	8.4
22	34.00	271.55	13893	0003	5115	21.0	61	8.5
23	34.19	270.61	14352	0001	5118	22.0	61	7.6
24	34.60	268.74	14793	5002	5121	23.0	49	7.3
25	34.84	266.65	15281	5007	5125	24.0	37	9.0
26	34.30	265.39	16075	5010	5132	25.0	53	11.1
27	34.34	263.55	16729	5014	5137	26.0	56	12.1
28	34.35	262.23	17313	5017	5141	27.0	47	10.5
29	34.56	261.34	17790	5020	5144	28.0	49	8.4
30	35.20	260.58	18142	5022	5146	29.0	43	5.7
31	35.96	259.70	18482	5024	5147	30.0	27	4.4
32	36.89	258.38	18674	5027	5146	31.0	1	4.8
33	37.86	257.72	18882	5029	5145	32.0	343	4.3
34	38.42	256.85	19193	5031	5146	33.0	2	3.4
35	38.55	256.51	19646	5032	5149	34.0	42	4.6
36	38.63	256.01	20145	5034	5152	35.0	59	6.1
37	38.74	256.61	20569	5036	5155	36.0	56	6.0
38	38.76	256.47	21034	5037	5158	37.0	63	5.7
39	38.61	256.33	21556	5038	5162	38.0	70	6.7
40	38.64	255.71	22046	5038	5166	39.0	81	6.8
41	38.73	256.32	22425	5037	5169	40.0	100	5.9
42	38.95	256.71	22804	5037	5172			
43	38.83	256.84	23416	5037	5177	41.0	94	6.1
44	38.61	256.71	24099	5039	5182	42.0	87	6.8
45	38.31	256.50	24867	5041	5189	43.0	78	8.4
46	37.85	256.20	25745	5044	5197	44.0	73	10.8
47	37.35	255.87	26674	5047	5205	45.0	70	12.4
48	36.90	254.96	27769	5052	5213	46.0	65	14.3
49	36.30	254.32	28856	5057	5223	47.0	63	16.0
50	35.40	253.53	30038	5062	5234	48.0	61	17.8
51	34.45	253.20	31344	5067	5246	49.0	61	19.9
52	33.82	253.18	32515	5070	5257	50.0	65	20.3
53	33.44	253.30	33489	5072	5266	51.0	68	19.6
54	33.18	253.60	34360	5073	5275	52.0	74	17.8
55	33.02	253.79	35111	5074	5281	53.0	78	15.0
56	32.78	253.54	35958	5077	5289	54.0	77	13.4
57	32.44	253.49	36995	5080	5298	55.0	75	13.7
58	32.14	254.32	38097	5078	5309	56.0	80	14.7
59	31.83	254.99	39143	5077	5320	57.0	84	16.1
60	31.50	255.63	40171	5076	5330	58.0	91	17.5
61	31.39	255.85	41034	5077	5338	59.0	94	16.9
62	31.28	256.04	42021	5078	5347	60.0	91	15.8
63	31.01	256.25	43022	5079	5357	61.0	88	15.4
64	30.67	256.62	44124	5079	5368	62.0	86	15.6
65	30.40	257.02	45191	5079	5378	63.0	87	16.8
66	30.20	257.24	46222	5079	5388	64.0	88	17.1
67	29.79	257.63	47532	5080	5401	65.0	89	18.7
68	29.56	257.94	48581	5079	5411	66.0	89	18.3
69	29.28	258.20	49744	5080	5423	67.0	89	18.7
70	28.94	258.47	51072	5080	5436	68.0	89	20.1
71	28.60	258.77	52513	5081	5450	69.0	88	20.5
72	28.22	258.82	54066	5083	5465	70.0	86	22.6
73	27.71	258.86	55668	5086	5481	71.0	84	24.7
74	27.21	258.99	57239	5088	5497	72.0	83	25.9
75	26.87	259.23	58822	5088	5513	73.0	83	26.6
76	26.78	259.75	60084	5086	5525	74.0	87	25.2
77	26.71	260.36	61028	5082	5535	75.0	94	22.5
78	26.57	260.65	61999	5081	5545	76.0	99	20.0
79	26.50	260.70	63020	5082	5554	77.0	100	17.4
80	26.43	260.30	64298	5087	5565	78.0	88	16.5
81	26.08	259.97	65730	5093	5579	79.0	75	18.9
82	25.89	259.92	67156	5095	5592	80.0	72	20.9

规定高度上的风

高度	时间	风向	风速	纬度差	经度差
300	0.8	71	3.7	5001	5001
600	1.6	85	6.4	5001	5004
900	2.5	81	7.1	5002	5007
500	0.9	73	4.1	5001	5001
1000	2.3	82	6.9	5002	5007
1500	3.7	92	7.1	5002	5012
2000	5.1	112	10.1	5001	5019
3000	7.9	108	11.3	0006	5036
4000	10.7	116	10.2	0011	5053
5000	13.5	72	9.7	0011	5067
5500	14.9	85	12.0	0010	5077
6000	16.3	86	11.9	0009	5086
7000	19.3	75	7.9	0008	5103
8000	22.3	57	7.5	0002	5116
9000	25.4	54	11.5	5008	5127
10000	28.3	47	7.5	5018	5142
10500	29.8	30	4.6	5021	5145
12000	34.1	44	4.8	5031	5146
14000	40.7	96	6.1	5038	5168
16000	46.1	65	14.5	5044	5197
18000	51.7	72	18.4	5069	5254
20000	57.4	87	16.7	5079	5302
22000	62.7	87	16.4	5079	5354
24000	68.1	89	20.2	5080	5412
26000	73.6	85	25.8	5087	5491
28000	78.8	78	18.4	5082	5552

最大风

序号	时间	高度	气压	风向	风速	纬度差	经度差

规定等压面上的风

气压	高度	时间	风向	风速	纬度差	经度差
925	720	1.5	85	6.3	5001	5003
850	1467	3.6	91	6.9	5002	5012
700	3126	8.2	107	11.2	0006	5038
600	4407	11.8	96	9.0	0013	5059
500	5879	16.0	83	11.9	0009	5084
400	7628	21.2	61	8.3	0005	5111
300	9778	27.7	48	9.0	5016	5140
250	11070	31.4	354	4.7	5025	5146
200	12581	35.8	57	6.1	5034	5151
150	14410	42.1	86	7.0	5037	5172
100	16811	48.2	61	18.3	5053	5215
70	18876	54.2	77	13.5	5073	5276
50	20890	59.9	91	16.0	5077	5329
40	22266	63.4	87	16.9	5079	5361
30	24077	68.4	89	20.3	5080	5415
20	26673	75.4	96	21.5	5087	5518
15	28545	80.2	72	20.9	5088	5568

其　它

北　纬:
东　经:
海拔高度:170.6米
站　号:
仪器号码:204280
施放次数:62
地面温度:28.3℃
地面气压:984.0hPa
地面湿度:86%
地面风向:C
地面风速:0.0米/秒
云　量:3/0
云　状:Ac
天气现象:
能见度:15.0千米
终止原因:球炸
终止高度:28402米
终止时间:20:38:05
工作方式:综合探测、雷达测风
补放小球记录:无
对比观测记录:无
下沉记录处理:无
版本号:V7.0.0.20210101

计算者:郭凯　　校对者:蒋珍敏　　预审者:赵丽英　　L波段(1型)高空气象探测系统软件

图 7.35　高空观测记录表(高表-13)

7.4.15　可视化高表-13、16

在显示高表-13、16 的状态下,按下鼠标右键,在如图 7.36 弹出的菜单中选择“可视化高表-13、16”菜单项,高表-13、16 将从字符、数字的报表方式转换为如图 7.37 所示的图形方式显示,图中使用规定高度风向、风速,规定等压面风向、风速数据画出了 4 条曲线,用于方便编发报文前直观地审核规定高度风资料(曲线上的圆圈代表规定高度、规定等压面的风数据),再次按下鼠标右键后,弹出的菜单如图 7.38 所示,增加了“可视化规定高度风向曲线”“可视化规定高度风速曲线”“可视化规定等压面风向曲线”“可视化规定等压面风速曲

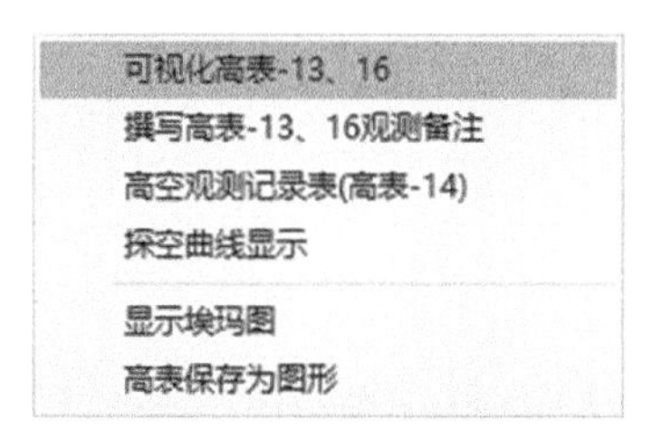

图 7.36　可视化高表-13、16 菜单

线”四个菜单项，可使用这四个菜单项分别对规定高度风向曲线、规定高度风速曲线、规定等压面风向曲线、规定等压面风速曲线进行显示、消隐操作，以便更清晰地审核各个曲线。

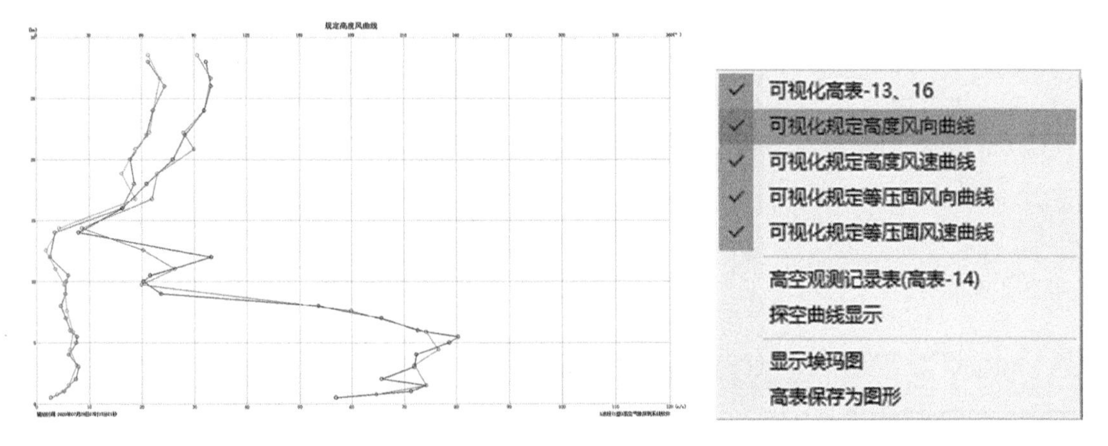

图 7.37　高表-13、16 可视化显示　　　　图 7.38　可视化单独曲线显示

重复选择“可视化高表-13、16”菜单项可在字符和图形两种显示方式之间随意切换。

7.4.16　撰写高表-13、16 备注

在显示某时次高表-13、16 的状态下，按下鼠标右键，在弹出的如图 7.39 所示的菜单中选“撰写高表-13、16 观测备注”菜单项后，软件会弹出一个如图 7.25 所示的对话框，在该对话框中对该时次的观测过程进行备注描述，按“确定”按钮后，备注将被写入高表-13、16 右下角的一栏，如图 7.40 所示。

可视化高表-13、16
撰写高表-13、16观测备注
高空观测记录表(高表-14)
探空曲线显示
显示埃玛图
高表保存为图形

图 7.39　撰写高表-13、16 备注菜单项

版本号:V7.0.0.20210101

最　大　风

序号	时间	高度	气压	风向	风速	纬度差	经度差

第一分钟丢球，做删除处理。

规 定 等 压 面 上 的 风

气压	高度	时间	风向	风速	纬度差	经度差
1000	71	0.1	108	0.8	5000	5000
925	761	2.2	57	2.0	5002	5002
850	1499	4.4	359	2.9	5005	5003
700	3133	9.1	324	3.1	5014	5002
600	4406	13.0	26	2.5	5016	5000
500	5873	17.2	45	6.7	5025	5011
400	7604	22.3	59	7.4	5038	5029
300	9735	28.6	74	9.5	5050	5059
250	11018	32.4	86	14.4	5055	5084
200	12515	37.0	78	14.2	5059	5122
150	14325	41.7	72	14.1	5069	5158
100	16701	47.9	77	16.1	5081	5204
70	18768	53.4	79	20.7	5095	5259
50	20830	59.0	89	19.8	5099	5323

L波段(1型)高空气象探测系统软件

图 7.40　高表-13、16 备注

7.4.17　高精度风特性层

进入“探空数据处理”菜单，选“高精度风特性层”菜单项，即可在数据图形显示区中显示如图 7.41 所示的高精度风特性层，从 V7.0 开始，风特性层增加了特性标志显示，特性层气压保留一位小数显示，不再区别 100 hPa 上下分别按保留整数、小数方式显示，按下“保存”按钮后，特性层内容会以文本的方式保留到 textdat 文件夹下。特性层根据量得风层廓线进行以下标志：

高精度风特性层

台站名称：安庆市国家气象观测站　海拔高度：63.20　仪器号码：190900444　2019年12月30日07时15分16秒

东经：[illegible] C北纬：[illegible]　探空仪型号：GTS11型数字式探空仪

层次	时间	气压	高度	风向	风速	温度	湿度	露点	温露差	纬度差	经度差	特性标志
0	0.0	1018.4	63	37	3.5	6.5	98	6.2	0.3	0000	0000	地面层、风特性层
1	0.5	997.7	228	35	8.5	7.6	89	5.8	1.8	5001	5002	风特性层
2	1.5	957.6	567	37	11.4	9.0	53	-0.2	9.2	5005	5006	风特性层
3	2.5	920.0	904	36	9.9	7.3	62	0.5	6.8	5010	5009	风特性层
4	3.5	884.4	1230	39	5.0	6.6	59	-0.8	7.4	5013	5012	风特性层
5	4.5	849.3	1556	212	2.9	4.6	77	0.9	3.7	5014	5013	风特性层
6	5.5	812.7	1913	194	2.4	1.8	90	0.4	1.4	5012	5012	风特性层
7	6.5	777.1	2270	139	2.5	6.0	3	-34.4	40.4	5011	5012	风特性层
8	7.5	744.7	2627	168	2.8	4.5	5	-32.7	37.2	5010	5013	风特性层
9	8.5	713.2	2984	211	2.8	1.7	21	-18.4	20.1	5008	5013	风特性层
10	9.5	681.7	3338	255	3.9	-1.7	29	-17.3	15.6	5008	5011	风特性层
11	10.5	652.5	3691	286	5.4	-2.1	2	-45.2	43.1	5008	5008	风特性层
12	11.5	624.4	4043	298	7.5	-4.3	2	-46.7	42.4	5009	5005	风特性层
13	12.5	595.9	4397	288	12.6	-6.4	2	-48.1	41.7	5011	0001	风特性层
14	13.5	569.6	4757	276	13.5	-8.5	2	-49.5	41.0	5012	0009	风特性层
15	14.5	543.5	5118	261	15.1	-11.6	2	-51.6	40.0	5012	0018	风特性层
16	15.5	518.5	5478	252	16.6	-14.0	2	-53.2	39.2	5010	0028	风特性层
17	16.5	494.2	5838	248	21.0	-16.0	2	-54.6	38.6	5007	0039	风特性层
18	17.5	470.9	6198	253	25.4	-18.4	2	-56.2	37.8	5003	0052	风特性层
19	20.5	407.5	7277	239	34.2	-25.9	9	-49.1	23.2	0018	0103	风特性层
20	21.0	396.9	7454	238	35.2	-26.8	78	-29.4	2.6	0023	0112	风特性层
21	22.0	376.3	7798	238	37.0	-30.1	84	-31.9	1.8	0033	0131	风特性层
22	23.0	357.2	8142	240	37.4	-32.5	71	-35.9	3.4	0044	0152	风特性层
23	24.0	340.5	8487	239	37.7	-35.7	44	-43.6	7.9	0054	0172	风特性层
24	27.0	295.4	9517	235	53.0	-38.5	8	-59.8	21.3	0094	0243	风特性层
25	28.0	281.6	9853	233	53.8	-40.8	5	-65.8	25.0	0112	0270	风特性层
26	29.0	267.9	10189	234	52.6	-43.3	2	-73.6	30.3	0129	0297	风特性层
27	31.0	242.2	10853	237	56.6	-46.5	2	-75.9	29.4	0163	0353	风特性层
28	35.0	198.3	12153	239	57.0	-51.8	2	-79.7	27.9	0227	0473	风特性层、最大风层
29	37.0	179.0	12838	242	53.2	-55.0	2	-82.0	27.0	0257	0533	风特性层
30	39.0	160.3	13523	241	51.7	-58.6	2	-84.6	26.0	0283	0591	风特性层
31	43.0	126.3	14917	250	47.3	-63.9	2			0328	0705	风特性层
32	47.0	101.3	16322	260	35.7	-69.4	2			0352	0807	风特性层
33	48.0	95.6	16665	260	32.9	-69.2	2			0355	0829	风特性层
34	49.0	90.7	17005	261	30.8	-69.7	2			0356	0848	风特性层
35	51.0	80.9	17686	259	26.8	-69.5	2			0363	0883	风特性层
36	54.0	67.7	18725	255	23.3	-66.5	2			0373	0928	风特性层
37	55.0	63.8	19099	253	21.5	-66.3	2			0377	0943	风特性层
38	57.0	56.7	19846	257	17.3	-61.7	2			0381	0966	风特性层
39	58.0	53.4	20220	251	16.3	-60.8	2			0383	0976	风特性层
40	59.0	49.9	20594	252	13.8	-61.9	2			0385	0985	风特性层
41	61.0	44.1	21390	241	7.5	-58.9	2			0390	0999	风特性层
42	62.0	41.2	21788	254	3.5	-61.0	2			0391	1000	风特性层
43	63.0	38.6	22194	254	1.9	-60.0	2			0393	1001	风特性层
44	64.0	36.1	22607	287	1.3	-60.4	2			0392	1004	风特性层
45	65.0	33.8	23020	87	1.0	-59.1	2			0391	1003	风特性层

计算者：[illegible]　校对者：[illegible]　审核者：　L波段(1型)高空气象探测系统软件

图 7.41　高精度风特性层

地面层：标注为地面层、风特性层；

失测开始层：标注为失测开始层、风特性层；

失测中间层：标注为失测中间层、风特性层；

失测结束层：标注为失测结束层、风特性层；

最大风层：标注为最大风层、风特性层；

风向显著转折层:标注为风特性层;

风速显著转折层:标注为风特性层;

终止层:标注为终止层、风特性层。

7.4.18 计算固定高度上的风(特殊风层)

此功能根据本站常用参数中“特殊风层 1”“特殊风层 2”设定的高度值,计算出这些高度上的风向、风速。使用方法:在左边的文件列表中选定要输出的文件,然后进入“探空数据处理”菜单,选“计算任意高度上的风(特殊风层)”,即可在数据图形显示区中显示如图 7.42 所示内容,并可打印。按“保存”按钮,“特殊风层”内容将以文本格式保存到\lradar\bcode 文件夹下。

特殊风层记录

台(站)名:桂林国家高空气象观测站　　施放时间:2020年07月31日19时16分05秒

高度(米)	时 间	风 向	风 速
300	0.8	71	3.7
600	1.6	85	6.4
900	2.5	81	7.1
1200	3.3	87	6.8
1500	4.2	100	8.3
1800	5.0	111	9.9
2100	5.8	117	10.6
2400	6.7	112	10.4
2700	7.5	109	11.4
3000	8.4	106	11.1
3300	9.2	107	10.9
3600	10.0	113	10.7
3900	10.9	114	10.0
4200	11.7	100	9.1
4500	12.6	74	8.5
4800	13.4	72	9.5
5100	14.3	85	11.6
5400	15.1	83	12.0
5700	15.9	83	11.9
6000	16.8	89	11.1

高度(米)	时 间	风 向	风 速
50	0.1	C	0
100	0.3	C	0
150	0.4	C	0
200	0.5	65	2.6
250	0.7	69	3.4
300	0.8	71	3.7
600	1.6	85	6.4
900	2.5	81	7.1
2500	7.0	111	10.8
5000	14.0	80	10.9
0	0.0	C	0
0	0.0	C	0
0	0.0	C	0
0	0.0	C	0
0	0.0	C	0
0	0.0	C	0
0	0.0	C	0
0	0.0	C	0
0	0.0	C	0
0	0.0	C	0

L波段(1型)高空气象探测系统软件

图 7.42　固定高度上的风(特殊风层)

7.4.19 补放小球测风观测记录表

如果本次放球进行了补放小球的操作,可通过此菜单输出补放的小球测风记录,使用方法:在左边的文件列表中选定要输出的文件,然后进入“探空数据处理”菜单,选“补放小球测风观测记录表”,即可在数据图形显示区中如图 7.43 所示显示补放的小球测风观测记录表,并可打印。

7.4.20 补放小球、雷达测风数据、经纬仪数据输入

用于补放小球、经纬仪跟踪大球测风及雷达经纬仪对比观测数据的输入,使用方法:在左边的文件列表中选定要输出的文件,然后进入“探空数据处理”菜单,选“补放小球、雷达测风数

小球测风记录表

台站名：邢台国家高空气象观测站　　施放时间：2021年07月31日19时46分

测站海拔高度：184.2米	东经：[illegible] 北纬：[illegible]	温度：29.3℃	气压：973.2hPa	湿度：60%	能见度：12.0千米
放球前方位：259.50°	放球后仰角：2.00° 地面风向：143度	地面风速：1.9米/秒	天气现象：	球重：61克	净举力：192克
放球前仰角：2.00°	放球后方位：259.50 经纬仪高度：185米	放球点高度：183米	计算者：张媛媛	校对者：王保勋	预审者：贾秋兰

时间	仰角	方位角	高度	量得风层				时间	仰角	方位角	高度	量得风层			
				时间	高度	风向	风速					时间	高度	风向	风速
0	0.00	0.00	183	0.0	183	143	1.9								
1	31.60	112.90	383	0.5	283	293	5.0								
2	27.90	96.60	583	1.5	483	265	8.0								
3	29.00	94.00	783	2.5	683	268	5.0								
4	29.30	93.50	983	3.5	883	272	6.0								
5	27.00	94.60	1183	4.5	1083	278	9.0								
6	26.20	97.90	1383	5.5	1283	291	8.0								
7	28.30	97.70	1583	6.5	1483	275	3.0								
8	32.70	94.20	1783	7.5	1683	151	3.0								
9	37.90	91.80	1983	8.5	1883	122	3.0								
10	43.30	95.20	2183	9.5	2083	59	4.0								
11	49.40	104.10	2383	10.5	2283	47	7.0								
12	52.20	119.10	2583	11.5	2483	24	8.0								
13	51.70	134.70	2783	12.5	2683	17	9.0								
14	49.20	146.60	2983	13.5	2883	13	10.0								
15	45.00	154.00	3183	14.5	3083	1	11.0								
16	40.80	158.10	3383	15.5	3283	355	12.0								

图 7.43　小球测风观测记录表

据、经纬仪数据输入”菜单项，软件弹出如图 7.44 所示的对话框，对话框中有“补放小球(用经纬仪单独补放 200 m/min 升速小球)”“补放大球(使用另一部雷达采用单测风方式)”“经纬仪仰角、方位数据(与雷达或探空接收机同时跟踪大球)”“雷达经纬仪对比观测”，四个选项的具体意义如下。

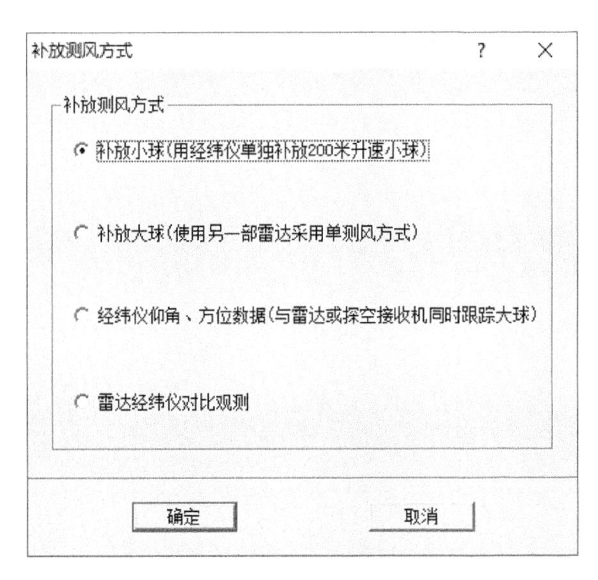

图 7.44　选择补放气球测风方式

(1)补放小球

雷达测风时,遇有近地层高空风失测,应该补放 200 m/min 固定升速的小球。补放时间最迟不得超过正点放球时间后的 75 min。小球测风记录补入雷达测风记录中,代替失测部分,并按雷达测风编发报文和编制月报表。当需要输入补放的小球数据时,选择“补放小球(用经纬仪单独补放 200 m 升速小球)”选项后按“确定”按钮,在图 7.45 所示的弹出对话框上,输入“球皮及附加物重”,在净举力栏中会显示用正点瞬间地面气压、温度计算出的净举力数值,用于充灌小球(单测风时,正点记录需输入瞬间气压表附温、气压表读数、干湿球温度)。施放前仰角、方位角数据是“本站常用参数”中“经纬仪固定目标角度”值,输入施放后仰角、方位角数据,软件自动显示误差值,用于订正小球数据。在“施放时、分”框内输入补放小球的时、分。输入小球测风数据(整数位或带 1～2 位小数输入均可)后,按“确定”按钮,小球资料将保存到观测数据文件中,雷达测风数据需要小球资料的地方,软件将自动代替处理,并在高表-13、16 上显示“有补放测风记录”字样。

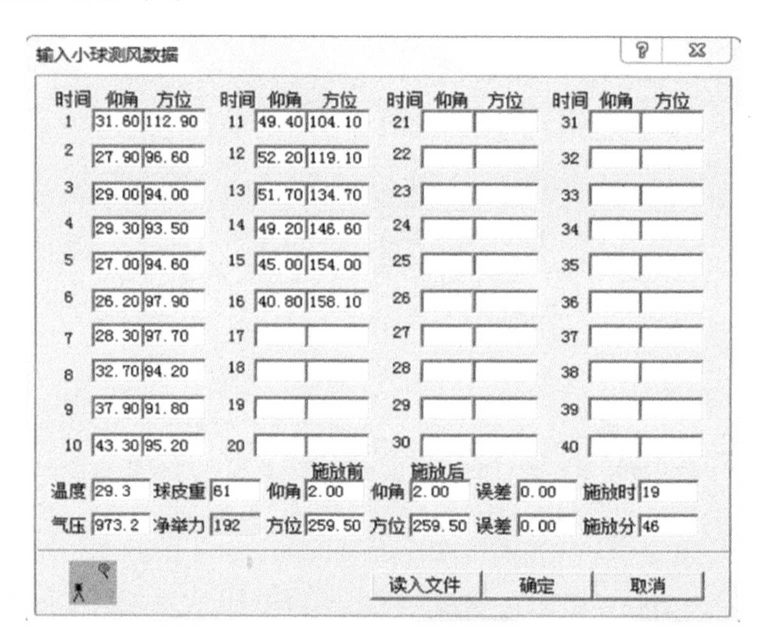

图 7.45　手动输入小球测风数据对话框

如果小球测风数据是用电子经纬仪观测的,可以将电子经纬仪观测到的数据文件复制到计算机上,然后按“读入文件”按钮,在图 7.46 对话框中找到小球观测数据文件读入即可,任何符合图 7.47 格式的小球观测数据文件均可正确读入。

若要删除此次小球测风记录,需将所有输入的小球测风仰角、方位角数据删除后,按“确定”按钮即可。

注:大球正在施放时,不要在“数据处理”软件中输入小球测风数据,而应在“放球软件”/“地面参数”/“补放小球数据”中进行。“数据处理”软件中“小球测风数据输入”一般用于大球施放结束后小球测风数据的修改。

(2)补放大球(使用另一部雷达采用单测风方式)

图 7.44 对话框中的“补放大球(使用另一部雷达采用单测风方式)”单选项用于由于天气或高度原因而不能补放小球的情况,可以使用另一部雷达(701 等)用单测风方式补放,目前该

图 7.46 读入小球测风数据文件

功能已被屏蔽！

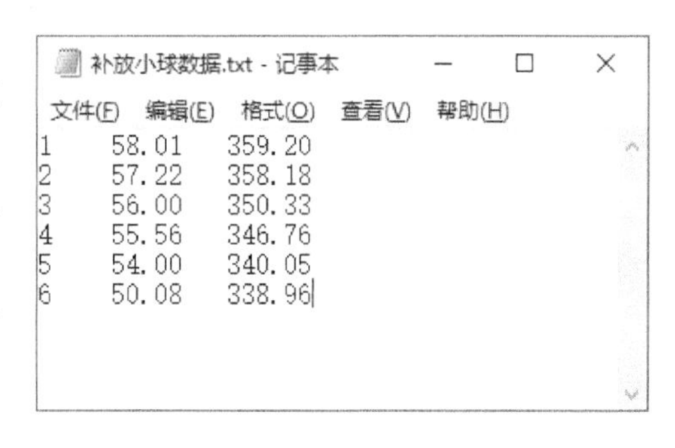

图 7.47 小球测风数据文件格式

(3)经纬仪仰角、方位数据(与雷达或探空接收机同时跟踪大球)

“经纬仪仰角、方位数据(与雷达或探空接收机同时跟踪大球)”选项用于以下几种情况：

●L 波段雷达跟踪系统发生故障，不能正常接收球坐标数据，但能接收温、压、湿数据和跟踪气球；

●雷达完全不能使用，只能使用探空接收机时。

出现以上这两种情况时，可以在施放气球时，同时使用经纬仪来跟踪升空携带探空仪的气球，通过经纬仪的观测数据来进行测风，从而避免本次观测测风数据的失测。观测数据从图 7.45 的对话框内输入，也可从“数据辅助处理”菜单下的“手动修改球坐标数据”对整分的球坐标数据依次进行修改，完成修改后，需要将“文件属性”中的“测风方式”设置为“无斜距测风”再进行报表、报文的生成。

(4)雷达经纬仪对比观测

“雷达经纬仪对比观测”单选项用于日常雷达、经纬仪对比观测，当经纬仪的数据读入后，软件会自动计算雷达、经纬仪所测得的同一目标物仰角、方位差，并自动判断误差是否符合要求。

7.4.21 雷达、经纬仪对比观测结果(记录表)

选中含有雷达经纬仪对比观测数据的文件，选菜单项“雷达、经纬仪对比观测结果(记录表)”，软件会显示如图 7.48 所示雷达、经纬仪对比观测结果记录表，表中显示第 11～30 分钟内的雷达、经纬仪仰角、方位差(经纬仪－雷达)，软件会根据以下标准对雷达的测角精度自动判断。

仰角差：$-0.3°\leqslant\Delta\beta\leqslant0.3°$；

方位差：$-0.6°\leqslant\Delta\alpha\leqslant0.6°$。

仰角差、方位差如有超差，超差点不得多于两个，且超差点要满足以下条件：

仰角差：$-0.6°\leqslant\Delta\beta\leqslant0.6°$；

方位差：$-1.2°\leqslant\Delta\alpha\leqslant1.2°$。

雷达、经纬仪对比观测记录表

台(站)名：福建省邵武市气象局　　施放时间：2010年03月21日19时15分26秒

仰角				方位角			
时间	雷达	经纬仪	差值	时间	雷达	经纬仪	差值
11	44.84	44.44	-0.40	11	39.61	38.61	-1.00
12	43.47	43.07	-0.40	12	43.52	43.52	0.00
13	41.03	41.03	0.00	13	46.22	46.22	0.00
14	38.10	38.10	0.00	14	46.02	46.72	0.70
15	35.31	35.31	0.00	15	46.07	47.07	1.00
16	/	33.07	/	16	/	47.43	/
17	31.19	31.19	0.00	17	48.54	48.54	0.00
18	29.42	29.42	0.00	18	51.34	51.34	0.00
19	27.97	27.57	-0.40	19	54.25	54.25	0.00
20	26.77	26.77	0.00	20	56.46	56.46	0.00
21	25.81	25.81	0.00	21	58.93	58.93	0.00
22	24.83	24.83	0.00	22	60.91	60.91	0.00
23	23.93	23.93	0.00	23	62.86	62.86	0.00
24	22.93	22.93	0.00	24	64.58	64.58	0.00
25	21.39	21.39	0.00	25	65.39	65.39	0.00
26	19.79	19.79	0.00	26	66.44	66.44	0.00
27	18.42	18.42	0.00	27	67.50	67.50	0.00
28	17.18	17.18	0.00	28	68.43	68.43	0.00
29	16.14	16.14	0.00	29	69.09	69.09	0.00
30	15.23	15.23	0.00	30	69.68	69.68	0.00
结论	不合格			结论	不合格		

L波段(1型)高空气象探测系统软件

图 7.48　雷达、经纬仪对比观测记录表

如果雷达与经纬仪的测角误差不符合以上条件，则雷达的测角精度不符合要求，应及时对雷达进行标定。

7.4.22　探空、测风报文

提供将综合观测时次除“TTAA 报文”外的其他“探空和测风报文”(TTBB、TTCC、TTDD、PPBB、PPDD)(图 7.49)；或雷达单独测风时次的测风报文(PPAA、PPBB、PPCC、PPDD)(图 7.50)合并在一起显示的功能(不含报头、报尾)。方法是：选中某一时次数据文件名，进入“探空数据处理”菜单，选“探空、测风报文”菜单项，也可直接按快捷工具栏上的快捷按钮 TTCC PPAA 即可在数据、图形显示区中显示相应的探空、测风报文，并可保存(保存在\lradar\textdat 文件夹内)、打印，软件还会同时在 statusdat 文件夹下产生两个文件，一个是包含每分钟球坐标的状态文件，另一个是基数据文件，两个文件的命名方法和内容格式可参考附录 D 和附录 F。

探空报

```
TTBB  14113 57816 00872 26057 11731 13606 22685 10808 33648 10465 44586 04463
55563 02214 66553 02223 77550 02861 88547 02662 99529 00864 11521 00350 22515
01157 33508 00076 44503 00480 55408 08379 66346 18972 77322 23359 88306 26166
99228 41166 11163 59164 22117 735// 33103 765//
21212 00872 09002 11856 11503 22793 09504 33761 10003 44704 06502 55623 07003
66598 05002 77574 36004 88529 34010 99485 01004 11464 06007 22443 02011 33408
05008 44365 02010 55303 01012 66276 36020 77216 31006 88205 28007 99185 26010
11155 31508 22137 32507 33128 36009 44102 05013
31313 63203 81115
61616 00908
65656 11000 25009 01184 22000 15011 01280 33000 05014 01364 44500 15017 01508
55500 35017 01568 66500 55017 01592 77500 65017 01598 88500 75017 01610 99501
15016 01658 11501 35015 01682 22501 45015 01694 33501 55015 01712 44501 65014
01724 55503 55025 02018 66505 15034 02240 77506 05032 02330 88506 65031 02396
99511 75029 02768 11512 00000 03140 22513 90011 03428 33514 80002 03542
67676 11000 05001 00938 22000 25005 01058 33000 25007 01118 44000 25010 01238
55500 05015 01418 66500 15017 01478 77500 25017 01538 88501 15016 01658 99501
95014 01778 11502 15016 01838 22502 55019 01898 33503 55025 02018 44504 55033
02168 55506 75031 02408 66508 45035 02528 77511 95026 02828 88512 15023 02888
99511 95013 03008 11512 20003 03188 22512 90009 03308 33513 20010 03368 44514
90002 03548
TTCC  14112 57816 70886 717// 08016 50089 643// 09519 30407 539// 08523 20669
511// 09025 88999 77999
31313 63203 81115
61616 00908
62626 70516 45047 03908 50516 35104 04238 30516 15203 04712 20516 65297 05089
TTDD  14113 57816 11797 753// 22662 685// 33425 637// 44294 533// 55194 507//
66128 497//
21212 11844 07515 22550 10018 33255 08525 44159 09026
31313 63203 81115
61616 00908
65656 11516 25029 03782 22516 75057 03968 33516 05134 04388 44516 15208 04730
55516 65302 05114 66516 35391 05456
67676 11515 95022 03728 22516 55087 04148 33516 55242 04868 44517 05348 05288
```

测风报

```
PPBB  14113 57816 8048/ 10004 07003 8126/ 36006 03010 820// 01016
61616 00908
64646 8048/ 0002/ 5005/ 01045 5000/ 5015/ 01399 8126/ 5018/ 5014/ 01759 5041/
6030/ 02114 820// 5074/ 5034/ 02468
PPDD  14113 57816 844// 09519 856// 09026
61616 00908
64646 844// 5160/ 5139/ 04412 856// 5170/ 5342/ 05263
```

图 7.49　综合观测报文

测风报

```
PPAA  26173 54511 55385 34518 30015 31522 55340 31027 30534 29036 55320 29038
28537 28037 71456 28040
61616 00912
62626 85502 90022 01193 70505 10039 01403 50508 30101 01782 40512 00152 02022
30516 70229 02304 25519 00289 02459 20521 40375 02669 15523 90482 02922 10525
80616 03234
63636 7/524 90546 03072
PPBB  26173 54511 80248 33015 34513 30017 8126/ 31525 31030 820// 29036
21212 00003 36002 10018 33008 20048 32510 30145 34519 40186 35014 50228 32512
60309 29515 70343 30014 80620 31525 90960 29538 11456 28040
61616 00912
64646 80248 5016/ 0015/ 01104 5038/ 0024/ 01260 5063/ 0066/ 01583 8126/ 5095/
0118/ 01865 5146/ 0193/ 02184 820// 5191/ 0291/ 02465
21212 11500 20002 00942 22500 60006 01002 33502 70021 01182 44503 60024 01242
55504 20027 01302 66505 20041 01422 77505 60050 01482 88510 10125 01902 99518
50269 02412 11524 90546 03072
PPCC  26173 54511 55370 27029 27527 26524 55120 25527 62878 25535
61616 00912
62626 70527 20748 03557 50527 00831 03809 30526 70951 04236 20525 11041 04572
63636 6/523 31146 04872
PPDD  26173 54511 844// 26523 856// 26033
21212 12426 26022 22878 25535
61616 00912
64646 844// 5270/ 0894/ 04026 856// 5238/ 1109/ 04782
21212 11526 70979 04332 22523 31146 04872
```

图 7.50　单测风报文式样

7.4.23　TTAA 报文

提供将综合观测时次“TTAA 报文”单独显示的功能，方便气球施放至 100 hPa 后发报。选中某一时次数据文件名，进入“探空数据处理”菜单，选“TTAA 报文”菜单项，也可直接按快捷工具栏上的快捷按钮 TTAA 即可在数据、图形显示区中显示如图 7.51 所示的 TTAA 报文，并可保存(保存在\lradar\textdat 文件夹内)、打印。

探空报(TTAA)

TTAA	28111	54511	99021	00770	27003	00200	00674	28509	92819
04972	29012	85476	10769	31013	70945	18570	31514	50538	33969
31022	40691	43766	31027	30880	53365	31533	25997	53765	30540
20142	51566	29041	15328	53166	28050	10588	56165	28546	88281
54765	31035	77149	28050	31313	63203	81115			
61616	00916								
62626	00500	10005	00957	92500	50023	01101	85501	30040	01240
70504	90068	01576	50509	00135	02038	40512	20193	02296	30518
50268	02608	25521	90322	02776	20526	30422	03021	15529	60567
03303	10533	60832	03783						
63636	88519	90286	02672						
64646	77529	60574	03316						

图 7.51　综合观测 TTAA 报文

针对一体化后很多原来从事地面观测工作的观测员以及新参加工作的观测员转入高空观测工作后可能出现的差错，在显示“TTAA”报文和“TTCC、PPAA”报文状态下，按下鼠标右键增加了一个如图 7.52 所示的“解码报文并进行曲线显示”菜单项，该功能将软件编发的报文(TTAA、TTBB、TTCC、TTDD)进行反向解码，同时将解码的数据进行图形显示，在 TTAA 报文状态下，解码报文后会在显示 TTAA 报文的状态下，同步显示如图 7.53 所示的解码后规

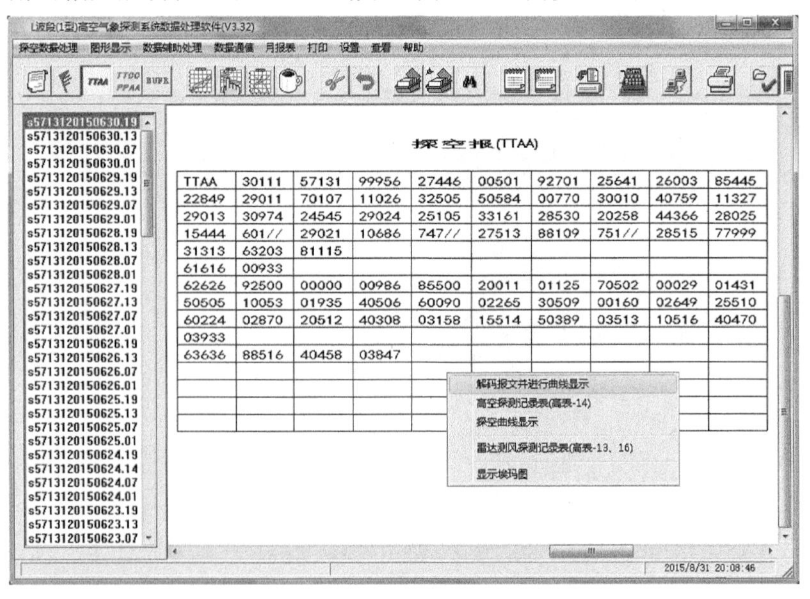

TTAA	30111	57131	99956	27446	00501	92701	25641	26003	85445
22849	29011	70107	11026	32505	50584	00770	30010	40759	11327
29013	30974	24545	29024	25105	33161	28530	20258	44366	28025
15444	601//	29021	10686	747//	27513	88109	751//	28515	77999
31313	63203	81115							
61616	00933								
62626	92500	00000	00986	85500	20011	01125	70502	00029	01431
50505	10053	01935	40506	60090	02265	30509	00160	02649	25510
60224	02870	20512	40308	03158	15514	50389	03513	10516	40470
03933									
63636	88516	40458	03847						

图 7.52　解码报文菜单

定等压面的数据、规定等压面的气压、高度、气温、温度露点差的曲线、规定等压面的风曲线，如果要返回纯报文状态，可以按下鼠标右键选择“显示报文”菜单项即可。在 TTCC、PPAA 报文显示状态下，解码报文后，会在显示 TTBB、TTCC 等报文的状态下，同时显示如图 7.54 所示的等压面气压、高度、气温、温度露点差的曲线、温、湿特性层曲线、风特性层曲线，如果要返回纯报文状态，可以按下鼠标右键选择“显示报文”菜单项即可，不管在什么状态下，按“发报”按钮均能产生报文，该功能可从图形上很容易发现未处理好的报文错情。

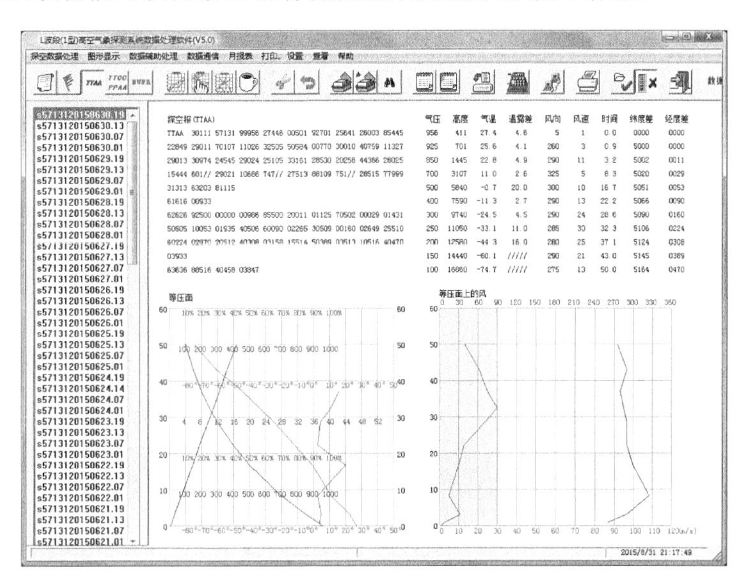

图 7.53　报文、曲线混合显示(一)

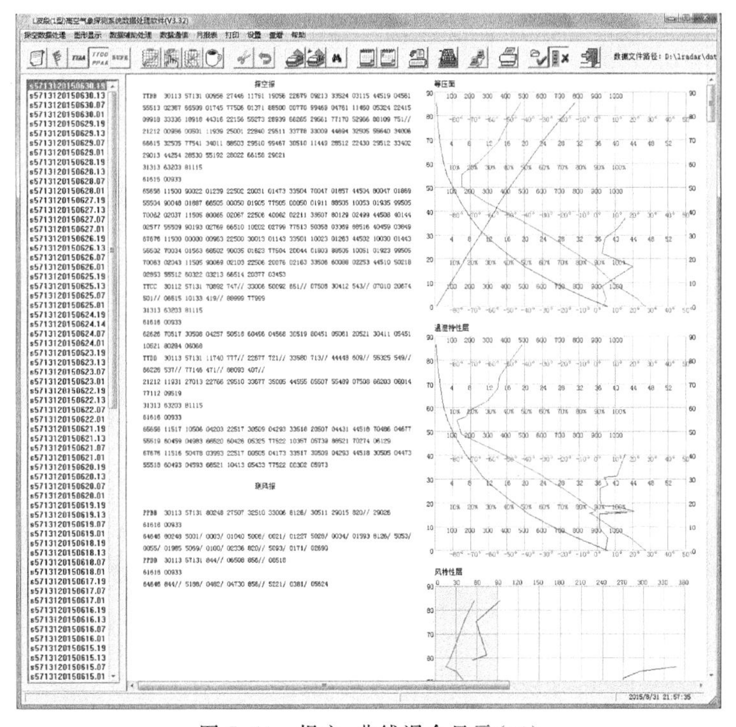

图 7.54　报文、曲线混合显示(二)

7.4.24 将报文保存为报文文件

将 TTAA、TTBB、TTCC、TTDD、PPAA、PPBB、PPCC、PPDD 报文以文本的形式保存到\lradar\gcode 文件夹中,并由各台站根据本站的情况,将这些需要发送的报文文件发送出去。使用方法:选定待发时次报文的数据文件名,进入"探空数据处理"菜单,选"TTAA 报文"或"探空、测风报文",待数据图形区显示报文后,再选"发报"菜单项(或直接按快捷工具栏上的按钮),在如图 7.55 所示弹出的对话框上选择相应的项(若在"发报类型"项,选择了"…更正报",则需在"报文类型"项,选择要发的更正报文所属哪种类型),按"是"按钮,即可在\lradar\gcode 文件夹中产生相应的报文文件。

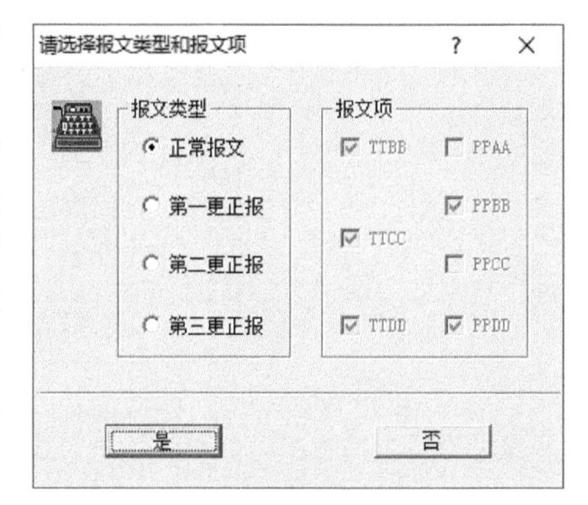

图 7.55　选择生成报文的类型和报文项

每日进行常规高空综合观测时次的"TTAA 报文"报文,正常发报时间为每日的 08 时 30 分或 20 时 30 分之前,若超出此时间限制发报,应统计为过时报。由于重放、迟放球原因,原则上 TTAA 报文发送时间,可按重放、迟放球的时间顺延,但超过顺延时间发出的报文,也统计为过时报。TTAA 的更正报时限为每日的 10 时 30 分或 22 时 30 分。

每日进行常规高空综合观测时次的其他"探空、测风报文"(TTBB、TTCC、TTDD、PPBB、PPBB、PPDD)正常发报时间分别为每日的 10 时 00 分或 22 时 00 分之前,若超出此时限发报,应统计为过时报。这些"探空、测风报文"的更正报时限分别为每日的 10 时 30 分或 22 时 30 分。

每日进行常规雷达单独测风时次的"测风报文"(PPAA、PPBB、PPCC、PPDD)正常发报时间为每日的 15 时 00 分或 03 时 00 分之前,若超出此时限发报,应统计为过时报。这些"测风报文"的更正报时限分别为每日的 15 时 30 分或 03 时 30 分。

每月高空气候月报正常发报时间应在次月的 4 日 09 时 00 分之前发出,其更正报必须在正常发报时限后的 6 h 之内编发。

若某时次进行的常规高空观测未达 500 hPa(或 10 min)或 5500 m,且不具备重放球条件,但获得了本站探空最低等压面的资料或本站测风最低一个规定高度层风的资料,也应将所获资料整理,并编发报文。

7.4.25 发送失测报文

记录失测是指某时次高空观测工作全部未进行;或虽进行了观测,但未获得本站探空最低等压面的资料或本站测风最低一个规定高度层风的资料;或放球超过规范所规定的最迟放球时间,综合观测失测报必须分别在每日的 10 时 00 分或 22 时 00 分,单测风失测报必须分别在每日的 15 时 00 分或 03 时 00 分之前发出。

编发失测报文的方法是:进入"探空数据处理"菜单,选择"发送失测报文"项,在如图 7.56 所示的弹出"选择发送失测报文的时次"对话框中,分别选择失测的年、月、日、时;确定时次时,请选择输入 1、7、13、19 数字,之后按"确定"按钮,即可在\lradar\gcode 文件夹下形成所编制的失测报文(时次选择或输入为其他数字,均不编制失测报文)。

遇有记录失测的时次,应编发失测报文。

记录失测的综合观测时次,根据探空报告电码(GD-04Ⅲ)2.6 条和通信部门的规定编发一份探空 A 部报告(TTAA　YYGG/　IIiii　/////　NIL=),其余的探空 C、B、D 部均编发各自的报告(各部识别组　YYGGa4　IIiii　NIL=),其中 C 部 a4 为/,B、D 部 a4 均为通常使用的测风方法编码;按高空风报告电码(GD-03Ⅲ)的规定编发一份高空风 B 部报告(PPBB　YYGGa4　IIiii　/////　NIL=),高空风 D 部编发一份报告(PPDD　YYGGa4　IIiii　NIL=)。

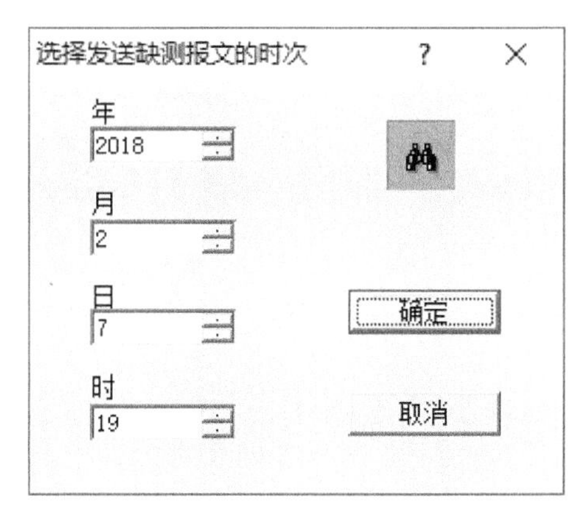

图 7.56　选择产生失测报文的日期

记录失测的雷达单独测风时次,按高空风报告电码(GD-03Ⅲ)2.10 条和通信部门的规定编发一份高空风 A 部报告(PPAA　YYGGa4　IIiii　/////　NIL=),其余的高空风 C、B、D 部均编发各自的报告(各部识别组　YYGGa4　IIiii　NIL=),其中各部 a4 均为通常使用的测风方法编码。

注:各部失测报文中的 YYGG 统一用正点观测北京时(01:15、07:15、13:15、19:15)换算为的世界时。

7.4.26　每分钟数据(系统测试、试验用)

选定要处理的文件,进入"探空数据处理"菜单,选"每分钟数据(系统测试、试验用)"菜单项,显示区会以表格形式列出如图 7.57 所示每分钟温、压、湿、高度、风向、风速等观测数据,该功能主要用于试验、测试工作。

每分钟原始数据(基地试验用)

时间	气压	气温	湿度	高度	风向	风速	时间	气压	气温	湿度	高度	风向	风速	时间	气压	气温	湿度	高度	风向	风速
0	964.0	-21.6	77	501	328	1.0	40	108.4	-49.6	2	15440	294	17.0							
1	921.5	-14.5	55	844	283	4.0	41	101.6	-51.1	2	15822	295	18.0							
2	863.1	-13.1	54	1165	291	5.0	42	95.7	-60.3	2	16214	294	15.0							
3	846.2	-12.1	35	1490	294	5.0	43	90.3	-50.7	2	16609	294	17.0							
4	806.1	-14.0	33	1850	278	5.0	44	85.5	-60.2	2	17004	292	16.0							
5	767.2	-16.6	40	2210	274	6.0	45	80.5	-50.7	2	17400	294	15.0							
6	732.5	-18.0	26	2570	284	7.0	46	75.4	-61.5	2	17796	294	14.0							
7	698.7	-19.6	21	2929	285	7.0	47	70.6	-63.1	2	18190	294	13.0							
8	667.0	-20.5	15	3288	282	8.0	48	66.4	-63.4	2	18597	296	12.0							
9	635.5	-22.7	19	3647	281	9.0	49	62.7	-63.7	2	19006	289	11.0							
10	604.1	-24.7	15	4006	272	10.0	50	58.9	-52.9	2	19414	282	11.0							
11	573.3	-27.0	16	4373	264	11.0	51	55.2	-52.5	2	19822	281	12.0							
12	543.4	-29.5	15	4742	259	12.0	52	51.5	-64.1	2	20230	282	13.0							
13	516.7	-31.9	16	5111	265	12.0	53	48.3	-65.1	2	20632	284	14.0							
14	491.8	-34.1	17	5476	266	13.0	54	45.5	-66.0	2	21029	286	14.0							
15	468.1	-36.6	15	5833	260	14.0	55	42.9	-64.0	2	21426	280	11.0							
16	445.2	-37.8	20	6189	242	15.0	56	40.1	-64.6	2	21823	271	10.0							
17	422.0	-40.4	15	6546	235	16.0	57	37.7	-54.4	2	22254	267	11.0							
18	399.3	-43.2	15	6903	231	18.0	58	35.5	-53.9	2	22685	262	12.0							
19	376.3	-46.3	15	7276	227	21.0	59	33.1	-54.8	2	23117	261	13.0							
20	356.3	-48.2	17	7650	221	25.0	60	30.7	-56.4	2	23549	259	14.0							
21	336.6	-50.9	20	8023	216	28.0	61	28.8	-54.5	2	24004	263	15.0							
22	318.0	-53.2	22	8397	213	31.0	62	26.7	-55.3	2	24468	270	16.0							
23	300.4	-56.2	21	8770	216	32.0	63	25.2	-54.3	2	24932	273	15.0							
24	281.8	-55.4	21	9156	226	27.0	64	23.5	-52.7	2	25396	273	16.0							
25	264.9	-54.0	18	9542	235	20.0	65	21.6	-53.9	2	25860	265	16.0							
26	250.2	-53.9	15	9929	239	17.0	66	19.8	-53.9	2	26325	259	17.0							
27	235.7	-51.9	13	10333	253	15.0	67	18.4	-55.6	2	26790	255	19.0							
28	221.5	-50.7	10	10737	262	16.0	68	17.1	-55.9	2	27256	259	19.0							
29	207.9	-49.3	8	11141	270	16.0	69	15.9	-57.2	2	27721	259	19.0							
30	195.2	-49.1	6	11544	279	15.0	70	14.5	-55.2	2	28183									
31	183.3	-48.8	5	11944	280	15.0														
32	172.0	-48.4	4	12343	281	17.0														
33	162.4	-49.1	3	12743	284	19.0														
34	153.4	-49.2	3	13143	287	20.0														
35	144.2	-49.7	2	13531	287	20.0														
36	135.5	-49.7	2	13912	285	19.0														
37	128.3	-49.1	2	14294	287	19.0														
38	121.5	-49.3	2	14676	292	17.0														

图 7.57　计算每分钟气象要素值数据

7.4.27　保存为文本文件(显示内容)

显示“高表-13、16”“高表-14”“每分钟数据”“报文”“每秒探空数据”“每分钟球坐标数据”“每秒球坐标数据”“任意时刻、高度、等压面的气象要素值”“等间隔高度上的各气象要素值”等表格后，选择“保存为文本文件”项，或直接按快捷工具栏上的快捷按钮 ，以上内容均会以文本形式存放到硬盘\lradar\textdat\目录下。

7.4.28　产生上传数据文件(S 文件)

将 S 文件名改名为符合国家气象信息传输规范，以便能进入国家气象通信链路进行传输，使用方法是：进入“探空数据处理”菜单，选“产生上传数据文件(S 文件)”菜单项，在如图 7.55 所示的弹出对话框中选中更正报类别，按下“是”按钮后，S 文件名就被转换成符合国家气象信息传输规范的文件名，转换后的 S 文件保存在 lradar\statusdat 文件夹下，符合国家气象信息传输规范的 S 文件命名参见第 8 章。

7.4.29　产生上传文件(基数据)

L 波段高空观测系统可以提供更高精度和密度的高空气象观测资料，可显著提高高空气象观测资料的利用率，对于提高预报服务精细化水平、开展大气边界层结构研究，加强高空观测资料质量控制与分析具有重要意义。过去，由于传输条件和信息处理技术的限制，每天只能传输标准层的探空报资料，气球上升过程中的高密度观测资料无法传输到气象业务和科研部门，也无法应用于实际的工作当中。随着气象事业的发展，获得气球上升过程中的高密度观测资料技术手段已具备，天气预报和气候研究对这些资料的应用需求日益迫切，因此，传输这些资料的任务也愈发紧迫，其必要性和对天气预报与气象科研的意义是不言而喻的。该菜单就是针对以上需求而开发的，可以将整个观测的高空资料按照规定的格式生成一个基数据文本文件(又叫秒数据文件)用于上传(基数据文件格式可参考附件相关描述)。使用方法：在左边的文件列表中，选定某时次高空加密观测记录表的文件，然后进入“探空数据处理”菜单，选“产生上传文件(基数据)”菜单项，即可在\lradar\statusdat\文件夹下生成该时次的基数据文件，基数据文件内容如图 7.58 所示，文件格式参见第 8 章。

7.4.30　产生 BUFR 文件

BUFR 编码是世界气象组织(WMO)大力推荐使用的编码格式，是一种与计算机硬件无关的压缩二进制编码，具有很强的表示能力，主要用来表示气象观测资料，也可用于表示水文、海洋、环境等方面观测的时间序列资料，它不但能表示原始观测资料，还能表示这些资料的质量控制信息和替代值，今后将逐渐代替目前我国在用的字符编码方式(TEMP、PILOT、基数据)，该菜单就是为满足向 BUFR 报文格式转型需求而开发的，可以将整个观测的高空观测资料编码成 BUFR 格式文件用于上传(BUFR 文件格式可参考附件相关描述)。产生 BUFR 格式报文文件的使用方法：在左边的文件列表中，选定要某时次高空加密观测记录表的文件，然后进入“探空数据处理”菜单，选“产生 BUFR 文件”菜单项或直接按快捷工具栏上的快捷按钮 BUFR ，软件弹出如图 7.59 所示的对话框，操作员可根据实际施放球状态选择产生其中的一项

```
VERSION 05.0.1.20170601
57447 0109.4667 030.2833 0458.0
GFE(L)-1 06.0 GTS1 000000180064 036 0750 0900 3600 1950 345
026.6 026.7 -0.1 0956.3 0955.1 01.2 066 061 05 1
20170918111520 20170918183320 20170918124900 20170918124900 01 01 33050 31860 -
003.00 22.6 0956.6 095 225 001.0 012.0 // 04 // 006 010 60 // // 304.00 000.00
069.00
ZCZC SECOND
00000 022.6 0956.6 095 000.00 0304.00 000.069 00.000 00.000 225 001 00458
00001 022.7 0955.8 092 000.41 0305.33 000.112 -0.000 00.000 226 001 00464
00002 ///// ////// /// 005.30 0305.59 000.112 -0.000 00.000 226 001 00469
00003 022.7 0954.9 092 009.34 0305.97 000.112 -0.000 00.000 227 001 00475
00004 022.7 0954.0 092 014.28 0307.76 000.112 -0.000 00.000 227 001 00481
00005 022.6 0953.3 092 017.96 0310.56 000.112 -0.000 00.000 228 001 00486
00006 ///// ////// /// 021.03 0312.15 000.112 -0.000 00.000 229 001 00492
00007 022.6 0952.4 092 025.84 0312.85 000.112 -0.000 00.000 229 001 00497
00008 022.5 0951.6 093 030.25 0311.81 000.112 -0.000 00.000 230 001 00503
00009 022.4 0950.9 093 034.36 0311.05 000.112 -0.000 00.000 230 001 00509
00010 ///// ////// /// 038.69 0311.70 000.112 -0.000 00.000 231 001 00514
00011 022.3 0950.0 093 042.29 0314.66 000.112 -0.000 00.000 232 001 00520
00012 022.3 0949.1 093 044.21 0318.11 000.112 -0.000 00.000 232 001 00526
00013 022.2 0948.2 093 045.30 0319.91 000.112 -0.000 00.000 233 001 00531
00014 ///// ////// /// 046.79 0320.94 000.112 -0.000 00.000 233 001 00537
00015 022.2 0947.5 092 048.25 0321.10 000.112 -0.000 00.000 234 001 00542
00016 022.1 0946.7 092 050.20 0322.98 000.112 -0.000 00.000 235 001 00548
00017 022.1 0945.8 092 052.83 0326.67 000.112 -0.000 00.000 235 001 00554
00018 ///// ////// /// 054.92 0331.07 000.112 -0.000 00.000 236 001 00559
00019 022.1 0944.9 092 056.38 0334.29 000.112 -0.000 00.000 236 001 00565
00020 022.0 0944.3 092 057.11 0336.69 000.112 -0.000 00.000 237 001 00571
00021 ///// ////// /// 058.61 0338.14 000.112 -0.000 00.000 238 001 00576
00022 022.0 0943.6 092 060.93 0338.88 000.112 -0.000 00.000 238 001 00582
00023 021.9 0942.6 092 062.89 0339.87 000.112 -0.000 00.000 239 001 00588
00024 021.9 0941.7 092 064.34 0340.41 000.112 -0.000 00.000 239 001 00593
00025 ///// ////// /// 064.64 0340.74 000.112 -0.000 00.000 240 001 00599
00026 021.8 0940.9 092 064.19 0340.59 000.112 -0.000 00.000 241 001 00604
00027 021.8 0940.1 093 064.45 0339.42 000.112 -0.000 00.000 241 001 00610
00028 021.8 0939.2 094 065.44 0337.91 000.112 -0.000 00.000 242 001 00616
00029 ///// ////// /// 067.15 0337.43 000.112 -0.000 00.000 242 001 00621
00030 021.7 0938.4 094 068.86 0338.13 000.112 -0.000 00.000 293 001 00627
00031 021.7 0937.8 094 071.08 0340.57 000.112 -0.000 00.000 300 002 00633
00032 021.6 0936.8 095 072.77 0341.73 000.112 -0.000 00.000 300 002 00638
00033 ///// ////// /// 073.58 0340.33 000.112 -0.000 00.000 301 002 00644
00034 021.6 0936.0 096 073.69 0338.04 000.112 -0.000 00.000 303 002 00649
00035 021.5 0935.2 096 073.59 0336.32 000.112 -0.000 00.000 306 001 00655
00036 021.4 0934.3 096 074.01 0334.89 000.112 -0.000 00.000 308 001 00661
00037 ///// ////// /// 074.69 0332.81 000.112 -0.000 00.000 308 001 00666
00038 021.4 0933.6 096 075.59 0331.47 000.112 -0.000 00.000 308 001 00672
00039 021.3 0932.9 097 075.70 0330.69 000.112 -0.000 00.000 308 001 00678
00040 ///// ////// /// 075.26 0330.86 000.112 -0.000 00.000 309 001 00683
00041 ///// ////// /// 074.68 0332.04 000.112 -0.000 00.000 312 001 00689
```

图 7.58　基数据文件式样

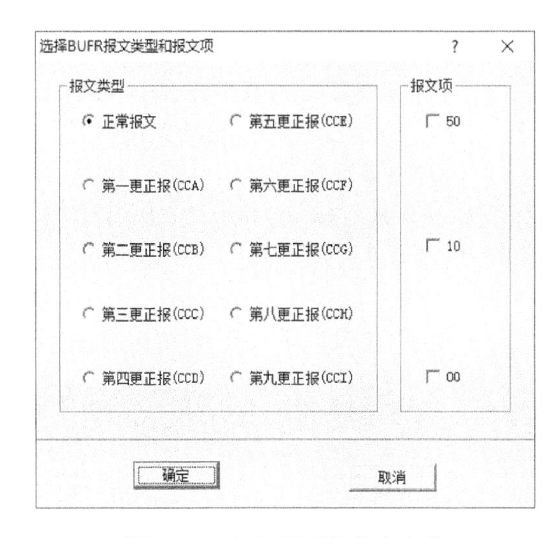

图 7.59　产生 BUFR 报文文件

或多项报文，如果都不选，报文将根据放球时气压自动产生 50、10、00 中的一项，单独测风观测时，不管是否选择复选框，都只产生 00 类 BUFR 报文。按下“确定”按钮即可在\lradar\gcode\文件夹下生成该时次对应的 BUFR 文件，BUFR 格式文件包含了目前上传的基数据文件的所有内容，同时还包括了规定等压面、温、湿特性层、零度层、对流层顶、大风层、规定高度层风、风特性层以及设备信息(雷达、探空仪)、计算方法等气象数据信息，文件名是根据当时气球的气压由软件自动产生的，操作员无需关心。文件为二进制压缩格式，不能人工阅读，只能使用专门的软件才能阅读，BUFR 文件命名方法、内容格式和传输方式可参考气象行业标准 QX/T 234—2014《气象数据归档格式　探空》、中国气象局国家气象信息中心《实时－历史高空气象资料一体化业务数据传输文件命名规则》《实时－历史一体化高空资料传输业务规程》等相关文档。

7.4.31　批量产生 BUFR 文件

主要用于生成历史数据文件对应的 BUFR 格式资料，该功能位于“探空数据处理”菜单中的“批量产生 BUFR 文件”菜单项中。选择该菜单项后，软件会弹出一个如图 7.60 所示的时间区间选择对话框，在对话框中选择好时间间隔，按“确定”按钮就可一次将选定的所有时间区间内的文件对应的 BUFR 格式报文转换出来，转换后的文件存放在\lradar\gcode 文件夹内。

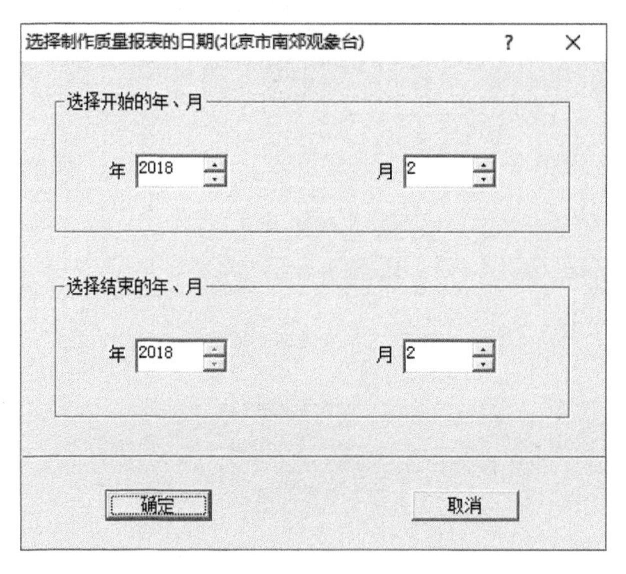

图 7.60　批量产生 BUFR 文件

7.4.32　数据质量审核

根据探空数据变化规律对观测数据进行质量审核，使用方法：选定需要进行质量审核的数据文件名，进入“探空数据处理”菜单，选择“数据质量审核”菜单项，即可对探空数据进行审核，审核结果如图 7.61 所示，审核超过 30 个错误以上软件只会显示 30 个错误，待解决这些错误后软件会继续显示出剩余的错误。

数据审核结果

问题数据类型：气温	1:50
问题数据类型：气温	2:30
问题数据类型：气温	3:10

图 7.61　探空数据质量审核

7.4.33 文件属性

文件属性主要定义本次观测资料的处理方法，其中包括雷达型号、测风方式、工作方式以及气压测量方式、温度辐射订正选择。通常情况下，文件的属性已被放球软件默认设置好，不需要做任何改变，只有在特殊要求或雷达发生故障时才可能需要用到修改文件属性的功能。修改文件属性方法是：在左边的文件列表中选定要修改的数据文件名，然后进入“探空数据处理”菜单，选“文件属性”菜单项，在如图 7.62 所示的弹出的对话框上进行选择。

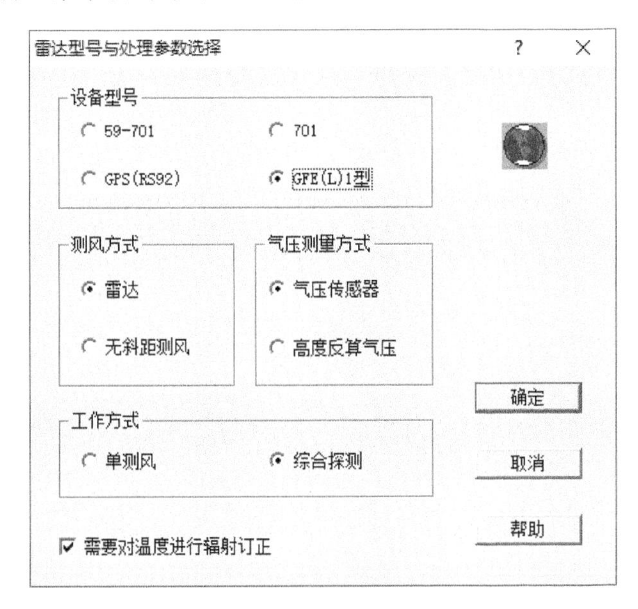

图 7.62 修改文件属性

——设备型号：默认只能是“GFE (L)1 型”，选择其他型号不起作用。

——测风方式：可分别选“雷达”“无斜距测风”两种方式处理，选雷达测风时，数据处理软件使用整分的方位、仰角、距离数据计算量得风层。选无斜距测风时数据处理软件使用整分的方位、仰角、高度数据计算量得风层，单测风文件的“无斜距测风”为灰化处理，不能选择。

——气压测量方式：目前只有“气压传感器”选择，“高度反算气压”选项不起作用。

——工作方式：可分别选“综合观测”和“雷达单测风”方式。正常观测结束后，软件会自动选择工作方式，无需人工干预，但如果需要输出 PPAA、PPCC 类的报文，可以将“综合观测”改为“单测风”即可。综合观测时，当雷达发射机故障或探空仪距离回波缺口不清，而造成整分记录距离数据没有或不准，影响测风观测时，可通过修改文件属性，选择“无斜距测风”方式来测风，可避免影响正常观测工作。雷达单独测风时，如遇雷达发射机故障可在气球上悬挂探空仪，在“放球软件”中使用“综合”方式观测，观测结束后，将文件属性中的测风方式改为“无斜距测风”，工作方式改为“单测风”即可。

——“需要对温度进行辐射订正”选择，默认状态为“需要”(即√)。在常规综合观测时次，不能修改默认状态的选择，即一定要选择“需要对温度进行辐射订正”(√)。

注：纯单测风文件(观测时未挂探空仪)的工作方式不能选为“综合观测”方式，测风方式也不能选为“无斜距测风”方式。

7.5　图像显示

提供以图形方式显示探空、测风产品。

7.5.1　显示埃玛图

埃玛图又叫温度对数压力(T-ln$p$)图解，是我国气象台站普遍使用的一种热力学图解，它能反映出测站上空的气压、气温、湿度等气象要素的垂直分布状况，并用来判定层结稳定度，分析云层，确定对流层顶的位置，以及求算各种温、湿特征量等，在天气分析和预报工作中有着广泛的应用，是高空观测资料分析的基本工具。使用方法是：在左边的文件列表中选定要输出埃玛图的文件，然后进入“图像显示”菜单，选“显示埃玛图”菜单项，即可在数据图形显示区中显示如图 7.63 所示的埃玛图。

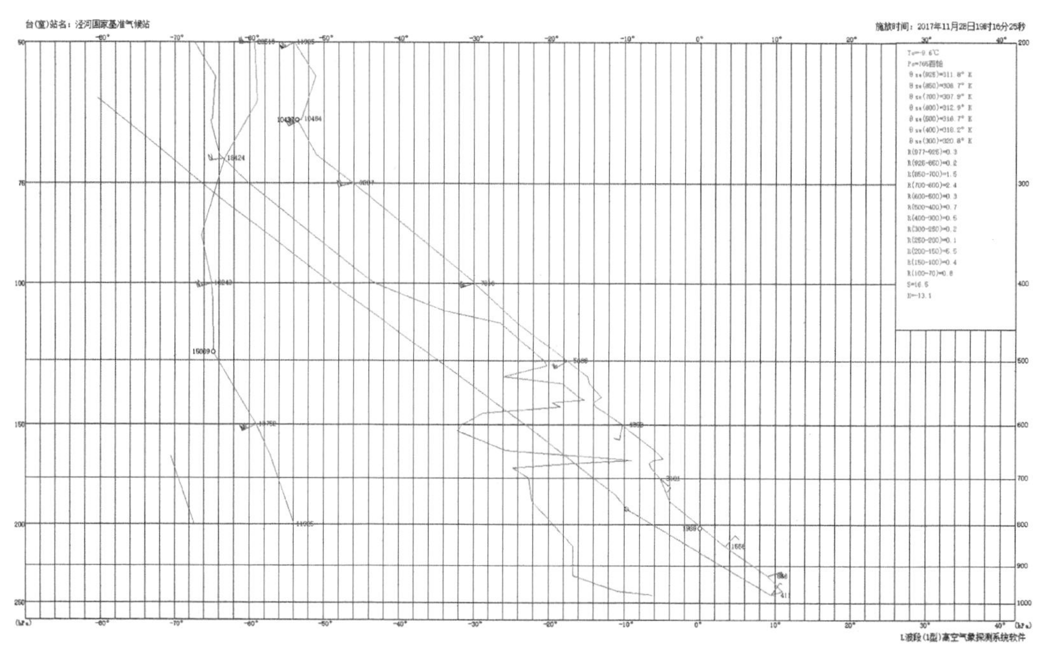

图 7.63　埃玛图

7.5.2　显示风随高度变化曲线

输出风向和风速随高度/时间的变化曲线(廓线)，输出方法是：在左边的文件列表中选定要输出风随高度变化曲线的文件，然后进入“图形显示”菜单，选“风随高度、时间的变化曲线”菜单项，即可在如图 7.64 所示的数据图形显示区中显示其风的廓线、最大风层和风向、风速特性层也标注在风的廓线上，按下鼠标右键在如图 7.65 所示的弹出的菜单上选择“风随时间/高度的变化曲线”可以让纵轴在高度和时间之间切换，纵轴大小是随放球时间长度自适应变化的。

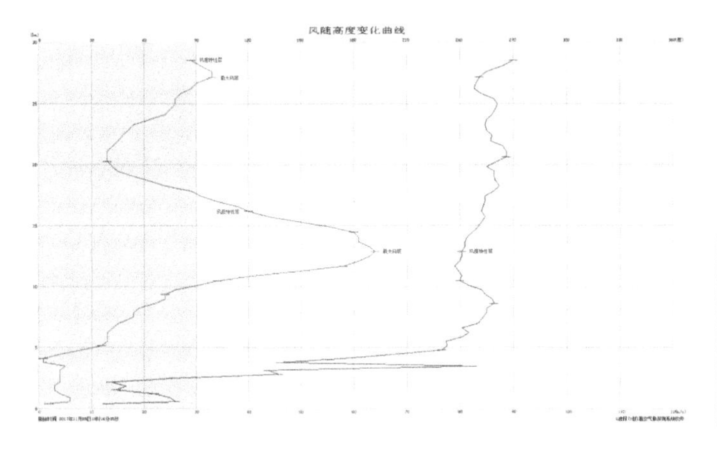

图 7.64 风随高度、时间变化曲线(廓线)

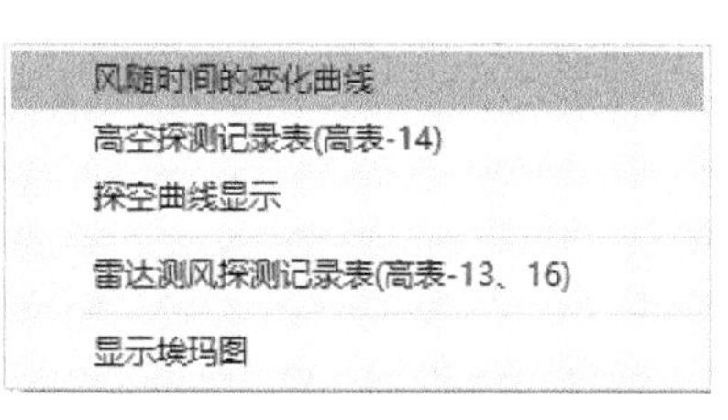

图 7.65 风随高度、时间变化曲线(廓线)操作菜单

7.5.3 显示探空曲线

显示探空温、压、湿、高度随时间变化的曲线,输出方法是:在左边的文件列表中选定要显示探空时温、时压、时湿、时高曲线的文件,然后进入“图形显示”菜单,选“探空曲线显示”菜单项或直接按快捷工具栏上的快捷按钮 ,即可在数据图形显示区中显示如图 7.66 所示的探空曲线。按下鼠标右键,在弹出如图 7.67 所示的菜单上可对曲线进行放大、缩小、复原显示。

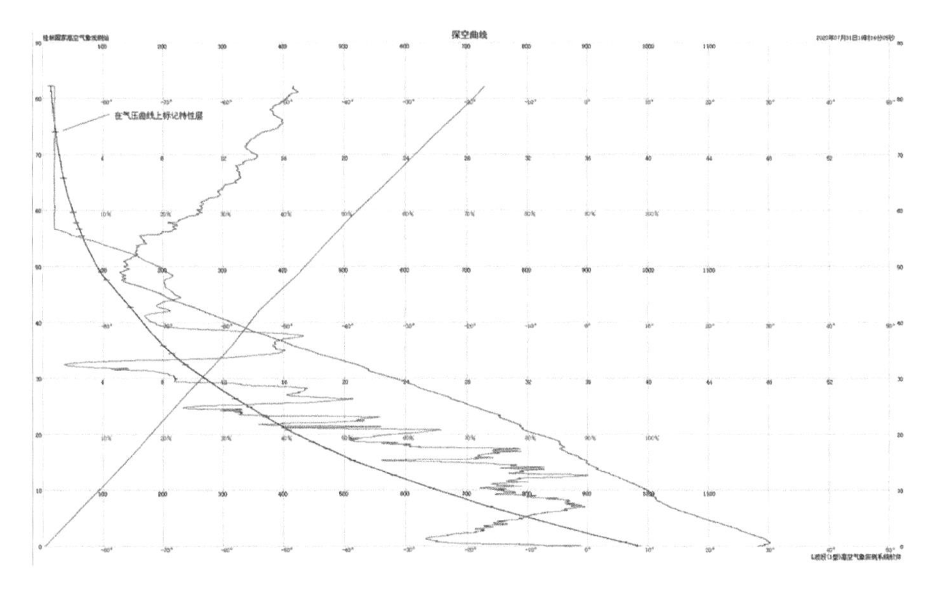

图 7.66 探空曲线

选择如图 7.67 弹出菜单中的“显示特性层”菜单项后,软件会直接画出如图 7.68 所示的特性层曲线,采用与原温、湿廓线重叠方式显示,放大后可以更清晰地看出两者的区别。

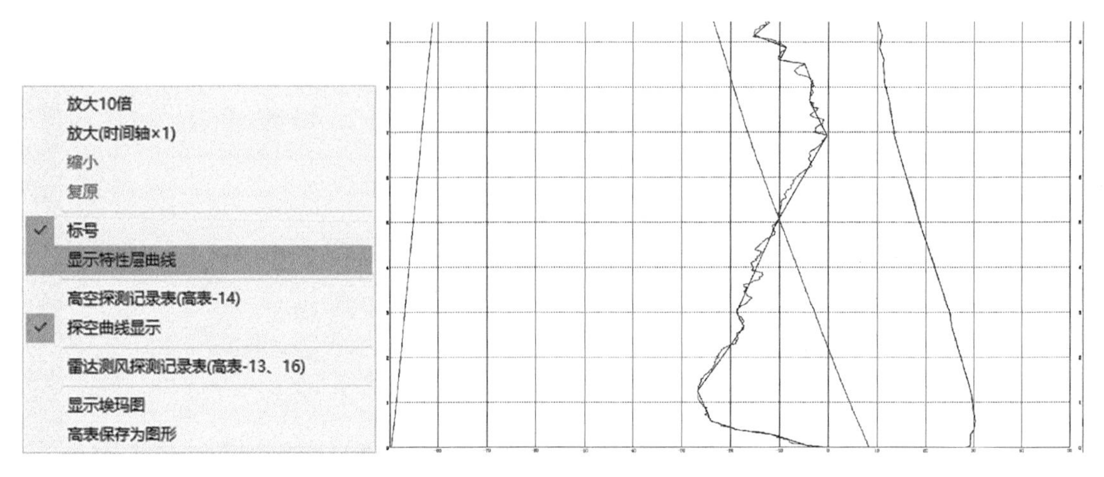

图 7.67　探空曲线显示操作菜单　　　　图 7.68　温湿特性层和温湿曲线重叠显示

7.5.4　显示气球飞行轨迹

显示气球在整个放球过程中水平投影的移动轨迹，输出方法是：在左边的文件列表中选定要输出气球飞行轨迹的文件，然后进入“图形显示”菜单，选“气球飞行轨迹”菜单项，即可在数据图形显示区中显示如图 7.69 所示的气球飞行轨迹曲线，移动鼠标可以在状态条上显示鼠标指示处方位、距离数值。

按下鼠标右键，可以在弹出的如图 7.70 所示的菜单中选择合适的量程菜单项来显示气球的飞行轨迹，选择图 7.70 所示菜单的“三维图形”菜单项，可将二维飞行轨迹图转换成如图 7.71 所示的三维显示方式。

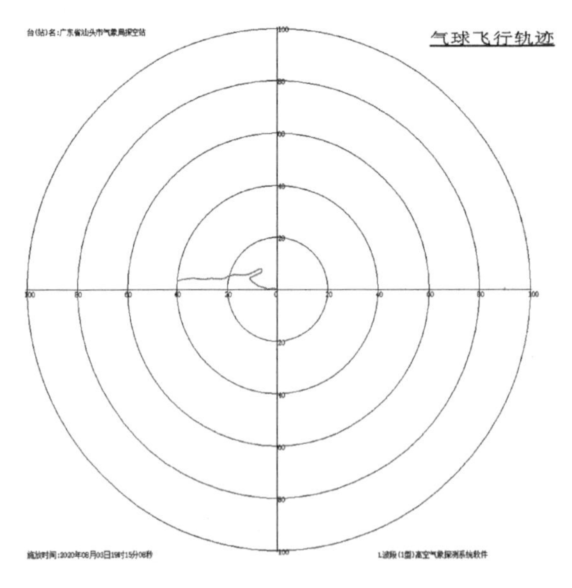

图 7.69　气球飞行轨迹二维显示曲线

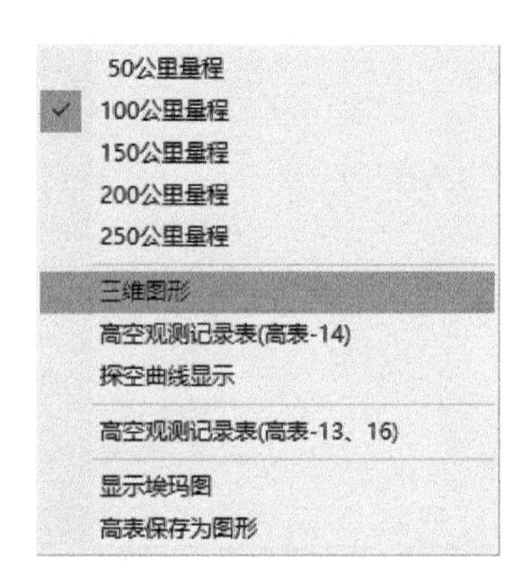

图 7.70　气球飞行轨迹操作菜单

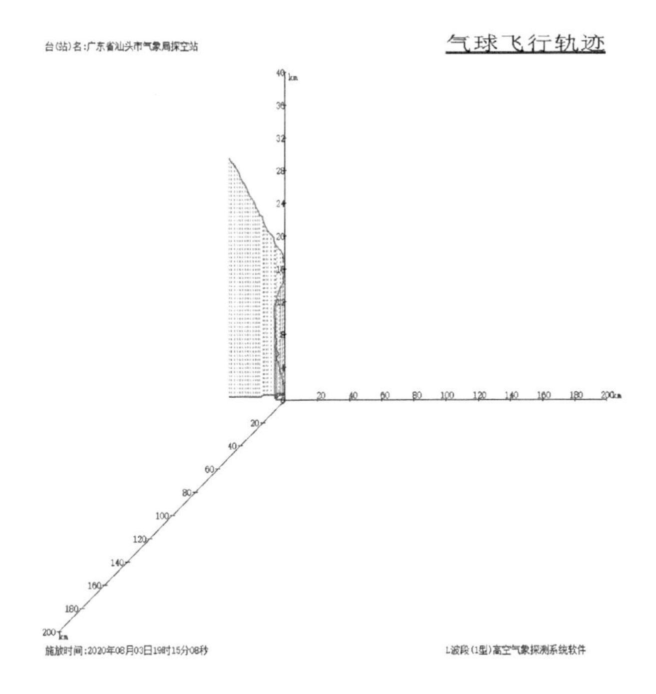

图 7.71　气球飞行轨迹三维显示曲线

7.5.5　显示气球飞行高度曲线

显示气球自施放到结束时的高度变化曲线,分上、下两部分显示,上面显示的是高度随时间的变化曲线,下面显示的是高度随气压的变化曲线,输出方法是:在左边的文件列表中选定要输出气球高度飞行曲线的文件,然后进入“图形显示”菜单,选“高度飞行曲线”菜单项,即可在数据图形显示区中显示如图 7.72 所示的气球高度飞行曲线。

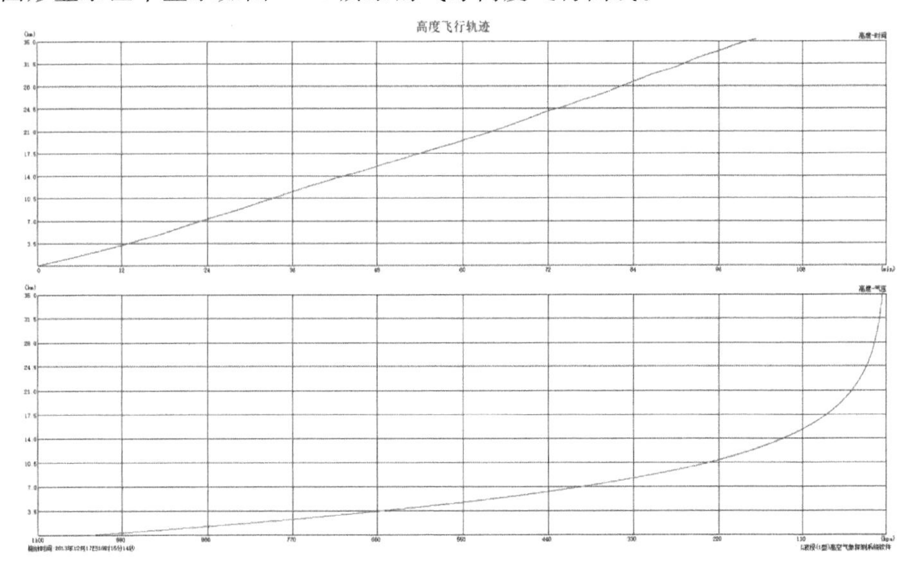

图 7.72　气球高度飞行曲线

7.5.6 显示气球升速曲线

显示气球自施放到结束时的升速变化曲线,综合观测时根据气压高度每分钟计算一次的升速数据绘制,单独测风时根据球坐标每分钟计算一次升速数据绘制,输出方法是:在左边的文件列表中选定要输出气球飞行轨迹的文件,然后进入"图形显示"菜单,选"气球升速曲线"菜单项,即可在数据图形显示区中显示如图 7.73 所示的气球升速曲线。

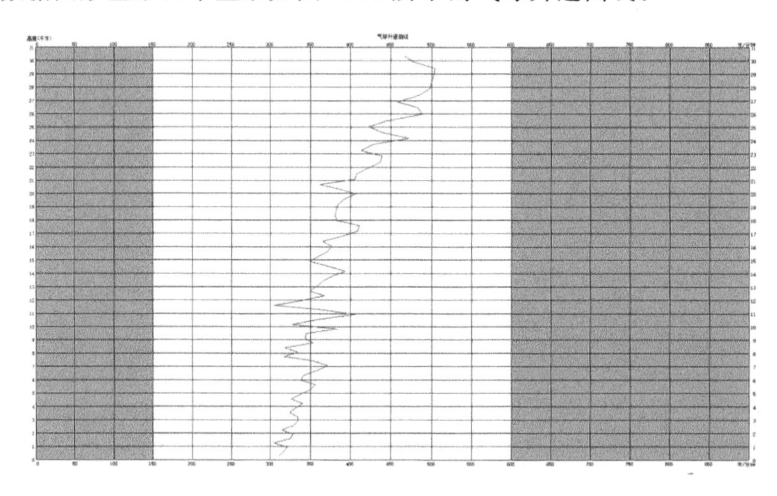

图 7.73　气球升速曲线

7.5.7 显示雷达和气压高度误差曲线

将使用雷达仰角、距离(经过地球曲率订正)计算出的高度(雷达高度)与使用温、压、湿数据计算的位势高度同时绘制出来,供观测员比较、审核本次观测质量。使用方法是:在左边的文件列表中选定文件,然后进入"图形显示"菜单,选"雷达和气压高度误差曲线"菜单项,即可在数据图形显示区中显示如图 7.74 所示的雷达高度曲线、气压高度曲线和两者之间的误差曲线,并可按下鼠标右键,在弹出的菜单中选择放大、缩小功能,对曲线进行放大、缩小显示。

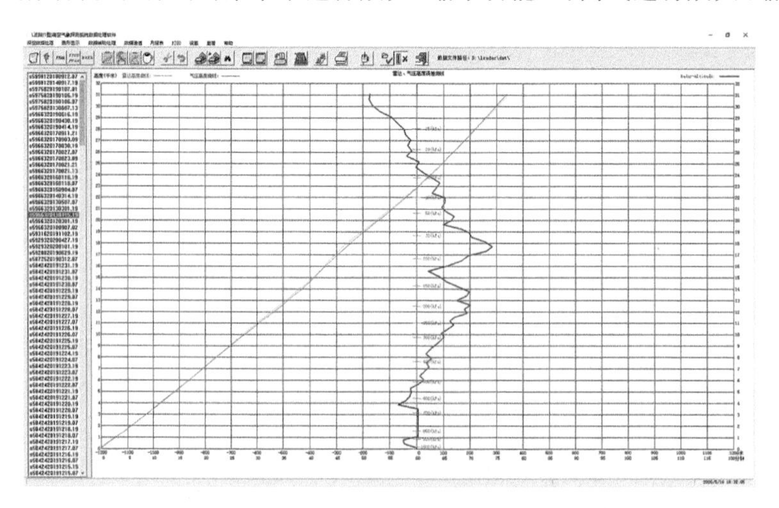

图 7.74　雷达和气压高度误差曲线

7.5.8　显示处理前、后探空曲线对比图

将未经过任何处理的原始数据探空曲线与经过处理的探空曲线同时绘制出来，供观测员比较、检查。使用方法是：在左边的文件列表中选定文件，然后进入"图形显示"菜单，选"处理前后探空曲线对比图"菜单项，即可在数据图形显示区中显示如图7.75所示的处理前、后探空曲线对比图，并可按下鼠标右键，在弹出的菜单中选择放大、缩小功能，对曲线进行放大、缩小显示以及重叠显示。

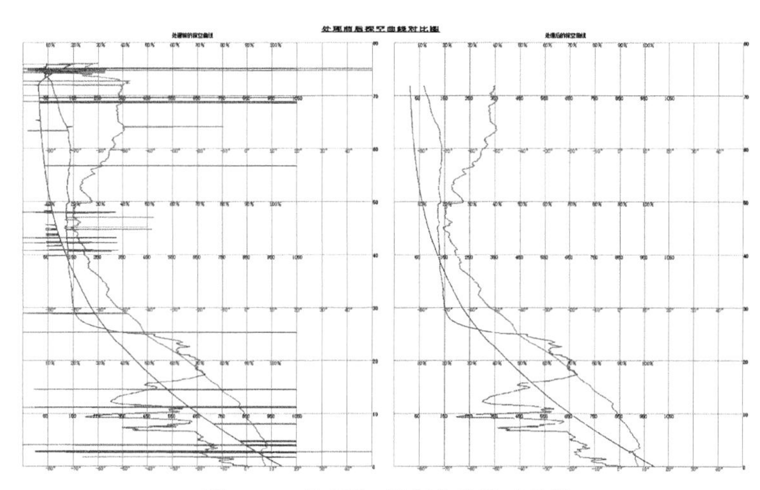

图7.75　处理前、后探空曲线对比图

7.5.9　显示处理前后球坐标(整分)曲线对比图

将未经过任何处理的原始球坐标曲线与经过处理的球坐标曲线绘制出来，供观测员比较、检查。使用方法是：在左边的文件列表中选定要输出文件名，然后进入"图形显示"菜单，选"处理前后球坐标曲线对比图"菜单项，即可在数据图形显示区中显示如图7.76所示的处理前、后球坐标曲线对比图，并可按下鼠标右键，在弹出的菜单中选择放大、缩小功能，对曲线进行放大、缩小显示。

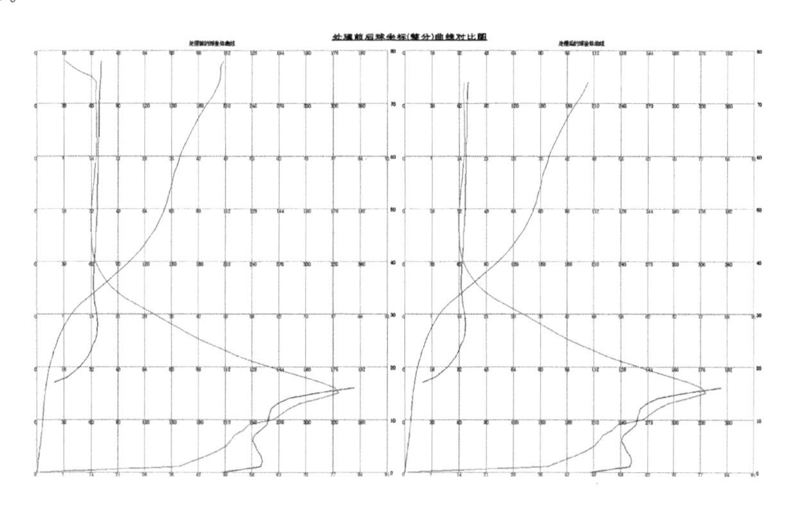

图7.76　处理前、后球坐标(整分)曲线对比图

7.5.10　显示球坐标(秒数据)曲线

将每秒录取的球坐标(时间、仰角、方位、距离)随时间变化的曲线显示出来,输出方法是:在左边的文件列表中选定要显示探空时温、时压、时湿、时高曲线的文件,然后进入“图形显示”菜单,选“球坐标(秒数据)曲线”菜单项,即可在数据图形显示区中显示如图 7.77 所示的曲线,并可按下鼠标右键,在弹出的菜单上对曲线进行放大、缩小显示。

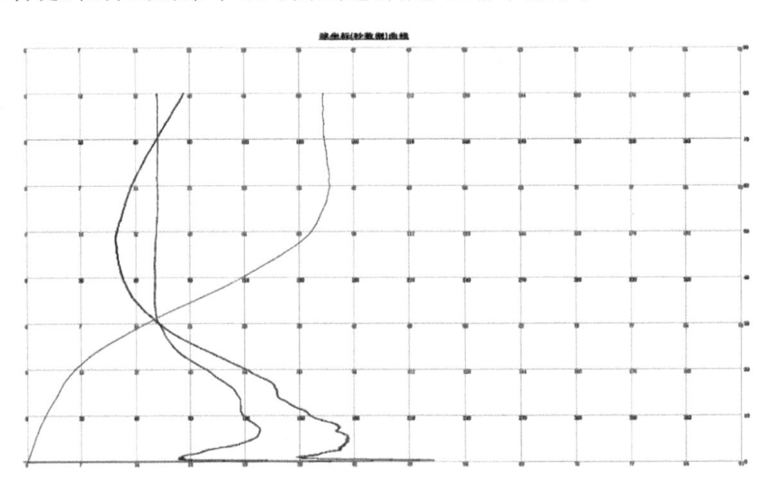

图 7.77　球坐标(秒数据)曲线

7.6　数据辅助处理

提供数据查询、文件恢复、数据删除、恢复操作等功能。

7.6.1　手动修正探空曲线

提供对探空温、压、湿数据观测结束后删除、恢复处理功能,在左边的文件列表中选定要手动修正探空曲线的文件,然后进入“数据辅助处理”菜单,选“手动修正探空曲线”菜单项或直接按快捷工具栏上的快捷按钮 ,软件先在数据图形显示区中用离散点的方式显示其曲线,如图 7.78 所示,而对温、压、湿数据的所有操作都是通过按下鼠标右键,在如图 7.79 所示的弹出菜单上进行,具体的操作方法与放球软件相同,可参考第 6 章放球软件相关部分的描述。

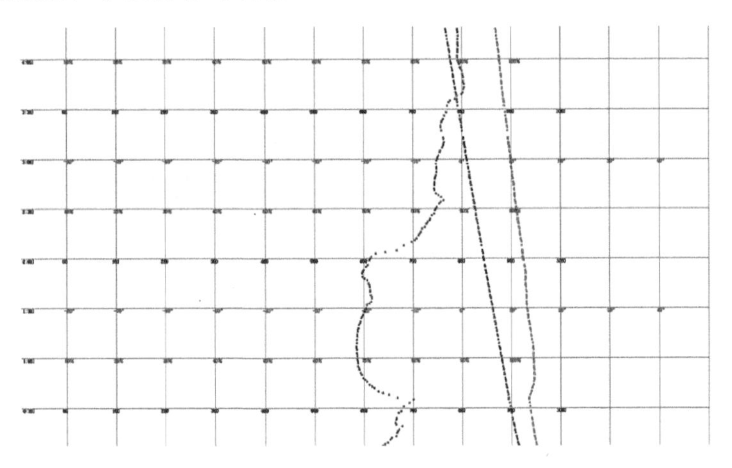

图 7.78　手动修正探空曲线

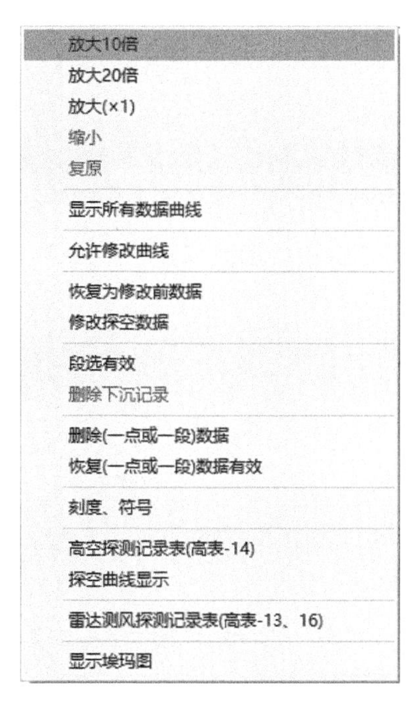

图 7.79　手动修正探空曲线操作菜单

7.6.2　自动修正探空曲线数据错误

自动修正探空数据错误的算法与放球软件相同，提供对探空温、压、湿数据观测结束后自动修正的功能，在左边的文件列表中选定要自动修正探空数据的文件，然后进入“数据辅助处理”菜单，选“自动修正探空数据错误”菜单项或直接按快捷工具栏上的快捷按钮 ，软件将会在数据图形显示区中同时显示如图 7.80 所示的修正前和修正后的探空曲线。

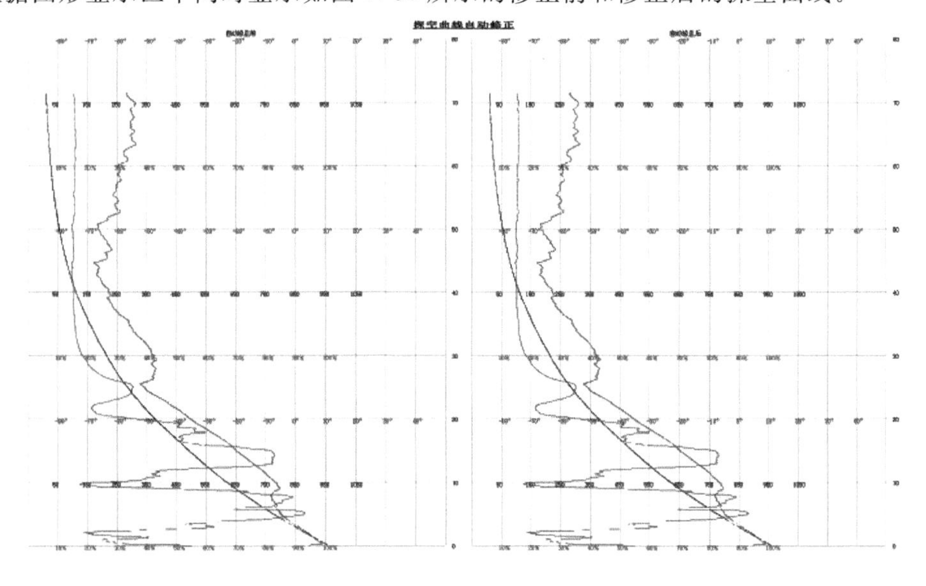

图 7.80　自动修正探空曲线

7.6.3　手动修改球坐标曲线

提供对球坐标数据观测结束后删除、恢复处理功能，在左边的文件列表中选定要手动修改球坐标曲线的文件，然后进入“数据辅助处理”菜单，选“手动修改球坐标曲线”菜单项或直接按快捷工具栏上的快捷按钮 ，软件先在数据图形显示区中用点阵的方式显示如图 7.81 所示曲线，而对球坐标数据的所有操作都是通过按鼠标右键，在弹出如图 7.82 所示的菜单中进行，具体的操作方法与放球软件相同，可参考第 6 章放球软件相关部分的描述。

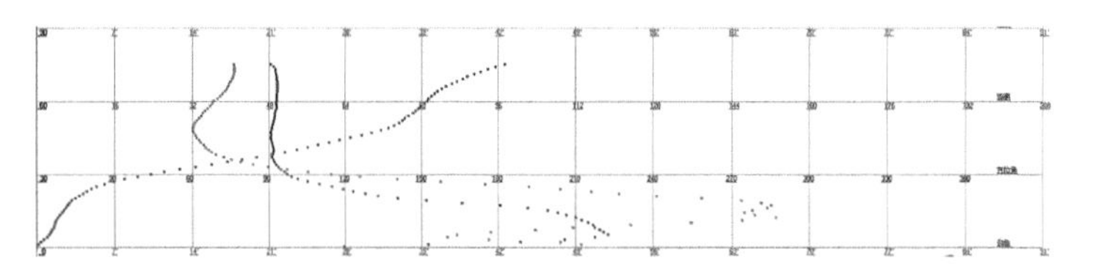

图 7.81　手动修改球坐标曲线

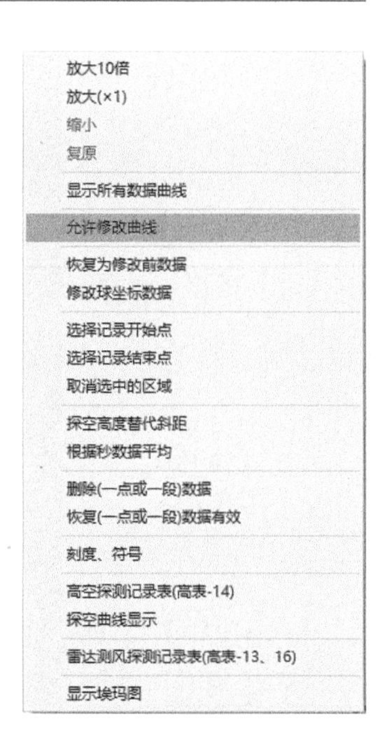

图 7.82　手动修改球坐标曲线操作菜单

7.6.4　手动修改球坐标数据

提供对球坐标数据观测结束后修改的功能，该修改即可在手动修改球坐标曲线里面通过鼠标右键弹出的菜单进行，也可在球坐标数据查询中进行，修改方法可参考第 6 章放球软件相关部分的描述。

7.6.5　探空数据查询

提供查询一次观测所录取的所有温、压、湿数据的功能。在左边的文件列表中选定要查询的探空数据文件，然后进入“数据辅助处理”菜单，选“探空数据查询”菜单项或直接按快捷工具栏上的快捷按钮 ，软件将在数据图形显示区以表格方式显示如图 7.83 所示本次观测的所有探空数据。在此状态下也可对数据进行删除和恢复处理，使用方法：使用 shift 键和鼠标左键选中需要处理的数据点(段)，利用“数据辅助处理”菜单中的“删除探空测风数据”菜单项或者直接按快捷工具栏上的快

时间(分:秒)	温度	订正值	气压	湿度	盒内温度	是否缺测
0:00	5.2	0.0	958.7	94	20.3	√
0:02	5.1	0.0	957.0	94	20.3	√
0:03	5.1	0.0	955.9	93	20.4	√
0:04	5.1	0.0	955.2	93	20.4	√
0:06	5.1	0.0	954.3	93	20.4	√
0:07	5.1	0.0	953.6	93	20.4	√
0:08	5.0	0.0	952.7	93	20.5	√
0:10	5.1	0.0	951.8	92	20.5	√
0:11	5.2	0.0	950.8	90	20.5	√
0:12	5.4	0.0	950.2	88	20.5	√
0:14	5.5	0.0	949.3	86	20.5	√
0:15	5.6	0.0	948.4	83	20.5	√
0:17	5.7	0.0	947.5	82	20.5	√
0:18	5.7	0.0	946.8	82	20.6	√
0:19	5.7	0.0	946.0	81	20.6	√
0:21	5.6	0.0	945.1	81	20.6	√
0:22	5.6	0.0	944.2	80	20.6	√
0:23	5.5	0.0	943.5	79	20.6	√
0:25	5.5	0.0	942.7	79	20.7	√
0:26	5.5	0.0	941.9	78	20.7	√
0:28	5.4	0.0	941.0	78	20.7	√
0:29	5.4	0.0	940.1	77	20.7	√
0:30	5.3	0.0	939.3	77	20.7	√
0:32	5.3	0.0	938.5	76	20.7	√
0:33	5.3	0.0	937.7	75	20.8	√
0:34	5.2	0.0	937.0	75	20.8	√
0:36	5.2	0.0	936.1	74	20.8	√
0:37	5.2	0.0	935.3	74	20.8	√
0:38	5.1	0.0	934.6	74	20.8	√
0:40	5.1	0.0	933.7	75	20.8	√
0:41	5.0	0.0	932.8	75	20.9	√
0:42	5.0	0.0	932.0	75	20.9	√
0:44	4.9	0.0	931.2	75	20.9	√
0:45	4.9	0.0	930.3	75	20.9	√
0:46	4.8	0.0	929.5	75	20.9	√
0:48	4.8	0.0	928.8	74	20.9	√
0:49	4.7	0.0	928.0	74	21.0	√
0:50	4.7	0.0	927.3	74	21.0	√
0:52	4.7	0.0	926.3	73	21.0	√
0:53	4.7	0.0	925.6	73	21.0	√
0:55	4.6	0.0	924.6	73	21.0	√
0:56	4.6	0.0	924.0	72	21.0	√

图 7.83　探空数据查询

捷按钮 ，就可对选中的数据进行删除/恢复处理，删除后的数据在数据列表中的“是否失测”列中用符号“×”标志表示，选中被删除的数据点(段)，利用“数据辅助处理”菜单中的“恢复探空测风数据”菜单项或者直接按快捷工具栏上的快捷按钮 可将删除的数据恢复为可用。

进入“数据辅助处理”菜单，选如图7.84所示的“数据过滤显示”菜单项(该菜单项平常是灰化状态，当调用探空数据查询、球坐标数据查询、秒数据坐标查询时才被激活)或直接按下快捷工具栏上的 按钮，标记为无效的数据不再被显示以方便用户审核数据，过滤后的显示效果如图7.85所示。

图7.84　数据过滤显示

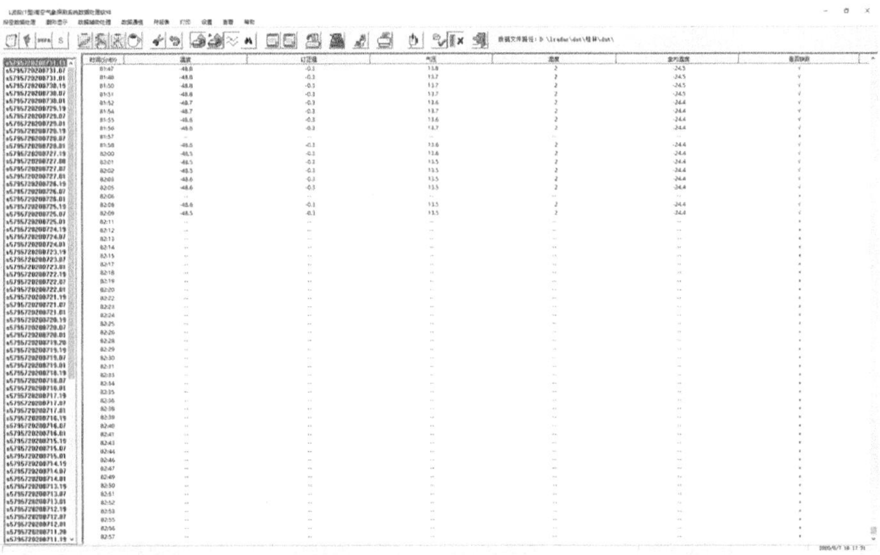

图7.85　过滤显示后效果

7.6.6　球坐标数据查询

提供查询一次观测所录取的整分钟球坐标数据的功能。使用方法:在左边的文件列表中选定要查询的文件名,然后进入“数据辅助处理”菜单,选“球坐标数据查询”菜单项或直接按工具栏上的快捷按钮 ,软件将在数据图形显示区以表格的方式显示如图 7.86 所示本次观测的所有整分球坐标数据。在此状态下可对数据进行删除和恢复处理,使用方法:用 shift 键和鼠标左键选中需要处理的数据点(段),利用“数据辅助处理”菜单中的“删除探空测风数据”菜单项或者直接按快捷工具栏上的快捷按钮 ,就可对选中的数据进行删除/恢复处理,删除后的数据在数据列表中的“是否失测”项中用符号“×”标志表示,选中被删除的数据点(段),利用“数据辅助处理”菜单中的“恢复探空测风数据”菜单项或者直接按工具栏上的快捷按钮 可将删除的数据恢复为可用。

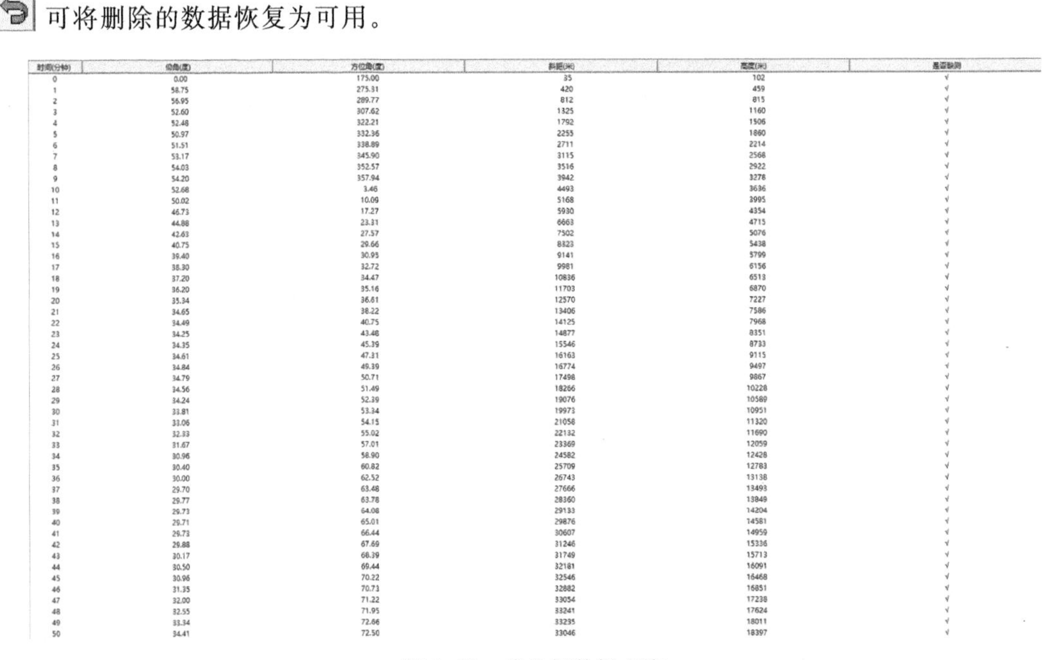

时间(分钟)	仰角(度)	方位角(度)	斜距(米)	高度(米)	是否缺测
0	0.00	175.00	35	102	√
1	58.75	275.31	420	459	√
2	56.95	289.77	812	815	√
3	52.60	307.62	1325	1160	√
4	52.48	322.21	1792	1506	√
5	50.97	332.36	2255	1860	√
6	51.51	338.89	2711	2214	√
7	53.17	345.90	3115	2568	√
8	54.03	352.57	3516	2922	√
9	54.20	357.94	3942	3278	√
10	52.68	3.46	4493	3636	√
11	50.02	10.09	5168	3995	√
12	46.73	17.27	5930	4354	√
13	44.88	23.31	6663	4715	√
14	42.63	27.57	7502	5076	√
15	40.75	29.66	8323	5438	√
16	39.40	30.95	9141	5799	√
17	38.30	32.72	9981	6156	√
18	37.20	34.47	10836	6513	√
19	36.20	35.16	11703	6870	√
20	35.34	36.61	12570	7227	√
21	34.65	38.22	13406	7586	√
22	34.49	40.75	14125	7968	√
23	34.25	43.48	14877	8351	√
24	34.35	45.39	15546	8733	√
25	34.61	47.31	16163	9115	√
26	34.84	49.39	16774	9497	√
27	34.79	50.71	17498	9867	√
28	34.56	51.49	18266	10228	√
29	34.24	52.39	19076	10589	√
30	33.81	53.34	19973	10951	√
31	33.06	54.15	21058	11320	√
32	32.33	55.02	22132	11690	√
33	31.67	57.01	23369	12059	√
34	30.96	58.90	24582	12428	√
35	30.40	60.82	25709	12783	√
36	30.00	62.52	26743	13138	√
37	29.70	63.48	27666	13493	√
38	29.77	63.78	28360	13849	√
39	29.73	64.08	29133	14204	√
40	29.71	65.01	29876	14581	√
41	29.73	66.44	30607	14959	√
42	29.88	67.69	31246	15336	√
43	30.17	68.39	31749	15713	√
44	30.50	69.44	32181	16091	√
45	30.96	70.22	32546	16468	√
46	31.35	70.73	32882	16851	√
47	32.00	71.22	33054	17238	√
48	32.55	71.95	33241	17624	√
49	33.34	72.66	33235	18011	√
50	34.41	72.50	33046	18397	√

图 7.86　球坐标数据查询

进入“数据辅助处理”菜单,选如图 7.84“数据过滤显示”菜单项(该菜单平常是灰化状态,当调用探空数据查询、球坐标数据查询、秒数据坐标查询时才被激活)或直接按下快捷工具栏上的 按钮,标记为无效的数据不再被显示以方便用户审核数据。

7.6.7　每秒球坐标数据查询

提供查询一次观测所录取的每秒球坐标数据的功能。使用方法:在左边的文件列表中选定要查询的文件名,然后进入“数据辅助处理”菜单,选“每秒球坐标数据查询”菜单项即可在数据图形显示区中用表格的形式显示出如图 7.87 所示的每秒的球坐标数据。在此状态下可对数据进行删除和恢复处理,使用方法:选中好需要处理的数据点(段),利用“数据辅助处理”菜单中的“删除探空测风数据”菜单项或者直接按工具栏上的快捷按钮 ,就可对选中的数据进行删除/恢复处理，删除后的数据在数据列表中的“是否失测”项中用符号“×”标志表示，选中被删除的数据点(段)，利用“数据辅助处理”菜单中的“恢复探空测风数据”菜单项或者直接按工具栏上的快捷按钮 ，可将删除的数据恢复为可用。

时间(分:秒)	仰角(度)	方位角(度)	斜距(米)	高度(米)	是否缺测
0:00	0.00	117.00	48	501	√
0:01	2.40	103.45	60	501	√
0:02	8.83	103.35	60	501	√
0:03	13.72	102.99	72	522	√
0:04	16.55	102.43	60	522	√
0:05	19.10	102.09	68	532	√
0:06	21.96	102.54	72	539	√
0:07	24.75	103.59	76	539	√
0:08	27.44	104.60	80	548	√
0:09	31.15	104.95	92	548	√
0:10	34.59	104.95	92	555	√
0:11	37.03	105.41	108	562	√
0:12	38.52	105.84	108	562	√
0:13	38.69	105.83	108	571	√
0:14	38.22	105.20	120	580	√
0:15	38.35	104.56	124	580	√
0:16	39.10	104.46	128	586	√
0:17	39.68	105.08	136	595	√
0:18	40.30	105.38	152	595	√
0:19	40.82	105.06	156	602	√
0:20	41.67	104.16	164	612	√
0:21	42.81	103.34	180	612	√
0:22	43.89	103.06	168	621	√
0:23	44.20	102.95	196	621	√
0:24	43.97	102.26	212	621	√
0:25	43.59	101.12	224	621	√
0:26	43.83	100.43	224	647	√
0:27	44.46	100.25	236	647	√
0:28	44.72	101.09	208	655	√
0:29	44.69	102.15	212	664	√
0:30	44.27	103.10	232	664	√
0:31	43.92	103.80	248	673	√
0:32	43.97	104.25	232	680	√
0:33	44.30	104.83	220	680	√
0:34	44.56	105.49	232	687	√
0:35	44.66	105.73	228	695	√
0:36	44.59	105.51	260	695	√
0:37	44.59	105.05	272	704	√
0:38	44.95	104.91	260	712	√
0:39	45.21	105.13	264	712	√
0:40	45.30	105.20	280	721	√
0:41	45.34	104.99	296	729	√
0:42	45.68	104.67	284	729	√
0:43	46.13	104.85	288	737	√
0:44	46.37	105.07	296	745	√
0:45	46.53	105.09	300	745	√
0:46	46.77	105.17	316	754	√
0:47	47.23	105.09	308	754	√
0:48	47.66	105.27	332	762	√
0:49	48.01	105.33	352	772	√
0:50	48.11	105.57	340	780	√

图 7.87　每秒球坐标数据查询

进入“数据辅助处理”菜单，选如图 7.84“数据过滤显示”菜单项(该菜单平常是灰化状态，当调用探空数据查询、球坐标数据查询、秒数据坐标查询时被激活)或直接按下快捷工具栏上的按钮，标记为无效的数据不再被显示以方便用户审核数据。

7.6.8　放球前探空数据查询

提供查询一次观测所录取的放球前温、压、湿探空数据的功能。在左边的文件列表中选定要查询的探空数据文件，然后进入“数据辅助处理”菜单，选“放球前 5 分钟探空数据查询”菜单项，软件将在数据图形显示区以表格的方式显示本次观测所录取的放球前 5 分钟温、压、湿探空数据。

7.6.9　放球前每秒球坐标数据查询

提供查询一次观测所录取的放球前每秒球坐标数据的功能。在左边的文件列表中选定要查询的探空数据文件，然后进入“数据辅助处理”菜单，选“放球前 5 分钟每秒球坐标数据查询”菜单项，软件将在数据图形显示区以表格的方式显示本次观测所录取的放球前 5 分钟每秒球坐标数据。

7.6.10　重新设置放球时间

放球结束后，如发现放球时间设置错误，可在数据处理软件中进行重复设置放球时间操作，设置操作方法如下。

在左侧的文件列表中选中需要重新进行放球时间设置的S文件,按下“手动修改探空曲线”快捷键后,在曲线显示窗口按下鼠标右键,在如图7.88所示的弹出式菜单中选中“恢复为放球前状态”,数据处理将弹出一个对话框进行确认(参见图6.75),如确需恢复至放球前状态(以便重新进行放球时间确定),按下“是”按钮,数据处理软件将观测数据恢复到初始运行状态,此后即可重新进行确定放球时间操作,在探空曲线上根据气压的变化用鼠标将水平标线移至气压发生变化之前的最后一点(发生变化的前一点)(参见图6.70寻找放球开始点所示),按下鼠标右键,在弹出的菜单中,此前“恢复为放球前状态”位置处改变为“设置放球开始时间”菜单项,选中该菜单项即可重新设置新的放球时间。

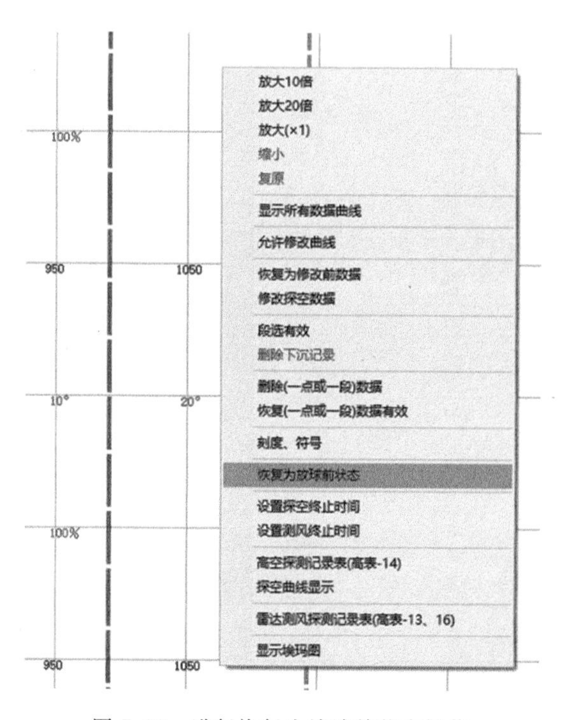

图7.88　进行恢复为放球前状态操作

数据处理软件中的可重复设置放球软件功能只支持V7.0.0及以上版本放球软件产生的S文件,V6.0.0及以前版本产生的S文件按下鼠标右键后菜单中不会出现“恢复为放球前状态”/“设置放球开始时间”菜单项。

7.6.11　恢复数据文件

如果对本次观测数据修改的比较多,但对修改后的结果不太满意,可使用该功能将文件恢复成观测结束瞬间时的状态,使用方法是:直接进入“数据辅助处理”菜单,选“恢复数据文件”菜单项,在如图7.89所示的弹出对话框中按下“确定”按钮,即可将文件恢复成原始数据文件状态。

恢复文件操作就是将文件夹datbak内相同名的文件复制到dat文件夹,如果datbak文件夹不存在该文件,软件会弹出如图7.90所示的对话框进行提示。

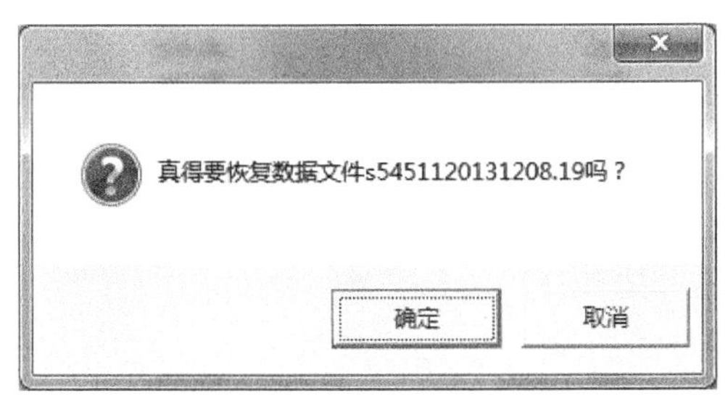

图7.89　恢复数据文件

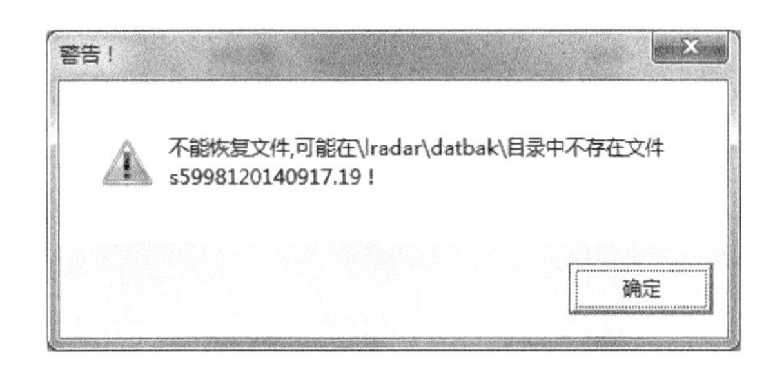

图7.90　恢复文件源文件不存在提示

7.6.12　恢复部分数据文件

在“手动修正探空曲线”或“手动修改球坐标曲线”状态，如果对本次观测数据的某一段进行了比较大的修改，但修改有误，可使用该功能按时间段将数据恢复，使用方法是：直接进入“数据辅助处理”菜单，选“恢复文件中部分时段的数据”菜单项，在弹出如图7.91所示的对话框中选定要恢复的数据类型，同时选定起始、终止时间（把恢复的时段包括在内），然后按“确定”按钮即可。

7.6.13　查找指定的探空数据文件

此功能可在文件列表中迅速查找到任意时次的数据文件，使用方法是：进入“数据辅助处理”菜单，选“查找指定的探空数据文件”菜单项或直接按快捷工具栏上的快捷按钮 ，在弹出的如图7.92所示的对话框中输入所需文件的年、月、日、时次，按确定按钮，即可找到此文件。

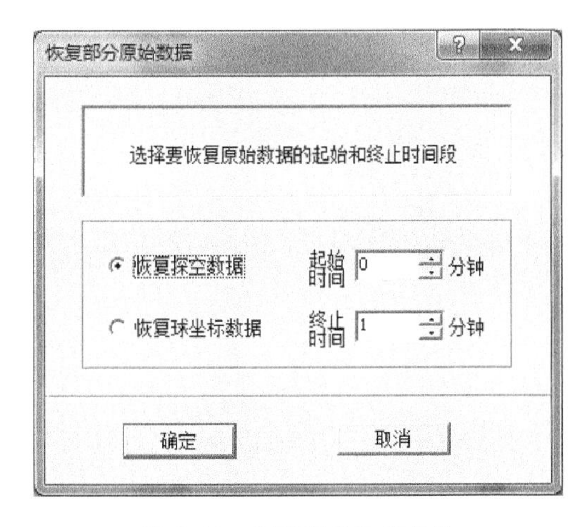

图7.91　恢复部分数据文件

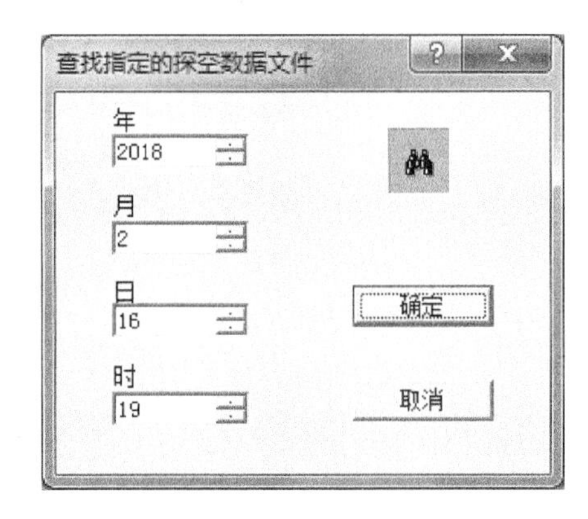

图7.92　查找探空数据文件

7.6.14　将探空仪参数文件复制到硬盘指定位置

此功能是将探空仪生产厂家提供的软盘上所有探空仪参数文件拷贝到硬盘指定的位置(lradar\para)，以提供给放球软件使用，使用方法是：将厂家提供的软盘或光盘插入驱动器，然后进入“数据辅助处理”菜单，选“将探空仪参数文件复制到硬盘指定位置”菜单项，软件会弹出如图7.93所示的信息框，如果确认此操作，按“确定”按钮即可。

7.6.15　产生探空仪参数文件

如果随探空仪配发的探空仪参数文件软盘损坏时,可使用该功能将工厂提供的探空仪参数文件纸张及湿度片参数纸张上的数据,提前输入到计算机内保存,要使用时,就可直接调用,以节省放球前的准备时间,该功能只对 GTS1 型探空仪有效。使用方法是:直接进入“数据辅助处理”菜单,选“产生探空仪参数文件”菜单项,在弹出的如图 7.94 所示对话框中输入探空仪仪器号码和校正年、月后(年输后两位,月输实际数),按“确定”按钮,在软件弹出的下一个如图 7.95 所示对话框中输入要使用的探空仪参数(其中 dT0、dR0、dU0、DRtt 框不输入),按“保存”按钮,软件将自动形成一个与被损坏的探空仪参数文件相同的文件,该文件保存在\lradar\para 目录中,启用“放球软件”时,可直接调用该参数文件。

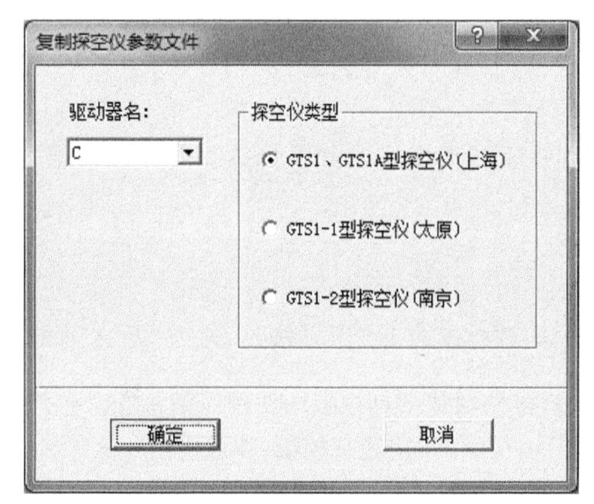

图 7.93　将探空仪参数文件复制到硬盘指定位置

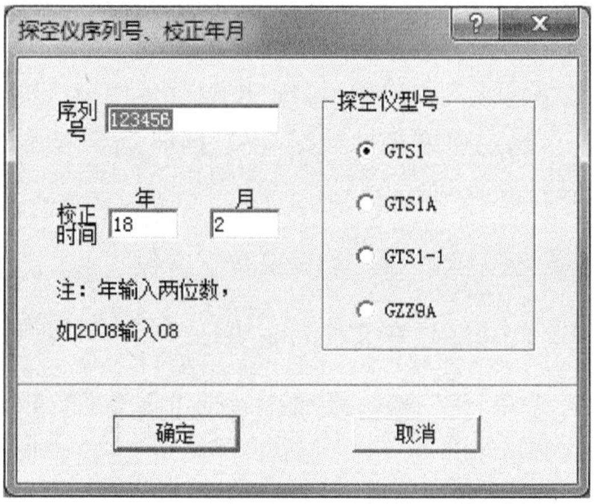

图 7.94　产生探空仪参数文件

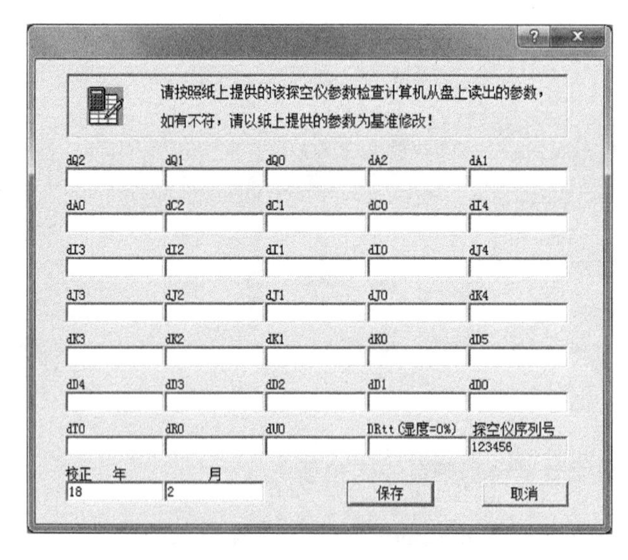

图 7.95　手动输入探空仪参数文件系数

7.6.16　观测仪器质量统计

用于统计本次施放仪器的质量，使用方法是：进入“数据辅助处理”菜单，选“探空仪、气球质量运行情况统计表”菜单项或直接按快捷工具栏上的快捷按钮 ，软件会弹出一个如图 7.96 所示的对话框，对话框上部站号、系统型号、探空仪型号、观测方式、气球、电池等信息及右下角的早、迟放球信息为本次放球的基本情况，由软件自动产生，“本次探测仪器质量”“放球前更换了仪器”“重放球原因”三部分有关本次施放仪器质量的复选框选项需当班人员根据实际施放仪器的情况手动填写，填写完成后按“确定”按钮，填写的内容写入 S 文件中并随 S 文件上传至国家气象信息中心。

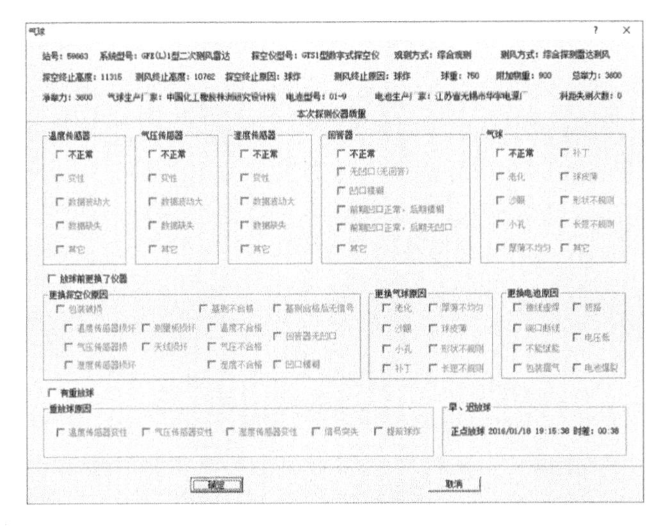

图 7.96　观测仪器质量统计

因需要上传有关气球信息，施放前需要在 5.3 节“设置”菜单中选择“设备信息参数”菜单项，在弹出对话框中对气球的相关信息进行填写，目前只需要填写气球生产厂家信息，填写方法：在对话框中将鼠标光标点入气球生产厂家框内，按下鼠标右键，在弹出的菜单中选择正确的气球生产厂家即可，该对话框中的探空仪型号、探空仪生产厂家、电池相关信息不需填写，软件会根据本站常用参数中的探空仪型号自动填写对应的探空仪、电池相关信息。气球相关信息只需要填写一次，直到下次更换其他厂家生产的气球再重新填写，如果本次施放忘记更新新的气球厂家信息，也可以在选中本次 S 文件后，在“探空数据处理”中选择“修改文件中的设备信息参数”菜单项，在弹出对话框进行本次施放气球信息的修改。

7.7　数据通信

7.7.1　发报

调用 L 波段软件包提供的发报软件，用于发送 L 波段软件产生的所有 TAC 报文文件、状态文件、XML 格式及 BUFR 格式文件，发报软件具体用法可参考第 11 章。

7.7.2 标准格式文件(BUFR)传输规定

综合观测 07 时需要按 500 hPa、100 hPa、观测终止传输三次 BUFR 报文；

综合观测 19 时需要按 100 hPa、观测终止传输二次 BUFR 报文；

单测风只需观测终止传输一次 BUFR 报文。

特殊情况规定：

——07 时观测时，在发报时限内，任何情况下都必须发送 500 hPa(50 类)、100 hPa(10 类)、终止(00 类)三份 BUFR 报文，如遇气球已达 500 hPa 但未达 100 hPa 高度球炸，也需要同时产生三份 50、10、00 类 BUFR 报文文件用于发送，如遇气球已达 100 hPa 高度后球炸，但未及时发送 10 类的 BUFR 报文，也需要同时产生两份 10、00 类型 BUFR 文件用于发送；

——19 时观测时，在发报时限内，任何情况下都必须发送 100 hPa(10 类)、终止(00 类)两份 BUFR 报文，如遇气球未达 100 hPa 或已达 100 hPa 高度球炸，但未及时发送 10 类的 BUFR 报文，也需要同时产生两份 10、00 类 BUFR 报文文件用于发送；

——执行 02 时单测风的观测站，只在观测终止后发送一份 00 类的 BUFR 报文，对单测风观测软件只会产生 00 类 BUFR 报文文件；

——如 02 时执行综合观测，则需按照 19 时观测规定发送报文。

发报时效要求：

——综合观测：50 类报文必须在正点观测时次(综合观测正点代表时间为：08 时、20 时)后 10 min 内上传，10 类报文必须在正点观测时次后 75 min 内上传，如遇有重放球、迟放球等情况时，其时间顺延。00 类报文以及状态文件必须在正点观测时次后 105 min 内上传；综合观测报文的更正报文和更正状态文件必须在正点观测时次后 150 min 内上传。

——雷达单独测风：00 类报文必须在正点观测时次(正点代表时间为：02 时)后 105 min 内上传，更正报文必须在正点观测时次后 150 min 内上传，遇有重放球、迟放球等情况时，其时间顺延。

S 文件的发报时效和 00 类报文及状态文件一致，为正点观测时次后 105 min 内上传，S 文件更正报必须在正点后 150 min 内上传。

各类具体报文发报时效参见表 7.3。

表 7.3　高空发报时效要求

综合观测时次		
时次	报文类型	时效要求
08 时 (放球时间：07:15)	50	≤8:10
	10	≤9:15
	00	≤9:45
	更正报	≤10:30
20 时 (放球时间：19:15)	10	≤21:15
	00	≤21:45
	更正报	≤22:30

续表

单独测风		
时次	报文类型	时效要求
02时 （放球时间:01:15）	00	≤3:45
	更正报	≤4:30

7.8 制作月报表

7.8.1 制作高空压、温、湿记录和气候月报表(高表-2)

可根据每天观测的数据文件自动制作月报表，制作方法如下：进入“月报表”菜单，选“高空温、压、湿、记录和气候月报表”菜单项或直接按快捷工具栏上的快捷按钮，在软件弹出的如图7.97所示对话框中选定要制作月报表的年、月、时次以及制表相关人员姓名后(按下鼠标右键通过人名菜单选择打印者、校对者、预审者、审核者)，按“确定”按钮后，软件先会在硬盘上查找是否已经存在该月报文件，如果不存在，软件直接进入制作月报表状态，如果找到该月报文件，软件会先弹出一个如图7.98所示的信息框询问用户是重新制作月报还是调入已存在的月报。如选择“否”，软件重新制作月报表；选择“是”，软件调出已存在的月报文件并在数据图形显示区显示出该年、月、时次的规定层温、压、湿记录和气候月报表。月报表包括图7.99和图7.100所示的规定层、图7.101所示的矢量风、风的稳定度、图7.102所示的气候月报报文等内容，并可打印或保存为电子版，作为留存或上交资料。按“发报”按钮，可将气候月报报文按发报参数中设置的参数，以通讯编码的形式存入\lradar\gcode文件夹中。按“保存”按钮可同时将月报表保存为文本和二进制文件，其中文本格式保存在tetxdat文件夹，二进制格式保存在monthtable文件夹。

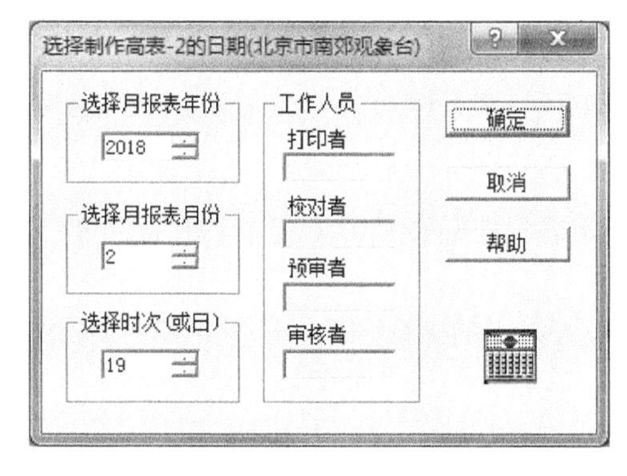

图7.97 选定要制作月报表的年、月、时次以及制表相关人员姓名

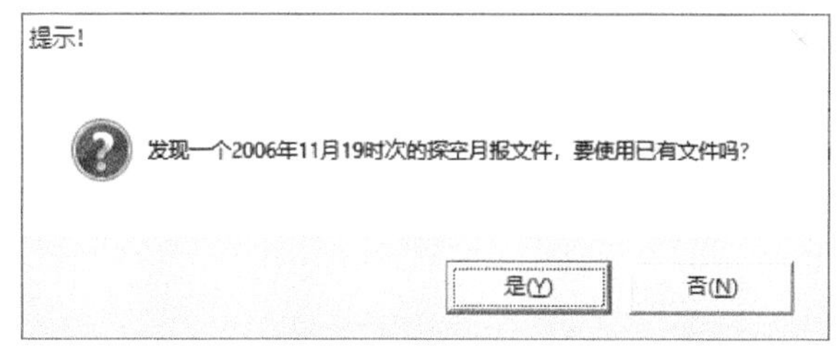

图7.98 是否调入已存在的月报文件

区站号：
档案号：
基　表　2

高空压温湿记录月报表（规定层）

2006年11月

台(站)名：北京市气象局观象台　雷达型号：GFE(L)1型二次测风雷达　探空仪型号：GTS1型数字式探空仪　北纬：　东经：　海拔高度：33米

日期	时间	地面层			1000百帕			925百帕			850百帕			700百帕		
TT	GG	PPPP	TTT	TdTdTd	HHHH	TTT	TdTdTd	HHHH	TTT	TdTdTd	HHHH	TTT	TdTdTd	HHHH	TTT	TdTdTd
1	193	1015	14.2	7.3	161	15.4	6.8	819	13.2	-0.1	1523	8.2	-10.1	3086	-3.2	-13.0
2	193	1010	14.7	7.5	113	17.5	8.1	777	16.1	-8.2	1487	10.1	-6.9	3060	-4.6	-10.0
3	193	1005	16.8	4.5	77	18.0	4.2	741	14.7	-1.8	1450	10.4	-10.5	3025	-3.2	-10.1
4	193	1012	12.4	-9.7	135	12.5	-9.7	781	6.6	-12.5	1465	0.0	-14.1	2995	-7.1	-34.9
5	193	1017	6.0	-25.7	168	5.0	-27.1	790	-1.0	-28.9	1462	-7.2	-29.8	2937	-19.7	-33.7
6	193	1018	4.6	-17.0	182	5.3	-21.8	814	2.2	-24.3	1489	-3.3	-23.8	2997	-7.8	-11.5
7	193	1006	12.5	-4.1	86	13.5	-5.3	741	12.5	-10.6	1446	8.9	-15.3	3011	-2.6	-27.0
8	193	1010	16.0	-11.4	113	15.9	-12.4	767	10.3	-14.6	1463	5.5	-15.5	3015	-6.1	-27.4
9	193	1019	8.7	3.1	186	7.7	2.3	827	4.9	1.9	1512	1.7	-10.1	3047	-9.3	-14.9
10	193	1022	5.6	2.4	209	7.9	-1.7	850	5.3	-31.1	1532	-1.0	-32.9	3042	-12.3	-32.4
上旬平均		1013	11.1	-4.3	143	12.0	-5.7	791	8.5	-13.9	1483	3.3	-17.1	3022	-7.6	-21.5
11	193	1013	7.0	-2.1	193	9.3	-2.8	834	5.7	-3.3	1526	5.0	-14.5	3065	-2.6	-21.6
12	193	1009	7.0	1.3	104	10.2	0.5	752	11.6	-14.9	1457	10.3	-16.5	3035	-1.3	-19.4
13	193	1020	10.5	-9.7	198	9.8	-14.5	838	4.2	-14.8	1518	-1.9	-14.2	3023	-14.3	-23.2
14	193	1013	10.4	-11.0	138	10.9	-11.4	787	9.0	-15.7	1478	2.7	-17.3	3004	-11.5	-17.8
15	193	1017	10.2	-4.9	171	13.1	-10.0	819	7.7	-12.5	1508	1.8	-14.9	3040	-7.1	-29.5
16	193	1018	6.2	1.3	182	8.5	2.2	820	3.4	1.7	1502	0.5	-1.4	3033	-8.8	-30.2
17	193	1021	7.0	3.6	201	7.3	3.0	838	3.6	2.1	1523	0.3	-4.5	3049	-11.4	-13.5
18	193	1020	8.1	0.3	197	9.6	0.3	836	5.0	-16.7	1521	0.0	-6.6	3041	-11.0	-23.5
19	193	1017	6.5	2.6	172	7.2	2.2	812	7.0	-4.8	1503	3.8	-10.4	3044	-7.2	-32.3
20	193	1013	3.9	2.6	140	2.7	1.6	772	10.7	-7.3	1470	5.5	-11.2	3019	-5.8	-19.3
中旬平均		1017	7.8	-1.6	170	8.9	-2.9	811	6.8	-8.5	1501	2.8	-11.0	3038	-8.1	-23.1
21	193	1018	6.3	1.0	176	9.4	-5.4	819	6.9	-18.0	1507	2.8	-16.1	3042	-9.0	-20.8
22	193	1030	2.1	-11.4	268	-0.3	-13.7	886	-4.9	-14.4	1545	-7.7	-9.1	3065	-6.7	-28.8
23	193	1030	2.2	-7.4	271	0.6	-9.2	891	-4.3	-11.7	1554	-5.6	-10.1	3080	-7.5	-16.6
24	193	1026	3.6	-9.4	244	1.9	-10.5	860	-3.4	-10.4	1540	-1.7	-3.2	3064	-9.8	-11.5
25	193	1020	2.7	1.2	164	1.4	0.1	821	1.7	0.5	1501	-1.1	-3.2	3031	-7.1	-8.5
26	193	1022	6.7	-6.9	210	5.7	-10.3	843	0.8	-11.7	1515	-4.8	-12.4	3025	-10.5	-20.4
27	193	1019	2.0	-5.8	185	1.0	-6.4	805	-4.4	-6.5	1472	-4.2	-8.0	2973	-14.3	-15.9
28	193	1023	3.3	-11.8	215	2.9	-16.8	840	-2.0	-16.8	1505	-7.8	-16.5	2982	-16.4	-31.3
29	193	1020	1.1	-5.6	190	2.7	-9.5	823	-0.8	-14.5	1491	-0.6	-14.5	2974	-17.0	-32.3
30	193	1020	2.2	-8.1	190	3.1	-11.8	816	-1.5	-17.5	1482	-6.2	-20.4	2965	-18.4	-33.2
31																
下旬平均		1023	3.2	-6.4	215	2.6	-9.4	841	-1.2	-12.3	1511	-4.3	-11.4	3021	-11.7	-22.1
月总次数		30	30	30	30	30	30	30	30	30	30	30	30	30	30	30
全月平均		1018	7.4	-4.1	176	7.9	-6.0	814	4.7	-11.6	1498	0.6	-13.2	3027	-9.1	-22.2
月最高值		1030	16.8	7.5	271	18.0	8.1	891	16.1	2.1	1554	10.4	-1.4	3090	-1.3	-8.5
月最低值		1005	1.1	-25.7	77	-0.3	-27.1	741	-4.9	-31.1	1446	-7.8	-32.9	2937	-19.7	-34.9

日期	600百帕			500百帕			400百帕			300百帕		
TT	HHHH	TTT	TdTdTd	HHHH	TTT	TdTdTd	HHHH	TTT	TdTdTd	HHHH	TTT	TdTdTd
1	4288	-10.9	-24.3	5662	-21.1	-32.2	7264	-34.3	-43.9	9218	-48.5	-60.5
2	4254	-13.6	-16.6	5619	-22.7	-44.2	7211	-36.1	-49.2	9150	-48.1	-61.1
3	4224	-11.8	-14.6	5602	-19.9	-36.2	7220	-32.2	-46.9	9177	-46.8	-59.3
4	4188	-12.5	-40.5	5548	-23.0	-37.1	7146	-34.4	-44.8	9088	-49.1	-57.7
5	4073	-24.8	-40.2	5373	-33.0	-46.2	6906	-44.6	-57.4	8803	-49.2	-61.6
6	4183	-14.6	-19.9	5540	-23.6	-29.8	7131	-36.4	-51.0	9062	-52.7	-64.8
7	4217	-10.0	-39.7	5593	-20.7	-46.1	7203	-32.8	-55.9	9160	-47.1	-67.3
8	4207	-11.8	-38.6	5578	-20.8	-40.9	7185	-33.5	-45.3	9142	-48.8	-60.1
9	4225	-14.0	-27.3	5581	-21.9	-36.4	7193	-33.8	-44.1			
10	4215	-15.6	-50.3	5565	-23.9	-49.0	7154	-35.8	-57.3	9088	-50.7	-66.6
上旬平均	4207	-13.9	-31.2	5567	-23.1	-38.8	7161	-35.4	-49.6	9096	-49.2	-62.3
11	4297	-7.1	-30.5	5693	-16.2	-44.9	7325	-30.4	-47.2	9293	-43.1	-68.2
12	4254	-6.8	-36.6	5649	-15.7	-50.9	7284	-30.1	-55.9	9255	-47.9	-61.1
13	4176	-21.0	-40.4	5505	-27.9	-62.8	7088	-35.7	-66.2	9036	-47.8	-76.8
14	4176	-15.7	-30.5	5525	-25.7	-38.5	7113	-34.9	-53.1	9064	-47.6	-64.4
15	4230	-13.4	-42.7	5595	-20.9	-40.8	7214	-31.5	-49.1	9178	-48.6	-62.8
16	4209	-17.0	-41.5	5548	-28.0	-30.4	7124	-36.6	-48.8	9066	-50.1	-61.2
17	4218	-15.2	-27.5	5577	-22.8	-48.4	7176	-33.4	-62.3	9130	-48.5	-69.8
18	4225	-12.3	-52.2	5592	-18.2	-44.5	7194	-34.4	-47.2	9142	-48.3	-60.9
19	4234	-12.3	-52.1	5599	-23.1	-59.5	7191	-36.4	-66.7	9122	-50.2	-76.6
20	4209	-14.4	-27.3	5571	-23.1	-43.6	7160	-36.3	-52.5	9098	-49.7	-63.9
中旬平均	4223	-13.5	-38.1	5586	-22.5	-47.8	7187	-34.0	-56.1	9137	-48.7	-66.8
21	4230	-12.9	-45.4	5592	-23.3	-46.8	7187	-35.0	-53.1	9135	-49.3	-65.1
22	4251	-14.9	-34.1	5606	-23.6	-41.2	7203	-34.0	-48.0	9147	-51.1	-53.3
23	4272	-15.2	-23.6	5627	-24.2	-27.6	7212	-37.2	-40.3	9129	-52.7	-55.7
24	4254	-11.7	-46.8	5634	-19.1	-38.6	7260	-31.7	-54.7	9216	-47.6	-58.9
25	4222	-12.6	-14.1	5591	-21.4	-23.1	7198	-34.2	-40.2	9145	-50.0	-54.0
26	4201	-15.5	-44.3	5549	-26.2	-55.6	7125	-35.4	-37.8	9074	-49.0	-52.4
27	4127	-21.0	-22.8	5451	-29.8	-46.1	7006	-40.7	-57.6	8911	-52.5	-67.3
28	4128	-22.6	-39.9	5445	-30.8	-45.9	6997	-41.0	-54.1	8908	-50.6	-64.5
29	4115	-23.5	-36.1	5427	-30.8	-44.1	6972	-43.3	-56.8	8851	-55.2	-69.2
30	4109	-21.7	-57.2	5430	-29.9	-64.8	6979	-41.5	-64.4	8891	-49.2	-71.2
31												
下旬平均	4191	-17.2	-36.1	5535	-25.9	-42.4	7113	-37.4	-48.7	9041	-53.8	-60.5
月总次数	30	30	30	30	30	30	30	30	30	29	29	29
全月平均	4207	-14.9	-35.1	5563	-23.8	-43.0	7154	-35.6	-51.5	9092	-49.6	-63.2
月最高值	4297	-6.8	-14.1	5693	-15.7	-23.1	7325	-30.1	-34.7	9293	-47.1	-51.9
月最低值	4073	-24.8	-57.2	5373	-33.0	-62.8	6905	-44.6	-66.7	8803	-56.2	-76.6

日期	250百帕			200百帕			150百帕			100百帕		
TT	HHHH	TTT	TdTdTd	HHHH	TTT	TdTdTd	HHHH	TTT	TdTdTd	HHHH	TTT	TdTdTd
1	10395	-55.7	-66.9	11806	-56.9	-68.1	13631	-56.8	-68.1	16164	-61.7	
2	10337	-52.6	-65.6	11777	-53.0	-66.8	13625	-56.1	-71.0	16167	-59.7	
3	10352	-55.7	-66.1	11789	-56.3	-67.7	13606	-56.6	-68.5	16152	-60.5	
4	10266	-56.5	-64.8	11671	-59.8	-65.1	13487	-59.6	-65.2	16029	-58.6	
5	10006	-48.0	-56.0	11473	-49.3	-62.4	13350	-49.3	-62.0	15948	-59.0	-71.5
6	10210	-59.5	-70.9	11596	-61.7		13395	-57.3		15961	-56.8	
7	10346	-54.7	-73.9	11747	-61.3		13522	-60.4		16044	-63.2	
8	10317	-56.8	-67.7	11713	-58.6		13527	-58.5		16084	-59.1	
9												
10	10256	-57.0	-74.3	11676	-62.5	-71.0	13534	-53.8	-73.3	16130	-57.0	-76.5
上旬平均	10276	-55.0	-67.6	11692	-58.1		13520	-56.2		16074	-59.5	
11	10469	-57.6	-76.4	11858	-61.9		13639	-61.1		16142	-63.6	
12	10441	-54.0	-70.7	11848	-60.4		13649	-57.5		16170	-60.8	
13	10217	-54.9	-81.9	11646	-53.5	-80.9	13476	-55.1	-82.1	16062	-56.5	-83.1
14	10245	-58.0	-71.7	11649	-57.8	-73.2	13478	-55.1	-71.0	16043	-55.7	-71.5
15	10351	-58.0	-70.8	11740	-60.3		13545	-56.4		16103	-58.9	
16	10222	-56.8	-67.0	11646	-56.4	-67.6	13472	-55.9	-68.2	16051	-54.1	-67.9
17	10309	-55.9	-75.8	11709	-60.1		13496	-60.4		16035	-60.5	
18	10323	-55.1	-67.2	11726	-58.7		13525	-61.2		16032	-63.2	
19	10289	-58.3	-84.4	11684	-59.0		13491	-57.8		16008	-59.5	
20	10268	-57.2	-70.6	11655	-64.8		13419	-61.1		15953	-58.2	
中旬平均	10314	-56.3	-73.7	11717	-59.3		13520	-58.2		16060	-59.1	
21	10307	-57.5	-72.3	11692	-64.5		13458	-61.7		15991	-59.1	
22	10320	-55.0	-61.2	11725	-59.3		13530	-58.4		16080	-59.8	
23	10291	-57.9	-66.4	11703	-56.3	-66.6	13539	-55.8	-71.0	16119	-53.9	-73.4
24	10393	-57.7	-62.9	11767	-66.2		13544	-57.6		16105	-57.0	
25	10312	-58.3	-63.2	11700	-62.0		13496	-58.6		16061	-59.5	
26	10244	-59.3	-62.8	11613	-63.8		13414	-58.5		15988	-54.9	
27	10076	-55.3	-69.8	11498	-55.0	-69.8	13340	-53.4	-68.7	15938	-54.6	-70.1
28	10076	-57.0	-70.2	11497	-53.2	-67.3	13337	-56.9	-71.7	15889	-57.2	-72.3
29	10002	-59.2	-69.2	11437	-61.6	-65.9	13297	-53.1	-68.4	15898	-54.6	-70.2
30	10073	-53.7	-75.1	11504	-53.1	-74.7	13342	-55.0	-76.7	15912	-57.2	-78.9
31												
下旬平均	10208	-58.8	-67.3	11614	-58.5		13430	-56.9		15995	-56.5	
月总次数	29	29	29	29	29		29	29		29	29	
全月平均	10266	-56.1	-69.7	11674	-58.1		13489	-57.1		16042	-58.3	
月最高值	10469	-46.6	-56.6	11858	-49.3	-62.4	13649	-49.3	-62.0	16170	-53.9	-67.9
月最低值	10002	-59.5	-84.4	11437	-66.2		13297	-61.7		15888	-63.6	

打印者：　校对者：　预审者：　审核者：　-1-　L波段(1型)高空气象探测系统软件

图 7.99　规定层月报表(一)

区站号：
档案号：
基　表　2

高空压温湿记录月报表（规定层）

2020年7月

台(站)名：桂林国家高空气象观测站　雷达型号：GFE(L)1型二次测风雷达　探空仪型号：GTS13型数字式探空仪　北纬：　东经：　海拔高度：165.6米

日期	时间	70百帕		50百帕		40百帕		30百帕		20百帕		15百帕	
TT	GG	HHHH	TTT	HHHH	TTT	HHHH	TTT	HHHH	TTT	HHHH	TTT	HHHH	TTT
1	193	18850	-75.9										
2	193	18832	-74.3										
3	193	18842	-76.1	20846	-63.5	22231	-58.7	24049	-56.9	26675	-52.1	28555	-46.7
4	193	18832	-75.8										
5	193	18819	-75.5	20837	-61.7	22223	-59.5	24018	-57.7	26633	-50.3	28521	-46.7
6	193	18840	-75.1										
7	193	18851	-75.6	20853	-65.3	22234	-57.9	24058	-56.9	26677	-51.1		
8	193	18823	-75.3	20822	-62.8	22210	-57.3	24040	-54.5				
9	193	18804	-75.2	20801	-65.7	22177	-59.9	23996	-52.9	26628	-52.5	28515	-47.3
10	193	18836	-73.5										
上旬平均		18833	-75.2	20832	-63.8	22215	-58.7	24032	-55.8	26653	-51.5	28530	-46.9
11	193												
12	193	18846	-75.3										
13	193	18871	-73.5	20884	-65.5	22246	-61.2	24046	-56.1	26666	-47.0	28573	-46.7
14	193	18834	-74.2	20842	-62.4	22215	-61.6	24030	-53.3	26644	-50.7	28549	-48.1
15	193	18775	-76.3	20775	-65.7	22137	-59.8	23943	-57.2	26549	-51.2	28418	-48.9
16	193	18827	-73.0	20844	-62.4	22225	-60.8						
17	193	18832	-74.9	20848	-66.3	22232	-58.2	24041	-57.9	26648	-53.4	28520	-47.5
18	193	18860	-73.7	20871	-64.2	22252	-59.6	24067	-56.4	26686	-50.3	28560	-47.3
19	193												
20	193	18794	-71.8	20797	-66.5	22162	-61.6	23966	-56.3	26567	-53.3	28426	-51.5
中旬平均		18830	-74.1	20837	-64.7	22210	-60.4	24016	-56.2	26627	-51.0	28508	-48.3
21	193	18854	-72.0	20870	-64.3	22245	-61.4	24053	-57.4	26666	-50.0	28554	-47.4
22	193	18842	-73.9	20856	-63.5	22243	-56.8	24070	-55.6	26676	-52.9	28567	-46.0
23	193	18857	-73.3	20882	-64.0	22257	-61.3	24061	-56.1	26678	-50.0		
24	193	18850	-71.7										
25	193	18858	-75.6	20868	-64.8	22249	-58.2	24088	-55.8	26652	-52.6	28536	-44.9
26	193	18847	-73.0	20873	-64.4	22244	-60.7	24059	-54.5				
27	193	18829	-71.8	20865	-63.8	22244	-60.8	24044	-57.8				
28	193	18836	-71.2	20870	-62.4	22256	-59.1	24063	-56.6	26664	-53.0	28541	-48.1
29	193	18854	-70.2	20895	-63.0	22277	-59.4	24088	-53.7	26712	-50.4	28603	-49.5
30	193												
31	193	18876	-72.9	20890	-64.0	22266	-60.9	24077	-56.5	26673	-50.2	28545	-49.3
下旬平均		18850	-72.6	20874	-63.8	22253	-59.8	24065	-56.0	26674	-51.3	28558	-47.5
月总次数		28	28	21	21	21	21	20	20	17	17	15	15
全月平均		18838	-74.0	20852	-64.1	22230	-59.7	24042	-56.0	26652	-51.2	28532	-47.7
月最高值		18876	-70.2	20895	-61.7	22277	-56.8	24088	-52.9	26712	-47.0	28603	-44.9
月最低值		18775	-76.3	20775	-66.5	22137	-61.6	23943	-57.9	26549	-53.4	28418	-51.8

日期	10百帕		7百帕		5百帕		3百帕		2百帕		零度层				
TT	HHHH	TTT	HHHH	TTT	HHHH	TTT	HHHH	TTT	HHHH	TTT	PPPP	HHHH	TdTdTd	DDD	FF
1											515.5	5643	-9.7	227	7.3
2											521.3	5541	-5.5	240	6.4
3											521.7	5553	-5.6	206	6.3
4											524.6	5531	-6.1	247	6.0
5											518.8	5535	-5.6	226	8.9
6											502.7	5846	-11.4	250	6.1
7											522.0	5543	-6.7	254	8.7
8											531.3	5328	-3.1	262	15.0
9											521.5	5510	-1.5	275	10.4
10											516.9	5599	0.0	256	11.4
上旬平均											519.6	5563	-5.7		
11															
12											508.8	5749	-7.9	215	10.6
13	31243	-42.9									521.5	5560	-20.1	225	1.9
14											536.1	5337	-16.1	226	2.1
15	31103	-45.0	33502	-41.0							541.8	5164	-13.1	219	4.5
16											525.7	5449	-15.7	222	7.2
17											520.1	5500	-8.6	248	4.7
18											519.3	5574	-7.3	246	9.8
19															
20											535.5	5263	-6.3	210	12.3
中旬平均	31173	-44.0	33502	-41.0							526.1	5457	-11.9		
21											512.7	5690	-21.4	210	3.3
22											515.1	5670	-9.0	190	7.2
23											507.0	5800	-16.0	200	5.2
24											514.6	5673	-14.7	216	1.7
25											517.9	5636	-19.4	338	1.5
26											535.0	5372	-16.7	241	7.3
27											535.4	5308	-3.6	235	10.9
28											537.4	5281	-4.9	215	8.5
29											528.2	5482	-5.3	220	5.7
30											543.4	5201	-0.9	343	1.9
31											528.1	5424	-4.0	86	12.1
下旬平均											525.0	5503	-10.5		
月总次数	2	2	1	1							29	29	29		
全月平均	31173	-44.0	33502	-41.0							523.4	5511	-6.2		
月最高值	31243	-42.9	33502	-41.0							543.4	5846	0.0		
月最低值	31103	-45.0	33502	-41.0							502.7	5164	-21.4		

日期	第一对流层顶					第二对流层顶				
TT	PPP	HHHHH	TTTT	DDD	FF	PPP	HHHHH	TTTT	DDD	FF
1						84.9	17094	-83.7	64	12.5
2						94.4	17113	-80.1	64	9.9
3						86.2	17554	-80.1	52	14.0
4						88.1	17543	-80.6	61	17.3
5						87.4	17520	-80.9	56	13.8
6						85.8	17675	-81.8	50	17.4
7						81.3	17976	-82.9	65	22.4
8						83.3	17844	-82.1	56	14.7
9						101.5	16652	-81.8	42	22.7
10						103.4	16553	-81.1	38	21.1
上旬平均						89.6	17412	-81.5		
11										
12										
13						91.5	17254	-79.7	67	26.3
14						100.6	16756	-79.8	65	22.2
15						84.6	17663	-81.6	67	17.5
16						88.4	17466	-79.4	61	16.9
17						92.1	17247	-81.3	59	20.1
18						91.5	17304	-79.0	57	15.8
19										
20						88.0	17428	-79.7	66	16.4
中旬平均						91.0	17303	-80.1		
21						94.5	17086	-79.3	58	16.1
22						86.0	17649	-79.7	71	19.3
23						86.3	17581	-80.4	70	24.9
24						85.6	17631	-80.2	80	25.1
25						99.0	16842	-78.7	66	22.9
26						99.4	16833	-80.7	79	18.0
27						95.5	16979	-79.6	63	11.4
28						92.9	17202	-78.2	59	13.3
29						105.1	16437	-77.6	56	20.8
30						104.4	16523	-76.0	59	20.2
31						106.2	16551	-77.0	62	17.0
下旬平均						95.9	17029	-78.9		
月总次数						28	28	28		
全月平均						92.4	17234	-80.1		
月最高值						106.2	17976	-76.0		
月最低值						81.3	16437	-83.7		

打印者：　校对者：　预审者：　审核者：　-2-　L波段(1型)高空气象探测系统软件

图 7.100　规定层月报表(二)

区站号：
档案号：
基　表　2

高空月平均矢量风、风的稳定度、温度露点差计算表

2006年11月

台(站)名：北京市气象局观象台　雷达型号：GFE(L)1型二次测风雷达　探空仪型号：GTS1型数字式探空仪　北纬：　东经：　海拔高度：33米

日期	时间	地面	850百帕					700百帕				
YY	GG	T-Td	ddd	ff	VE	VN	T-Td	ddd	ff	VE	VN	T-Td
1	193	6.9	305	8	-6.6	4.6	18.3	331	11	-5.3	9.6	9.8
2	193	7.2	306	8	-6.5	4.7	19.0	327	12	-6.5	10.1	5.4
3	193	12.3	225	10	-7.1	-7.1	20.9	275	13	-13.0	1.1	6.9
4	193	21.7	325	17	-9.8	13.9	14.1	311	19	-14.3	12.5	27.8
5	193	31.7	313	16	-11.7	10.9	22.6	318	25	-16.7	18.6	14.0
6	193	21.6	308	15	-12.1	8.8	20.5	340	31	-10.6	29.1	3.7
7	193	16.6	257	8	-7.8	-1.8	24.2	292	17	-15.8	6.4	24.4
8	193	27.4	299	15	-13.1	7.3	21.0	294	20	-18.3	8.1	21.3
9	193	5.6	300	6	-5.2	3.0	11.8	280	17	-16.7	3.0	5.6
10	193	3.2	328	14	-7.4	11.9	31.9	338	19	-7.1	17.6	20.1
11	193	10.0	308	12	-9.5	7.4	19.3	337	18	-7.0	16.6	19.0
12	193	5.7	317	9	-6.1	6.6	26.8	282	13	-12.7	2.7	18.1
13	193	20.2	314	13	-9.4	9.0	12.3	293	17	-15.6	6.6	8.9
14	193	21.4	294	19	-17.4	7.7	20.0	316	19	-13.2	13.7	6.3
15	193	15.1	303	5	-4.2	2.7	16.7	318	16	-10.7	11.9	22.4
16	193	4.9	226	6	-4.3	-4.2	1.9	288	6	-5.7	1.9	21.4
17	193	3.4	310	5	-3.8	3.2	4.8	281	7	-6.9	1.3	2.4
18	193	7.8	243	8	-7.1	-3.6	5.6	273	9	-9.0	0.5	12.5
19	193	3.9	238	5	-4.2	-2.6	14.2	289	9	-8.5	2.9	26.1
20	193	1.3	287	8	-7.7	2.3	16.7	306	14	-11.3	8.2	13.5
21	193	5.3	322	4	-2.5	3.2	18.9	315	15	-10.6	10.6	11.8
22	193	13.5	238	8	-6.8	-4.2	1.4	257	9	-8.8	-2.0	22.1
23	193	9.6	88	7	7.0	0.2	4.5	146	7	3.9	-5.8	11.1
24	193	13.0	215	9	-5.2	-7.4	1.5	245	9	-8.2	-3.8	1.7
25	193	1.5	339	7	-2.5	6.5	2.1	245	11	-10.0	-4.6	1.4
26	193	13.6	20	7	2.4	6.6	7.6	313	5	-3.7	3.4	9.9
27	193	7.8	300	11	-9.5	5.5	3.8	277	9	-8.9	1.1	1.6
28	193	15.1	304	11	-9.1	6.2	8.7	303	12	-10.1	6.5	14.9
29	193	6.7	262	5	-5.0	-0.7	7.9	296	16	-14.4	7.0	15.3
30	193	10.4	271	8	-8.0	0.1	14.2	296	20	-18.0	8.8	14.8
31												
月平均		11.5		9	-6.7	3.4	13.8		14	-10.5	6.8	13.1
矢量风			297	7				303	12			
风稳定度			79%					86%				

日期	600百帕					300百帕				
YY	ddd	ff	VE	VN	T-Td	ddd	ff	VE	VN	T-Td
1	311	12	-9.1	7.9	11.1	292	11	-10.2	4.1	12.0
2	270	6	-6.0	0.0	21.5	232	7	-5.5	-4.3	13.0
3	288	12	-11.4	3.7	16.3	260	22	-21.7	-3.8	10.5
4	281	25	-24.5	4.8	14.1	273	38	-37.9	2.0	8.6
5	317	21	-14.3	15.4	13.2	290	33	-31.0	11.3	12.4
6	338	38	-14.2	35.2	6.2	347	40	-9.0	39.0	12.1
7	287	20	-19.1	5.8	25.4	271	21	-21.0	0.4	20.2
8	276	24	-23.9	2.5	20.1	286	31	-29.8	8.5	11.3
9	279	30	-29.6	4.7	4.5					
10	328	12	-6.4	10.2	25.1	322	25	-15.4	19.7	17.9
11	331	18	-8.7	15.7	28.7	331	27	-13.1	23.6	20.1
12	272	18	-18.0	0.6	35.2	263	25	-24.8	-3.0	13.2
13	294	27	-24.7	11.0	34.9	278	46	-45.6	6.4	29.0
14	309	38	-29.5	23.9	12.8	305	46	-37.7	26.4	16.8
15	306	24	-19.4	14.1	19.9	281	33	-32.4	6.3	14.2
16	245	11	-10.0	-4.6	2.4	265	17	-16.9	-1.5	11.1
17	287	16	-15.3	4.7	25.6	266	36	-35.9	-2.5	21.3
18	263	15	-14.9	-1.8	36.8	248	33	-30.6	-12.4	12.6
19	311	6	-4.5	3.9	36.4	299	22	-19.2	10.7	28.4
20	287	20	-19.1	5.8	20.5	273	37	-36.9	1.9	14.2
21	286	22	-21.1	6.1	23.3	272	32	-32.0	1.1	15.8
22	271	14	-14.0	0.2	17.6	250	27	-25.4	-9.2	2.2
23	179	3	0.1	-3.0	3.4	210	18	-9.0	-15.6	3.0
24	238	13	-10.8	-7.3	19.5	263	20	-19.9	-2.4	4.4
25	246	17	-15.5	-6.9	1.7	232	33	-26.0	-20.3	4.0
26	294	17	-15.5	6.9	29.4	235	38	-31.1	-21.8	3.4
27	258	17	-16.6	-3.5	16.3	253	32	-30.8	-9.4	14.8
28	284	31	-30.1	7.5	15.1	268	62	-62.0	-2.2	13.9
29	287	29	-27.7	8.5	13.3	271	43	-43.0	0.8	13.0
30	289	33	-31.2	10.7	24.9	273	40	-39.9	2.1	22.0
31										
月平均		20	-16.8	6.1	19.2		31	-27.4	1.9	13.6
矢量风	290	18				274	27			
风稳定度	90%					87%				

日期	200百帕					150百帕				
YY	ddd	ff	VE	VN	T-Td	ddd	ff	VE	VN	T-Td
1	284	21	-20.4	5.1	11.2	285	22	-21.3	5.7	11.8
2	276	17	-16.9	1.8	13.8	283	23	-22.4	5.2	14.9
3	285	25	-24.1	6.5	11.4	268	29	-29.0	-1.0	12.9
4	268	37	-37.0	-1.3	8.3	282	35	-34.2	7.3	8.6
5	278	39	-38.6	5.4	13.1	287	32	-30.6	9.4	13.3
6	314	34	-24.5	23.6		309	30	-23.3	18.9	
7	268	21	-21.0	-0.7		265	26	-25.1	6.7	
8	286	39	-37.5	10.7		270	39	-39.0	0.0	
9										
10	306	31	-25.1	18.2	18.5	295	30	-27.2	12.7	19.5
11	325	29	-16.6	23.8		310	37	-28.3	23.8	
12	268	35	-35.0	-1.2		273	40	-39.9	2.1	
13	276	39	-38.8	4.1	27.4	272	36	-36.0	1.3	27.0
14	292	48	-44.5	18.0	15.4	296	41	-36.9	18.0	15.9
15	277	41	-40.7	5.0		279	40	-39.5	6.3	
16	271	33	-33.0	0.6	11.4	272	30	-30.0	1.0	12.3
17	256	38	-37.9	-2.7		269	36	-36.0	-0.6	
18	258	29	-28.4	-6.0		254	29	-27.9	-8.0	
19	276	32	-31.8	3.3		259	31	-30.4	-5.9	
20	268	36	-36.0	-1.3		270	31	-31.0	0.0	
21	266	36	-35.9	-2.5		273	33	-33.0	1.7	
22	252	34	-32.3	-10.5		254	34	-32.7	-9.4	
23	263	23	-22.8	-2.8	10.3	268	24	-24.0	-0.8	15.2
24	259	28	-27.5	-5.3		266	29	-28.9	-2.0	
25	250	33	-31.0	-11.3		254	32	-30.8	-8.8	
26	244	35	-31.5	-15.3		249	31	-28.9	-11.1	
27	259	37	-36.3	-7.1	14.8	256	39	-37.8	-9.4	15.3
28	270	48	-48.0	0.0	14.1	265	43	-42.8	-3.7	14.8
29	272	37	-37.0	1.3	14.3	270	39	-39.0	0.0	15.3
30	276	49	-48.7	5.1	21.6	272	47	-47.0	1.6	21.7
31										
月平均		34	-32.4	2.2	14.7		33	-32.2	2.1	15.6
矢量风	274	32				274	32			
风稳定度	94%					97%				

打印者：　校对者：　预审者：　审核者：　L波段(1型)高空气象探测系统软件

图 7.101　矢量风、风的稳定度月报表

气候报

54511　20180　74115　14980　00061　38078　29707　30270　05911　31086　30312　55630　07381
92090　29018　90920　19961　36187　27427　16740　10811　47194　27432　34890　10711　56197
27432　60420　10831　76197　27228　04090　10731　87195　26819　36700　10352　00195　26120

图 7.102　气候报

7.8.2　修改高表-2

在制作高空压、温、湿记录和气候月报表(高表-2)状态下,如需修改高表-2 中内容(修改某一天的记录和增加一次全新的记录),可按下鼠标右键,在如图 7.103 所示的弹出菜单中选“修改高表-2”,此时软件会弹出如图 7.97 所示的对话框,在“选择时次(或日)”项中输入要修改的日期,按“确定”按钮,软件随后弹出如图 7.104 所示的对话框,如果是修改某一天的月报,则该天的数据会显示在对话框上,在该对话框上将错误数据修改即可;如果是增加一天全新的数据,则在对话框中的空白数据栏填入相应的数据。地面组中第一栏高度框内填地面瞬间气压,其他规定等压面第一栏填高度数值,地面气压、温度、露点带一位小数点输入,当地面气压刚好等于某规定等压面时,除在地面组填入相应的数据外,还要在该规定等压面上填入高度数据及其他数据。对流层顶填写时如果只有一层对流层顶,不管是第几对流层,都填写在第一对流层顶相对应的框内,软件会自动根据气压值决定是第一或第二对流层顶。放球时间按三位的小时分钟输入(不带小数点),最后一位按放球时刻的分钟/60(四舍五入)填写。所有数据填写完毕后,按“确定”按钮,软件会询问你是否希望将修改的数据保存下来,如果选保存,修改后的月报文件将保存在\lradar\monthtable 中(以 ms 开头的是高空压、温、湿月报表文件,以 mw 开头的是高空风月报表文件)。

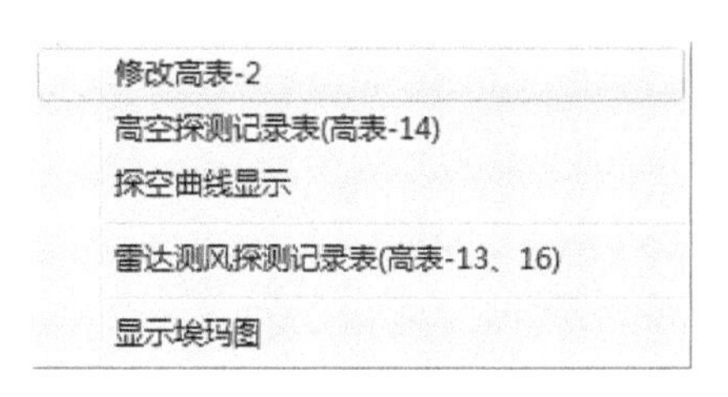

图 7.103　修改高表-2

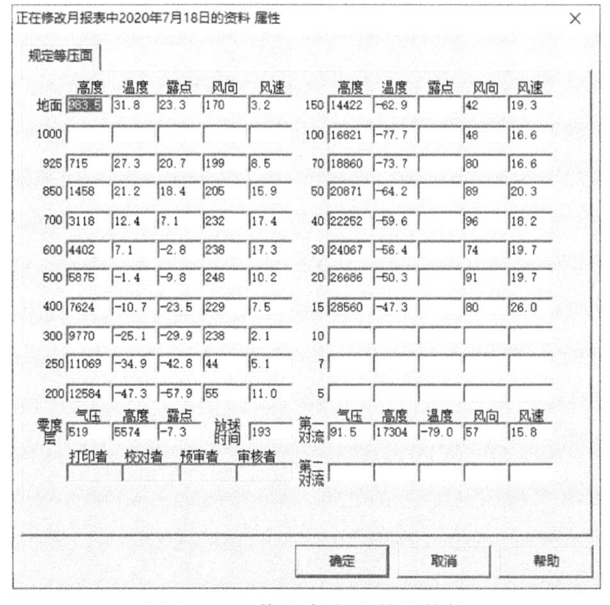

图 7.104　修改高表-2 某天数据

7.8.3 制作高空温、湿特性层月报表

可根据每天观测的数据文件自动制作高空温、湿特性层月报表,制作方法如下:进入"月报表"菜单,选"高空温、湿特性层月报表"菜单项,软件将会制作指定月份、时次的温、湿特性层月报表的电子版文件,文件为TXT格式,如图7.105所示,文件存放在textdat文件夹内,文件名为TU57957-20200719.TXT,字符TU代表温、湿特性层,其后紧跟的是站号和年、月、时次,文件中01 127中的01代表日期,127代表温、湿特性层数量,特性层要素按照"层次""气压""高度""温度""湿度""露点""温露差""风向""风速""时间""纬度差""经度差"排列。

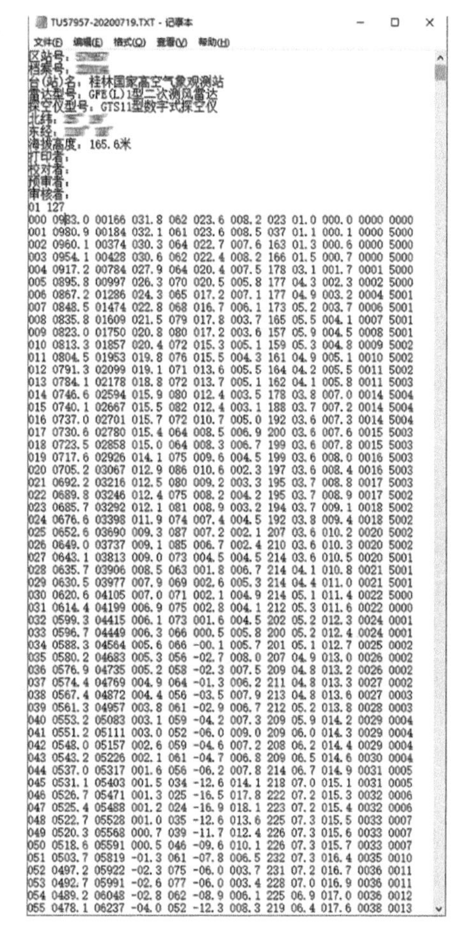

```
TU57957-20200719.TXT - 记事本
文件(F) 编辑(E) 格式(O) 查看(V) 帮助(H)
区站号:
档案号:
台(站)名:桂林国家高空气象观测站
雷达型号:GFE(L)1型二次测风雷达
探空仪型号:GTS11型数字式探空仪
北纬:
东经:
海拔高度:165.6米
打印者:
校对者:
预审者:
审核者:
01 127
000 0983.0 00166 031.8 062 023.6 008.2 023 01.0 000.0 0000 0000
001 0980.9 00184 032.1 061 023.6 008.5 037 01.1 000.1 0000 5000
002 0960.1 00374 030.3 064 022.7 007.6 163 01.3 000.6 0000 5000
003 0954.1 00428 030.6 062 022.4 008.2 166 01.5 000.7 0000 5000
004 0917.2 00784 027.9 064 020.4 007.5 178 03.1 001.7 0001 5000
005 0895.8 00997 026.3 070 020.5 005.8 177 04.3 002.3 0002 5000
006 0867.2 01286 024.3 065 017.2 007.1 177 04.9 003.2 0004 5001
007 0848.5 01474 022.8 068 016.7 006.1 173 05.2 003.7 0006 5001
008 0835.8 01609 021.5 079 017.8 003.7 165 05.5 004.1 0007 5001
009 0823.0 01750 020.8 080 017.2 003.6 157 05.9 004.5 0008 5001
010 0813.3 01857 020.4 072 015.3 005.1 159 05.3 004.8 0009 5002
011 0804.5 01953 019.8 076 015.5 004.3 161 04.9 005.1 0010 5002
012 0791.3 02099 019.1 071 013.6 005.5 164 04.2 005.5 0011 5002
013 0784.1 02178 018.8 072 013.7 005.1 162 04.1 005.8 0011 5003
014 0746.6 02594 015.9 080 012.4 003.5 178 03.8 007.0 0014 5004
015 0740.1 02667 015.5 082 012.4 003.1 188 03.7 007.2 0014 5004
016 0737.0 02701 015.7 072 010.7 005.0 192 03.6 007.3 0014 5004
017 0730.6 02780 015.4 064 008.5 006.9 200 03.6 007.6 0015 5003
018 0723.5 02858 015.0 064 008.3 006.7 199 03.6 007.8 0015 5003
019 0717.6 02926 014.1 075 009.6 004.5 199 03.6 008.0 0016 5003
020 0705.2 03067 012.9 086 010.6 002.3 197 03.6 008.4 0016 5003
021 0692.2 03216 012.5 080 009.2 003.3 195 03.7 008.8 0017 5003
022 0689.8 03246 012.4 075 008.2 004.2 195 03.7 008.9 0017 5002
023 0685.7 03292 012.1 081 008.9 003.2 194 03.7 009.1 0018 5002
024 0676.6 03398 011.9 074 007.4 004.5 192 03.8 009.4 0018 5002
025 0652.6 03690 009.3 087 007.2 002.1 207 03.6 010.2 0020 5002
026 0649.0 03737 009.1 085 006.7 002.4 210 03.6 010.3 0020 5002
027 0643.1 03813 009.0 073 004.5 004.5 214 03.6 010.5 0020 5001
028 0635.7 03906 008.5 063 001.8 006.7 214 04.1 010.8 0021 5001
029 0630.5 03977 007.9 069 002.6 005.3 214 04.4 011.0 0021 5001
030 0620.6 04105 007.0 071 002.1 004.9 214 05.1 011.4 0022 5000
031 0614.4 04199 006.9 075 002.8 004.1 212 05.3 011.6 0022 0000
032 0599.3 04415 006.1 073 001.6 004.5 202 05.2 012.3 0024 0001
033 0596.7 04449 006.3 066 000.5 005.8 200 05.2 012.4 0024 0001
034 0588.3 04564 005.6 066 -00.1 005.7 201 05.1 012.7 0025 0002
035 0580.2 04683 005.3 056 -02.7 008.0 207 04.9 013.0 0026 0002
036 0576.9 04735 005.2 058 -02.3 007.5 209 04.8 013.2 0026 0002
037 0574.4 04769 004.9 064 -01.3 006.2 211 04.8 013.3 0027 0002
038 0567.4 04872 004.4 056 -03.5 007.9 213 04.8 013.6 0027 0003
039 0561.3 04957 003.8 061 -02.9 006.7 212 05.2 013.8 0028 0003
040 0553.2 05083 003.1 059 -04.2 007.3 209 05.9 014.2 0029 0004
041 0551.2 05111 003.0 052 -06.0 009.0 209 06.0 014.3 0029 0004
042 0548.0 05157 002.6 059 -04.6 007.2 208 06.2 014.4 0029 0004
043 0543.2 05226 002.1 061 -04.7 006.8 209 06.5 014.6 0030 0004
044 0537.0 05317 001.6 056 -06.2 007.8 214 06.7 014.9 0031 0005
045 0531.1 05403 001.5 034 -12.6 014.1 218 07.0 015.1 0031 0005
046 0526.7 05471 001.3 025 -16.5 017.8 222 07.2 015.3 0032 0006
047 0525.4 05488 001.2 024 -16.9 018.1 223 07.2 015.4 0032 0006
048 0522.7 05528 001.0 035 -12.6 013.6 225 07.3 015.5 0033 0007
049 0520.3 05568 000.7 039 -11.7 012.4 226 07.3 015.6 0033 0007
050 0518.6 05591 000.5 046 -09.6 010.1 226 07.3 015.7 0033 0007
051 0503.7 05819 -01.3 061 -07.8 006.5 232 07.3 016.4 0035 0010
052 0497.2 05922 -02.3 075 -06.0 003.7 231 07.2 016.7 0036 0011
053 0492.7 05991 -02.6 077 -06.0 003.4 228 07.0 016.9 0036 0011
054 0489.2 06048 -02.8 062 -08.9 006.1 225 06.9 017.0 0036 0012
055 0478.1 06237 -04.0 052 -12.3 008.3 219 06.4 017.6 0038 0013
```

图7.105 高空温、湿特性层月报表

7.8.4 制作高空风记录月报表(高表-1)

可根据每天观测的数据文件自动制作高空风观测记录月报表,制作方法是:进入"月报表"项,选"高空风记录月报表(高表-1)"菜单项或直接按快捷工具栏上的快捷按钮,在计算机弹出的图7.97所示对话框中选定要制作月报表的年、月、时次以及制表相关人员姓名后(按下鼠标右键通过人名菜单选择打印者、校对者、预审者、审核者),按"确定"按钮后,软件先会在硬盘上查找是否已经存在该月报文件,如果不存在,软件直接进入制作月报表状态,如果找到该月报文件,软件会先弹出一个如图7.106所示的信息框询问用户是重新制作月报还是调入已存在的月报。如选择"否",软件重新制作月报表;选择"是",软件调出已存在的月报文件并在数据图形显示区显示出该年、月、时次的高空风记录月报表。月报表包括图7.107所示的规定高度上的风、图7.108所示的最大风层等内容,并可打印,作为留存或上交资料。按保存键可同时将月报表保存为文本和二进制文件,其中文本格式保存在tetxdat文件夹,二进制格式保存在monthtable文件夹。

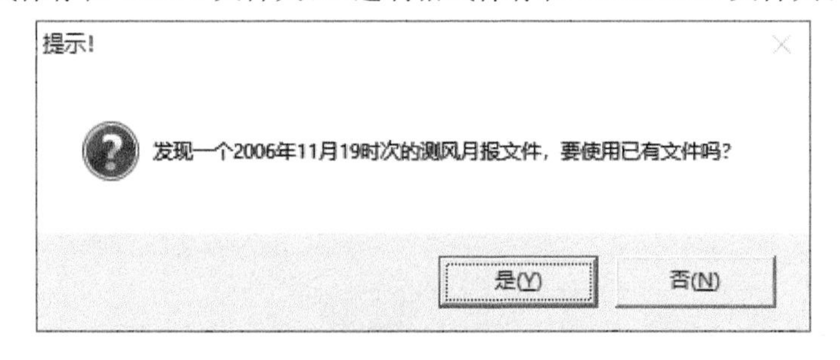

图7.106 是否调入已存在的月报文件

区站号：
档案号：
高　表　1

高空风记录月报表

2006年11月

台(站)名：北京市气象局观象台　雷达型号：GFE(L)1型二次测风雷达　探空仪型号：GTS1型数字式探空仪　北纬：　东经：　海拔高度：　米

日期	时间	地面		距雷达天线(千米)						距海平面高度(千米)																													
				0.3		0.6		0.9		0.5		1.0		1.5		2.0		3.0		4.0		5.0		5.5		6.0		7.0		8.0		9.0		10.0		10.5		12.0	
YY	GG	ddd	ff	ddd	ff	ddd	ff	ddd	ff	ddd	ff	ddd	ff	ddd	ff	ddd	ff	ddd	ff	ddd	ff	ddd	ff	ddd	ff	ddd	ff	ddd	ff	ddd	ff	ddd	ff	ddd	ff	ddd	ff	ddd	ff
1	193	225	1	222	7	221	6	245	5	220	6	252	4	304	7	317	9	332	11	321	11	323	10	311	11	312	11	312	11	307	12	297	12	289	14	292	15	282	22
2	193	248	2	230	7	220	5	280	5	208	6	284	5	307	8	307	9	326	12	298	6	295	5	277	6	259	6	214	5	198	8	218	7	265	6	262	9	276	19
3	193	180	1	219	5	218	9	229	11	217	7	229	11	226	10	248	6	275	13	293	16	295	12	289	12	279	13	273	17	266	18	261	21	267	25	276	25	282	26
4	193	315	4	314	12	321	13	327	14	317	13	327	15	326	17	327	18	311	19	284	21	280	23	281	25	277	28	266	33	267	37	273	37	272	39	273	39	272	38
5	193	338	3	343	8	335	9	321	11	340	8	319	12	312	16	308	21	318	25	317	20	322	22	314	20	305	18	296	20	290	25	288	34	287	39	287	38	282	38
6	193	68	2	20	8	337	8	309	11	355	8	307	11	306	15	306	22	340	31	341	34	338	39	339	39	338	38	343	39	338	40	346	40	346	39	343	39	315	33
7	193	203	2	229	15	233	14	238	12	232	15	239	11	258	8	273	9	292	17	290	18	291	19	288	20	282	19	277	18	278	18	270	21	266	21	263	21	271	21
8	193	338	7	338	15	333	17	329	18	332	17	326	18	297	15	257	10	293	19	275	23	283	25	278	24	275	26	284	28	289	29	286	30	292	33	294	35	281	37
9	193	90	6	115	5	104	7	138	1	109	6	169	1	299	6	297	8	280	17	286	26	283	29	279	31	278	29	273	28	272	27								
10	193	225	1	342	2	332	7	333	10	332	6	333	11	328	14	327	13	338	19	349	16	333	17	328	13	337	14	334	26	322	25	323	25	318	25	312	29	306	30
11	193	180	1	219	7	224	7	239	5	220	8	252	5	307	12	316	16	337	18	340	18	343	19	338	18	329	18	333	22	333	26	331	26	332	30	334	32	321	30
12	193	338	1	265	3	222	10	240	8	233	7	252	6	317	10	309	14	282	13	276	15	279	16	274	18	269	19	263	20	266	20	265	24	268	24	269	27	269	36
13	193	338	5	340	15	330	16	324	17	336	15	323	16	315	14	310	14	292	17	305	18	298	23	294	27	287	37	276	43	276	46	278	46	276	45	271	48	266	38
14	193	248	6	265	11	280	11	278	13	277	10	279	14	295	19	308	20	316	19	317	32	311	35	309	38	308	40	304	43	305	44	305	46	293	49	295	48	291	48
15	193	248	1	235	6	239	8	248	5	238	8	252	5	303	5	302	10	321	16	303	16	310	20	308	24	298	26	287	33	289	31	281	34	278	34	276	35	277	41
16	193	45	1	87	4	111	5	148	5	93	4	154	5	226	6	237	8	288	6	271	7	248	10	242	11	264	13	260	12	274	13	265	17	268	22	273	25	267	35
17	193	45	2	71	4	139	4	152	1	103	4	196	1	309	5	300	9	279	6	295	10	292	13	288	16	282	17	281	24	275	30	267	38	262	40	261	40	265	38
18	193	203	1	209	3	204	5	216	6	203	4	219	6	242	8	266	6	276	9	282	13	267	14	266	15	259	16	259	17	252	23	249	32	249	32	249	31	258	29
19	193	225	2	222	8	224	6	208	9	227	7	209	8	238	5	270	5	289	10	292	5	309	5	312	6	304	6	309	13	307	15	300	22	291	24	284	25	274	31
20	193	248	2	237	2	232	7	241	6	231	3	246	6	288	9	297	15	307	13	296	16	285	16	286	20	284	20	277	24	274	32	273	37	268	38	269	37	270	34
21	193	68	2	209	2	178	5	215	4	178	5	224	4	322	4	324	8	313	14	293	17	284	20	286	21	288	24	284	28	280	33	273	33	268	33	266	35	269	36
22	193	135	2	140	5	177	4	230	5	157	4	229	5	233	8	234	11	254	8	265	10	250	12	269	13	270	14	260	20	249	24	250	26	248	32	245	32	249	34
23	193	225	1	242	2	104	2	94	5	135	1	92	6	88	8	125	7	142	8	143	6	197	2	173	3	186	3	209	5	208	7	208	18	238	15	251	15	265	24
24	193	158	1	178	3	217	2	224	4	204	2	226	4	216	9	209	7	248	8	215	13	233	14	240	14	230	10	244	15	259	17	264	20	252	24	248	29	262	28
25	193	225	1	340	3	347	3	318	4	358	3	325	6	339	7	303	3	245	11	244	14	241	17	244	17	251	19	254	23	233	27	231	32	234	33	240	31	253	32
26	193	360	2	18	7	24	8	29	9	21	7	27	9	20	7	26	8	318	5	283	12	305	18	294	17	275	16	237	24	237	28	235	38	230	38	231	39	249	34
27	193	225	2	232	5	245	6	275	3	239	6	284	3	300	11	310	11	278	10	255	15	260	17	259	18	257	20	258	27	254	30	252	32	254	32	251	33	259	38
28	193	248	3	240	7	289	7	294	7	274	6	295	7	304	11	312	11	303	12	287	17	285	26	283	32	279	36	274	40	271	47	268	63	268	60	271	54	266	46
29	193	225	2	247	3	264	3	305	5	227	2	301	5	282	5	271	7	296	16	291	23	283	27	287	29	285	30	278	34	273	38	270	44	279	39	274	40	269	39
30	193	248	1	248	5	269	3	287	2	249	3	283	2	273	8	289	14	295	21	293	23	294	29	288	33	285	34	281	33	278	33	272	41	272	43	272	47	272	51
31																																							

打印者：　校对者：　预审者：　审核者：　L波段(1型)高空气象探测系统软件

-1-

图 7.107　规定高度上的风月报表

区站号：
档案号：
高　表　1

高空风记录月报表

2006年11月

台(站)名：北京市气象局观象台　雷达型号：GFE(L)1型二次测风雷达　探空仪型号：GTS1型数字式探空仪　北纬：　东经：　海拔高度：　米

日期	时间	距海平面高度(千米)																														最大风层					
		14.0		16.0		18.0		20.0		22.0		24.0		26.0		28.0		30.0		32.0		34.0		36.0		38.0		40.0		42.0		44.0		第一大风层			第二大风层		
YY	GG	ddd	ff	ddd	ff	ddd	ff	ddd	ff	ddd	ff	ddd	ff	ddd	ff	ddd	ff	ddd	ff	ddd	ff	ddd	ff	ddd	ff	ddd	ff	ddd	ff	ddd	ff	ddd	ff	hhhhh	ddd	ff	hhhhh	ddd	ff
1	193	282	23	282	25	273	20	278	18	263	12	271	11	283	14	284	12	299	15	294	18																		
2	193	283	23	281	22	275	19	258	17	257	15	276	14	263	14	285	16	283	17	301	25																		
3	193	268	28	274	26	266	15	258	21	259	18	266	19	262	23	284	22	284	21	286	26	290	27											35496	276	34			
4	193	278	32	268	28	264	29	262	11	241	16	258	22	257	22	269	24	251	24	263	36	268	46	277	54									36078	277	54	9644	273	40
5	193	279	29	275	23	268	15	266	15	256	23	254	18	249	20	248	30	238	44	252	51													31809	252	51	9910	286	39
6	193	303	29	289	18	301	15	287	15	263	23	246	24	248	36	249	39	244	43	248	49													32441	248	53	8252	339	41
7	193	286	25	270	26	278	20	260	19	252	20	242	29	249	42	243	44	250	50	251	53	255	51	257	54	259	63							37762	259	63			
8	193	273	40	271	30	269	22	261	22	254	28	248	27	254	27	234	36	236	41															30909	245	46	12408	270	40
9	193																																						
10	193	294	30	289	29	262	16	295	24	277	21	281	28	285	32	270	41																	27637	269	41	10950	309	31
11	193	311	37	316	31	307	30	285	19	290	26	293	23	280	24																			13668	310	37	27456	279	36
12	193	272	39	278	26	284	17	303	14	310	20	293	24	288	27	283	31	274	32	267	42													32403	265	45	13649	273	40
13	193	274	37	277	27	269	23	277	22	282	16	278	15	275	22	267	29	269	32	271	31													10322	272	48	29580	267	33
14	193	295	37	287	31	278	24	292	13	287	9	285	19	283	22	286	25	298	30	286	29													11316	292	50	29507	297	31
15	193	278	41	279	28	278	21	288	21	291	16	283	18	296	19	282	18	287	20	263	32	261	40											11665	277	41	34042	261	40
16	193	267	31	275	31	278	20	302	15	263	12	275	15	285	15	275	17	270	26															12219	265	36			
17	193	272	34	271	26	261	20	247	16	258	14	250	16	260	16	268	21	273	31	281	35	277	41	269	47									36223	269	47	9952	262	40
18	193	255	31	267	30	276	24	260	25	263	20	248	20	246	20	259	27	266	27	265	29													32989	262	35	9585	250	34
19	193	255	29	262	25	258	20	255	25	252	20	255	24	267	25	257	27	254	28	260	34	263	39	261	42									35984	261	42	11684	276	32
20	193	266	25	270	26	263	25	252	19	255	25	251	25	259	26	252	25	256	37	254	37	258	47											34719	269	48	9836	269	38
21	193	269	32	272	31	280	22	270	25	264	24	259	25	272	29	257	24	256	32	260	36	254	35											11336	264	37	34566	257	37
22	193	259	33	265	25	257	19	275	22	275	23	252	26	270	27	270	25																	11218	250	34			
23	193	265	25	261	31	273	24	258	17	252	20	255	21	281	26	269	27	267	32	266	33	260	40											34809	265	42	16906	260	33
24	193	268	28	269	27	264	26	281	18	241	13	268	19	273	19	266	22																						
25	193	256	33	253	31	265	27	261	12	266	20	259	16	271	20																			9692	234	34			
26	193	244	32	251	31	250	29	251	18	252	28	247	19	262	20																			9358	234	39			
27	193	257	40	252	35	243	33	253	23	232	27	245	22	235	20	238	24	262	24	261	29													13997	257	40			
28	193	267	44	265	37	258	41	246	28	251	26	247	22	233	22	231	24	249	24															9333	267	65			
29	193	271	39	266	34	262	30	265	31	259	30	241	26	241	23	243	23	246	23	223	21	237	28	266	34									9311	270	45	35321	258	34
30	193	273	49	279	40	268	34	272	32	257	24	256	25																					12039	272	51			
31																																							

打印者：　校对者：　预审者：　审核者：　L波段(1型)高空气象探测系统软件

-2-

图 7.108　大风层月报表

7.8.5　修改高表-1

在制作高空风记录月报表(高表-1)状态下，如需修改高表-1 中的内容(修改某一天的记录和增加一次全新的记录)，可按鼠标右键，在如图 7.109 所示的弹出菜单中选"修改高表-1"，此时软件会弹出如图 7.97 所示的对话框，在"选择时次(或日)"项中输入要修改的日期，按"确定"按钮，软件随后弹出如图 7.110 所示的对话框，如果是修改某一天的月报，则该天的数据会显示在对话框中，在对话框中修改相应的错误数据即可；如果是增加一天全新的数据，则在对话框中的空白数据栏填入相应的数据。所有数据填写完毕后，按"确定"按钮，软件会询问是否要将修改后的数据保存下来，如果选"保存"，修改后的月报文件将保存在\lradar\monthtable 中(以 mw 开头的是高空风月报表文件；以 ms 开头的是高空压、温、湿月报表文件)。

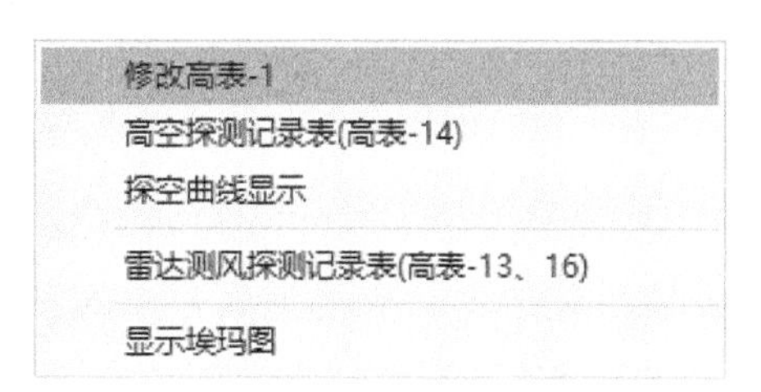

图 7.109　修改高表-1 菜单

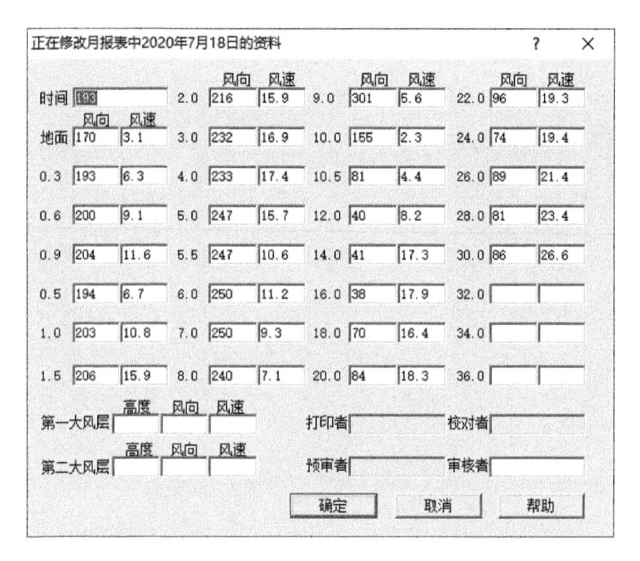

图 7.110　修改高表-1 某天数据

7.8.6　高空风特性层月报表

可根据每天观测的数据文件自动制作高空风特性层月报表，制作方法如下：进入"月报表"菜单，选"高空风特性层月报表"菜单项，软件将会制作指定月份、时次的高空风特性层月报表的电子版文件，文件为 TXT 格式，如图 7.111 所示，文件存放在 textdat 文件夹内，文件名为 W57957-20200719.TXT，字符 W 代表风特性层，其后紧跟的是站号和年、月、时次，文件中 01-048 中的 01 代表日期，48 代表风特性层数量，特性层要素按照"层次""时间""气压""高度""风向""风速""温度""湿度""露点""温露差""纬度差""经度差"排列。

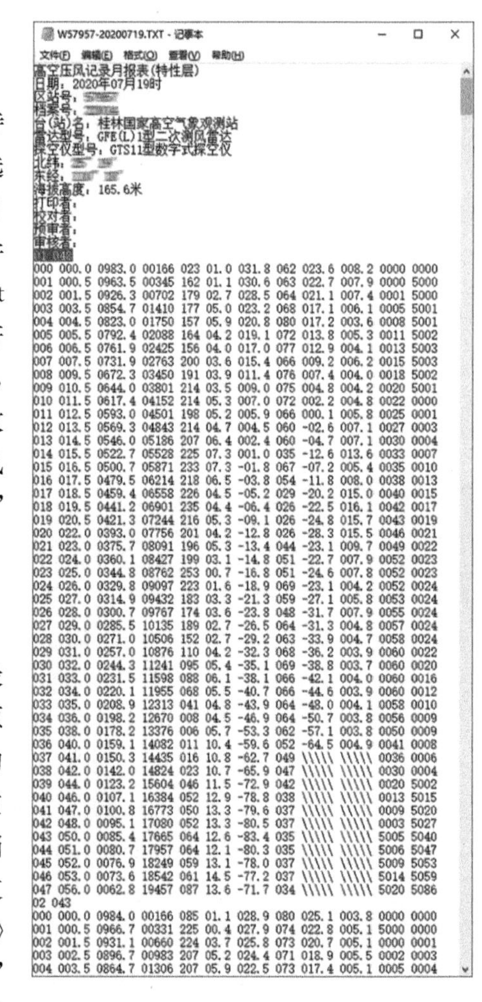

W57957-20200719.TXT - 记事本

文件(F)　编辑(E)　格式(O)　查看(V)　帮助(H)

```
高空压风记录月报表(特性层)
日期：2020年07月19时
区站号：
档案号：
台(站)名：桂林国家高空气象观测站
雷达型号：GFE(L)1型二次测风雷达
探空仪型号：GTS11型数字式探空仪
北纬：
东经：
海拔高度：165.6米
打印者：
校对者：
预审者：
审核者：
[illegible]
000 000.0 0983.0 00166 023 01.0 031.8 062 023.6 008.2 0000 0000
001 000.5 0963.5 00345 162 01.1 030.6 063 022.7 007.9 0000 5000
002 001.5 0926.3 00702 179 02.7 028.5 064 021.1 007.4 0001 5000
003 003.5 0854.7 01410 177 05.0 023.2 068 017.1 006.1 0005 5001
004 004.5 0823.0 01750 157 05.9 020.8 080 017.2 003.6 0008 5001
005 005.5 0792.4 02088 164 04.2 019.1 072 013.8 005.3 0011 5002
006 006.5 0761.9 02425 156 04.0 017.0 077 012.9 004.1 0013 5003
007 007.5 0731.9 02763 200 03.6 015.4 066 009.2 006.2 0015 5003
008 009.5 0672.3 03450 191 03.9 011.4 076 007.4 004.0 0018 5002
009 010.5 0644.0 03801 214 03.5 009.0 075 004.8 004.2 0020 5001
010 011.5 0617.4 04152 214 05.3 007.0 072 002.2 004.8 0022 0000
011 012.5 0593.0 04501 198 05.2 005.9 066 000.1 005.8 0025 0001
012 013.5 0569.3 04843 214 04.7 004.5 060 -02.6 007.1 0027 0003
013 014.5 0546.0 05186 207 06.4 002.4 060 -04.7 007.1 0030 0004
014 015.5 0522.7 05528 225 07.3 001.0 035 -12.6 013.6 0033 0007
015 016.5 0500.7 05871 233 07.3 -01.8 067 -07.2 005.4 0035 0010
016 017.5 0479.5 06214 218 06.5 -03.8 054 -11.8 008.0 0038 0013
017 018.5 0459.4 06558 226 04.5 -05.2 029 -20.2 015.0 0040 0015
018 019.5 0441.2 06901 235 04.4 -06.4 026 -22.5 016.1 0042 0017
019 020.5 0421.3 07244 216 05.3 -09.1 026 -24.8 015.7 0043 0019
020 022.0 0393.0 07756 201 04.2 -12.8 026 -28.3 015.5 0046 0021
021 023.0 0375.7 08091 196 05.3 -13.4 044 -23.1 009.7 0049 0022
022 024.0 0360.1 08427 199 03.1 -14.8 051 -22.7 007.9 0052 0023
023 025.0 0344.8 08762 253 00.7 -16.8 051 -24.6 007.8 0052 0023
024 026.0 0329.8 09097 223 01.6 -18.9 069 -23.1 004.2 0052 0024
025 027.0 0314.9 09432 183 03.3 -21.3 059 -27.1 005.8 0053 0024
026 028.0 0300.7 09767 174 03.6 -23.8 048 -31.7 007.9 0055 0024
027 029.0 0285.5 10135 189 02.7 -26.5 064 -31.3 004.8 0057 0024
028 030.0 0271.0 10506 152 02.7 -29.2 063 -33.9 004.7 0058 0024
029 031.0 0257.0 10876 110 04.2 -32.3 068 -36.2 003.9 0060 0022
030 032.0 0244.3 11241 095 05.4 -35.1 069 -38.8 003.7 0060 0020
031 033.0 0231.5 11598 088 06.1 -38.1 066 -42.1 004.0 0060 0016
032 034.0 0220.1 11955 068 05.5 -40.7 066 -44.6 003.9 0060 0012
033 035.0 0208.9 12313 041 04.8 -43.9 064 -48.0 004.1 0058 0010
034 036.0 0198.2 12670 008 04.5 -46.9 064 -50.7 003.8 0056 0009
035 038.0 0178.2 13376 006 05.7 -53.3 062 -57.1 003.8 0050 0009
036 040.0 0159.1 14082 011 10.4 -59.6 052 -64.5 004.9 0041 0008
037 041.0 0150.3 14435 016 10.8 -62.7 049 \\\\\ \\\\\ 0036 0006
038 042.0 0142.0 14824 023 10.7 -65.9 047 \\\\\ \\\\\ 0030 0004
039 044.0 0123.2 15604 046 11.5 -72.9 042 \\\\\ \\\\\ 0020 5002
040 046.0 0107.1 16384 052 12.9 -78.8 038 \\\\\ \\\\\ 0013 5015
041 047.0 0100.8 16773 050 13.3 -79.6 037 \\\\\ \\\\\ 0009 5020
042 048.0 0095.1 17080 052 13.3 -80.5 037 \\\\\ \\\\\ 0003 5027
043 050.0 0085.4 17665 064 12.6 -83.4 035 \\\\\ \\\\\ 5005 5040
044 051.0 0080.7 17957 064 12.1 -80.3 035 \\\\\ \\\\\ 5006 5047
045 052.0 0076.9 18249 059 13.1 -78.0 037 \\\\\ \\\\\ 5009 5053
046 053.0 0073.6 18542 061 14.5 -77.2 037 \\\\\ \\\\\ 5014 5059
047 056.0 0062.8 19457 087 13.6 -71.7 034 \\\\\ \\\\\ 5020 5086
02 043
000 000.0 0984.0 00166 085 01.1 028.9 080 025.1 003.8 0000 0000
001 000.5 0966.7 00331 225 00.4 027.9 074 022.8 005.1 5000 0000
002 001.5 0931.1 00660 224 03.7 025.8 073 020.7 005.1 0000 0001
003 002.5 0896.7 00983 207 05.2 024.4 071 018.9 005.5 0002 0003
004 003.5 0864.7 01306 207 05.9 022.5 073 017.4 005.1 0005 0004
```

图 7.111　高空风特性层月报表

7.8.7　产生高空气象资料信息化模式文件(G 文件)

高空气象资料是我国天气、气候监测网收集的最重要的资料之一，随着我国高空观测业务的发展，原始报表的传送方式已不能满足高空气象观测资料的收集、传输和使用的要求，为了及时完整地收集高空观测数据，中国气象局制定了高空全月观测数据归档格式文件(G 文件)用于传输保存高空观测资料，G 文件根据 QX/T 234—2014《气象数据归档格式　探空》有关规定，涵盖了"高空风气象记录月报表(高表-1)"和"高空压温湿气象记录月报表(高表-2)"中的全部内容，并考虑到探空报告及测风报告的报文及原始观测数据，将高空观测一个月（资料所在月份以观测时次为准）的基本数据统一按本格式归档，G 文件为一个月的观测数据集合，包括规定等压面层温、压、湿、风向、风速，零度层、对流层顶、温、湿特性层、近地面层风向、风速、规定高度层风向、风速、最大风层风向、风速、秒级数据、分钟级数据、观测行为的基本描述等组成，详细的 G 文件描述请参考附录 F“高空气象观测数据文件（G 文件）格式”。使用方法：进入“月报表”项，选“产生高空气象资料信息化模式文件（G 文件）”菜单项，软件弹出图 7.112 所示对话框，选择好年、月和 G 文件保存位置后（默认是 lradar\textdat），按“确定”按钮进入如图 7.113 所示的产生 G 文件状态。

图 7.112　选择制作 G 文件年、月日期

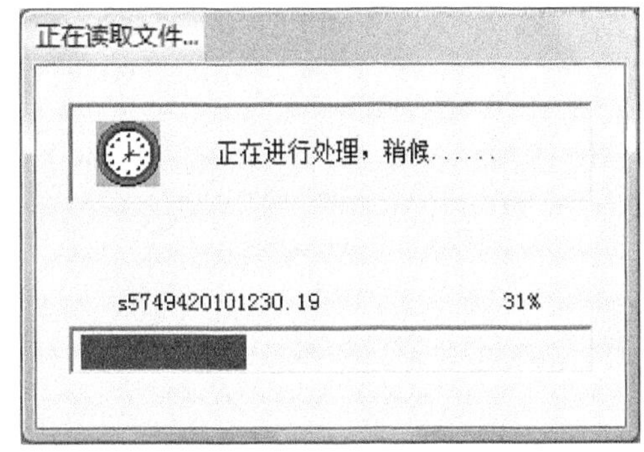

图 7.113　选择制作 G 文件过程中

G 文件生成过程中软件还会弹出一个“气象观测中一般备注事项记载”对话框供用户填写，该对话框如图 7.114 所示。当该月出现某次或某时段对观测记录质量有直接影响的原因、仪器性能不良或故障对观测记录的影响、仪器更换（非换型号）等情况时需要填写该对话框，该部分具体需要填写的内容和格式参见附录 F“高空全月观测数据归档格式”，具体格式规定如下。

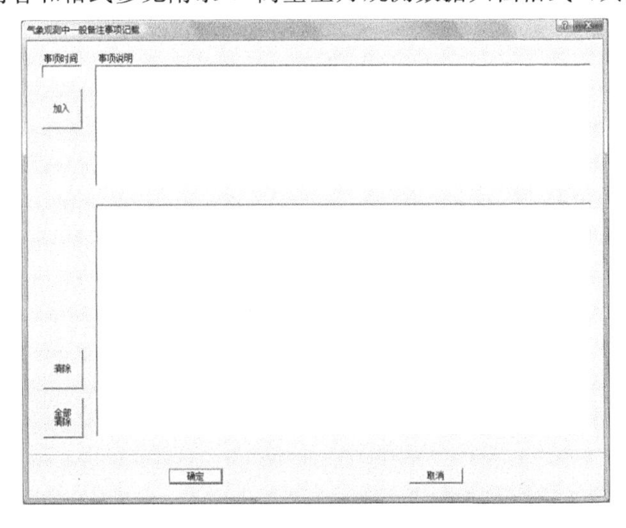

图 7.114　气象观测中一般备注事项记载填写

——事项时间(DD 或 DD-DD)对话框：不定长，最大字符数为 5。录入具体事项出现日期(DD)或起止日期，起、止日期用“-”分隔。若某一事项日期比较多而且不连续，其起、止日期记第一个和最后一个日期，并在事项说明中分别注明出现的具体时间。

——事项说明对话框：填写包括对某次或某时段观测记录质量有直接影响的原因、仪器性能不良或故障对观测记录的影响、仪器更换(非换型号)等。

——如果该月出现多次需要记录的“气象观测中一般备注事项”，在填写完一次备注事项后，点击“加入”按钮，然后再次按照格式规定在“事项时间”和“事项说明”处录入下一个备注事项，依此类推。

——如果没有出现上述情况，不需要填写任何内容，直接点击“确定”按钮。

完成“气象观测中一般备注事项记载”填写后，软件会继续弹出一个“有关台站沿革变动情况记载”对话框，该对话框如图 7.115 所示，当出现如附录 F“高空全月观测数据归档格式”中规定的台站沿革变动时，需要填写该对话框，具体格式规定如下：

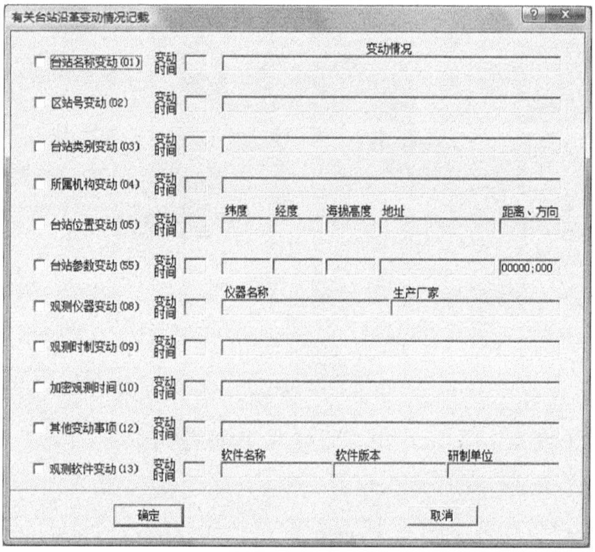

图 7.115　有关台站沿革变动情况记载

项目变动标识码：当台站本月出现有关台站沿革的变动时，按表 7.4 中规定的台站沿革变动项目，在图 7.115 中找到相应项，并在第一列对话框中勾选该台站沿革变动的类型。变动时间(DD)对话框：当进行完该台站沿革变动项选择后，紧接在后面的相应“变动时间”对话框会由灰色变为白色，需要填入项目具体变动的日期(DD)，由 2 个字符组成，位数不足，高位补“0”。

填写台站沿革“变动情况”对话框：相应填写格式规定见表 7.4。

表 7.4　台站沿革变动项目、标识码和变动情况规定

标识码	台站沿革变动项目	台站沿革变动情况内容和格式
01	台站名称	指变动后的台站名称，不定长，最大字符数为 36。
02	区站号	指变动后的区站号。
03	台站类别	指“探空”“测风”按变动后的台站类别，不定长，最大字符数为 10。

续表

标识码	台站沿革变动项目	台站沿革变动情况内容和格式
04	所属机构	指气象台站业务管辖部门简称，填到省、部(局)级，如："国家海洋局"。气象部门所属台站填"某某省(区、市)气象局"，按变动后的所属机构录入，不定长，最大字符数为 30。
05	台站位置迁移	参数和格式为：纬度/经度/观测场海拔高度/地址/距原址距离方向，其各项参数的规定如下： 1)纬度，按变动后纬度录入； 2)经度，按变动后经度录入； 3)观测场海拔高度，按变动后观测场海拔高度录入； 4)地址，同"月报封面"中的地址，按变动后地址录入，不定长，最大字符数位 42； 5)距原址距离方向，当发生台站位置迁移时(标识码为"05")，该项为台站迁址后新观测场距原站址观测场直线距离和方向，由 9 个字符组成，其中 1～5 位为距离、第 6 位为分隔符";"，7～9 位为方位。距离不足位，前位补"0"；方向不足位，末位补空格。距离以"米"为单位；方向按 16 方位的大写英文字母表示。当台站位置不变(标识码为"55"时)，而经纬度、海拔高度因测量方法不同而改变或地址、地理环境改变时，该项为"00000;000"。
55	台站位置不变、而经纬度、海拔高度因测量方法不同而改变或地址、地理环境改变(台站参数变动)	
08	观测仪器	参数和格式为：仪器名称/生产厂家，其各项参数的规定如下： 1)仪器名称，为换型后的观测仪器名称，不定长，最大字符数为 30； 2)生产厂家，为所列仪器名称的生产厂家，不定长，最大字符数为 30。
09	观测时制	指变动后的时制，不定长，最大字符数为 10。
10	加密观测时间	指加密观测的观测具体时间，不定长，最大字符数为 72，几次观测时间用"\"分隔。
12	其他变动事项	指台站所属行政地名改变和对记录质量有直接影响的其他事项，如统计方法的变动等(不包括上述各变动事项)，不定长，最大字符数为 60。
13	观测软件	参数和格式为：软件名称/软件版本/研制单位，其各项参数的规定如下： 1)软件名称，为变动后观测软件的名称，不定长，最大字符数为 36； 2)软件版本，为变动后观测软件的版本，不定长，最大字符数为 36； 3)研制单位，为变动后观测软件的研制单位，不定长，最大字符数为 36。

如果没有出现台站沿革的变动，不需要填写任何内容，直接点击"确定"按钮。

7.8.8　制作标准探空资料文件月总汇

此功能可将月探空资料写入软盘和计算机硬盘指定位置，供保存和上报之用，使用方法：进入"月报表"项，选"标准探空资料文件月总汇"菜单项，在软件弹出如图 7.112 所示的对话框中选定要制作月总汇的年、月、时次，指定标准探空资料文件月总汇保存位置，按"确定"按钮即可，软件一次将一个月中每个数据文件处理成对应的一个文本文件，文件包含放球时间、测站信息、基测记录、瞬间记录、探空仪参数、规定等压面、零度层、对流层顶、大风层等内容。

7.8.9　制作标准测风资料文件月总汇

此功能可将月测风资料写入软盘和计算机硬盘指定位置，供保存和上报之用，使用方法：进入"月报表"项，选"标准测风资料文件月总汇"菜单项，在软件弹出如图 7.112 所示的对话框中选定要制作月总汇的年、月、时次，指定标准测风资料文件月总汇保存位置，按"确定"按钮即可，软件一次将一个月中每个数据文件处理成对应的一个文本文件，文件包含放球时间、测站信息、量得风层、规定高度上风、风特性层、整分球坐标等内容。

7.8.10 制作高空测报质量考核表(高表-21)

根据中国气象局 2015 年下发的《地面高空气象观测业务综合质量考核办法》中的考核内容、统计规定、统计方法及填报规定进行编制，软件提供了对台站月高空气象观测质量的统计功能。

使用方法：进入“月报表”菜单，选“高空测报质量考核表(高表-21)”项，在弹出如图 7.116 所示的对话框中选择需要进行统计的开始年、月和终止年、月后，再进行雷达单独测风终止高度分配方案选择，按下“确定”按钮，即可在数据图形显示区显示如图 7.117 所示经软件自动统计的月高空气象观测质量报表(高表-21)各项内容和结果。图 7.117 所示中观测系统名称后面的文字 GTS12(52)、GTS13(23)、GTS11(21)代表该统计时段内使用的探空仪型号和数量(括号内代表使用的探空仪数量)。

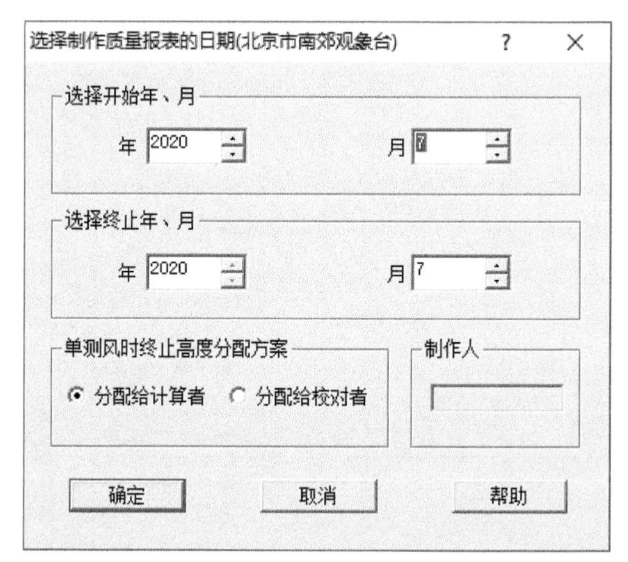

图 7.116 选择制作高表-21 的日期区间

高空气象观测业务质量统计表(高表-21)

站名：桂林国家高空气象观测站 观测系统名称：GFE(L)1型二次测风雷达/GTS12(52)、GTS13(23)、GTS11(21) 2020年7月

姓名	探空平均高度/得分	综合测风平均高度/得分	单独测风平均高度/得分	测风总得分	报文资料质量/得分	业务工作过程														业务过程得分
						重放球次数	前6次人为重放球次数	超6次人为重放球次数	重放球得分	施放不合格仪器数	施放仪器得分	早测次数/早测扣分	迟测6-30分钟次数(人为/非人为)	迟测31-60分钟次数(人为/非人为)	迟测61-75分钟次数(人为/非人为)	迟测扣分	任意终止探空次数/扣分	任意终止测风次数/扣分	早迟测任意终止观测得分	
蒋珍姣	26683/12.1	25609/10.3	21998/3	13.3	100/15.0	0	0	0	17.0	0	8	0/0	0/0	0/0	0/0	0.0	0/0	0/0	30.0	55.0
郭凯	21757/ 4.7	22153/ 6.2	20787/3	9.2	100/15.0	0	0	0	17.0	0	8	1/5	0/0	0/0	0/0	0.0	0/0	0/0	25.0	50.0
梁建平	29639/15.0	26404/11.3	21438/3	14.3	100/15.0	0	0	0	17.0	0	8	0/0	0/0	0/0	0/0	0.0	0/0	0/0	30.0	55.0
张捷军	25552/10.4	23408/ 7.7	20381/3	10.7	100/15.0	0	0	0	17.0	0	8	0/0	0/0	0/0	0/0	0.0	0/0	0/0	30.0	55.0
李江	29489/15.0	28372/12.0	21114/3	15.0	100/15.0	0	0	0	17.0	0	8	0/0	0/0	0/0	0/0	0.0	0/0	0/0	30.0	55.0
李艳玉	27780/13.8	26677/11.6	21026/3	14.6	100/15.0	0	0	0	17.0	0	8	0/0	0/0	0/0	0/0	0.0	0/0	0/0	30.0	55.0
唐军波	23508/ 7.4	22506/ 6.6	21849/3	9.6	100/15.0	0	0	0	17.0	0	8	0/0	0/0	0/0	0/0	0.0	0/0	0/0	30.0	55.0
龚冬英	22250/ 5.5	21528/ 5.4	18576/3	8.4	100/15.0	0	0	0	17.0	0	8	1/5	0/0	0/0	0/0	0.0	0/0	0/0	25.0	50.0
龙凤翔	28316/14.6	27264/12.0	19818/3	15.0	100/15.0	0	0	0	17.0	0	8	0/0	0/0	0/0	0/0	0.0	0/0	0/0	30.0	55.0
赵丽英	24913/ 9.5	23818/ 8.2	23215/3	11.2	100/15.0	0	0	0	17.0	0	8	0/0	0/0	0/0	0/0	0.0	0/0	0/0	30.0	55.0
台站	26153/11.3	24993/ 9.6	21078/3	12.6	111/15.0	0	0	0	17.0	0	8	10/10	0/0	0/0	0/0	0.0	0/0	0/0	20.0	45.0

备注：该表每月3日前上报。1、1日07时，因气球过顶雷达卡死，13:33-15:48、29:27-31:55探空数据作删除处理，7-35分测风数据作删除处理，因天气原因无法补放小球；

填报日期：2020年10月31日 制作人：梁建平 L波段(1型)高空气象探测系统软件

图 7.117 高空测报质量考核表(高表-21)

在显示高表-21状态下按下鼠标右键，在弹出的如图7.118所示的菜单中可以对高表-21进行按如图7.119所示的“图形方式”“高度升降序”等方式进行显示。

在图7.118所示菜单中，选择“修改高表-21”项，输入密码后（同台站参数密码），在弹出的如图7.120所示“修改高表-21”对话框中，可对“报文资料质量”“重放球次数”“早迟测次数”“任意终止探空次数”“任意终止测风次数”等项目进行手动添加修改，其中早测次数由软件自动统计，“施放不合格仪器”始终是0，不随修改而改变。

在图7.118所示的菜单上选“撰写高表-21观测备注”可以在弹出的如图7.25上的对话框上对高表-21进行备注描述，按“确定”按钮后，备注将被写入到高表-21下部备注框内如图7.117所示。

修改后的高表-21可打印，作为留存或上交之用。

修改高表-21
图形方式显示高表-21
按探空平均高度降序排序
按探空平均高度升序排序
按测风平均高度降序排序
按测风平均高度升序排序
按单测风平均高度降序排序
按单测风平均高度升序排序
撰写高表-21观测备注
高空观测记录表(高表-14)
探空曲线显示
高空观测记录表(高表-13、16)
显示埃玛图
高表保存为图形

图7.118　高空测报质量考核表（高表-21）操作菜单

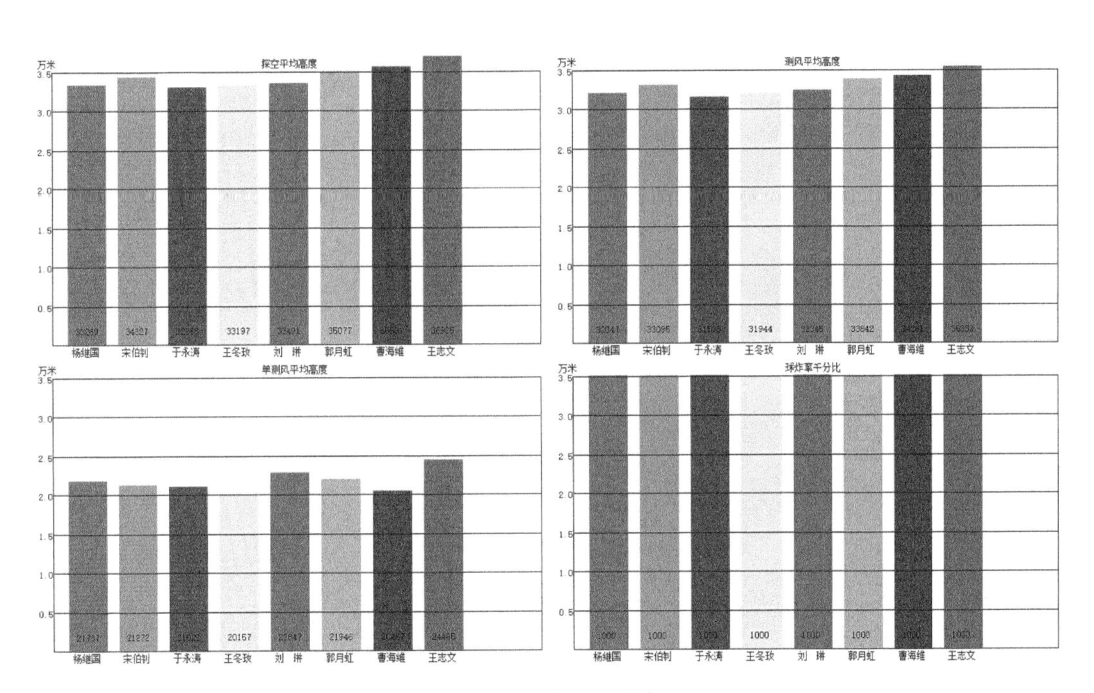

图7.119　图形方式显示高表-21

经手工输入、选择修改后的高表-21，在\lradar\monthtable文件夹下产生以mq开头的该月（高表-21）文件，以后再查看该月份的高表-21时，软件会先查找到该月文件，并弹出一个如图7.121所示的信息框询问用户是否调入已保存的高表-21文件，如选择“否”，软件重新制作高表-21，选择“是”，软件将调入已存高表-21文件。

每月高空气象观测质量报表（高表-21）应加盖台站公章，并于次月10日前报送上级业务主管部门。

注：查看、制作高表-21 时，应先将\lradar\dat 目录下后缀为 01 和 02、07 和 08、19 和 20 的非有效记录观测数据文件移至别处或改名留存。否则，会出现高表-21 统计错误。

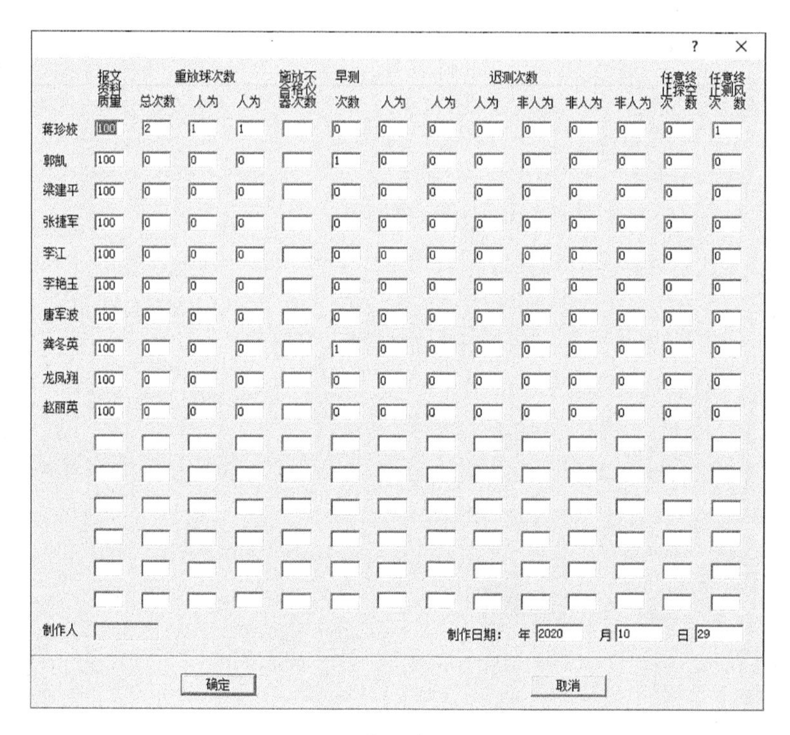

	报文资料质量	重放球次数 总次数	人为	人为	施放不合格仪器次数	早测次数	人为	迟测次数 人为	人为	非人为	非人为	非人为	任意终止探空次数	任意终止测风次数
蒋珍beta	100	2	1	1		0	0	0	0	0	0	0	0	1
郭凯	100	0	0	0		1	0	0	0	0	0	0	0	0
梁建平	100	0	0	0		0	0	0	0	0	0	0	0	0
张捷军	100	0	0	0		0	0	0	0	0	0	0	0	0
李江	100	0	0	0		0	0	0	0	0	0	0	0	0
李艳玉	100	0	0	0		0	0	0	0	0	0	0	0	0
唐军波	100	0	0	0		0	0	0	0	0	0	0	0	0
龚冬英	100	0	0	0		1	0	0	0	0	0	0	0	0
龙凤翔	100	0	0	0		0	0	0	0	0	0	0	0	0
赵丽英	100	0	0	0		0	0	0	0	0	0	0	0	0

制作人　　　　制作日期：年 2020　月 10　日 29

确定　　取消

图 7.120　修改高表-21 参数

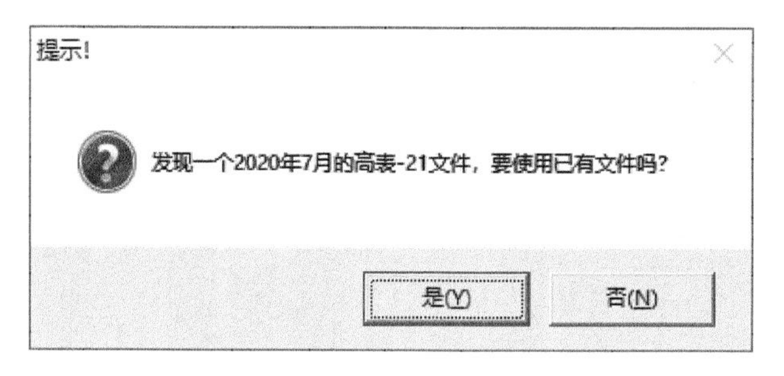

图 7.121　调入已保存的高表-21 文件

7.8.11　制作台站月值班日志

可制作月常规高空观测的值班日志(包括 01 时、07 时、13 时、19 时记录)，主要内容如图 7.122 所示，有文件名、放球时间、终止时间、终止高度、终止原因、值班人员等内容，并可将日志保存为文本文件。台站月值班日志的使用方法与制作高空压、温、湿记录和气候月报表(高表-2)相同。

月值班日志

台站名称：北京市气象局观象台　　　　2006年11月

文件名	放球时间	终止时间	探空终止原因	测风终止原因	探空终止高度	测风终止高度	计算者	校对者	预审者
s5451120061101.07	01日07时16分21秒	08时54分	球炸	球炸	36125	34871	宋伯钊	杨继国	
s5451120061102.07	02日07时15分03秒	08时55分	球炸	球炸	38942	36735	王冬玫	于永涛	
s5451120061103.07	03日07时15分05秒	08时42分	球炸	球炸	32065	30881	郭月虹	刘　琳	
s5451120061104.07	04日07时15分13秒	08时46分	球炸	球炸	36817	35360	宋伯钊	杨继国	
s5451120061105.07	05日07时15分46秒	08时50分	球炸	球炸	37346	35775	王志文	曹海维	
s5451120061106.07	06日07时15分51秒	08时50分	球炸	球炸	35774	34506	刘　琳	郭月虹	
s5451120061107.07	07日07时16分21秒	08时50分	球炸	球炸	33836	32440	王志文	王冬玫	
s5451120061108.07	08日07时15分06秒	08时45分	球炸	球炸	34981	33491	宋伯钊	杨继国	
s5451120061109.07	09日07时19分10秒	09时00分	球炸	球炸	36237	34709	曹海维	刘　琳	
s5451120061110.07	10日07时15分08秒	08时22分	球炸	球炸	29698	27909	杨继国	郭月虹	
s5451120061111.07	11日07时15分03秒	08时49分	球炸	球炸	34581	33480	王冬玫	于永涛	
s5451120061112.07	12日07时15分47秒	08时45分	球炸	球炸	35350	33859	宋伯钊	杨继国	
s5451120061113.07	13日07时15分30秒	08时49分	球炸	球炸	32912	31796	刘　琳	郭月虹	
s5451120061114.07	14日07时16分12秒	08时58分	球炸	球炸	37070	35864	王志文	曹海维	
s5451120061115.07	15日07时15分07秒	08时57分	球炸	球炸	39321	37118	于永涛	王冬玫	
s5451120061116.07	16日07时15分57秒	08时55分	球炸	球炸	37960	36452	王志文	杨继国	
s5451120061117.07	17日07时15分35秒	08时49分	球炸	球炸	36946	35378	曹海维	宋伯钊	
s5451120061118.07	18日07时15分15秒	08时59分	球炸	球炸	38097	36717	刘　琳	郭月虹	
s5451120061119.07	19日07时15分05秒	08时28分	球炸	球炸	26360	25137	王冬玫	于永涛	
s5451120061120.07	20日07时15分21秒	08时51分	球炸	球炸	35127	33692	宋伯钊	杨继国	
s5451120061121.07	21日07时15分39秒	08时45分	球炸	球炸	36710	35356	曹海维	杨继国	
s5451120061122.07	22日07时15分53秒	09时01分	球炸	球炸	37317	36123	刘　琳	郭月虹	
s5451120061123.07	23日07时15分05秒	08时49分	球炸	球炸	36824	35489	杨继国	王冬玫	
s5451120061124.07	24日07时15分21秒	08时48分	球炸	球炸	32143	30813	于永涛	曹海维	
s5451120061125.07	25日07时16分46秒	08时48分	球炸	球炸	34617	33544	宋伯钊	刘　琳	
s5451120061126.07	26日07时16分47秒	08时56分	球炸	球炸	37576	35943	曹海维	于永涛	
s5451120061127.07	27日07时15分16秒	08时56分	球炸	球炸	35961	34507	刘　琳	宋伯钊	
s5451120061128.07	28日07时15分16秒	08时54分	球炸	球炸	36938	35112	于永涛	曹海维	
s5451120061129.07	29日07时15分12秒	08时52分	球炸	球炸	36296	34862	宋伯钊	刘　琳	
s5451120061130.07	30日07时15分09秒	09时00分	球炸	球炸	36309	35027	王志文	郭月虹	
s5451120061101.19	01日19时15分19秒	20时48分	球炸	球炸	34034	32688	王冬玫	于永涛	
s5451120061102.19	02日19时15分06秒	20时58分	球炸	球炸	34664	33309	刘　琳	郭月虹	
s5451120061103.19	03日19时15分07秒	21时09分	球炸	球炸	36380	35496	宋伯钊	杨继国	
s5451120061104.19	04日19时15分35秒	20时58分	球炸	球炸	37306	36014	王志文	曹海维	
s5451120061105.19	05日19时15分18秒	20时50分	球炸	球炸	32809	31809	刘　琳	郭月虹	
s5451120061106.19	06日19时15分14秒	20时51分	球炸	球炸	33597	32441	王志文	王冬玫	
s5451120061107.19	07日19时16分04秒	21时01分	球炸	球炸	39043	37919	杨继国	宋伯钊	
s5451120061108.19	08日19时15分25秒	20时44分	球炸	球炸	32009	30909	曹海维	刘　琳	
s5451120061109.19	09日19时15分17秒	19时45分	球炸	球炸	8094	7559	郭月虹	杨继国	
s5451120061110.19	10日19时15分09秒	20时49分	球炸	球炸	30156	28936	王冬玫	于永涛	
s5451120061111.19	11日19时15分17秒	20时51分	球炸	球炸	28653	27456	宋伯钊	杨继国	
s5451120061112.19	12日19时15分52秒	20时52分	球炸	球炸	33394	32403	刘　琳	郭月虹	
s5451120061113.19	13日19时17分54秒	20时49分	球炸	球炸	33876	32793	王志文	曹海维	

图 7.122　台站月值班日志

7.9　打印

如果要将数据和图形的结果打印出来，可在每一项操作结束后，进入"打印"项，选"打印数据与图形"菜单项后，计算机会弹出一个如图 7.123 所示的对话框询问操作员是否真的想打印，如想打印，按"打印"按钮即可。随后再弹出一个如图 7.124 所示的对话框，弹出该对话框的目的是给用户在打印多于一页时是否采用单页打印的选择，这样可将报表打印在纸的正反面以达到节约纸张的目的，具体做法就是在对话框的打印范围里选"页数"，并将"从(F)""到(T)"的两个框中添入相同的页号即可。其中打印月报表、探空记录表、埃玛图要宽行打印纸，其余可使用窄行打印纸或电传打印纸。

图 7.123　打印

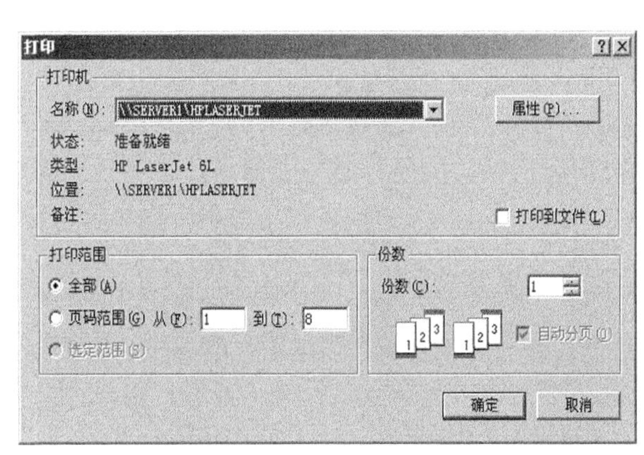

图 7.124　打印参数选项

7.10 查看

数据处理软件的主窗口可根据每个操作员的习惯而修改，如取消和增加快捷按钮工具栏、取消和增加数据文件列表栏、取消和增加状态显示栏、刷新文件列表、调整数据文件列表位置等。

7.10.1 快捷按钮工具栏操作

取消和增加快捷工具栏方法：进入“查看”菜单，选“快捷按钮工具栏”菜单项，即可取消快捷工具栏，取消快捷工具栏后的窗口显示效果如图 7.125 所示。再次选择“快捷按钮工具栏”菜单项可以重新增加快捷工具栏。

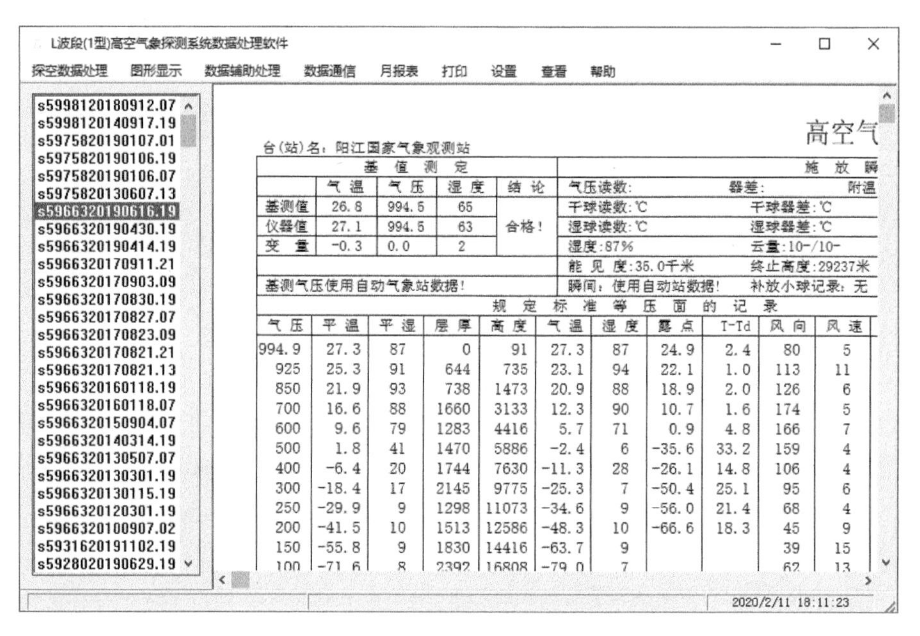

图 7.125　取消快捷工具栏效果

7.10.2 数据文件列表栏操作

取消和增加数据文件列表栏方法：进入“查看”菜单，选“数据文件列表栏”菜单项，即可取消数据文件列表栏，取消数据文件列表栏后窗口可以显示更多的内容，显示效果如图 7.126 所示。再次选择“数据文件列表栏”菜单项可以重新增加数据文件列表栏。

7.10.3 状态显示栏操作

取消和增加状态显示栏方法：进入“查看”菜单，选“状态显示栏”菜单项，即可取消状态显示栏，取消状态显示栏后的窗口显示效果如图 7.127 所示。再次选择“状态显示栏”菜单项可以重新增加快捷工具栏。

L波段(1型)高空气象探测系统数据处理软件

探空数据处理　图形显示　数据辅助处理　数据通信　月报表　打印　设置　查看　帮助

TTAA　TTCC PPAA　BUFR

高空气象探测记录表(高

台(站)名：阳江国家气象观测站

基值测定					施放瞬间观测		
	气温	气压	湿度	结论	气压读数:	器差:	附温: 订正值:
基测值	26.8	994.5	65	合格!	干球读数:℃	干球器差:℃	干球温度:27.3℃
仪器值	27.1	994.5	63		湿球读数:℃	湿球器差:℃	湿球温度:℃
变量	-0.3	0.0	2		湿度:87%	云量:10-/10-	云状:Sc Cu
					能见度:35.0千米	终止高度:29237米	终止时间:20:27
基测气压使用自动气象站数据!					瞬间：使用自动站数据!	补放小球记录：无	对比观测记录：无

规定标准等压面的记录

气压	平温	平湿	层厚	高度	气温	湿度	露点	T-Td	风向	风速	时间	纬度差	经度差	层次
994.9	27.3	87	0	91	27.3	87	24.9	2.4	80	5	0.0	0000	0000	0
925	25.3	91	644	735	23.1	94	22.1	1.0	113	11	2.0	0001	5010	1
850	21.9	93	738	1473	20.9	88	18.9	2.0	126	6	4.3	0008	5020	2
700	16.6	88	1660	3133	12.3	90	10.7	1.6	174	5	9.0	0014	5030	3
600	9.6	79	1283	4416	5.7	71	0.9	4.8	166	7	12.6	0025	5030	4
500	1.8	41	1470	5886	-2.4	6	-35.6	33.2	159	4	16.6	0034	5033	5
400	-6.4	20	1744	7630	-11.3	28	-26.1	14.8	106	4	21.3	0040	5040	6
300	-18.4	17	2145	9775	-25.3	7	-50.4	25.1	95	6	27.2	0041	5057	7
250	-29.9	9	1298	11073	-34.6	9	-56.0	21.4	68	4	30.6	0038	5070	8
200	-41.5	10	1513	12586	-48.3	10	-66.6	18.3	45	9	34.3	0031	5078	9
150	-55.8	9	1830	14416	-63.7	9			39	15	38.9	0008	5105	10
100	-71.6	8	2392	16808	-79.0	7			62	13	43.9	5018	5134	11

2020/2/11 18:17:16

图 7.126　取消数据文件列表栏效果

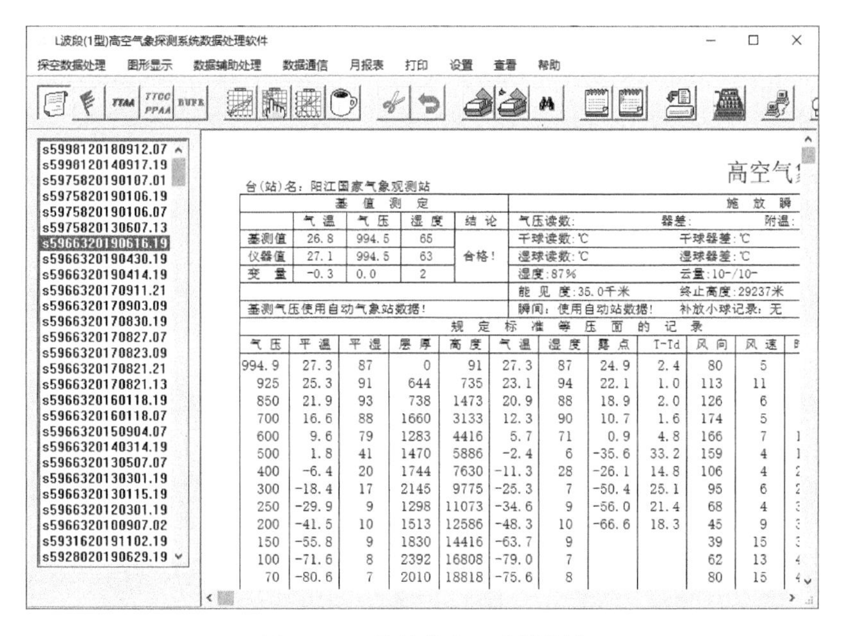

基值测定					施放瞬	
	气温	气压	湿度	结论	气压读数:	器差: 附温:
基测值	26.8	994.5	65	合格!	干球读数:℃	干球器差:℃
仪器值	27.1	994.5	63		湿球读数:℃	湿球器差:℃
变量	-0.3	0.0	2		湿度:87%	云量:10-/10-
					能见度:35.0千米	终止高度:29237米
基测气压使用自动气象站数据!					瞬间：使用自动站数据!	补放小球记录：无

规定标准等压面的记录

气压	平温	平湿	层厚	高度	气温	湿度	露点	T-Td	风向	风速
994.9	27.3	87	0	91	27.3	87	24.9	2.4	80	5
925	25.3	91	644	735	23.1	94	22.1	1.0	113	11
850	21.9	93	738	1473	20.9	88	18.9	2.0	126	6
700	16.6	88	1660	3133	12.3	90	10.7	1.6	174	5
600	9.6	79	1283	4416	5.7	71	0.9	4.8	166	7
500	1.8	41	1470	5886	-2.4	6	-35.6	33.2	159	4
400	-6.4	20	1744	7630	-11.3	28	-26.1	14.8	106	4
300	-18.4	17	2145	9775	-25.3	7	-50.4	25.1	95	6
250	-29.9	9	1298	11073	-34.6	9	-56.0	21.4	68	4
200	-41.5	10	1513	12586	-48.3	10	-66.6	18.3	45	9
150	-55.8	9	1830	14416	-63.7	9			39	15
100	-71.6	8	2392	16808	-79.0	7			62	13
70	-80.6	7	2010	18818	-75.6	8			80	15

图 7.127　取消状态显示栏效果

7.10.4　刷新文件列表操作

刷新文件列表的作用是重新读入本站常用参数里指定路径内的所有数据文件。操作方法：进入“查看”菜单，选“刷新文件列表”菜单项即可，文件列表栏内会重新更新为最新的文件列表。

7.10.5　数据文件列表框位置操作

调整数据文件列表框位置，调整方法：进入“查看”菜单，选“数据文件列表框位置”菜单项，在该菜单下有两个子菜单，即“窗口左边”“窗口右边”，图 7.128 是选择“窗口右边”的显示效果。

图 7.128　调整数据文件列表框位置效果

7.11　帮助

打开“帮助”菜单，会有此软件开发信息及如何使用此软件的帮助文件，打开的帮助文件如图 7.129 所示。

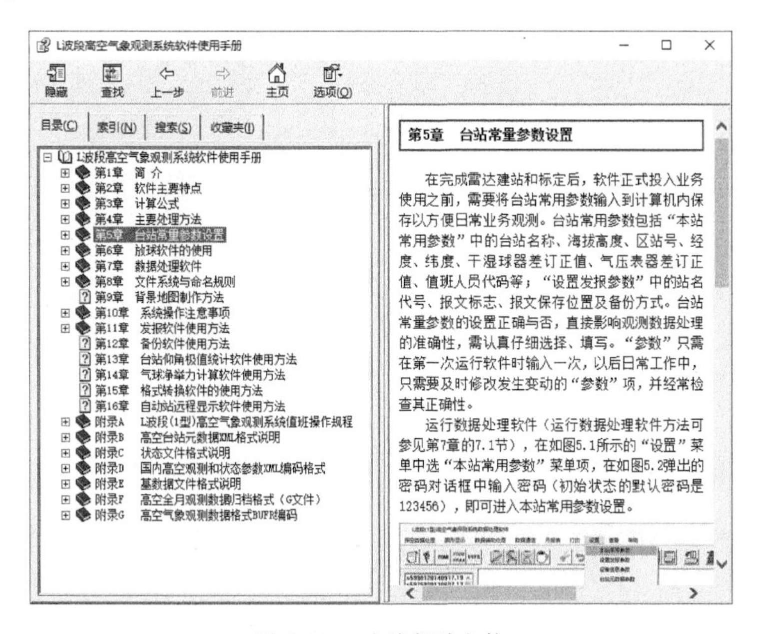

图 7.129　在线帮助文件

第 8 章　文件系统与命名规则

8.1　文件系统

软件产生和使用的各种类型的文件说明，如表 8.1 所示。

表 8.1　各种类型文件表

序号	文件类型	文件	文件意义	文件大小	文件位置
1	数据文件	S5451120020727.07	数据文件	200～400 KB	C:\lradar\dat
2	报文文件	UP270000.epk	TTAA 报文件	＜1 KB	C:\lradar\gcode
3		UP270001.epk	TTBB 报文件	＜1 KB	C:\lradar\gcode
4		UP270002.epk	TTCC 报文件	＜1 KB	C:\lradar\gcode
5		UP270003.epk	TTDD 报文件	＜1 KB	C:\lradar\gcode
6		UP270004.epk	PPBB 报文件	＜1 KB	C:\lradar\gcode
7		UP270005.epk	PPDD 报文件	＜1 KB	C:\lradar\gcode
8		UP121806.epk	PPAA 报文件	＜1 KB	C:\lradar\gcode
9		UP121807.epk	PPCC 报文件	＜1 KB	C:\lradar\gcode
10		UP120109.epk	气候报文件	＜1 KB	C:\lradar\gcode
11		Z_UPAR_I_56187_20180306130540_O_TEMP-L-00_16012100.BIN	BUFR 文件(综合)	100～500 KB	C:\lradar\gcode
12		T_UPAR_I_54511_20191230120719_O_PILOT-L-00_06120718.BIN	BUFR 文件(单测风)	100～500 KB	C:\lradar\gcode
13	基数据	Z_UPAR_I_59663_20100819111905_O_TEMP-L.txt	基数据文件	100～500 KB	C:\lradar\statusdat
14	状态文件	Z_UPAR_I_54511_20180204091706_R_WEA_LR_SRSI.txt	状态文件(txt 格式)	1 KB	C:\lradar\statusdat
15		Z_UPAR_I_54511_20180204092206_R_TEMP-L_18020409.XML	状态文件(XML 格式)		C:\lradar\statusdat
16	高空全月观测数据归档文件	G54511-200611.txt	G 文件	50 MB	C:\lradar\textdat
17		Z_UPAR_I_54511_20191230202025_M_TEMP.XML	台站元数据文件	2 KB	C:\lradar\statusdat

续表

序号	文件类型	文件	文件意义	文件大小	文件位置
18		ms54511200201.19	经修改、增加内容的月报表(高表-2)文件	62 KB	C:\lradar\monthtable
19		mw54511200201.19	经修改、增加内容的月报表(高表-1)文件	24 KB	C:\lradar\monthtable
20		mq54511200401	高表-21 文件	3 KB	C:\lradar\monthtable
21		s5451120020101.07.txt	月上报探空文件	4～8 KB	C:\2002 年 1 月 1 日 07 时探空月总汇文件
22		w5451120020101.19.txt	月上报测风文件	2～6 KB	C:\2002 年 1 月 1 日 19 时测风月总汇文件
23		wind2003033001.txt	特殊风层 1 文件	1 KB	C:\lradar\bcode
24		map.txt	背景地图文件	1 KB	C:\lradar\map
25	参数文件	parameter.dat	台站参数文件	12 KB	C:\lradar\datap
26		transmit.dat	发报参数文件		C:\lradar\datap
27		Telegraphy.dat	报文选项参数文件	1 KB	C:\lradar\datap
28		equipmentinf.dat	设备信息参数文件	1 KB	C:\lradar\datap
29		config.dat	备份软件配置文件	2 KB	C:\lradar\datap
30		setup.dat	台站环境参数评估软件配置文件	12 KB	C:\lradar\datap
31		AWSpath.dat	自动站远程显示软件参数文件	1 KB	C:\lradar\datap
32		station.dat	格式转换软件参数文件	3 KB	C:\lradar\datap
33	日志	uploadlog.txt	发报日志	不定	C:\lradar\datap
34	仪器参数文件	P103166.C03	探空仪参数文件	1 KB	C:\lradar\para
35		160900746.coeff	探空仪参数文件	1 KB	C:\lradar\para
36		id.dat	探空仪参数文件	不定大小	C:\lradar\para
37		T01316.F09	探空仪参数文件	1 KB	C:\lradar\para

8.2 主要文件命名规则

8.2.1 数据文件(S 文件)

“放球软件”产生的包含温、压、湿、球坐标等观测基础数据文件(观测基础数据资料文件),文件存放在\lradar\dat 和 lradar\datbak 文件夹内,是 L 波段(Ⅰ型)最重要的高空观测系统文件。

此数据文件应按中国气象局常规高空气象规范要求定期转录到非易失性存储器，如光盘和其他硬盘上。在未转录到非易失性存储器上之前，要双备份。

放球软件将接收到的数据保存在硬盘上，并根据区站号、施放日期、放球时间自动形成文件名，文件名利用 Windows 所支持的长文件名特点，以便从文件名就能获取本次放球的较多的信息，文件名中包含了区站号、放球日期、放球时间等信息。现举例说明组成文件名 S5451120200101.07 各字符的意义：

S	5	4	5	1	1	2	0	2	0	0	1	0	1	.	0	7

第 1 个字符为固定字符“S”；

第 2、3、4、5、6 个字符为本站区站号；

第 7、8、9、10 个字符为观测录取时的年份；

第 11、12 个字符为观测录取时的月份；

第 13、14 个字符为观测录取时的日期；

第 15 个字符为固定字符“.”；

第 16、17 个字符为观测录取开始的时间(北京时)。其中“时间”为按下“放球”按钮时刻的时钟时数，如该时刻分钟未过 30 分钟，按此小时数记取；如该时刻分钟超过 30 分，按后一小时数记取。例如：54511 测站在 2020 年 01 月 01 日 07 时 15 分放球，则产生观测数据的文件名为“S5451120200101.07”，我们可以从文件名中得到以下信息：该文件是 54511 测站在 2020 年 01 月 01 日 07 时产生的高空观测资料。

每天 00—03 时、06—09 时、12—15 时、18—21 时为正点放球时段，此时段不要施放其他试验性仪器或随意按动放球键，以免造成正点放球时次的次数统计错误。

一天不同时次正点放球后，会产生后缀为 07、19、13 或 01 的数据文件，因记录终止且未达规范要求，整点过 30 分钟后重放球，会产生这天后缀为 08、20、14 或 02 的数据文件。制作月报表或高表-21 时，程序会自动取用后缀为 07、19、13 或 01 的数据文件，若后缀为 08、20、14 或 02 的数据文件为有效记录，需人工将前一数据文件改名备存(如 S5451120200101 备.07)。同样，某一时次使用本系统放球，记录终止且未达规范要求，后又用其他备份观测系统补放，制作月报前，也需将本系统产生的这一时次数据文件改名备存，再用其他备份系统所获观测资料，输入本系统月报之中。

因重放球产生相同文件名时，软件会将前一数据文件备份到 C:\lradar\bak\ 目录下。

数据文件为二进制文件，不能使用记事本之类的软件打开阅读！

8.2.2　报文文件(文本格式)

根据观测日期、观测时间、报文识别代码等自动形成文件名。

U	P	1	8	1	2	0	0	.	E	P	K

第 1、2 两个字符为固定字符“U”“P”，为高空报文指示码；

第 3、4 个字符为观测日期；

第 5、6 个字符为观测时间(放球开始的北京时，并以最接近的两位整时数编码)；

第7、8个字符为报文识别代码；

第9个字符为固定字符“.”；

第10、11、12个字符为站名标识(软件自动提取“设置发报参数”中“站名代号”的后三位)。

其中报文识别代码00、01、02、03、04、05、06、07分别代表TTAA、TTBB、TTCC、TTDD、PPBB、PPDD、PPAA、PPCC报文；

09代表气候月报文(气候月报的观测时间字符特置为固定数字00)，19、29、39分别代表气候月报文的第一更正报文、第二更正报文、第三更正报文；

10、11、12、13、14、15、16、17分别代表TTAA、TTBB、TTCC、TTDD、PPBB、PPDD、PPAA、PPCC的第一更正报文，20、21、22、23、24、25、26、27分别代表TTAA、TTBB、TTCC、TTDD、PPBB、PPDD、PPAA、PPCC的第二更正报文，30、31、32、33、34、35、36、37分别代表TTAA、TTBB、TTCC、TTDD、PPBB、PPDD、PPAA、PPCC的第三更正报文；

在第一、二、三更正报文中的第二行最后分别添加CCA、CCB、CCC。

例如：

(1)54511测站7日01时15分—01时30分放球，观测时间编码为18，观测日期编码减1 d为06，PPAA报文文件名应为UP061806.EPK；

(2)51511测站8日07时31分—08时30分放球，观测时间编码为01，观测日期编码为08，TTCC报文文件名应为UP080102.EPK。

(3)54511测站8日19时放球，TTAA第一更正报文文件名应为UP081210.EPK，其报文格式及内容如下：

```
ZCZC 000
USCI10 BEPK 081200 CCA
TTAA  08111 54511 99026 00760 22501 00235 01758 23004 92849
07142 24007 85508 05556 24503 70007 14113 26009 50549 30127
27515 40704 42122 27520 30896 48763 27035 25014 54563 27041
20158 53163 26542 15342 54964 26540 10601 54764 26535 88242
55163 27042 77180 27045 61616 00911 62626 00000 10002 00952
92000 50010 01073 85000 70017 01199 70001 40035 01481 50000
90102 01924 40000 50158 02183 30000 60264 02513 25001 10353
02711 20001 50473 02951 15002 10630 03263 10003 00837 03701
63636 88001 10368 02742 64646 77001 70533 03071=

NNNN
```

8.2.3 月报表文件(二进制格式)

根据区站号、观测的年月及日期、观测时间等自动形成文件名(经修改或增加月报表中的内容，方可产生此文件)。

m	s	5	4	5	1	1	2	0	0	3	1	2	.	1	9

第1、2个字符为固定字符：

ms：高表-2，

mw：高表-1；

第3、4、5、6、7个字符为本站区站号；

第8、9、10、11个字符为月报的年份；

第12、13个字符为月报的月份；

第14个字符固定为“.”；

第15、16个字符为月报的时次。

例如：ms54511200312.19表示是54511测站2003年12月19时的高表-2月报文件。

8.2.4　高表-21文件(二进制格式)

根据区站号、观测的年及月份等自动形成文件名。

m	q	5	4	5	1	1	2	0	0	4	0	1

第1、2个字符为固定字符“m”“q”；

第3、4、5、6、7个字符为本站区站号；

第8、9、10、11个字符为高表-21的年份；

第12、13个字符为高表-21的月份。

例如：mq54511200401表示是54511测站2004年1月的高表-21文件。

8.2.5　探空仪参数文件(二进制格式)

8.2.5.1　长望GTS1、GTS12探空仪参数文件

P	1	0	6	1	5	8	.	K	0	3

第1个字符为固定字符“P”；

第2、3、4、5、6、7个字符为探空仪序列号；

第8个字符固定为“.”；

第9个字符为英文字母，A—L代表1—12月；

第10、11个字符代表年(年份的后二位)。

例如：P106158.K03表示是2003年11月生产的序列号为106158的探空仪参数文件。

8.2.5.2　太原GTS1-2探空仪参数文件

T	0	1	3	1	6	.	F	0	9

第1个字符为固定字符“T”；

第2、3、4、5、6个字符为探空仪序列号；

第7个字符固定为“.”；

第8个字符为英文字母，A—L代表1—12月；

第9、10个字符代表年(年份的后二位)。

例如：T01316.F09表示是2009年6月生产的序列号为106158的探空仪参数文件。

8.2.5.3　大桥 GTS1-3 探空仪参数文件

i	d	.	d	a	t

固定为 id. dat。

8.2.5.4　大桥 GTS11 探空仪参数文件

1	6	0	9	0	0	7	4	6	.	c	o	e	f	f

第 1、2 个字符为年份；

第 2、3 个字符为月份；

第 5、6、7、8、9 个字符为序号；

第 10 个字符固定为“.”；

第 11、12、13、14、15 个字符固定为“coeff”。

8.2.6　基数据文件

基数据文件名：Z_UPAR_I_IIiii_yyyymmddhhMMss_O_TEMP-探测方式 . txt

其中：

Z：表示国内交换；

UPAR：表示高空观测的大类代码；

I：表示后面的观测点指示码为区站号；

IIiii：表示观测点的区站号；

yyyymmddhhMMss：表示本文件中观测数据第一条记录的时间(世界时 年月日时分秒共 14 位数字)；

O：表示观测资料；

TEMP：表示探空类观测资料；

“-”：分割符；

探测方式目前有以下标识，对应的含义如下：

L：表示 L 波段探空资料；

G：表示 GPS 探空资料；

P：表示 400 M 电子探空仪资料；

txt：表示文件格式为 ASCII。

8.2.7　txt 版的状态文件

文件命名：

Z_UPAR_I_IIiii_yyyyMMddhhmmss_R_WEA_LR_SRSI. txt

Z_UPAR_I_IIiii_yyyyMMddhhmmss_R_WEW_LR_SRSI. txt

Z：固定编码，表示国内交换资料；

UPAR：固定编码，表示高空气象探测类；

I：表示后面编区站号；

IIiii:表示测站站号;

yyyyMMddhhmmss:表示国际时的文件生成时间;

R:表示运行状态信息类;

WEA:表示探空;

WEW:表示测风;

LR:表示L波段探空雷达;

SRSI:表示测站观测仪器状态信息;

txt:表示此文件为ASCII编码文件。

8.2.8 xml版的状态文件

xml版的状态文件,在放球5 min后会和原txt版的状态文件同步产生一个xml版的状态文件,文件名格式如下:

Z_UPAR_I_IIiii_yyyyMMddhhmmss_R_TEMP-L_YYMMDDHH. XML

文件实例:

T_UPAR_I_54511_20200210121806_R_TEMP-L_06121200. XML

文件名各字段的含义和取值说明如下:

(1)Z:固定代码,表示文件为国内交换的资料;

(2)UPAR:固定代码,表示高空观测;

(3)I:固定代码,指示其后字段代码为测站区站号;

(4)IIiii:测站区站号;

(5)yyyyMMddhhmmss:文件生成UTC国际时时间“年(4位)、月(2位)、日(2位)、时(2位)、分(2位)秒、(2位)”;

(6)R:固定代码,表示状态信息;

(7)TEMP:表示高空综合观测;

(8)L:设备类型,L表示“L波段探空仪”;

(9)YYMMDDHH:观测时次UTC国际时时间“年(2位)、月(2位)、日(2位)、时(2位)”;

(10)XML:表示文件为XML格式数据。

8.2.9 BUFR报文文件

Z_UPAR_I_IIiii_yyyyMMddhhmmss_O_TEMP-L-10_YYMMDDHH [-CCx]. BIN

BUFR文件名示例:

综合观测:

Z_UPAR_I_57749_20170814061953_O_TEMP-L-50_12042312. BIN 500 hPa(只07时发)

Z_UPAR_I_57749_20170814061953_O_TEMP-L-10_12042312. BIN 100 hPa(所有时段发)

Z_UPAR_I_57749_20170814061953_O_TEMP-L-00_12042312. BIN 观测终止(所有时段发)

单测风：

Z_UPAR_I_56187_20170814062250_O_PILOT-L-00_16011718.BIN　只在观测终止发

对其中各字段的含义和取值说明如下。

（1）Z：固定代码，表示文件为国内交换的资料。

（2）UPAR：固定代码，表示高空观测。

（3）I：固定代码，指示其后字段代码为测站区站号。

（4）IIiii：测站区站号。

（5）yyyyMMddhhmmss：文件生成世界协调时时间“年（4 位）、月（2 位）、日（2 位）、时（2 位）、分（2 位）、秒（2 位）”。

（6）O：固定代码，表示文件为观测类资料。

（7）[TEMP|PILOT]表示数据子类型，取值 TEMP 或 PILOT，其中：

——TEMP：表示文件为高空综合观测数据；

——PILOT：表示文件为高空单测风数据。

（8）L：设备类型。L 表示“L 波段探空仪”。

（9）[50|10|00]：探空层次标识。采用 WMO GTS 公报报头 TTAAii 中的 ii 项含义，编码为 50、10 或 00，含义如下：

——50：表示从起始观测到 500 hPa 高度的数据（即第 1 时段上传的数据）；

——10：表示从起始观测到 100 hPa 高度的数据（即第 2 时段上传的数据）；

——00：表示一次完整观测的数据（即第 3 时段上传的数据）。

（10）YYMMDDHH：观测时次“年（2 位）、月（2 位）、日（2 位）、时（2 位）”（UTC，世界协调时，如 15060400、15060412）。

（11）CCx：更正标识，可选项。

对于某测站（由 IIiii 指示）已发观测数据进行更正时，文件名中必须包含资料更正标识字段。更正标识 CCx：CC 为固定代码；x 取值为 A～Z，x＝A 时，表示第一次更正该观测数据或质控信息，x＝B 时，表示第二次更正该观测数据或质控信息，依此类推，直至 x＝Z；文件名中的更正标识字段应和文件内容中的文件更正标识保持一致。

8.2.10　符合国家气象信息传输规范的 S 文件名

Z_UPAR_I_IIiii_yyyyMMddhhmmss_O_[TEMP|PILOT]-L-S_YYMMDDHH[-CCx].BIN

在文件名中：

Z：固定代码，表示文件为国内交换的资料。

UPAR：固定代码，表示高空观测。

I：固定代码，指示其后字段代码为测站区站号。

IIiii：测站区站号。

yyyyMMddhhmmss：文件生成时间“年月日时分秒”（UTC，世界协调时）。

O：固定代码，表示文件为观测类资料。

[TEMP|PILOT]表示数据子类型，取值 TEMP 或 PILOT，其中：

——TEMP：表示文件为高空综合探测数据；

——PILOT：表示文件为高空单测风数据。

L：设备类型。L 表示“L 波段探空仪”。

S：固定代码，表示文件为高空观测基础数据文件。

YYMMDDHH：观测时次“年月日时”（UTC，世界协调时）。

CCx：更正标识，可选项。

对于某测站（由 IIiii 指示）已发观测数据进行更正时，文件名中必须包含资料更正标识字段。CCx 中：CC 为固定代码；x 取值为 A～Z，x=A 时，表示第一次更正该观测数据或质控信息，x=B 时，表示第二次更正该观测数据或质控信息，依此类推，直至 x=Z；文件名中的更正标识字段应和文件内容中的文件更正标识保持一致。

BIN：固定代码，表示文件为二进制文件。

第 9 章　背景地图制作方法

背景地图是一个文本文件，文件名为 map. txt，文件位于\lradar\map 下，主要用于显示气球飞行轨迹的背景地图，该背景地图对放球软件和数据处理没有任何影响，每个雷达站可根据自己的具体情况酌情决定是否制作，地图文件的制作方法如下。

在\lradar\map 的目录下用记事本软件(在开始/附件/记事本位置)创建一个文件名为 map. txt 的文本格式的文件，在文件中按照以下格式创建背景地图文件：

线段开始
599　160
520　170
430　180
360　190
280　200
200　210
148　220
线段结束
线段开始
432　160
411　170
401　180
280　190
230　200
200　210
22　220
线段结束
……
……
……
地名开始
0　　0 北京
100　320 张家口
120　120 天津
地名结束

“线段开始”至“线段结束”及之间包含的若干组数据，其意义是：在背景地图上将画上一段折线，这段折线是由“线段开始”至“线段结束”之间的数据所定义的点连接起来的，每一行的两个数据中的第一个数据表示的是该点距离雷达站的距离(km)，第二个数据表示的是该点距雷达站的方位，两数据之间用空格隔开。用折线可以代表江河、湖泊、界线等。一条折线结束后可以另写一条折线数据，“地名开始”至“地名结束”之间的数据意义与线段一样，但增加了一个地名字符。

制作完成地图文件后，软件将自动寻找该文件，并用图形方式将地图显示出来。

第 10 章　系统操作注意事项

10.1　如何正确调整接收机增益和频率

为了避免丢球，首先要根据探空信号对雷达的接收机增益和频率进行认真的调整，这将直接影响到雷达天线跟踪、距离跟踪和气象观测数据的接收。

10.1.1　开机后接收机增益和频率的调整

将基测箱的电源、信号线接到探空仪上。运行“放球软件”，按“摄像机控制”按钮，打开摄像机画面，将“天控手/自动”开关置为手动，用内控盒天线控制手柄转动雷达天线对准探空仪，示波器显示方式为角度方式(用“距离/角度开关”切换)。将增益设为手动，调整增益使四条亮线变小至两到三格；将频率设为手动，调整频率使四条亮线变大，再调整增益使四条亮线变小，反复调整使频率达到最佳状态，增益调至合适位置(30～50 之间)，最后将增益设为自动，如图 10.1。此时频率一般应在 1675 MHz 左右。若频率偏移过大或过小，可调节发射机头部的电容调节螺钉(方法见探空仪使用说明书)。将“天控手/自动”开关置为自动，雷达天线能自动跟踪目标，探空仪位置应始终在摄像机画面之中间位置。小发射机呈开启状态，示波器显示方式转为距离方式时，探空仪发射机的回波“缺口”应清晰可见，其深度应在 1/3～2/3 为宜，若“缺口”不清晰可调整雷达频率，调整无效时，则需调节探空仪发射机板上电位器(方法见探空仪使用说明书)。

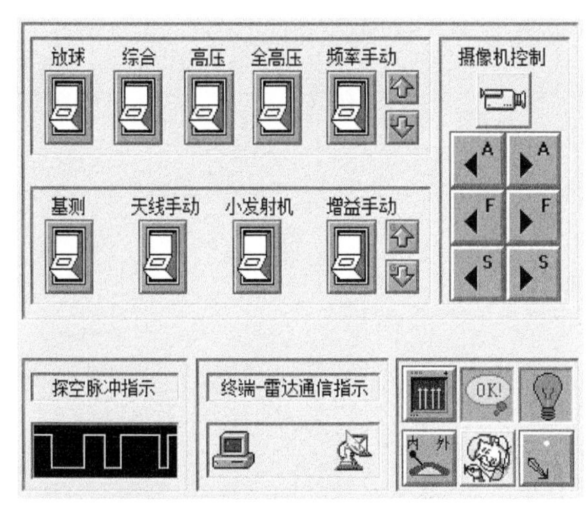

图 10.1　接收机增益和频率的调整

10.1.2　放球前接收机频率的调整及自动跟踪状态的检查

放球前应提前将探空仪放置于距雷达天线 50 m 外，高度距地 1～4 m 之处；将雷达天线对准探空仪。增益、频率、距离手/自动开关都置于自动状态，示波器显示方式置为角度方式，四条亮线清晰、平齐；打开小发射机，示波器显示方式置为距离方式，此时距离处于自动跟踪状态(凹口清晰并保持在竖线“‖”中间)；按下如图 10.2 所示的距离手 / 自动开关为自动状态时，距离波门应能自动回到目标距离处(凹口)。随着探空仪的飞行移动，雷达天线始终自动跟踪目标，并且探空仪始终保持在摄像机画面中央，温、压、湿译码正确，其各值应和地面仪表值相符，且三值基本保持不变，此状态说明接收机频率调整正确，雷达天线自动跟踪情况良好，放球前一切准备工作完毕。反之，需重新调整接收机频率。

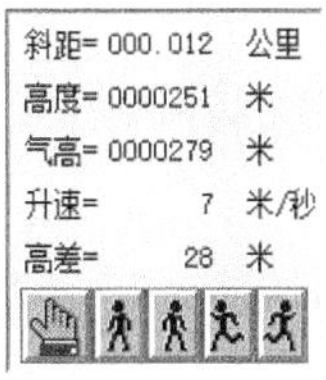

斜距= 000.012 公里
高度= 0000251 米
气高= 0000279 米
升速= 7 米/秒
高差= 28 米

图 10.2　距离跟踪状态

10.2　放球过程中 L 波段雷达丢球、旁瓣抓球如何处理

10.2.1　放球瞬间丢球

放球时雷达天线不能自动跟踪探空仪(探空仪跑出摄像机监视画面)，此时由于气球距天线很近，仰角、方位角变化很大，需要人工指挥抓球：室外操作员应立即根据气球位置告知室内微机操作员，并通过雷达天线瞄准镜随时监视；室内微机操作员应将天控开关置为手动，示波器显示方式为角度方式，使天线对准气球(四条亮线平齐)，并调节频率，使之为最佳状态。此时将天控开关转为自动，探空仪保持在摄像机画面中央，并在示波器显示方式为距离方式下调整距离按钮，使凹口回到竖线“‖”中间。

10.2.2　放球过程中旁瓣抓球

雷达在放球瞬间跟踪准确，之后一般不会出现旁瓣抓球现象，遇可疑现象应谨慎判断。如确定是旁瓣(四条亮线长短不一；凹口飘移且红灯闪动)，应根据最后一组正确“方位、仰角”数据，摇动天线在附近区域搜索，直到四条亮线平齐(示波器显示方式为角度)，调整距离按钮，使凹口回到竖线“‖”中间(示波器显示方式为距离)，并将天控开关转为自动，直至正常。另一种方法是可根据情况按一下“扇扫”按钮(此按钮不要轻易使用)，如图 10.3 所示，雷达天线将在一定范围内自动搜索，尽力追回到主瓣跟踪。

图 10.3　天线扇扫控制开关

10.3　校正、修改计算机时钟

修改、校正计算机时钟应在运行“放球软件”之前进行。运行“放球软件”后，严禁在施放过程中修改计算机的年、月、日期、时间。否则，程序会出错，造成所接收的探空、测风数据的时间出现紊乱，并致使该次观测记录作废。

10.4 雷达天线“死位”应如何处理

雷达天线“死位”现象分为两种：

(1)雷达天线仰角、方位“锁死”不动，电机驱动箱—E灯(仰角)或—A灯(方位角)熄灭，应及时关闭电机驱动箱开关，并迅速再开启此开关。

(2)“放球软件”界面的仰角或方位角显示数字不动，而雷达天线还在转动，应迅速先将“放球软件”控制区上的“发射机”开关关闭；天控开关置于手动(其他界面开关保持原位)。再按关机步骤，关闭雷达主控箱的发射开关、驱动箱开关、主控箱总开关，并迅速按与关闭相反顺序再开启各开关，以激活雷达与终端间的通信传递。天控开关置于自动，打开控制区上的“发射机”开关。

10.5 放球过程应注意的事项

随时注意雷达工作状态(报警灯状态、雷达故障报警、回波缺口跟踪情况、高度与气高差值)及气象译码正确性。报警红灯亮时，可能是雷达故障、旁瓣、回波缺口漂移、高度与气高差值过大、乱码等所致。“雷达故障报警”处正常时显示“OK”图标，否则为“HELP”，可按下“故障显示开关”察看如图6.25、图6.26、图6.27所示的故障部位，关闭雷达电源，更换备份板。“旁瓣”处理参见10.2节内容。“回波缺口漂移”应及时调整频率并追回缺口(参见6.4节内容)。“高度与气高差值过大”一般是“回波缺口漂移”或气压出现乱码所造成，“追回缺口”或纠正乱码即可解决。“乱码”应调整频率并纠正乱码(参见6.20节内容)。

10.6 放球过程中凹口消失如何处理

放球过程中因雷达、探空仪问题造成“凹口”变弱或消失，造成斜距不准。可调整频率，保证探空数据的正常接收，测风数据按6.25.5节“控空高度替代斜距”或6.30节“补放小球”内容处理。

10.7 基测箱的湿球温度表的纱布更换规定

基测箱湿球温度表的纱布应按照厂家要求定期更换。

10.8 软件在Window XP/2000下打印所遇问题的解决方法

目前，有很多L波段软件运行在Windows XP和Windows 2000平台下，由于软件是在Windows 9X平台下设计，因此会出现在Windows 9X下打印正常但在Windows XP/2000操作系统下打印效果不理想的现象，这种情况主要是由于：LQ-1600K/KⅠ/KⅡ/KⅢ打印机的驱动程序在Windows 9X下设计了“用户自定义”选项，L波段软件在程序中按照自定义纸张方式直接打印即可获得理想的打印效果，但在Windows XP/2000操作系统中，LQ-1600K/KⅠ/KⅡ/KⅢ打印机的驱动没有“用户自定义”选项。为了使得L波段软件能在Windows XP/

2000 获得好的打印效果，新版的软件在所有涉及打印操作的地方均增加了打印设置对话框，当在 Windows XP/2000 中为 L 波段软件人工增加所需尺寸的纸张后，即可获的与 Windows 9X 相同的打印效果，具体的操作如下。

(1)L 波段软件安装完成后，用鼠标点击桌面左下角的“开始”按钮，在如图 10.4 所示弹出的菜单中选“打印机和传真”。

图 10.4　打印机和传真

(2)在图 10.4 所示“打印机和传真”窗口中，单击如图 10.5 所示的“文件”菜单。

(3)在“打印服务器属性”对话框中，选中“创建新格式(C)”，在“格式描述(尺寸)”中的，填入纸张宽度和高度(图中示例为高表-14 所用纸张规格)，在“表格名(N)”中为自定义的纸张规格命名，按“保存格式(S)”，将纸张规格保存即可，如图 10.6 所示。

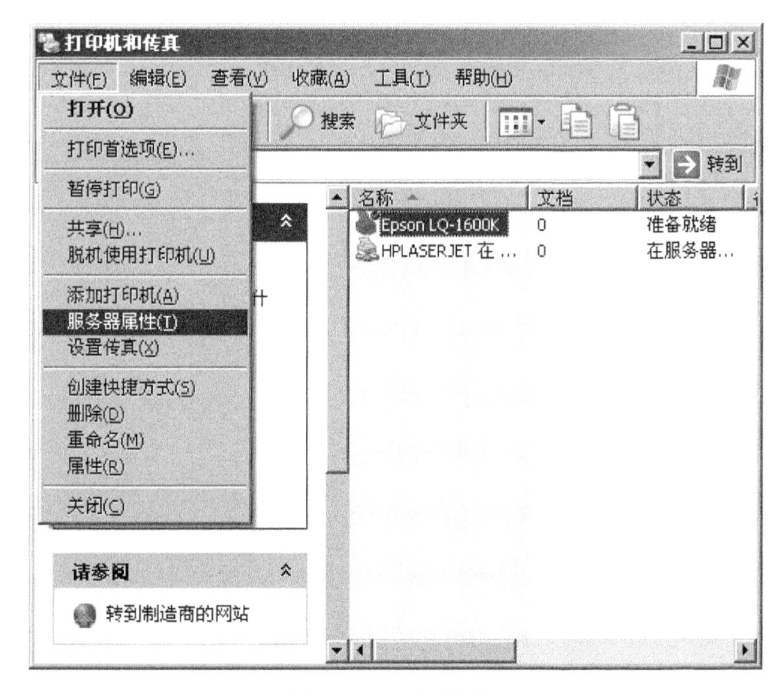

图 10.5　服务器属性

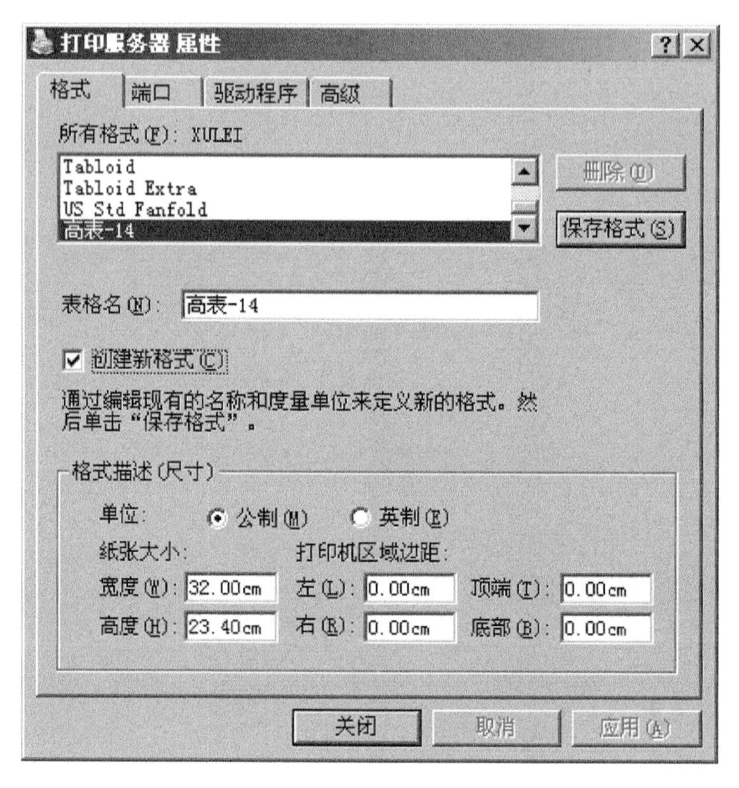

图 10.6　自定义纸张规格

（4）打印时，当出现打印设置对话框后，按“属性（P...）”按钮，在“EPSON LQ-1600K 文档属性”对话框中按如图 10.7“高级”按钮，在如图 10.8 所示中的“纸张规格”选“高表-14”即可。

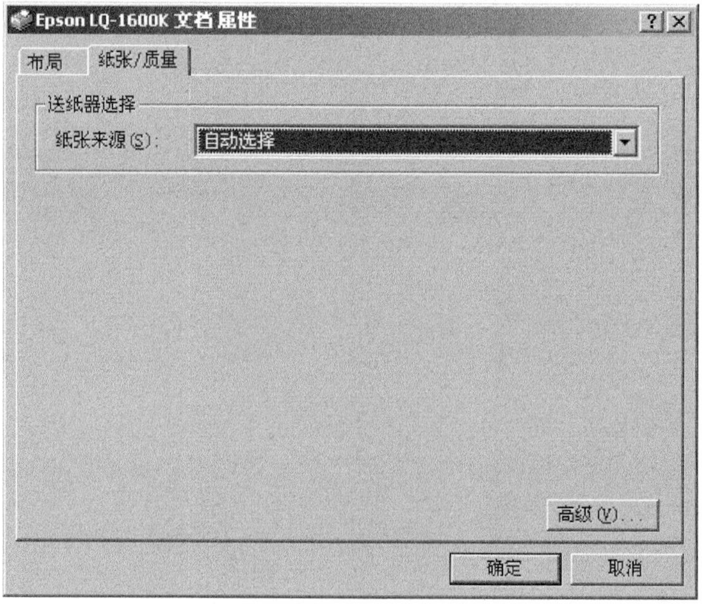

图 10.7　选择纸张

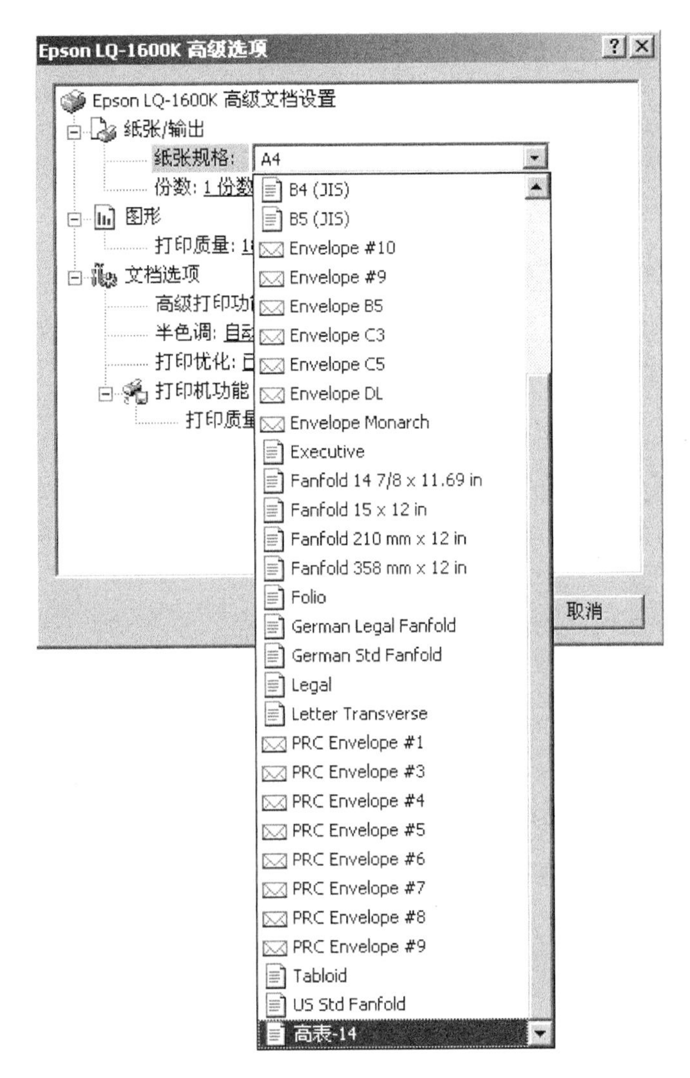

图 10.8　选择打印纸张

(5)使用同样步骤可添加高表-13、月报等规格的纸张。

(6)也可根据自己所用打印机和台站要求另行设置。

(7)此方法也适用非 LQ-16000 系列打印机。

L 波段软件用自定义纸张类型见表 10.1。

表 10.1　L 波段软件用自定义纸张类型数据(推荐)

纸张类型	宽度(cm)	高度(cm)
高表-14	32.00	23.40
高表-14、高表-16	32.50	23.90
高表-21	28.00	21.00
高表-1、高表-2	34.00	26.00
探空曲线显示	25.00	35.00
埃玛图	38.00	26.00

第11章　发报软件使用方法

发报软件是L波段软件包配套软件之一,采用FTP协议,符合国省数据环境(CIMISS)传输规范要求,专用于通过互联网传送各种高空观测资料报文的软件。

11.1　软件的运行

在桌面和左下角的开始菜单均可运行软件,发报软件运行后,界面如图11.1所示。

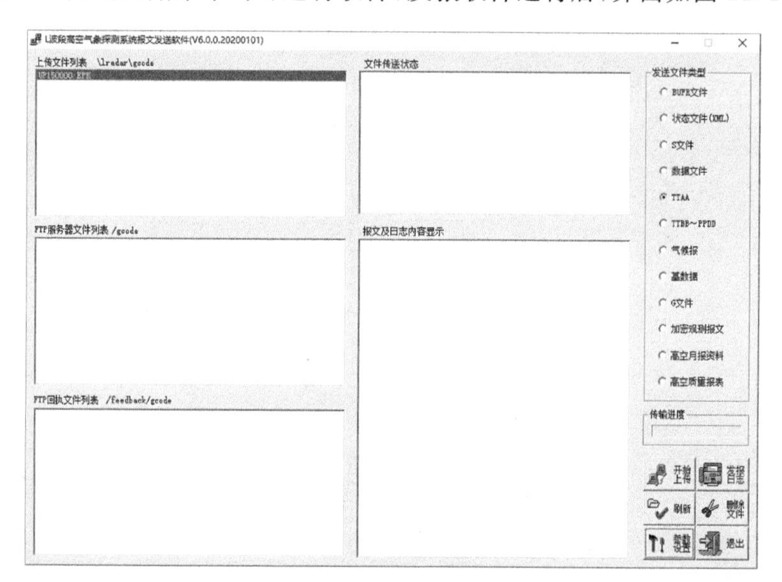

图11.1　发报软件

软件界面上各部分功能如下:

——上传文件列表:该文件列表框位于软件界面左上部,主要用于显示各种待发送的文件名列表;

——FTP服务器文件列表:该文件列表框位于软件界面左中部,主要用于显示已发送到FTP服务器(省气象局信息中心)上的各种文件,可用来判断文件是否已发送到省气象局信息中心;

——FTP回执文件列表:该文件列表框位于软件界面左下角,主要用于显示国家气象信息中心接收到省局转发的报文后又将该文件下传至省局FTP服务器,可通过该文件列表判断国家气象信息中心是否接收到本站发送的文件;

——文件传送状态:用来显示文件发送状态,如果文件发送成功,软件会在该位置显示“文件上传成功!”,反之则显示“文件上传失败!”;

——报文及日志内容显示：该区域主要用于显示文件内容和发报日志，用鼠标左键双击“上传文件列表”“FTP 服务器文件列表”“FTP 回执文件列表”中的任何一个文件，如果该文件是文本格式文件，会在该区域显示该文件的具体内容。按“ ”按钮，可显示历史发报记录。

11.2　参数设置

在使用发报软件时必须先设置好本站发报所需要的各种参数，按发报软件上的“ ”按钮，为了防止无关人员随意设置发报参数导致不能发送报文的情况，发报软件会先弹出一个如图 11.2 所示的密码对话框，输入正确密码后才能对发报软件的发报参数进行修改。

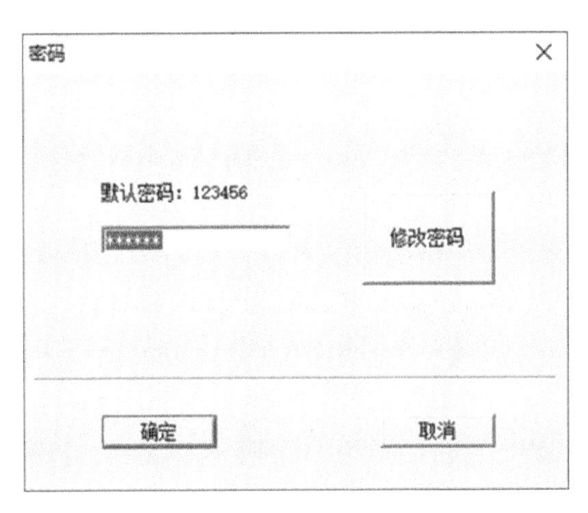

图 11.2　输入密码对话框

密码输入正确后，软件会弹出一个如图 11.3 所示由 6 个属性页组成的对话框，6 个属性页分别是“操作设置”“FTP 设置”“报文路径”“FTP 路径”“回执路径”“备份路径”，在 6 个属性页上分别按下面的方法设置好发报软件的各种参数后，就可以使用发报软件了。

11.2.1　操作设置

操作设置属性页如图 11.3 所示，有“操作”和“测站设置”两大类需要设置，其中“操作”设置类中分别有“只显示本时次的报文文件”“发送文件后自动删除已发送的文件”“只发送(删除)选定的文件”“上传后备份此上传文件”四个选项。

——只显示本时次的报文文件：勾选该选项后，图 11.1 所示的上传文件列表框将只显示与本时段有关的文件，软件将一天分为 01—07 时、07—13 时、13—19 时、19—24 时四个时间段，如果发报软件运行时处于北京时间 07—13 时，发报软件上传文件列表框只会显示 L 波段在该时段产生的文件(即 07 时、08 时文件)。未勾选，软件将显示所有时段的报文文件。

——发送文件后自动删除已发送的文件：勾选该选项后，发报软件在发送完成任何一个文件后，将删除该已发送的文件，但如果是发送数据文件(S 文件)，即使是勾选了该选项，也不会删除该 S 数据文件。

——只发送(删除)选定的文件：选中该选项后，发送文件时，软件将只发送用户选中的文件。同时在用 按钮手动删除文件时，也只会删除选中的文件。

——上传后备份此上传文件：选中该选项后，发送文件后，软件同时还会将将已发送的文件备份到由“备份路径”指定的位置。

测站设置中有“站号”和“站名代码”两项需要填写，站号填写本站区站号，站名代码需要与 L 波段软件发报参数设置中对应的站名代码保持一致填写。

图 11.3 上也是发报软件推荐(默认)的参数填写推荐方式。

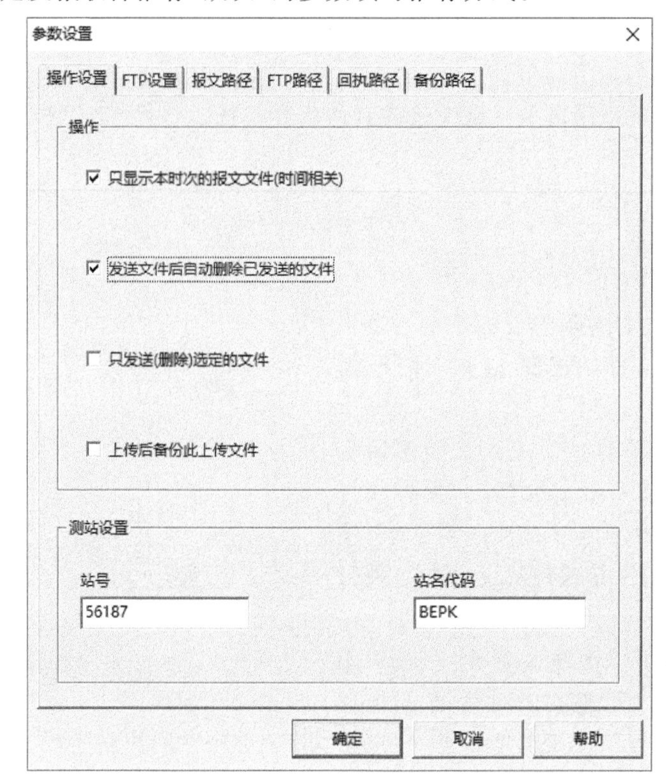

图 11.3 操作设置属性页

11.2.2 FTP 设置

FTP 设置属性页如图 11.4 所示，需要为每一种发送的报文类型配置相应的 IP 地址、用户名、密码，这三项信息由省局气象信息中心 FTP 服务器设定，配置前可以从省局气象信息中心获取相关资讯填写。

11.2.3 报文路径设置

报文路径设置属性页如图 11.5 所示，软件已经默认设置好，一般情况下不需要做任何改动，如果需要改动，可以用鼠标点击旁边的 按钮进行改变。

11.2.4 FTP 路径设置

FTP 路径设置属性页如图 11.6 所示，需要为每一种发送的报文类型配置发送至省局 IP 地址下对应的路径，FTP 路径信息由省局气象信息中心 FTP 服务器设定，配置前可以从省局气象信息中心获取相关资讯。

11.2.5 回执路径设置

回执路径设置属性页如图 11.7 所示，该路径用于存放国家气象信息中心接收到省局转发的报文后同时又将该文件下传至省局 FTP 服务器报文文件，FTP 回执路径信息由省局气象

图 11.4　FTP 设置

图 11.5　报文路径设置

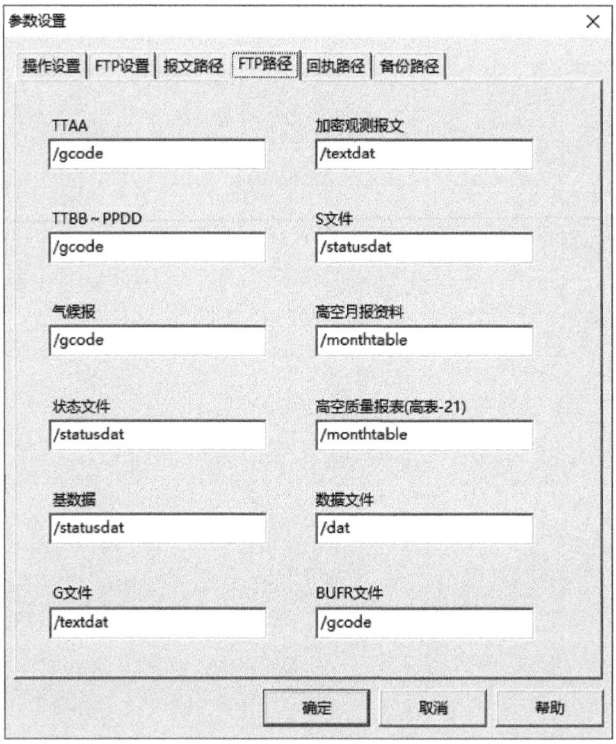

参数设置
操作设置
FTP设置
报文路径
FTP路径
回执路径
备份路径
TTAA
/gcode
加密观测报文
/textdat
TTBB～PPDD
/gcode
S文件
/statusdat
气候报
/gcode
高空月报资料
/monthtable
状态文件
/statusdat
高空质量报表(高表-21)
/monthtable
基数据
/statusdat
数据文件
/dat
G文件
/textdat
BUFR文件
/gcode
确定
取消
帮助

图 11.6　FTP 路径设置

参数设置
操作设置
FTP设置
报文路径
FTP路径
回执路径
备份路径
TTAA
/feedback/gcode
加密观测报文
/feedback/textdat
TTBB～PPDD
/feedback/gcode
S文件
/feedback/statusdat
气候报
/feedback/gcode
高空月报资料
/feedback/monthtable
状态文件
/feedback/statusdat
高空质量报表(高表-21)
/feedback/monthtable
基数据
/feedback/statusdat
数据文件
/feedback/dat
G文件
/feedback/textdat
BUFR文件
/feedback/gcode
确定
取消
帮助

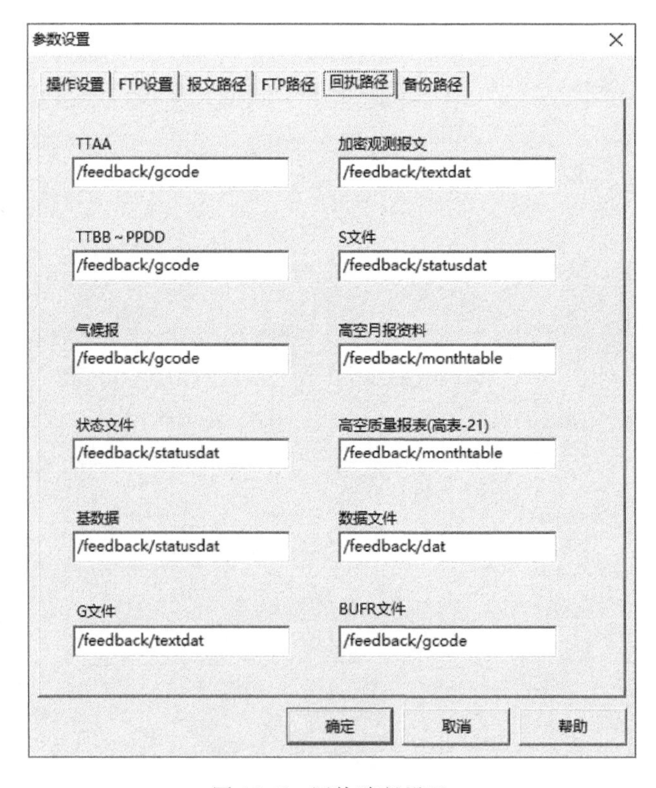

图 11.7　回执路径设置

信息中心 FTP 服务器设定，配置前可以从省局气象信息中心获取相关资讯，发报软件目前只支持上传和回执是同一个 FTP 服务器。

11.2.6　备份路径设置

备份路径设置属性页如图 11.8 所示，指定发送报文后，将这些发送后的报文备份的位置，用鼠标点击旁边的按钮可以改变备份文件路径。

图 11.8　备份路径设置

11.3　报文发送

配置完发报参数后，就可以使用软件右下角的按钮进行发报了。

:按此按钮后，软件开始按照要求往指定的 FTP 服务器传送文件，同时该按钮上的文字会改变成结束上传，如果在传输过程中，想终止传输，可再次按此按钮即可。

11.4 查询发报日志

:按此按钮后,可在报文及日志内容显示中显示发报日志,该日志记录了历史上所有发报过程,为防日志文件太大导致发报软件运行显示迟钝、缓慢,发报软件只显示最近10天左右的日志内容,想看更早的发报日志内容可直接查看日志文件,日志文件是文本文件,文件名是uploadlog.txt,存放在datap文件夹内,台站可定期手动清理文件里面过期的内容。

11.5 刷新文件列表

:按此按钮后,软件会同时刷新软件左侧三个文件列表框中的文件。

11.6 删除文件

:按此按钮后,软件会将“上传文件列表”中的文件删除。

11.7 退出软件

:按此按钮退出软件。

第 12 章　备份软件使用方法

L 波段备份软件是专为 L 波段系统开发的数据文件备份软件，主要目的是方便台站在每次观测完成后备份最重要的观测数据(S 文件)。

双击桌面的 L 波段文件备份图标和左下角的开始菜单均可运行该软件，软件运行后界面如图 12.1 所示，软件界面上有四个窗口，上面的两个窗口分别显示的是 L 波段数据文件列表(可人工设置路径，左侧建议设置为 dat 文件夹、右侧建议设置为 datbak 文件夹)，也就是每天放球所产生的数据文件，默认的路径是\lradar\dat 和\lradar\datbak。下面的两个窗口分别显示的是由用户设置的 dat 和 datbak 文件备份位置的文件列表，第一次使用时最好根据本站具体情况进行设定后再使用。每个窗口的右上角文件路径右侧有个改变路径的按钮 ，可通过该按钮更改。

软件右侧按钮的意义及使用方法如下。

图 12.1　备份软件界面

:复制文件按钮,该按钮只复制选中的文件(按 shift 或 ctrl 可以多选数据文件);

:复制全部文件按钮,该按钮软件将复制列表框内所有显示的文件到指定路径里;

:保存指定的各种路径位置按钮,以后每次运行都会调入选定路径;

:保存备份 L 波段各种参数文件按钮,包括本站常用参数、发报参数等所有参数文件,按下此按钮后,软件弹出如图 12.2 所示对话框,在对话框上面选中 L 波段软件的安装盘符和备份位置后,按“确定”按钮即可备份 L 波段软件工作时所需要的所有参数文件,备份的文件种类如表 12.1 所示;

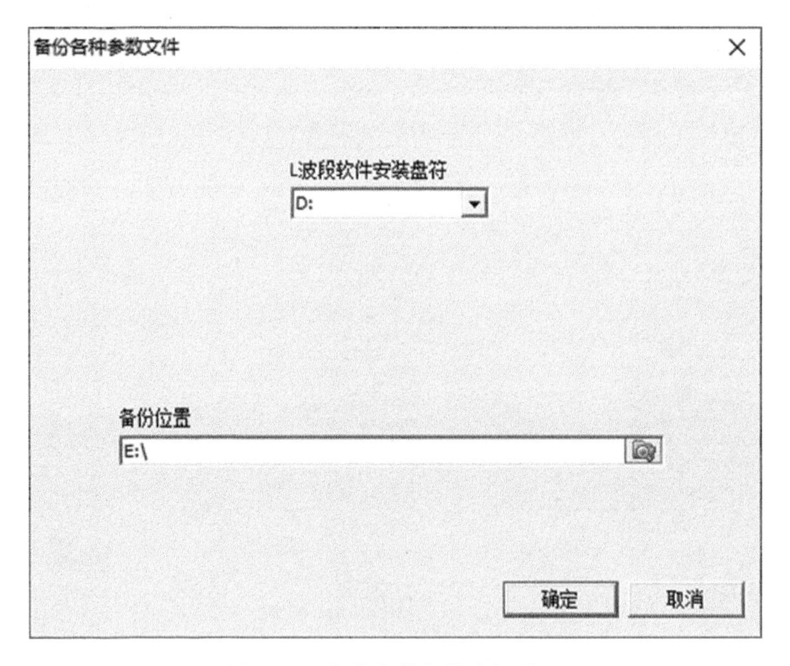

图 12.2　备份参数文件路径设置

:恢复 L 波段各种参数文件,包括本站常用参数、发报参数等所有参数文件,此功能特别适合重新安装 L 波段软件后,用此功能可一键恢复 L 波段所有的参数文件。按下此键后,软件弹出图 12.2 所示对话框,在对话框上面选中 L 波段软件的安装盘符和备份位置按“确定”按钮即可恢复 L 波段软件工作时所需要的所有参数文件;

表 12.1　参数文件列表

文件名	文件类型
parameter. dat	本站常用参数
transmit. dat	发报参数文件
Telegraphy. dat	报文设置文件
equipmentinf. dat	设备参数文件
config. dat	备份软件配置文件
uploadlog. txt	发报软件日志文件
setup. dat	台站环境参数评估软件配置文件
AWSpath. dat	自动站远程显示软件参数文件
station. dat	格式转换软件参数文件

:退出软件。

第 13 章　台站仰角极值统计软件使用方法

台站参数统计软件可以从测站历年数据文件中提取仰角数据进行统计，从而形成台站最低工作仰角图用于台站观测环境评估。

从开始菜单中的 L 波段(Ⅰ型)高空气象探测系统软件中选择如图 13.1 所示的“台站环境参数统计软件”，软件开始运行，运行后的软件界面如图 13.2 所示。

图 13.1　运行台站环境参数统计软件方法

在使用软件之前，需要先简单地设置几个参数，点击软件上的按钮，在如图 13.3 所示的弹出文件路径、站号设置对话框内设置好文件路径和本站站号后即可开始进行统计了。

按软件界面上的按钮，在如图 13.4 所示的对话框内设定好需要统计的时段，按“确定”按钮，软件开始自动搜索指定时段内的所有文件，并进行最低仰角极值的统计，统计结束后

图 13.2　软件运行后界面

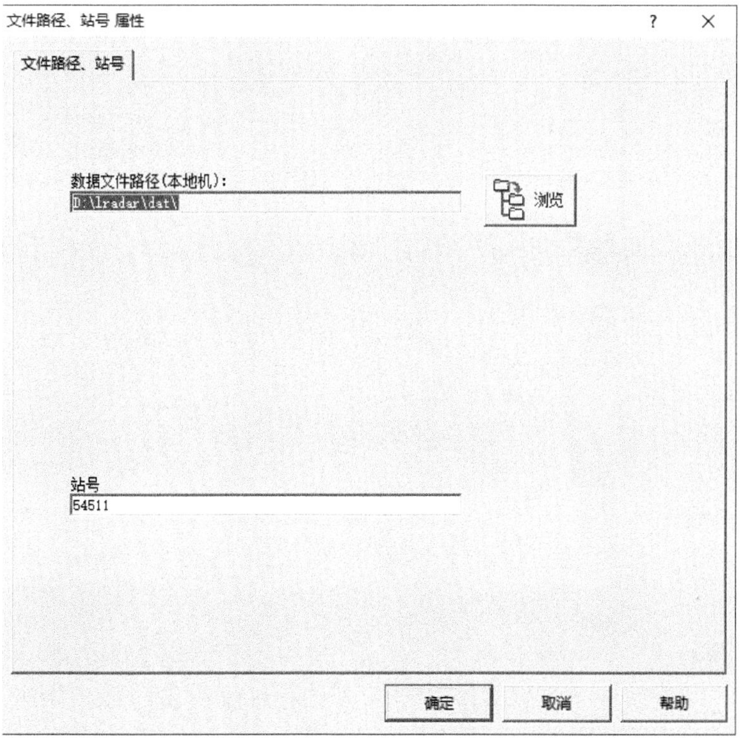

图 13.3　文件路径、站号设置对话框

将结果图形在窗口绘制出来，如图 13.5 所示，按下鼠标右键，选极坐标菜单，可以更直观的极坐标方式显示如图 13.6 所示的统计结果。

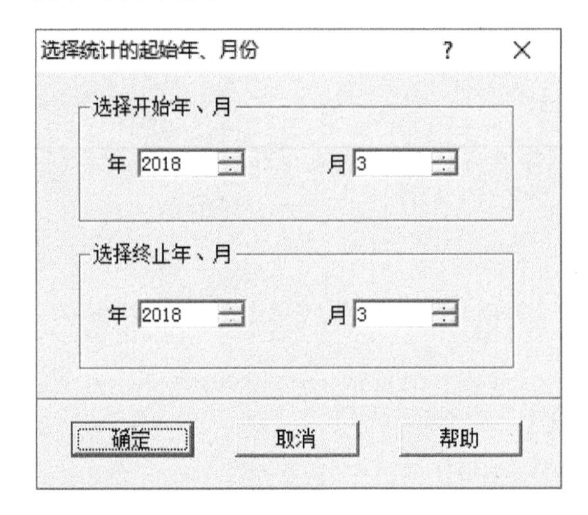

图 13.4　设定统计时间段

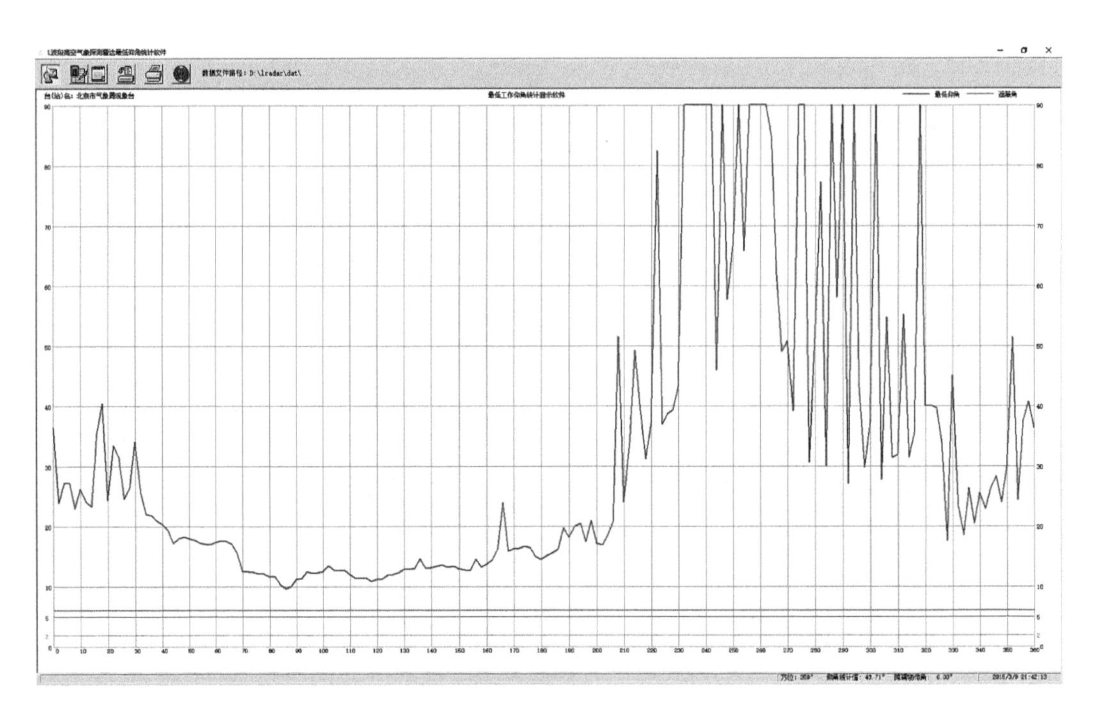

图 13.5　直角坐标显示最低仰角极值

按软件界面上的 按钮可以将本站用经纬仪测得的四周最低遮蔽角文本文件读入，并且和台站统计曲线同时显示出来，按 按钮可以将以前保存的本站最低仰角极值统计值(通过 S 文件统计)文本文件读入并且和经纬仪测得的四周最低遮蔽角曲线同时显示出来。

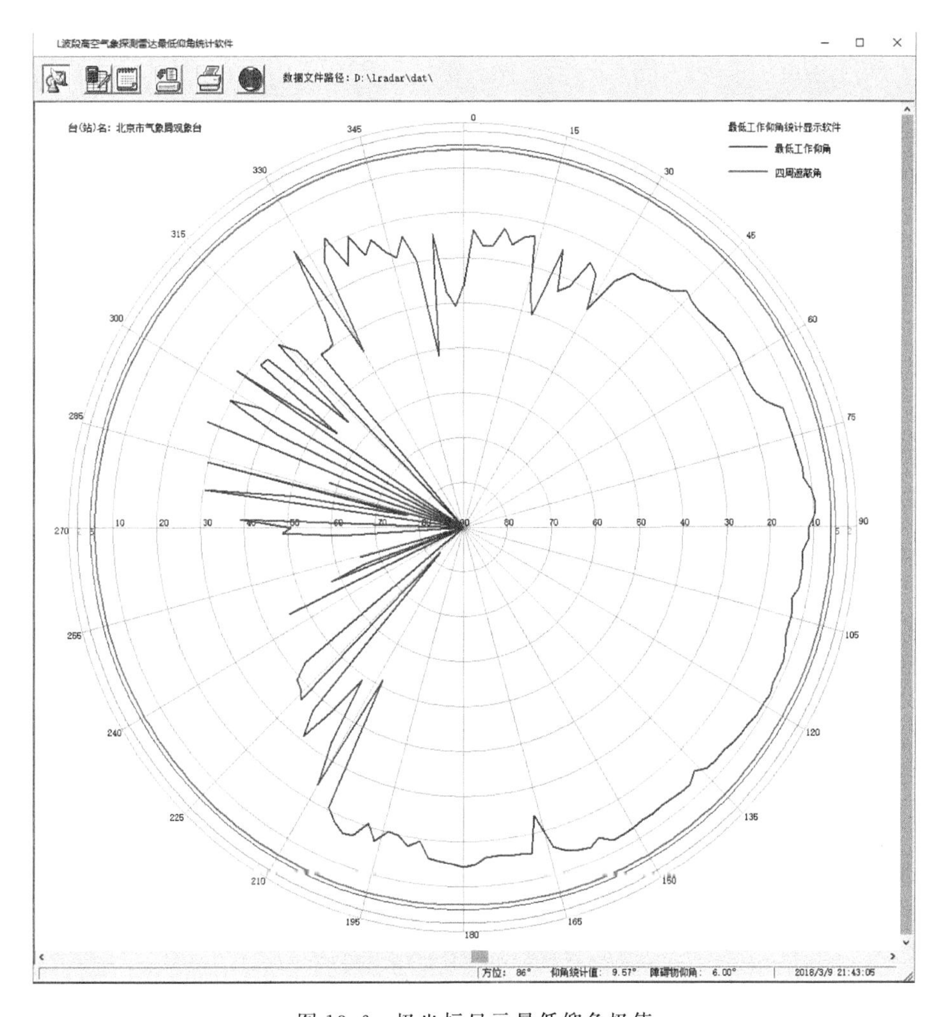

图 13.6　极坐标显示最低仰角极值

文本文件格式：

方位　仰角

方位　仰角

方位　仰角

按 [图标] 可以将统计结果(文本文件)和图形分别保存在 txt 和 graph 两个文件夹内。

按 [图标] 可以将图形打印。

第 14 章　气球净举力计算软件使用方法

气球净举力计算软件专用于计算气球净举力，以方便观测员充灌小球用于小球测风。从开始菜单中的“L 波段(Ⅰ型)高空气象探测系统软件”包里选择“净举力计算”，软件开始运行，运行后的软件界面如图 14.1 所示，软件会先尝试从自动气象站读取实时的温度、气压观测数据，如果软件运行时不能读取到自动气象站的数据，会弹出如图 14.2 所示的提示框，此时需要人工在地面温度、地面气压框中分别输入实际观测值用于计算气球净举力。

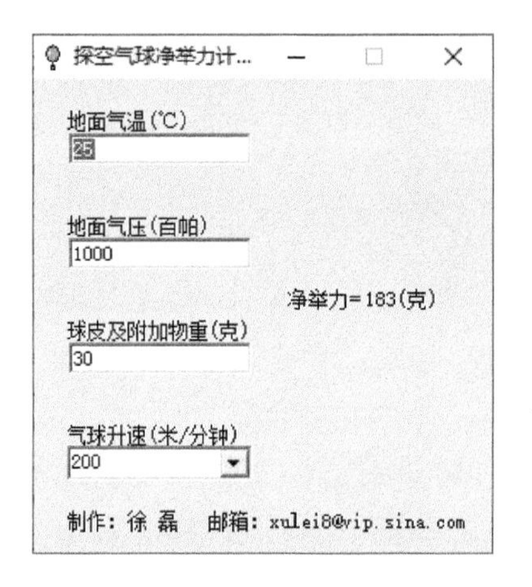

图 14.1　气球净举力计算软件运行后界面

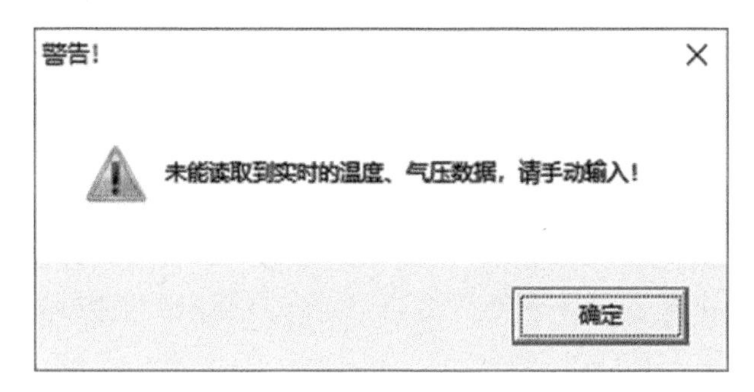

图 14.2　未读取到自动站数据提示

第 15 章　格式转换软件的使用方法

格式转换软件可以将二进制的数据文件(S 文件)转换成文本格式的文件以方便用户阅读和使用。从开始菜单中的“L 波段(Ⅰ型)高空气象探测系统软件”包里选择“格式转换”就可运行格式转换软件,格式转换软件运行后界面如图 15.1 所示,使用之前需要先进行简单的设置,按下参数按钮 参数 ,软件会弹出一个如图 15.2 所示包含两页的对话框,其中“测站参数”页不需要进行任何填写与设置,只需要在“文件路径”页中将“L 波段雷达文件路径”设置到 L 波段软件 S 数据文件保存的位置和转换后的文件位置就可以使用了。

图 15.1　格式转换软件运行后界面

软件上的源文件类型只可以选择“L 波段雷达文件”,选择“701B 雷达文件”无效,数据文件类型指的是转换后的文件格式,目前只支持“文本文件”,软件右下侧的几个按钮作用如下。

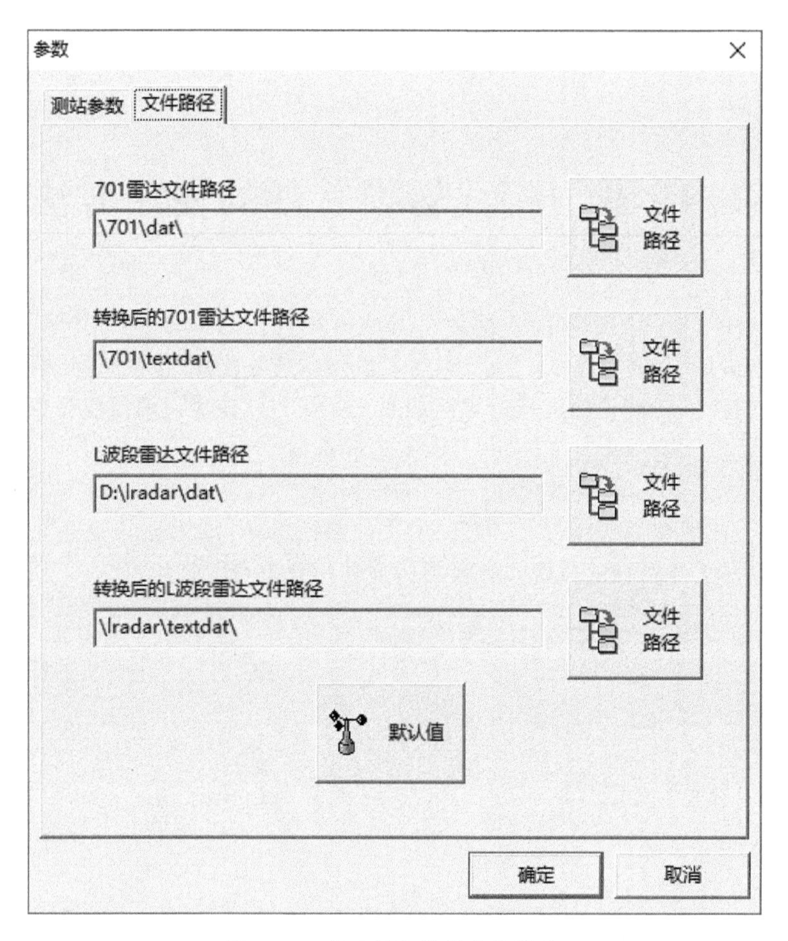

图 15.2　格式转换软件参数设置

转换 :按下此按钮后,软件将弹出如图 15.3 所示的对话框,告知操作者软件将会把左侧列表框内的所有文件(S 类型文件)转换为文本文件,按“是”按钮,软件执行转换操作。如果只是想转换当天的文件,可以用鼠标双击此文件,软件会弹出一个如图 15.4 的提示框,按“是”按钮,软件将转换该指定的文件。

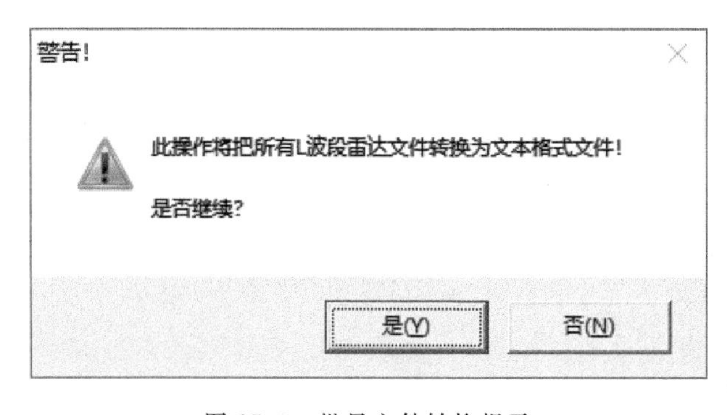

图 15.3　批量文件转换提示

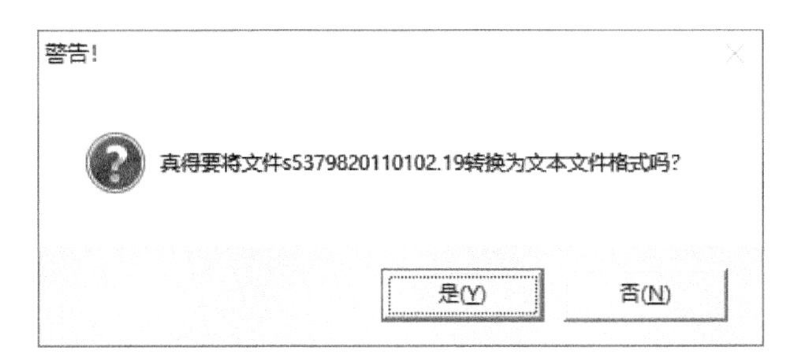

图 15.4　单独文件转换提示

数据显示:选定一个转换后的文本文件(右侧的文件列表),按此按钮,软件会调用记事本文件打开该文本文件,如图 15.5 所示,或者用鼠标直接双击也可以打开该文本文件。

s5379820110102.19.txt - 记事本

文件(F)　编辑(E)　格式(O)　查看(V)　帮助(H)

GFE(L)1型二次测风雷达-GTS1型数字式探空仪系统文本格式数据文件
测站名称:邢台市气象台
雷达型号:GFE(L)1型二次测风雷达
探空仪型号:GTS1-1型数字式探空仪
文件版本号:3.02
海拔高度(米):182
雷达海拔高度(米):187
东经(度):
东经(分):
北纬(度):
北纬(分):
施放次数:4
仪器号码:58300
站号:
施放日期(年):2011
施放日期(月):01
施放日期(日):02
施放时间北京时(时):19
施放时间北京时(分):15
施放时间北京时(秒):17
施放时间地方时(时):18
施放时间地方时(分):53
探空终止时间北京时(时):20
探空终止时间北京时(分):03
测风终止时间北京时(时):20
测风终止时间北京时(分):03

图 15.5　转换后的文件格式

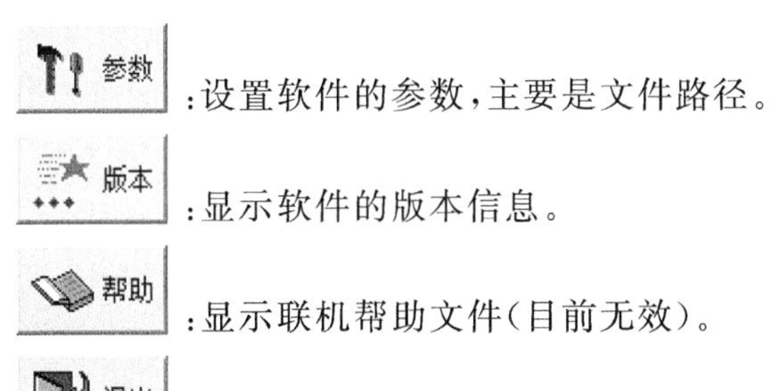

参数:设置软件的参数,主要是文件路径。

版本:显示软件的版本信息。

帮助:显示联机帮助文件(目前无效)。

退出:退出软件。

第16章　自动站远程显示软件使用方法

自动站观测数据远程显示软件可以在高空观测业务机上实时显示接入本局域网任何自动气象站的观测数据，方便高空站在放球时输入、检查瞬间观测值。

双击桌面上的“自动站远程显示软件”图标，软件运行后界面如图16.1所示，软件界面的左侧是自动站最新1分钟的观测数据，自动站每更新一组数据，软件也会同步自动更新显示数据，右侧是当天自动站所有的观测数据。

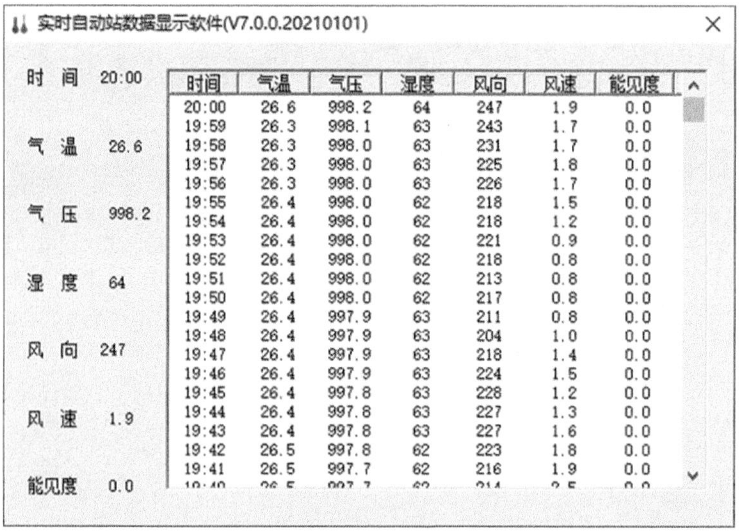

实时自动站数据显示软件(V7.0.0.20210101)

时　间　20:00
气　温　26.6
气　压　998.2
湿　度　64
风　向　247
风　速　1.9
能见度　0.0

时间	气温	气压	湿度	风向	风速	能见度
20:00	26.6	998.2	64	247	1.9	0.0
19:59	26.3	998.1	63	243	1.7	0.0
19:58	26.3	998.0	63	231	1.7	0.0
19:57	26.3	998.0	63	225	1.8	0.0
19:56	26.3	998.0	63	226	1.7	0.0
19:55	26.4	998.0	62	218	1.5	0.0
19:54	26.4	998.0	62	218	1.2	0.0
19:53	26.4	998.0	62	221	0.9	0.0
19:52	26.4	998.0	62	218	0.8	0.0
19:51	26.4	998.0	62	213	0.8	0.0
19:50	26.4	998.0	62	217	0.8	0.0
19:49	26.4	997.9	63	211	0.8	0.0
19:48	26.4	997.9	63	204	1.0	0.0
19:47	26.4	997.9	63	218	1.4	0.0
19:46	26.4	997.9	63	224	1.5	0.0
19:45	26.4	997.8	63	228	1.2	0.0
19:44	26.4	997.8	63	227	1.3	0.0
19:43	26.4	997.8	63	227	1.6	0.0
19:42	26.5	997.8	62	223	1.8	0.0
19:41	26.5	997.7	62	216	1.9	0.0

图16.1　软件运行后界面

软件所有的操作都在左上角的系统菜单中，用鼠标点击左上角的图标，软件会弹出一个如图16.2所示下拉菜单，软件使用之前，需要先通过这个下拉菜单进行参数的简单设置，选系统菜单中的“设置”菜单项，软件弹出图16.3的设置对话框，在对话框上设置本站站号和自动站分钟常规要素文件所在的文件夹，该文件夹的全称是：D:\ISOS\dataset\省名\站号\AWS，设置完成后，按“确定”按钮，软件就会自动开始显示当天自动站的观测数据。其中温、压、湿、风向、风速数据软件自动从\ISOS\dataset\省名\站号\AWS\新型自动站\订正\Minute文件夹下的最新分钟常规要素文件读取，其中：

气温为1 min的平均值；

气压为1 min的平均值；

湿度为1 min的平均值；

风向为2 min的平均值，风向为0时自动转换为360°填写；

风速小于或等于0.2 m/s时风向自动填“C”(做静风处理)；为适应编码方式向BUFR格

式转变(风速编码带 1 位小数),地面风速保留一位小数,照实填写;

风速为 2 min 的平均值;

能见度的数据从\ISOS\dataset\省名\站号\AWS\天气现象综合判断\Minute 文件夹下的文件读取最新文件,为 10 min 的平均值,单位千米,保留一位小数。

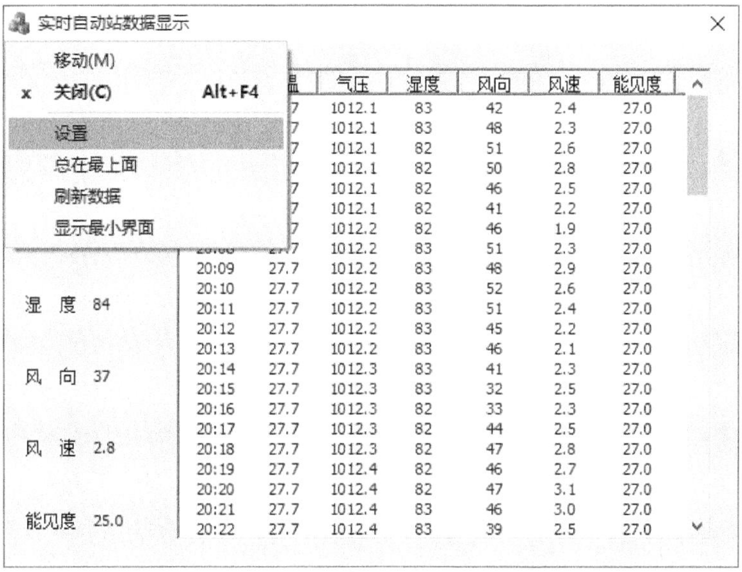

实时自动站数据显示

移动(M)
关闭(C)　Alt+F4
设置
总在最上面
刷新数据
显示最小界面

	温	气压	湿度	风向	风速	能见度
	7	1012.1	83	42	2.4	27.0
	7	1012.1	83	48	2.3	27.0
	7	1012.1	82	51	2.6	27.0
	7	1012.1	82	50	2.8	27.0
	7	1012.1	82	46	2.5	27.0
	7	1012.1	82	41	2.2	27.0
	7	1012.2	82	46	1.9	27.0
20:08	27.7	1012.2	83	51	2.3	27.0
20:09	27.7	1012.2	83	48	2.9	27.0
20:10	27.7	1012.2	83	52	2.6	27.0
20:11	27.7	1012.2	83	51	2.4	27.0
20:12	27.7	1012.2	83	45	2.2	27.0
20:13	27.7	1012.2	83	46	2.1	27.0
20:14	27.7	1012.3	83	41	2.3	27.0
20:15	27.7	1012.3	83	32	2.5	27.0
20:16	27.7	1012.3	82	33	2.3	27.0
20:17	27.7	1012.3	82	44	2.5	27.0
20:18	27.7	1012.3	82	47	2.8	27.0
20:19	27.7	1012.4	82	46	2.7	27.0
20:20	27.7	1012.4	82	47	3.1	27.0
20:21	27.7	1012.4	83	46	3.0	27.0
20:22	27.7	1012.4	83	39	2.5	27.0

湿　度　84
风　向　37
风　速　2.8
能见度　25.0

图 16.2　下拉菜单

下拉菜单中“总在最上面”菜单项可以让软件窗口总在所有软件的最上面,保证软件不会被别的软件窗口遮挡,再次点击“总在最上面”菜单项,软件窗口恢复正常可以被其他的软件窗口遮挡。“刷新数据”菜单项可以手动刷新所有的数据。“显示最小界面”菜单项可以让软件界面改变成图 16.4 所示,同时该菜单项更名为“显示全界面”字样。再次点击该菜单项,软件界面改回图 16.1 显示方式。

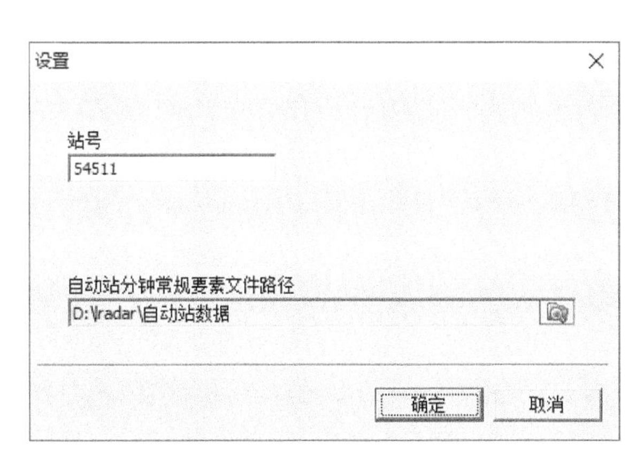

图 16.3　参数设置对话框

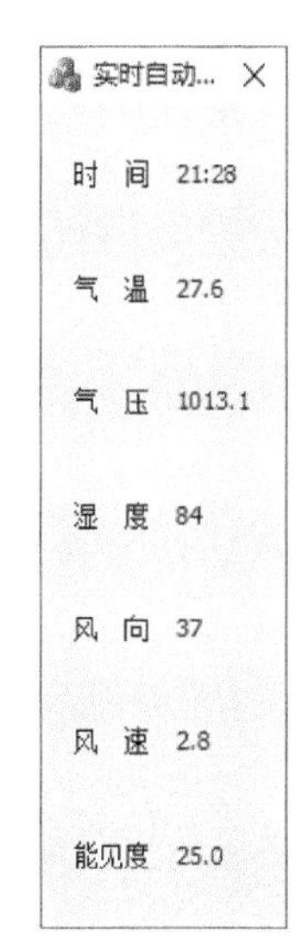

图 16.4　最小界面显示

附录A　L波段(Ⅰ型)高空气象观测系统值班操作规程

A.1　放球前

放球前操作步骤如下。

a)湿度片高湿老化(仅适合GTS1、GTS1-1型探空仪)。放球前1 h取出湿度片,将其插到基测器瓶盖的湿度片插槽里,移至硫酸钾高湿活化瓶口并盖紧。打开基测箱开关,将箱上的“T/T0”拨动开关向下拨到T0位置;按功能键R,基测箱显示阻值大于300 kΩ时,将装有湿度片的基测器瓶盖迅速换至装有硅干燥剂的低湿瓶上,并将其瓶盖压紧。

b)启动雷达、计算机及运行“放球软件”。放球前45 min,接通UPS电源→打开雷达主控箱总电源→打开天线驱动箱开关→打开示波器开关→打开主控箱的高压(发射)开关。将基测箱稳压直流电源线四芯插头、传感器的信号线三芯插头与探空仪智能转换器相应插孔相连接,并使基测箱的电源开关呈开启状态。开启计算机电源,运行系统程序,并校对其年、月、时间是否正确。运行“放球软件”,打开小发射机、摄像机开关;将雷达天线对准探空仪,手动调整接收机频率与增益。调整完成后,增益手/自动开关置于自动状态,并检查“探空脉冲指示”及“终端一雷达通信指示”是否正常。

c)检查测距回波“凹口”“天控”自动跟踪。小发射机开关呈开启状,示波器距离/角度显示切换开关置于距离状态,调整接收机频率,检查“凹口”是否清晰完好。天线手/自动跟踪开关呈开启状,检查“天控”是否自动跟踪。不正常时,可调换发射板或探空仪。

d)调入探空仪参数。检查计算机所显示的探空仪序号与待基测的探空仪序号是否一致,并检查智能转换器上的探空仪序号与探空仪盒及盒盖序列号是否一致。雷达天线不能直接对准探空仪或计算机上的探空仪序号变化不稳定时,可打开“基测”开关,使雷达天线波瓣扫描关断,提高追扫探空仪序号能力。当探空仪序号一致后,点击软件界面右下方的“确定序号”按钮,然后在弹出的对话框中输入探空仪生产的年、月,按“确定”按钮,调入、校对该探空仪参数。若遇问题,需更换探空仪,按“修改序号”按钮后,再按“确定序号”按钮,重新调入探空仪参数。

e)将基测箱的“T/T0”拨动开关向下置于T0档,测量低湿瓶中湿度片的阻值R0、瓶内温度T0:按下基测箱的R按钮,约3 min后读取R0值(正常可使用范围是:8.0 kΩ≤R0≤20.0 kΩ);按下基测箱的T按钮,等稳定后读取T0值;将R0、T0值输入“确定序号”后所弹出的“探空仪参数”框相应栏中。

f)认真核对参数栏中的所有探空仪参数,湿度参数dD5－dD0需按本次使用湿度片的参数纸张上数据校验,之后点击“确定”按钮。放球前,若需再次校对、修改已“确定”存入内存的探空仪参数,按动“修改序号”按钮→“确定序号”按钮→选择“查看参数”按钮,对已经修改过的参数进行重新核对、修改输入。

g)基值测定。湿度片卡进探空仪盒盖部湿度片夹,并将探空仪盒盖部分放入基测箱,其插头与基测箱内的插座相连接。给湿球纱布上蒸馏水。将基测箱的“T/T0”开关向上拨到T档,待温度、湿度显示值稳定后,在基测箱上分别按下T、U,读取温、湿基测值。

h)点击“放球软件”雷达控制区的“基测”按钮(亮出红色),再点击数据处理区右下方的“地面参数”按钮,在弹出的“探空记录表”框上,选择"基值测定"页,将读取的T、U基测值输入相应的空白处;输入水银气压表读数及附温。此时计算机自动判别该探空仪基测是否合格。若探空仪基测不合格,根据提示更换湿度片或探空仪。

i)基测合格后,点击“确定”按钮,退出基值测定的输入,并将基测按钮关闭(合格条件:GTS1、GTS1-1、GTS1-2探空仪:-0.4 ℃$\leqslant \Delta T \leqslant 0.4$ ℃;$-5\% \leqslant \Delta U \leqslant 5\%$;$-2.0$ hPa$\leqslant \Delta p \leqslant$ 2.0 hPa。GTS12、GTS13、GTS11探空仪:-0.3 ℃$\leqslant \Delta T \leqslant 0.3$ ℃;$-4\% \leqslant \Delta U \leqslant 4\%$;$-2.0$ hPa$\leqslant \Delta p \leqslant$ 2.0 hPa)

j)按照要求浸泡电池(3~5 min)。测量其电压:将电池插头插入基测箱电池赋能插孔,电压要求在18~20 V;夏季电流在300~400 mA,冬季电流达到500 mA(有关具体要求参照工厂仪器使用说明书及基测箱使用说明书)。

k)装配探空仪。再次检查探空仪各部分序号是否一致。发射板与智能板连接处插紧,电池、传感器插口连接牢固,并将探空仪保温盖盖严,温度支架外伸,用线绳固定,扣紧铁片扣。

l)放球前、后5 min内,点击“放球软件”的“地面参数”按钮,在弹出的“探空记录表”框上选择“瞬间观测记录”页,输入瞬间数据;临时更改放球点或球型,需在“空中风观测记录表”页的“远距离放球”栏或“测站放球参数”页的“球重”“净举力”等栏处作相应的更改。最后,点击“确定”按钮。

m)放球前,应提前将装配好的探空仪悬挂于放球点,并使其距地高度不超过4 m。检查增益手/自动开关是否置于自动,“天控”是否自动跟踪,距离按钮是否置于自动;检查频率、凹口是否正确;检查探空仪所发T、P、U数据是否正确,如收不到探空译码或译码与当时地面T、P、U值差得太多,需查明原因并解决;检查雷达工作状况是否显示“OK”,如显示“help”可点击“雷达故障”按钮,根据所显示的问题予以排除。并再次检查“探空脉冲指示”及“终端一雷达通信指示”是否正常;核对计算机上仪器序号与悬挂仪器序号是否一致。

n)如果一切正常后,点击“放球”按钮,鼠标放在“确定” 按钮上,等待正点放球时间。正点放球时,探空仪出手的瞬间,点击“确定” 按钮,观测系统时间复0,开始接收施放观测数据。

o)运行“放球软件”后,特别是施放过程中,严禁修改计算机系统时间,否则会出现“死机”“死程”或所收探空、测风数据的时间出现紊乱现象,致使本次记录作废。

A.2 放球后

放球后操作步骤如下。

a)气球出手后,放球人员应迅速观察雷达天线是否自动跟踪气球,若发现雷达天线跟踪不正确,立即指挥微机操作员手动抓球;微机操作员待确定雷达天线对准气球后,天控开关转为“自动”,使雷达自动跟踪气球,并点击“扇扫”按钮,以确定自动跟踪目标正确。

b)注意“气高”与“高度”的差值是否在正常范围内(近程在100 m之内)。若出现异常(红灯报警),及时手动调整距离、频率,使测距回波凹口保持在“竖线”之中。

c)出现P、T、U乱点或红灯闪烁时,手动调整频率,使接收信号达到最佳。

d)探空出现乱码,单击鼠标右键,首先选择“自动修改温、压、湿曲线”功能。若“自动修改”仍不能纠正乱码,需选择相应删除功能,删除P、T、U曲线上的飞点。

e)放球1 min后,可运行“数据处理软件”,随时检查高表中的探空、测风数据是否正确。选择本时次记录,自动平滑探空曲线。在08时定时观测,500 hPa等压面出现后,再次对探空数据、球坐标数据进行仔细检查;检查高表-14和高表-13中的数据。一切正常后,点击“探空数据处理”菜单,选择“产生BUFR文件”,并发出50类型BUFR报文。50 hPa等压面出现后,再次对探空数据、球坐标数据进行仔细检查;检查高表-14和高表-13中的数据。一切正常后,点击“探空数据处理”菜单,选择“产生BUFR文件”,发出10类型BUFR报文。最小化“数据处理软件”,继续监视“放球软件”的数据接收。

f)若发现测风斜距不正常,且错误数据太多时,在“处理软件”中,点击“探空数据处理”菜单,选择“文件属性”,出现“处理参数选择”框时,选择“无斜距测风”,按“确定”按钮后,可将测风方式改为无斜距测风。遇少量测风斜距不正常时,可在“球坐标曲线”状态,按下鼠标右键选择“探空高度替换斜距”项,一点或一段探空高度代替斜距。

g)选择终止点。球炸或探空、测风数据无法可靠接收时,在相应的曲线状态,按下鼠标右键,分别确定探空终止时间和测风终止时间;关闭“放球软件”雷达控制区的全高压、高压、天控开关;退出“放球软件”时,选择终止原因。关闭雷达主控箱的发射高压开关→电机驱动箱开关→示波器开关→雷达主控箱总电源开关。

h)打开“数据处理软件”,认真整理、核对记录。按打印按钮,打印高表-14和高表-13或16,并再次核对高表所有数据。记录全部处理结束后,点击“探空数据处理”菜单,选择“产生BUFR文件”“产生上传数据文件(S文件)”,传发其余各组报文。退出数据处理程序。

i)关闭计算机系统→关闭UPS电源。

注意:禁止用手触摸温、湿度传感器,防止损坏传感器,引起温、湿度传感器变性。

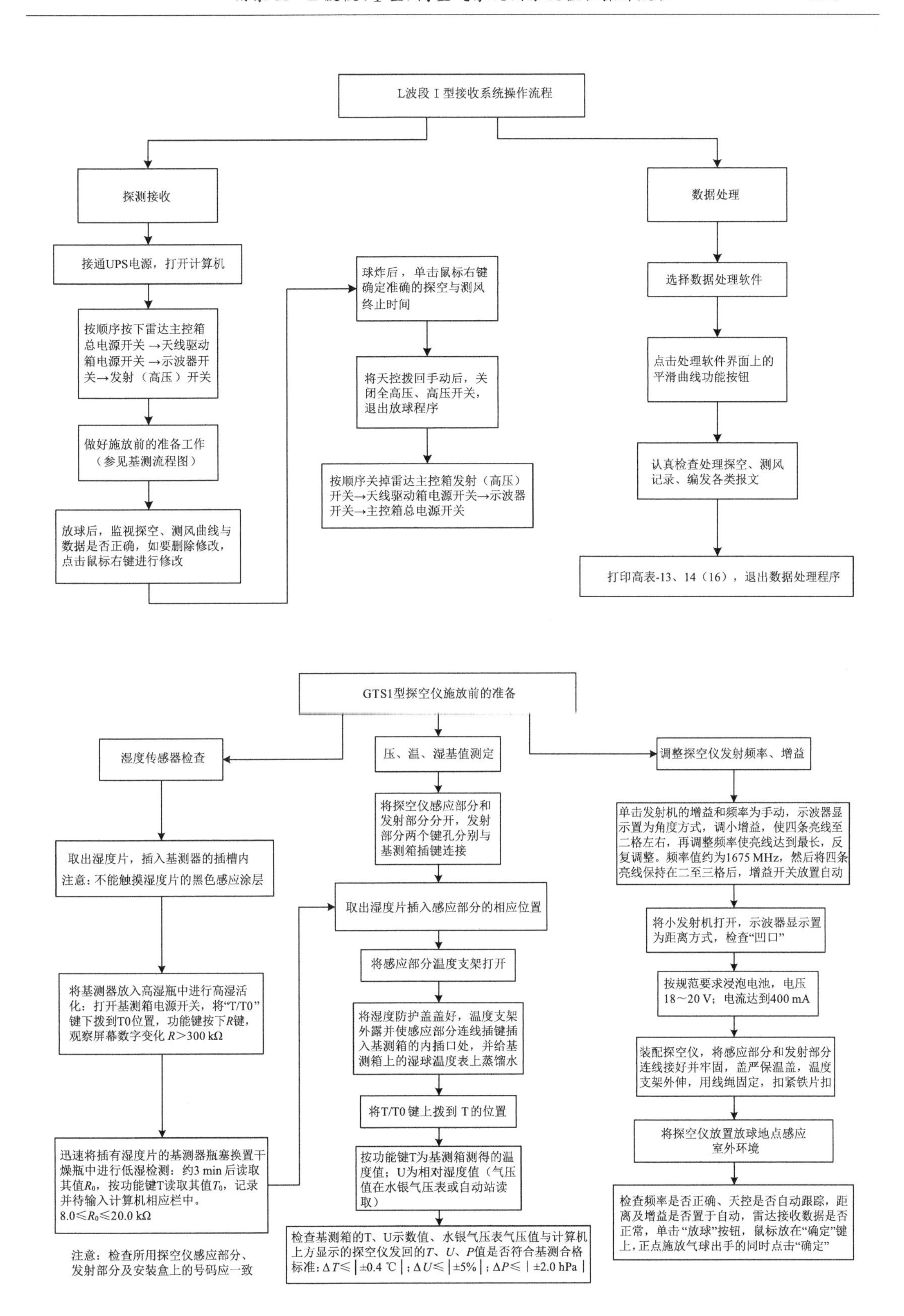
L波段Ⅰ型接收系统操作流程
探测接收
接通UPS电源，打开计算机
按顺序按下雷达主控箱总电源开关→天线驱动箱电源开关→示波器开关→发射（高压）开关
做好施放前的准备工作（参见基测流程图）
放球后，监视探空、测风曲线与数据是否正确，如要删除修改，点击鼠标右键进行修改
球炸后，单击鼠标右键确定准确的探空与测风终止时间
将天控拨回手动后，关闭全高压、高压开关，退出放球程序
按顺序关掉雷达主控箱发射（高压）开关→天线驱动箱电源开关→示波器开关→主控箱总电源开关
数据处理
选择数据处理软件
点击处理软件界面上的平滑曲线功能按钮
认真检查处理探空、测风记录、编发各类报文
打印高表-13、14（16），退出数据处理程序
GTS1型探空仪施放前的准备
湿度传感器检查
取出湿度片，插入基测器的插槽内
注意：不能触摸湿度片的黑色感应涂层
将基测器放入高湿瓶中进行高湿活化：打开基测箱电源开关，将“T/T0”键下拨到T0位置，功能键按下R键，观察屏幕数字变化 $R>300\ k\Omega$
迅速将插有湿度片的基测器瓶塞换置干燥瓶中进行低湿检测：约3 min后读取其值R_0，按功能键T读取其值T_0，记录并待输入计算机相应栏中。
$8.0\leqslant R_0\leqslant 20.0\ k\Omega$
注意：检查所用探空仪感应部分、发射部分及安装盒上的号码应一致
压、温、湿基值测定
将探空仪感应部分和发射部分分开，发射部分两个键孔分别与基测箱插键连接
取出湿度片插入感应部分的相应位置
将感应部分温度支架打开
将湿度防护盖盖好，温度支架外露并使感应部分连线插键插入基测箱的内插口处，并给基测箱上的湿球温度表上蒸馏水
将T/T0键上拨到T的位置
按功能键T为基测箱测得的温度值；U为相对湿度值（气压值在水银气压表或自动站读取）
检查基测箱的T、U示数值、水银气压表气压值与计算机上方显示的探空仪发回的T、U、P值是否符合基测合格标准：$\Delta T\leqslant|\pm0.4\ ℃|$；$\Delta U\leqslant|\pm5\%|$；$\Delta P\leqslant|\pm2.0\ hPa|$
调整探空仪发射频率、增益
单击发射机的增益和频率为手动，示波器显示置为角度方式，调小增益，使四条亮线至二格左右，再调整频率使亮线达到最长，反复调整。频率值约为1675 MHz，然后将四条亮线保持在二至三格后，增益开关放置自动
将小发射机打开，示波器显示置为距离方式，检查“凹口”
按规范要求浸泡电池，电压18～20 V；电流达到400 mA
装配探空仪，将感应部分和发射部分连线接好并牢固，盖严保温盖，温度支架外伸，用线绳固定，扣紧铁片扣
将探空仪放置放球地点感应室外环境
检查频率是否正确、天控是否自动跟踪，距离及增益是否置于自动，雷达接收数据是否正常，单击“放球”按钮，鼠标放在“确定”键上，正点施放气球出手的同时点击“确定”

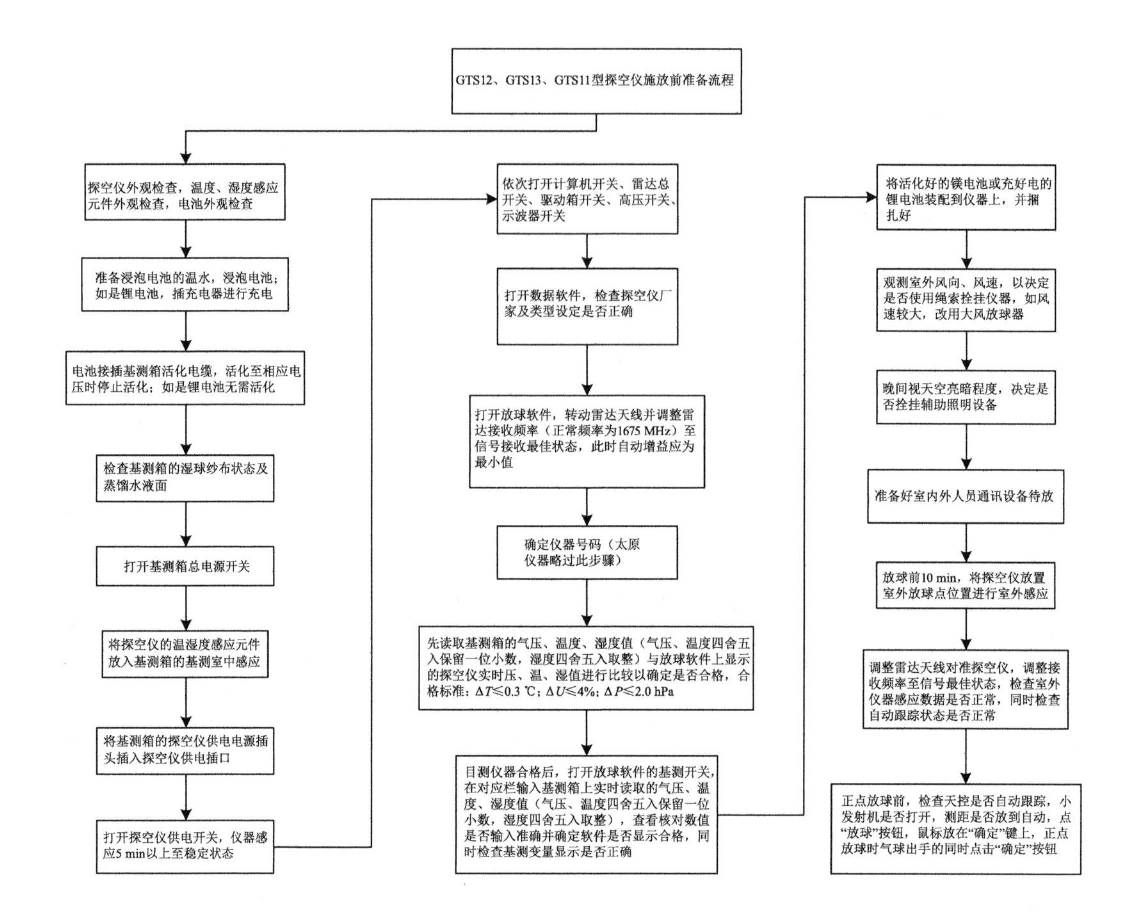

GTS12、GTS13、GTS11型探空仪施放前准备流程
探空仪外观检查，温度、湿度感应元件外观检查，电池外观检查
准备浸泡电池的温水，浸泡电池；如是锂电池，插充电器进行充电
电池接插基测箱活化电缆，活化至相应电压时停止活化；如是锂电池无需活化
检查基测箱的湿球纱布状态及蒸馏水液面
打开基测箱总电源开关
将探空仪的温湿度感应元件放入基测箱的基测室中感应
将基测箱的探空仪供电电源插头插入探空仪供电插口
打开探空仪供电开关，仪器感应5 min以上至稳定状态
依次打开计算机开关、雷达总开关、驱动箱开关、高压开关、示波器开关
打开数据软件，检查探空仪厂家及类型设定是否正确
打开放球软件，转动雷达天线并调整雷达接收频率（正常频率为1675 MHz）至信号接收最佳状态，此时自动增益应为最小值
确定仪器号码（太原仪器略过此步骤）
先读取基测箱的气压、温度、湿度值（气压、温度四舍五入保留一位小数，湿度四舍五入取整）与放球软件上显示的探空仪实时压、温、湿值进行比较以确定是否合格，合格标准：ΔT≤0.3 ℃；ΔU≤4%；ΔP≤2.0 hPa
目测仪器合格后，打开放球软件的基测开关，在对应栏输入基测箱上实时读取的气压、温度、湿度值（气压、温度四舍五入保留一位小数，湿度四舍五入取整），查看核对数值是否输入准确并确定软件是否显示合格，同时检查基测变量显示是否正确
将活化好的镁电池或充好电的锂电池装配到仪器上，并捆扎好
观测室外风向、风速，以决定是否使用绳索拴挂仪器，如风速较大，改用大风放球器
晚间视天空亮暗程度，决定是否拴挂辅助照明设备
准备好室内外人员通讯设备待放
放球前10 min，将探空仪放置室外放球点位置进行室外感应
调整雷达天线对准探空仪，调整接收频率至信号最佳状态，检查室外仪器感应数据是否正常，同时检查自动跟踪状态是否正常
正点放球前，检查天控是否自动跟踪，小发射机是否打开，测距是否放到自动，点“放球”按钮，鼠标放在“确定”键上，正点放球时气球出手的同时点击“确定”按钮

附录 B　高空台站元数据 XML 格式说明

B.1　范围

本格式规定了国内高空台站元数据的文件格式和相应的代码表。

本格式适用于国内高空台站元数据的信息传输。

B.2　格式

高空台站元数据 XML 格式采用标准的 XML Schema 进行描述，XML Schema 在 2001 年 5 月 2 日成为 W3C 标准。Schema 元素引用的命名空间是 xmlns=。

台站元数据主要包括四类内容：台站信息，一般备注事项，特殊备注事项和台站沿革变动。相应的每一个台站元数据 XML 文件都包括一个<StationMetadataOfUPAR>复合元素，该复合元素包括四个子元素：<Station><GeneralRemarks><SpecialRemarks>和<StationEvolution>。每一类子元素还是复合元素，其又包括不同的元素字段，具体内容见表 B.1。

原则上，高空台站元数据如果各类均无需要编报的内容，则编制空的 XML 文件。空 XML 文件包括一个<StationMetadataOfUPAR>复合元素，该复合元素仅包括一个特殊的子元素<blank>，该子元素的值为空值。

台站元数据中的台站信息每年定期上报一次，之后如果有台站信息变动则编报 XML 文件中<Station>元素的相应内容；如果无台站信息变动，则 XML 文件中<Station>元素可省略不写。

台站元数据中的一般备注事项有需要备注的内容则编报 XML 文件中<GeneralRemarks>元素的相应内容；如果无备注事项，则 XML 文件中<GeneralRemarks>元素可省略。

台站元数据中的特殊备注事项有需要备注的内容则编报 XML 文件中<SpecialRemarks>元素的相应内容；如果无备注事项，则 XML 文件中<SpecialRemarks>元素可省略。

台站元数据中的台站沿革变动有变动内容，则编报 XML 文件中<StationEvolution>元素的相应内容；如果无变动，则 XML 文件中<StationEvolution>元素可省略。

表 B.1　元数据要素字典

序号	要素分类	要素分类名称	要素名	要素名称	类型	约束条件	编报说明
1	台站信息	Station	区站号 Station/platform unique identifier	St/PlUid	字符串/String	M	为台站指定的一个唯一标识符。
2			台站档案号	ArchiveINbr	字符串/String	C	5位数字,前2位为省(自治区、直辖市)编号,后3位为台站编号。
3			台站名称 Station/platform name	St/PlName	字符串/String	M	不定长,最大字符数为36。录入本台(站)的名称。台(站)名称若不是以县(市、旗)名为台(站)名的,则应在台(站)名称前加县(市、旗)名。
4			区协代码 Region of origin of data	R. O. D	字符串/String	M	WMO定义的区域:区域Ⅰ(非洲),区域Ⅱ(亚洲),区域Ⅲ(南美洲),区域Ⅳ(北美,中美和加勒比海),区域Ⅴ(西南太平洋),区域Ⅵ(欧洲)。
5			国家名称 Territory of origin of data	T. O. D	字符串/String	M	观测的国家或地区名称。
6			省(区、市)名	Province	字符串/String	C	不定长,最大字符数为20。录入台站所在省(自治区、直辖市)名全称。如"广西壮族自治区"。
7			地址	Address	字符串/String	C	不定长,最大字符数为42。录入本站所在地的详细地址,所属省、自治区、直辖市名称可省略。
8			台站类型 Station/platform type	St/PlType	字符串/String	M	根据观测设备类型进行的台站分类,比如"陆地站""海洋站"等。
9			纬度 latitudes	Latitudes	字符串/String	M	长度6字节,按度、分、秒记录,均为2位,高位不足补"0",台站纬度未精确到秒时,秒固定记录"00"。船舶和移动平台可不填。
10			经度 longitudes	Longitudes	字符串/String	M	长度7字节,按度、分、秒记录,度为3位,分、秒均为2位,高位不足补"0",台站经度未精确到秒时,秒固定记录"00"。船舶和移动平台可不填。
11			海拔高度 height	Height	实数型/Decimal	M	保留1位小数,单位是米,约测值需+"10000"。若测站位于海平面以下,用负数表示,约测值需-"10000"。船舶和移动平台可不填。
12			设备类型 Station/platform model	St/PlModel	字符串/String	M	观测设备的类型,比如"Landsat 8","Automatic Weather Station (AWS)"等。

续表

序号	要素分类	要素分类名称	要素名	要素名称	类型	约束条件	编报说明
13	台站信息	Station	探空观测时间	SoudingTime	字符串/String	O	探空观测时间为2位数，位数不足，高位补“0”，几次观测时间用“;”分隔。
14			测风观测时间	PilotTime	字符串/String	O	测风观测时间为2位数，位数不足，高位补“0”，几次观测时间用“;”分隔。
15			观测系统型号代码	D. S. M. C	字符串/String	M	不定长，最大字符数为36，为本月最后一次观测使用的观测系统型号代码(代码见表B.2)及生产厂家，型号代码与生产厂家之间用“/”分隔。
16			探空仪型号代码	D. I. C	字符串/String	M	不定长，最大字符数为36，为本月最后一次观测使用的探空仪型号代码(代码见表B.3)及生产厂家，型号代码与生产厂家之间用“/”分隔。
17			软件名称及版本号	S. N. V	字符串/String	M	不定长，最大字符数为72，为本月最后一次观测使用的软件名称、版本号及研制单位，软件名称、版本号、研制单位之间用“/”分隔。
18			打印人	Printer	字符串/String	O	不定长，最大字符数为16，为观测数据打印人员姓名。
19			校对人	ProofReader	字符串/String	O	不定长，最大字符数为16，为观测数据录入校对人员姓名，如多人参加校对，选报一名主要校对者。
20			预审者	Preliminary	字符串/String	O	不定长，最大字符数为16，为报表数据文件预审人员姓名。
21			审核者	Examiner	字符串/String	O	不定长，最大字符数为16，为报表数据文件审核人员姓名。
22.	一般备注事项	General Remarks	一般备注事项—事项时间	Date	日期/dateTime	O	格式： “YYYY-MM-DDThh:mm:ss”，其中： · YYYY 表示年份； · MM 表示月份； · DD 表示日； · T 表示必需的时间部分的起始； · hh 表示小时； · mm 表示分钟； · ss 表示秒。
23.			一般备注事项—事项说明	Explanation	字符串/String	O	不定长，最大字符数为5000。包括对某次或某时段观测记录质量有直接影响的原因、仪器性能不良或故障对观测记录的影响、仪器更换(非换型号)。涉及台站沿革变动的事项放在有关变动项目中录入。

续表

序号	要素分类	要素分类名称	要素名	要素名称	类型	约束条件	编报说明
24	特殊备注事项	Special Remarks	特殊备注事项-事项说明	Details	字符串/String	O	不定长，最大字符数为 5000。
25	台站沿革变动	Station Evolution	变动项目标识	EvolutionCode	字符串/String	O	见代码表 B.4。其中，项目如未出现，则该项目不录入；如某项多次变动，按标识码重复录入。 台站位置迁移，其变动标识用“05”；台站位置不变，而经纬度、海拔高度因测量方法不同或地址、地理环境改变，其变动标识用“55”。
26			变动时间	Evolution Date	日期/dateTime	O	格式：“YYYY-MM-DDThh：mm：ss”，其中： • YYYY 表示年份； • MM 表示月份； • DD 表示日； • T 表示必需的时间部分的起始； • hh 表示小时； • mm 表示分钟； • ss 表示秒。
27			变动情况	EvolutionDetails	字符串/String	O	各变动情况数据组为不定长，但不得超过规定的最大字符数 5000。具体见代码表 4。

注：表 B.1 中约束条件“M”表示该元数据是必选的，“C”表示该元数据是条件必选的，“O”表示该元数据是可选的。

B.3　代码表

B.3.1　观测系统型号代码表

观测系统型号代码见表 B.2。

表 B.2　观测系统型号代码表

代码	编码	观测系统型号
01	RD	无线电定向仪
02	PB	光学经纬仪
03	RT	无线电经纬仪
04	701	701 二次测风雷达
05	GFE(L)-1	GFE(L)-1 型二次测风雷达
06	GFE(L)-2	GFE(L)-2 型二次测风雷达

续表

代码	编码	观测系统型号
07	707	C波段测风雷达
08	GPS-MW31	MW31GPS接收系统
⋮	⋮	⋮
99	OTHER	其他

B.3.2 探空仪型号代码表

探空仪型号代码见表B.3。

表B.3 探空仪型号代码表

代码	编码	探空仪型号
01	RS12	芬兰RS-12型探空仪
02	Diamond	美国Diamond探空仪
03	GZZ1	49型探空仪
04	GZZ2	59型探空仪
05	701	701电子探空仪
06	GTS1	GTS1型数字式探空仪
07	GTS(U)-2	GTS(U)-2型数字式探空仪
08	TD2-A	TD2-A型数字式探空仪
09	RS92	GPS探空仪(VAISALA)
10	TC-1	C波段探空仪
⋮	⋮	⋮
99	OTHER	其他

B.3.3 变动项目标识代码表

变动项目标识代码见表B.4。

表B.4 变动项目标识代码表

代码	含义	编报说明
01	台站名称	不定长,最大字符数为36,为变动后的台站名称。
02	区站号	
03	台站类别	不定长,最大字符数为10。指"探空""测风"按变动后的台站级别录入。
04	所属机构	不定长,最大字符数为30。指气象台站业务管辖部门简称,填到省、部(局)级,如:"国家海洋局"。气象部门所属台站填"某某省(市、区)气象局",按变动后的所属机构录入。
05[55]	台站位置	纬度,按变动后纬度录入。 经度,按变动后经度录入。 观测场海拔高度:按变动后观测场海拔高度录入。 地址,不定长,最大字符为42,同"月报表头"段,按变动后地址录入。 距原址距离方向,由9个字符组成,其中距离5位、方向3位、分隔符";"1位。距离不足位,前位补"0"。方向不足位,后位补空。距原址距离方向为台站迁址后新观测场距原站址观测场直线距离和方向。距离以"米"为单位;方向按16方位的大写英文字母表示。

续表

代码	含义	编报说明
08	观测仪器	不定长，最大字符数为30，为换型后的观测仪器名称。
09	观测时制	不定长，最大字符数为10，为变动后的时制。
10	观测时间	不定长，最大字符数为72，为加密观测的观测具体时间，几次观测时间用“\”分隔。
12	其他变动事项	不定长，最大字符数为60。指台站所属行政地名改变和对记录质量有直接影响的其他事项，如统计方法的变动等(不包括上述各变动事项)。
13	观测软件	软件名称，不定长，最大字符数为36，为变动后观测软件的名称。 软件版本，不定长，最大字符数为36，为变动后观测软件的版本。

附录C　状态文件格式说明

C.1　状态文件命名

Z_UPAR_I_IIiii_yyyyMMddhhmmss_R_WEA_LR_SRSI.txt

Z_UPAR_I_IIiii_yyyyMMddhhmmss_R_WEW_LR_SRSI.txt

状态文件名个字符意义见表C.1。

表C.1　状态文件名意义

编码	意义
Z	固定编码,表示国内交换资料
UPAR	固定编码,表示高空气象观测类
I	表示后面编区站号
IIiii	测站站号
yyyyMMddhhmmss	以国际时表示的文件生成时间
R	运行状态信息类
WEA	探空
WEW	测风
LR	L波段观测系统
SRSI	测站观测仪器状态信息
txt	文件为ASCII编码文件

C.2　观测参数文件格式(放球软件产生)

区站号 档案号 年 月 日 时 分 秒(均为整数,中间以半角空格分离)

雷达工作状态(为整数,1代表综合,2代表雷达测风,3代表综合观测、无斜距测风)

接收机频率 磁控管电流(%.1f格式的浮点数)接收机增益(整数)(中间以半角空格分离)

印制板11-1状态 印制板11-2状态 印制板11-3状态 印制板11-4状态 印制板11-5状态 印制板11-6状态 印制板11-7状态 印制板11-8状态(1:正常、0:不正常,short类型,中间以半角空格分离)

程序方波上 程序方波下 程序方波左 程序方波右 触发脉冲 精扫触发 粗扫触发 仰角驱动电源+24V 方位驱动电源+24 仰角驱动模块 方位驱动模块 仰角上限位 仰角下限位 发射机过荷保护 发射机反峰保护 发射机过压短路(1:正常、0:不正常,short类型)

文件格式示例如下：

54511 29001 2005 10 26 11 12 09
1
1675.0 11.7 255
1 1 1 1 1 1 1 1
1 1 1 1 1 1 1 1 1 1 1 1 1 1 1 1 1
=

C.3 状态参数文件格式(数据处理软件产生)

区站号 档案号 仪器号码(均为整数,中间以半角空格分离)

地面瞬间气温 地面瞬间气压 地面瞬间湿度 地面风向 地面风速(均为浮点数)总云量 低云量 云状(编码,字符串,中间以"/"连接,失测填写"////")能见度 天气现象(编码,中间以"/"连接,失测填写"////")工作方式(为整数,1 代表综合观测,2 代表雷达测风,3 代表综合观测、无斜距测风)(均为整数,中间以半角空格分离)

年 月 日 时 分 秒(施放时间)时 分(探空终止时间)探空终止高度 时 分(测风终止时间)测风终止高度(均为整数,时间格式为 2005 10 26 10 01 00,高位不足,补 0,中间以半角空格分离)

球坐标总数(整数)

时间(整数)仰角 方位角(%.2f 的浮点数)斜距 高度(整数,中间以半角空格分离)

…

文件格式示例如下：

59663 23018 246055
15.0 1009.2 97 23 2 10 10 CUU/FCB 0.1 01/56 1
2005 10 26 11 12 07 15 26 22372 15 26 21504
14

0	0.00	120.00	63	88
1	49.95	217.94	410	407
2	58.25	236.01	794	766
3	67.12	268.21	1221	1215
4	72.32	293.90	1489	1508
5	73.48	335.88	1876	1888
6	63.83	26.71	2342	2190
7	56.22	47.07	2997	2578
8	51.56	53.00	3679	2968
9	49.24	53.94	4257	3310
10	47.56	60.15	4867	3677
11	44.57	67.98	5681	4070

```
12      42.13     71.95     6500     4443
13      39.62     74.55     7442     4828
=
```

注:失测数据项以“////”,表示。

地面观测对云状的定义:

云的观测包括:云状、云量、云高以及云的编码,见表C.2。

天气现象编码见表C.3。

表C.2 云状编码

Id	名称	符号	简写
0	淡积云	CUU	Cu hum
1	碎积云	FCB	Fc
2	浓积云	CUO	Cu cong
3	秃积雨云	CBV	Cb calv
4	鬃积雨云	CBP	Cb cap
5	透光层积云	SCR	Sc tra
6	蔽光层积云	SCP	Sc op
7	积云性层积云	SCU	Sc cug
8	堡状层积云	SCA	Sc cast
9	荚状层积云	SCT	Sc lent
10	层云	STB	St
11	碎层云	FSB	Fs
12	雨层云	NSB	Ns
13	碎雨云	FNB	Fn
14	透光高层云	ASR	As tra
15	蔽光高层云	ASP	As op
16	透光高积云	ACR	Ac tra
17	蔽光高积云	ACP	Ac op
18	荚状高积云	ACE	Ac lent
19	积云性高积云	ACU	Ac cug
20	絮状高积云	ACL	Ac flo
21	堡状高积云	ACA	Ac cast
22	毛卷云	CII	Ci fil
23	密卷云	CIE	Ci dens
24	伪卷云	CIO	Ci not
25	钩卷云	CIN	Ci unc
26	毛卷层云	CSI	Cs fil
27	均匀卷层云	CSE	Cs nebu
28	卷积云	CCB	Cc
29	失测	\\\\	

表 C.3　天气现象编码

Id	名称	代码
0	雨	60
1	阵雨	80
2	毛毛雨	50
3	雪	70
4	阵雪	85
5	雨夹雪	68
6	阵性雨夹雪	83
7	霰	87
8	米雪	77
9	冰粒	79
10	冰雹	89
11	冰针	76
12	雾	42
13	轻雾	10
14	露	01
15	霜	02
16	雨凇	56
17	雾凇	48
18	吹雪	38
19	雪暴	39
20	龙卷	19
21	积雪	16
22	结冰	03
23	沙尘暴	31
24	扬沙	07
25	浮尘	06
26	烟幕	04
27	霾	05
28	尘卷风	08
29	雷暴	17
30	闪电	13
31	极光	14
32	大风	15
33	飑	18
34	失测	\\\\

附录 D　国内高空观测和状态参数 XML 编码格式

D.1　范围

本格式规定了国内固定陆地测站的高空压、温、湿、风综合观测及固定陆地测站的高空测风观测后，观测和状态参数的编码格式、编码规则和代码。

本格式适用于国内固定陆地测站的高空综合观测以及固定陆地测站的高空测风观测的观测和状态参数的编码传输。船舶及移动平台的观测和状态参数编码传输可参考本格式。

D.2　格式

高空观测和状态参数用 XML 格式进行编码传输，XML 格式采用标准的 XML Schema 进行描述，XML Schema 在 2001 年 5 月 2 日成为 W3C 标准。

Schema 元素引用的命名空间是 xmlns＝http://www.w3.org/2001/XMLSchema。

高空观测和状态参数主要包括两部分内容：高空观测参数和高空状态参数。相应的每一个高空观测和状态参数 XML 文件都包括一个＜WEAandWEWofUPAR＞复合元素，该复合元素包括两个子元素：＜UparObs＞和＜UparSta＞。每一类子元素还是复合元素，其又包括不同的元素字段，具体内容见表 D.1。

表 D.1　高空观测和状态参数要素字典

序号	要素分类	要素分类名称	要素名	要素名称	类型	备注
1	高空观测参数	UparObs	区站号	StationID	字符串/String	台站指定的一个唯一标识符
2			年(监视时间)	Year	字符串/String	4 位数字
3			月(监视时间)	Month	字符串/String	2 位数字
4			日(监视时间)	Day	字符串/String	2 位数字
5			时(监视时间)	Hour	字符串/String	2 位数字
6			分(监视时间)	Minute	字符串/String	2 位数字
7			秒(监视时间)	Second	字符串/String	2 位数字
8			雷达工作状态	RadrStatus	整型/integer	代码表见表 D.2
9			接收机频率	ReceiveFrequency	实型/ Decimal	保留一位小数，单位：MHz
10			磁控管电流	MagnetronCurrent	实型/ Decimal	保留一位小数，单位：mA
11			接收机增益	ReceiveGain	整型/integer	单位：无(纯数字)

续表

序号	要素分类	要素分类名称	要素名	要素名称	类型	备注
12	高空观测参数	UparObs	印制板 11-1 状态	PrintPlate11-1	整型/integer	代码表见表 D. 3
13			印制板 11-2 状态	PrintPlate11-2	整型/integer	代码表见表 D. 3
14			印制板 11-3 状态	PrintPlate11-3	整型/integer	代码表见表 D. 3
15			印制板 11-4 状态	PrintPlate11-4	整型/integer	代码表见表 D. 3
16			印制板 11-5 状态	PrintPlate11-5	整型/integer	代码表见表 D. 3
17			印制板 11-6 状态	PrintPlate11-6	整型/integer	代码表见表 D. 3
18			印制板 11-7 状态	PrintPlate11-7	整型/integer	代码表见表 D. 3
19			印制板 11-8 状态	PrintPlate11-8	整型/integer	代码表见表 D. 3
20			程序方波上	PSWup	整型/integer	代码表见表 D. 3
21			程序方波下	PSWdown	整型/integer	代码表见表 D. 3
22			程序方波左	PSWleft	整型/integer	代码表见表 D. 3
23			程序方波右	PSWright	整型/integer	代码表见表 D. 3
24			触发脉冲	TriggerPlus	整型/integer	代码表见表 D. 3
25			精扫触发	PrecisionST	整型/integer	代码表见表 D. 3
26			粗扫触发	RoughST	整型/integer	代码表见表 D. 3
27			仰角驱动电源＋24V	ElevationDPower	整型/integer	代码表见表 D. 3
28			方位驱动电源＋24	PositionDPower	整型/integer	代码表见表 D. 3
29			仰角驱动模块	ElevationDModul	整型/integer	代码表见表 D. 3
30			方位驱动模块	PositionDModule	整型/integer	代码表见表 D. 3
31			仰角上限位	ElevationMax	整型/integer	代码表见表 D. 3
32			仰角下限位	ElevationMin	整型/integer	代码表见表 D. 3
33			发射机过荷保护	TransmitterOP	整型/integer	代码表见表 D. 3
34			发射机反峰保护	TransmitterPRP	整型/integer	代码表见表 D. 3
35			发射机过压短路	TransmitterOC	整型/integer	代码表见表 D. 3
36	高空状态参数	UparSta	仪器号码	InstrumentNum	整型/integer	目前在用的三种仪器的仪器号码长度分别是 5、6、11 个字符
37			地面气温	Temperature	实型/ Decimal	保留一位小数，单位：℃
38			地面气压	Pressure	实型/ Decimal	保留一位小数，单位：hPa
39			地面相对湿度	Humidity	整型/integer	单位：%
40			地面风向	WindDirection	整型/integer	单位：°
41			地面风速	WindSpeed	整型/integer	单位：m/s
42			总云量	CloudAmount	字符串/String	最大字符数 3，失测填写"////"
43			低云量	LCloudAmount	字符串/String	最大字符数 3，失测填写"////"
44			云状	CloudForm	字符串/String	最大字符数 2，失测填写"////"
45			能见度	Visibility	实型/ Decimal	保留一位小数，单位：km

续表

序号	要素分类	要素分类名称	要素名	要素名称	类型	备注
46	高空状态参数	UparSta	天气现象	PresentWeather	字符串/String	两个字节,天气现象符号转换对应的数字
47			年(施放时间)	Year	字符串/String	4 位数字
48			月(施放时间)	Month	字符串/String	2 位数字
49			日(施放时间)	Day	字符串/String	2 位数字
50			时(施放时间)	Hour	字符串/String	2 位数字
51			分(施放时间)	Minute	字符串/String	2 位数字
52			秒(施放时间)	Second	字符串/String	2 位数字
53			时(探空终止时间)	TEndTimeH	字符串/String	2 位数字
54			分(探空终止时间)	TEndTimeM	字符串/String	2 位数字
55			探空终止高度	TEndHeight	整型/integer	最大 5 个字符,单位:m
56			时(测风终止时间)	PEndTimeH	字符串/String	2 位数字
57			分(测风终止时间)	PEndTimeS	字符串/String	2 位数字
58			测风终止高度	PEndHeight	整型/integer	最大 5 个字符,单位:m
59			球坐标总数	SCAmount	整型/integer	3 字节
60			记录时间	RecordTime	整型/integer	单位:分
61			仰角	Elevation	实型/ Decimal	保留两位小数(最长 5 个字符),单位:°
62			方位角	Azimuth	实型/ Decimal	保留两位小数(最长 6 个字符),单位:°
63			斜距	SlantRange	整型/integer	最长 6 个字符,单位:m
64			高度	Height	整型/integer	最长 5 个字符,单位:m

D.3　代码表

D.3.1　雷达工作状态代码表

雷达工作状态代码见表 D.2。

表 D.2　雷达工作状态代码表

代码	含义
1	代表综合观测
2	代表雷达测风
3	代表综合观测、无斜距测风

D. 3. 2　一般状态代码表

一般状态代码见表 D. 3。

表 D. 3　一般状态代码表

代码	含义
1	正常
0	不正常

附录 E　基数据文件格式说明

E.1　文件名命名规范

按照通信系统文件统一命名规范,L 波段探空系统秒级观测资料上传文件的文件名格式为:

Z_UPAR_I_IIiii_yyyymmddhhMMss_O_TEMP-观测方式.txt

打包文件名:Z_UPAR_C_CCCC_yyyymmddhhMMss_O_TEMP-观测方式.txt

打包原则是:只有相同观测方式的数据才能打在一个数据报中。

文件名各代码意义见表 E.1。

表 E.1　基数据文件名代码意义

代码	意义
Z	国内交换
UPAR	高空观测大类代码
I	表示后面的观测点指示码为区站号
IIiii	观测点的区站号
C	表示后面的观测点指示码为编报中心
CCCC	编报中心代码
yyyymmddhhMMss	本文件中观测数据第一条记录的时间(世界时)
O	观测资料
TEMP	探空类观测资料
—	分割符
观测方式	L:表示 L 波段探空资料 G:表示 GPS 探空资料 P:表示 400 兆电子探空仪资料
txt	文件格式为 ASCII

E.2　文件组成

E.2.1　文件组成单位

一次观测记录形成一个上传文件。

E. 2. 2　文件框架

文件的整体框架如下，其中斜体部分只有打包文件才有。

VERSION
测站基本参数
观测仪器参数
基值测定记录
本次观测基本信息
ZCZC SECOND
秒级采集数据
NNNN
ZCZC MINUTE
分钟级采集数据
NNNN
VERSION
测站基本参数
观测仪器参数
基值测定记录
本次观测基本信息
ZCZC SECOND
秒级采集数据
NNNN
ZCZC MINUTE
分钟级采集数据
NNNN

如果某个测站因故没有数据，则该站必须发空报，格式如下：

VERSION
测站基本参数
ZCZC SECOND
NIL
NNNN
ZCZC MINUTE
NIL
NNNN

E. 2. 3　文件结构

L 波段探空系统秒级观测资料上传文件包括两部分内容，一部分是元数据信息即测站、探空仪参数及本次观测相关的元数据信息；另一部分是采样数据实体部分，包括秒数据和分钟数据，涉及的要素包括采样时间、气温、气压、湿度、仰角、方位、距离、经度偏差和纬度偏差、风向、风速、位势高度。

该文件为顺序数据文件，共包含7段内容，每段记录内容参见表E.2—表E.12。

记录内每组间用1个半角空格分隔，失测组用该组对应的额定长度个“/”表示；各组观测数据（字母数据除外）长度小于额定长度的，整数部分高位补0（零），小数部分低位补0；各组观测数据（字母数据除外）符号位如果是正号用0表示，如果是负号用“－”（减号）表示。

每条记录尾用回车换行“＜CR＞＜LF＞”结束。

——第1段为操作软件的版本信息，本段每个采集站点有且仅有一条记录，记录内容参见表E.2。

表E.2 第1段记录格式说明表

序号	各组含义	额定长度	说明
1	VERSION	6字节	关键字
2	文件版本号	5字节	操作软件版本号，其中2位整数，2位小数
3	回车换行	2字节	

——第2段为测站基本参数，本段每个采集站点有且仅有一条记录，记录内容参见表E.3。

表E.3 第2段记录格式说明表

序号	各组含义	额定长度	说明
1	区站号	5字节	5位数字或第1位为字母，第2—5位为数字
2	经度	9字节	测站的经度，以度为单位，其中第1位为符号位，东经取正，西经取负，3位整数，4位小数
3	纬度	8字节	测站的纬度，以度为单位，其中第1位为符号位，北纬取正，南纬取负，2位整数，4位小数
4	观测场海拔高度	7字节	观测场海拔高度，以米为单位，其中第1位为符号位，4位整数，1位小数
5	回车换行	2字节	

——第3段为观测仪器参数，本段每个采集站点有且仅有一条记录，记录内容参见表E.4。

表E.4 第3段记录格式说明表

序号	各组含义	额定长度	说明
1	观测系统型号	10字节	观测系统型号代码，代码说明表参见E.2.4，代码不能出现空格
2	观测系统天线高度	4字节	观测系统天线距水银槽的高度，以米为单位，2位整数，1位小数
3	探空仪型号	10字节	探空仪型号代码，代码说明表参见E.2.4，代码不能出现空格
4	仪器编号	12字节	探空仪的编号
5	施放计数	3字节	本月内观测仪施放累计数

续表

序号	各组含义	额定长度	说明
6	球重量	4 字节	携带探空仪的施放球重量,单位为克
7	附加物重量	4 字节	附加物重量,单位为克
8	总举力	4 字节	总举力,单位为克
9	净举力	4 字节	净举力,单位为克
10	平均升速	3 字节	施放球平均升速,单位为米/分
11	回车换行	2 字节	

——第 4 段为基值测定记录,本段每个采集站点有且仅有一条记录,记录内容参见表 E.5。

表 E.5　第 4 段记录格式说明表

序号	各组含义	额定长度	说明
1	温度基测值	5 字节	温度基测值,单位为度,其中 1 位符号位,2 位整数,1 位小数
2	温度仪器值	5 字节	温度仪器值,单位为度,其中 1 位符号位,2 位整数,1 位小数
3	温度偏差	4 字节	温度偏差(计算方法:温度基测值－温度仪器值),单位为℃,其中 1 位符号位,1 位整数,1 位小数
4	气压基测值	6 字节	气压基测值,单位为 hPa,其中 4 位整数,1 位小数
5	气压仪器值	6 字节	气压仪器值,单位为 hPa,其中 4 位整数,1 位小数
6	气压偏差	4 字节	气压偏差(计算方法:气压基测值－气压仪器值),单位为 hPa,其中 1 位符号位,1 位整数,1 位小数
7	相对湿度基测值	3 字节	相对湿度基测值,3 位整数
8	相对湿度仪器值	3 字节	相对湿度仪器值,3 位整数
9	相对湿度偏差	2 字节	相对湿度偏差(计算方法:湿度基测值－湿度仪器值),其中 1 位符号位,1 位整数
10	仪器检测结论	1 字节	仪器检测结论用 1 或 0 表示,其中 1 表示合格,0 表示不合格
11	回车换行	2 字节	

——第 5 段为本次观测行为的基本描述信息,本段每个采集站点有且仅有一条记录,记录内容参见表 E.6。

表 E.6　第 5 段记录格式说明表

序号	各组含义	额定长度	说明
1	施放时间(世界时)	14 字节	时间采用世界协调时,其中 4 位年,2 位月,2 位日,2 位时,2 位分,2 位秒
2	施放时间(地方时)	14 字节	时间采用地方时,其中 4 位年,2 位月,2 位日,2 位时,2 位分,2 位秒
3	探空终止时间(世界时)	14 字节	时间采用世界协调时,其中 4 位年,2 位月,2 位日,2 位时,2 位分,2 位秒
4	测风终止时间(世界时)	14 字节	时间采用世界协调时,其中 4 位年,2 位月,2 位日,2 位时,2 位分,2 位秒
5	探空终止原因	2 字节	探空终止原因的编码,编码参见 E.2.4
6	测风终止原因	2 字节	探空终止原因的编码,编码参见 E.2.4

续表

序号	各组含义	额定长度	说明
7	探空终止高度	5字节	探空观测终止高度,单位为m
8	测风终止高度	5字节	测风观测终止高度,单位为m
9	太阳高度角	7字节	施放瞬间太阳高度角,单位为度,其中1位符号位,3位整数,2位小数
10	施放瞬间本站地面温度	5字节	施放瞬间本站地面温度值,单位为℃,其中1位符号位,2位整数,1位小数
11	施放瞬间本站地面气压	6字节	施放瞬间本站地面气压值,单位为hPa,其中4位整数,1位小数
12	施放瞬间本站地面相对湿度	3字节	施放瞬间本站地面相对湿度值,用3位整数表示
13	施放瞬间本站地面风向	3字节	施放瞬间本站地面风向(°),3位整数表示,静风时,风向=0,当风向为0度时,用360表示
14	施放瞬间本站地面风速	5字节	施放瞬间本站地面风速,单位为m/s,其中3位整数,1位小数
15	施放瞬间能见度	4字节	施放瞬间能见度,单位为km,其中2位整数,1位小数
16	施放瞬间本站云属1	2字节	施放瞬间本站云属1的编码,编码参见附件E.2.4
17	施放瞬间本站云属2	2字节	施放瞬间本站云属2的编码,编码参见附件E.2.4
18	施放瞬间本站云属3	2字节	施放瞬间本站云属3的编码,编码参见附件E.2.4
19	施放瞬间本站低云量	3字节	单位为成,取值0~10
20	施放瞬间本站总云量	3字节	单位为成,取值0~10
21	施放瞬间天气现象1	2字节	施放瞬间天气现象1的编码,编码参见附件E.2.4
22	施放瞬间天气现象2	2字节	施放瞬间天气现象2的编码,编码参见附件E.2.4
23	施放瞬间天气现象3	2字节	施放瞬间天气现象3的编码,编码参见附件E.2.4
24	施放点方位角	6字节	施放点方位角,单位为度,取值范围0~360,其中3位整数,2位小数
25	施放点仰角	6字节	施放点仰角,单位为度,取值范围-6~90,其中1位符号位,2位整数,2位小数
26	施放点距离	6字节	观测仪器与观测系统天线之间的直线距离,单位m,用3位整数,2位小数表示
27	回车换行	2字节	

——第6段为秒级采样数据,该段内容又由三部分组成。

第1部分为秒数据开始标志,本部分每个采集站点有且仅有一条记录,固定编发为“ZCZC SECOND”(ZCZC和SECOND中间为一个半角空格),格式参见表E.7。

表E.7 第6段第1部分秒数据开始行格式说明表

序号	各组含义	额定长度	说明
1	ZCZC SECOND	11字节	秒数据开始标志
2	回车换行	2字节	

第2部分为秒级采样数据实体部分,本部分每个采集站点包含多条记录且记录数不定,包含从施放点开始到采样结束这一时段内的采集数据,每秒钟最多只有一条记录,如果某秒所有组的数据全部失测,则该秒不编发记录;如果只是部分组的数据失测,则这些组采用失测方式

编发,进行补组处理;具体各组数据格式参见表 E.8。

表 E.8　第 6 段第 2 部分秒数据实体格式说明表

序号	各组含义	额定长度	说明
1	采样相对时间	5 字节	采样时间相对于施放时间差,单位为 s,从 0 开始编发
2	采样时温度	5 字节	采样时温度值,单位为℃,其中 1 位符号位,2 位整数,1 位小数
3	采样时气压	6 字节	采样时气压值,单位为 hPa,其中 4 位整数,1 位小数
4	采样时相对湿度	3 字节	采样时相对湿度值,3 位整数
5	采样时仰角	6 字节	施放点仰角,单位为度,取值范围－6～90,其中 1 位符号位,2 位整数,2 位小数
6	采样时方位	7 字节	采样时方位角,单位为度,取值范围 0～360,其中 3 位整数,2 位小数
7	采样时距离	7 字节	观测仪器与观测系统天线之间的直线距离,单位 km,其中 3 位整数,3 位小数
8	采样时经度偏差	6 字节	采样时的经度－测站经度,以度为单位,其中 1 位符号位,1 位整数,3 位小数
9	采样时纬度偏差	6 字节	采样时的纬度－测站纬度,以度为单位,其中 1 位符号位,1 位整数,3 位小数
10	采样时风向	3 字节	采样时的风向,以度为单位,静风以 000 表示
11	采样时风速	3 字节	采样时的风速,以 m/s 为单位,静风以 000 表示
12	采样时位势高度	5 字节	采样时的风速,以 m 为单位
13	回车换行	2 字节	

第 3 部分为秒数据结束标志,本部分每个采集站点有且仅有 1 条记录,固定编发为“NNNN”,格式参见表 E.9。

表 E.9　第 6 段第 3 部分秒数据结束行格式说明表

序号	各组含义	额定长度	说明
1	NNNN	4 字节	秒数据结束标志
2	回车换行	2 字节	

——第 7 段为分钟数据,该段内容又由三部分组成。

第 1 部分为分钟数据开始标志,本部分每个采集站点有且仅有 1 条记录,固定编发为“ZCZC MINUTE”(ZCZC 和 MINUTE 中间一个半角空格),格式参见表 E.10。

表 E.10　第 7 段第 1 部分分钟数据开始行格式说明表

序号	各组含义	额定长度	说明
1	ZCZC　MINUTE	11 字节	分钟数据开始标志
2	回车换行	2 字节	

第 2 部分为分钟数据实体部分,本部分每个采集站点包含多条记录且记录数不定,包含从施放点开始到采样结束这一时段内的各分钟的数据,每分钟最多只有一条记录,如果某分钟所有组的数据全部失测,则该分钟不编发记录;如果只是部分组的数据失测,则这些组采用失测

方式编发,进行补组处理;具体各组数据格式参见表E.11。

表E.11 第7段第2部分分钟数据格式说明表

序号	各组含义	额定长度	说明
1	相对时间	5字节	计算时间相对于施放时间差,单位为min,从0开始编发
2	温度	5字节	温度计算值,单位为℃,其中1位符号位,2位整数,1位小数
3	气压	6字节	气压计算值,单位为hPa,其中4位整数,1位小数
4	相对湿度	3字节	采样时相对湿度值,3位整数
5	风向	3字节	施放瞬间本站地面风向,单位为度,取值范围0~360,用3位整数表示,当风向为0度时,用360表示
6	风速	5字节	施放瞬间本站地面风速,单位为m/s,其中3位整数,1位小数
7	高度	5字节	探空位势高度,单位为gpm,其中5位整数
8	经度偏差	6字节	经度一测站经度,以度为单位,其中1位符号位,1位整数,3位小数
9	纬度偏差	6字节	纬度一测站纬度,以度为单位,其中1位符号位,1位整数,3位小数
10	回车换行	2字节	

第3部分为分钟数据结束标志。本部分每个采集站点有且仅有1条记录,固定编发为"NNNN",格式参见表E.12。

表E.12 第7段第3部分分钟数据结束行格式说明表

序号	各组含义	额定长度	说明
1	NNNN	4字节	分钟数据结束标志
2	回车换行	2字节	

注:以下编码是按目前的情况编发的,今后随着业务的发展、观测系统和观测仪器的增加再进行补充。

E.2.4 基数据文件编码表

E.2.4.1 观测系统型号代码表

观测系统型号代码见表E.13。

表E.13 观测系统型号代码一览表

代码	观测系统型号
GFE(L)-1	GFE(L)-1型二次测风雷达
GFE(L)-2	GFE(L)-2型二次测风雷达
701	701二次测风雷达
GPS-MW31	MW31GPS接收系统

E.2.4.2 探空仪型号代码表

探空仪型号代码见表E.14。

表 E.14　探空仪型号代码表

代码	探空仪型号
GTS1	GTS1 型数字式探空仪
GTS(U)-2	GTS(U)-2 型数字式探空仪
TD2-A	TD2-A 型数字式探空仪
RS92	GPS 探空仪(VAISALA)

E.2.4.3　探空/测风终止原因代码表

探空/测风终止原因代码见表 E.15。

表 E.15　探空/测风终止原因代码表

代码	探空终止原因
01	球炸
02	信号突失
03	干扰
04	信号不清
05	接收系统故障(例如雷达、GPS 接收设备故障等)
06	探空仪器故障
07	放弃

E.2.4.4　云属代码表

云属代码见表 E.16。

表 E.16　云属代码表

代码	云属
99	无云
0	卷云(Ci)
1	卷积云(Cc)
2	卷层云(Cs)
3	高积云(Ac)
4	高层云(As)
5	雨层云(Ns)
6	层积云(Sc)
7	层云(St)
8	积云(Cu)
9	积雨云(Cb)
/	由于黑暗、雾、沙尘暴或其他类似现象而云不可见

E.2.4.5　天气现象代码表

天气现象代码见表 E.17。

表 E.17 天气现象代码表

现象名称	编码	现象名称	编码
露	01	吹雪	38
霜	02	雪暴	39
结冰	03	雾	42
烟幕	04	雾凇	48
霾	05	毛毛雨	50
浮尘	06	雨凇	56
扬沙	07	雨	60
尘卷风	08	雨夹雪	68
轻雾	10	雪	70
闪电	13	冰针	76
极光	14	米雪	77
大风	15	冰粒	79
积雪	16	阵雨	80
雷暴	17	阵性雨夹雪	83
飑	18	阵雪	85
龙卷	19	霰	87
沙尘暴	31	冰雹	89

注:摘自《地面气象观测数据文件和记录簿表格式》* 。

* 中国气象局,2005.地面气象观测数据文件和记录簿表格式[M].北京:气象出版社.

附录F　高空全月观测数据归档格式(G文件)

F.1　总则

——高空气象探测数据是我国基本气象资料之一。为了及时完整地收集高空探测数据，制定了本数据格式。

——本数据格式根据现行QX/T 234—2014《气象数据归档格式　探空》及《L波段(Ⅰ型)高空气象探测系统业务操作手册》* 中的有关规定，涵盖了"高空风气象记录月报表(高表-1)"和"高空压温湿气象记录月报表(高表-2)"中的全部内容，并考虑到探空报告及测风报告的报文及原始探测数据，将高空探测1个月(资料所在月份以探测时次为准)的基本数据统一按本格式归档。

——本数据格式适用于我国各类高空气象探测台站、各种类型探测仪器采集的数据。

F.2　文件名

按本格式形成的文本文件称为"高空全月探测数据文件"(简称G文件)。根据归档文件的不同属性，文件名有如下两种命名方式：固定站正式探测数据文件名由17个字符组成，其结构为："GIIiii-YYYYMM.TXT"；固定站平行探测或移动站探测数据文件名由19个字符组成，其结构为："GIIiii-YYYYMM-X.TXT"。

其中，大写字母"G"为文件类别标识符(保留字)；"IIiii"为区站号，无区站号的移动探测站用与该探测点距离最近的气象站区站号代替；"YYYY"为资料年份；"MM"为资料月份，位数不足，高位补"0"；"-X"为文件属性，固定站平行探测数据文件X=0，移动站探测数据文件X=1；"TXT"为文件扩展名。

F.3　文件结构

G文件由台站参数、探测数据、质量控制、附加信息4个部分构成。探测数据部分的结束符为"??????"，质量控制部分的结束符为"******"，附加信息部分的结束符为"######"。

文件中每条记录为一行，每行结束后在行尾不允许有空格，直接回车换行。

具体结构详见F.8"G文件结构"。

---

* 中国气象局监测网络司，2005. L波段(Ⅰ型)高空气象探测系统业务操作手册[M]. 北京：气象出版社.

F.4　台站参数

台站参数是文件的第1条记录，由10组数据构成，排列顺序为区站号、纬度、经度、探空海拔高度、测风海拔高度、测站类别、探测项目标识、质量控制指示码、年份、月份。各组数据间隔符为1位空格。

——区站号(IIiii)，由5位数字组成：前2位为区号，后3位为站号；无区站号的移动探测站用“99999”代替。

——纬度(QQQQQQD)，由6位数字加1位字母组成：前6位为纬度，其中1～2位为度，3～4位为分，5～6位为秒，位数不足，高位补“0”；最后1位大写字母“S”“N”分别表示南、北纬。

——经度(LLLLLLLD)，由7位数字加1位字母组成：前7位为经度，其中1～3位为度，4～5位为分，6～7位为秒，位数不足，高位补“0”；最后1位大写字母“E”“W”分别表示东、西经。

——探空海拔高度($H_1H_1H_1H_1H_1H_1$)，即测站水银槽海拔高度，由6位数字组成：第1位为海拔高度参数，实测为“0”，约测为“1”；后2～6位为海拔高度，单位为“0.1 m”，位数不足，高位补“0”。若测站位于海平面以下，第2位录入“－”号。

——测风海拔高度($H_2H_2H_2H_2H_2H_2$)，即定向天线光电轴中心或经纬仪镜筒海拔高度，由6位数字组成：第1位为海拔高度参数，实测为“0”，约测为“1”；后2～6位为海拔高度，单位为“0.1 m”，位数不足，高位补“0”。若测站位于海平面以下，第2位录入“－”号。

——测站类别(x_1)，由1位数字组成，$x_1=1$为探空站，$x_1=2$为测风站，$x_1=3$为移动探测站。

——探测项目标识($nny_1\cdots\cdots y_{nn}$)，由$nn+2$个字符组成，其中nn表示探测数据部分的数据段个数，$y_1\cdots\cdots y_{nn}$为各段数据状况，$y=0$表示无该数据段，$y=1$表示有该数据段，$y=9$表示该段全月数据失测。

——质量控制指示码(C)，C＝0表示文件无质量控制部分，C＝1表示文件有质量控制部分。

——年份(YYYY)，由4位数字组成。

——月份(MM)，由2位数字组成，位数不足，高位补“0”。

F.5　探测数据

F.5.1　数据结构

探测数据为高空压、温、湿和高空风1个月的探测数据及相关探测信息，由台站参数部分探测项目标识中标识为“1”和“9”的数据段构成。数据结构规定如下。

F.5.1.1　各数据段划分

探测数据由11个数据段构成，每个数据段在文件中的排列顺序是固定的。按照数据种类的不同，将高空压、温、湿、高空风、秒级和分钟级1个月的数据分为11个数据段，数据段的划分及顺序见表F.1。

表F.1 数据段划分表

序号	段指示码	数据名称
1	AA	规定等压面层压温湿和风向风速
2	BB	零度层
3	CC	对流层顶
4	DD	压温湿特性层
5	EE	近地面层风向风速
6	FF	规定高度层风向风速
7	GG	最大风层风向风速
8	HH	风特性层
9	II	秒级数据
10	JJ	分钟级数据
11	KK	探测行为的基本描述

每个数据段为一个独立的数据实体。若某段全月没有探测数据,则台站参数部分中的该段探测项目标识为“0”,该数据段不录入;若某段因全月失测,造成该段全月无数据,则台站参数部分中的该段探测项目标识为“9”,在该段指示码的右侧紧接着录入段结束符号“=”;若某段全月有探测数据,则台站参数部分中的该段探测项目标识为“1”,段结束符紧接在该段最后一天最后一组数据的右侧。

F.5.1.2 各段基本数据格式

F.5.1.2.1 数据段基本构成

每个数据段由段标识和若干数据节组成。段标识是数据段的第一组数据,其作用是标识该段数据内容及该段的数据节数。段标识的格式为“XXgg”,其中“XX”为段指示码,用大写字母(见表F.1)表示;“gg”为数字,表示每天的日探测次数,位数不足,高位补“0”。一个数据节包含了该数据段同一时次全月逐日探测数据(简称为日数据),每个数据节以“=”作为结束符,结束符紧接在该数据节最后一组数据的右侧。同一数据段中的数据节按探测时次升序排列,如每天两次探测,时间为08、20时,则两节数据排列次序是,先08时,后20时。

一份日数据由若干个记录组成,每个记录占一行;每个记录含有若干组数据,每组数据之间用一个空格分隔。同一数据节中的日数据按日期升序排列,日数据中的记录按“气象电码手册”规定的编码顺序排列。

F.5.1.2.2 相关技术规定

若某日无数据,无须用斜杠补齐,相应的日期组、实测层数组、记录条数组也一并省略;如果没有相对时间、经度偏差和纬度偏差数据,按失测处理,各位以“/”补齐;数据的整数部分位数不足,高位补“0”,小数部分位数不足,低位补“0”。

F.5.1.3 探测数据专用字符

探测数据专用字符见表F.2。

表 F.2　探测数据专用字符

字符	意义
“ ”	一位空格，为数据组与组之间的间隔符
“,”	逗号，为数据段日数据结束符。除了BB段、EE段和KK段无日数据结束符外，其他数据段日数据结束符均为“,”
“=”	等号，为每节数据结束符。每节的结束符同时也是该节最后一日的日结束符
“/”	斜杠，为失测标识符。若某组数据失测，在该组的位置上，按照该组规定的位数，补齐相应的“/”
“\”	反斜杠，为缺省标识符。缺省指的是在某高度(或某等压面)以上，某些要素不做探测，这时该要素的数据做缺省处理。若数据出现缺省情况，则按照该组规定的位数补齐相应的“\”

F.5.2　各数据段格式说明

F.5.2.1　AA段

本段包括相对时间、地面层和各等压面层气压、高度、温度、露点温度、风向、风速7组数据。具体包括地面、1000 hPa、925 hPa、850 hPa、700 hPa、600 hPa、500 hPa、400 hPa、300 hPa、250 hPa、200 hPa、150 hPa、100 hPa、70 hPa、50 hPa、40 hPa、30 hPa、20 hPa、15 hPa、10 hPa、7 hPa、5 hPa、3 hPa、2 hPa、1 hPa等。

F.5.2.1.1　组织规则

——一次探测中同一层上的数据为一个记录，每个记录为一行；某时次日数据的第一条记录为日期和探测层数，其后为地面和地面层以上应探测的各等压面记录，日数据结束符为“,”，位于终止等压面最后一组数据的右侧；

——若地面层气压与规定等压面气压相同，地面层和该等压面层数据分别录入；

——若地面层与终止等压面层间某层数据失测，用规定位数的“/”补齐；

——每个时次的终止等压面层应以实有数据为准。

F.5.2.1.2　有关技术规定

(1)段指示码(AA)，由2个大写字母“A”组成。

(2)日探测次数(gg)，用2位整数表示。如该月每日08时、20时探测两次，则gg为02。

(3)日期(YY)，用2位整数表示，位数不足，高位补“0”。

(4)探测层数(nnn)，用3位整数表示，位数不足，高位补“0”。

(5)相对时间(SSSSS)，单位为“秒”，是各层资料的实际探测时间与规定的探测时间(如07时、19时)之差，由5个字符组成，第1位为符号位，正为“0”，负为“－”，含义如下：“0”表示气球实际施放时间或各层资料的实际探测时间等于或晚于规定的探测时间。“－”表示气球实际施放时间或各层资料的实际探测时间早于规定的探测时间。

(6)气压(PPPPPPPP)，单位为“hPa”，由8个字符组成：前4位为整数位，位数不足，高位补“0”；第5位为小数点；后3位为小数位，位数不足，低位补“0”。

(7)高度(hhhhh)，用5位整数表示，位数不足，高位补“0”。各等压面层高度为海拔位势高度，单位为“gpm”。地面层高度采用探测场海拔高度(四舍五入取整)，单位为“m”。

(8)温度(TTTTT)，单位为“℃”，由5个字符组成：第1位为符号位，正为“0”，负为“－”；

第2～3位为整数位,位数不足,高位补“0”;第4位为小数点;第5位为小数位,位数不足,低位补“0”。

(9)露点温度($T_dT_dT_dT_dT_d$),单位为“℃”,由5个字符组成:第1位为符号位,正为“0”,负为“－”;第2～3位为整数位,位数不足,高位补“0”;第4位为小数点;第5位为小数位,位数不足,低位补“0”。

(10)风向(ddd),单位为“度”,用3位整数表示,位数不足,高位补“0”。静风时,风向为“000”。

(11)风速(fff),单位为“m/s”,用3位整数表示,位数不足,高位补“0”。

F.5.2.2 BB段

本段包括日期、零度层气压、高度、露点温度4组数据。

F.5.2.2.1 组织规则

一次探测的零度层数据为一个记录,每个记录为一行。

F.5.2.2.2 有关技术规定

(1)段指示码(BB),由2个大写字母“B”组成。

(2)探测次数(gg),编制规定同F.5.2.1.2(2)。

(3)日期(YY),编制规定同F.5.2.1.2(3)。

(4)气压(PPPPPPPP),编制规定同F.5.2.1.2(6)。

(5)高度(hhhhh),单位为“gpm”,为海拔位势高度,用5位整数表示,位数不足,高位补“0”。

(6)露点温度($T_dT_dT_dT_dT_d$),编制规定同F.5.2.1.2(9)。

F.5.2.3 CC段

本段包括对流层顶编号、相对时间、气压、高度、温度、风向、风速7组数据。

F.5.2.3.1 组织规则

一次探测的一个对流层顶数据为一个记录,每个记录为一行,日结束符为“,”。

F.5.2.3.2 有关技术规定

(1)段指示码(CC),由2个大写字母“C”组成。

(2)探测次数(gg),编制规定同F.5.2.1.2(2)。

(3)日期(YY),编制规定同F.5.2.1.2(3)。

(4)实测对流层顶层数(nnn),编制规定同F.5.2.1.2(4)。

(5)对流层顶编号(kk),用2位整数表示,编号规则依据对流层顶分层规定。

(6)相对时间(SSSSS),编制规定同F.5.2.1.2(5)。

(7)气压(PPPPPPPP),编制规定同F.5.2.1.2(6)。

(8)高度(hhhhh),编制规定同F.5.2.2.2(5)。

(9)温度(TTTTT),编制规定同F.5.2.1.2(8)。

(10)风向(ddd),编制规定同F.5.2.1.2(10)。

(11)风速(fff),编制规定同F.5.2.1.2(11)。

F.5.2.4 DD段

本段包括压温湿特性层序号、相对时间、气压、温度、露点温度5组数据。

F.5.2.4.1　组织规则

——一个压温湿特性层上的数据为一个记录,每个记录为一行,日结束符为“,”。

——每次探测的终止压温湿特性层应以实测数据为准。

F.5.2.4.2　有关技术规定

(1)段指示码(DD),由2个大写字母“D”组成。

(2)探测次数(gg),编制规定同F.5.2.1.2(2)。

(3)日期(YY),编制规定同F.5.2.1.2(3)。

(4)探测层数(nnn),编制规定同F.5.2.1.2(4)。

(5)特性层编号(kkk),用3位整数表示,从001开始按升序编号。

(6)相对时间(SSSSS),编制规定同F.5.2.1.2(5)。

(7)气压(PPPPPPPP),编制规定同F.5.2.1.2(6)。

(8)温度(TTTTT),编制规定同F.5.2.1.2(8)。

(9)露点温度($T_dT_dT_dT_dT_d$),编制规定同F.5.2.1.2(9)。

F.5.2.5　EE段

本段包括日期、地面层风向和风速、距地300 m、距地600 m、距地900 m高度风向和风速9组数据。

F.5.2.5.1　组织规则

一次探测的近地面层风向风速数据为一个记录,每个记录为一行。

F.5.2.5.2　有关技术规定

(1)段指示码(EE),由2个大写字母“E”组成。

(2)探测次数(gg),编制规定同F.5.2.1.2(2)。

(3)日期(YY),编制规定同F.5.2.1.2(3)。

(4)风向(ddd),编制规定同F.5.2.1.2(10)。

(5)风速(fff),编制规定同F.5.2.1.2(11)。

F.5.2.6　FF段

本段包括相对时间、规定高度、风向、风速4组数据。规定高度为距海平面高度0.5 km、1.0 km、1.5 km、2.0 km、3.0 km、4.0 km、5.0 km、5.5 km、6.0 km、7.0 km、8.0 km、9.0 km、10.0 km、10.5 km、12.0 km、14.0 km、16.0 km、18.0 km、20.0 km、22.0 km、24.0 km、26.0 km、28.0 km、30.0 km、32.0 km、34.0 km、36.0 km、38.0 km、40.0 km等。

F.5.2.6.1　组织规则

(1)一个规定高度上的风向风速为一个记录,每个记录为一行,日结束符为“,”。

(2)每个时次的起始规定高度层应以高于地面层的第1个规定高度层为准。

(3)若某规定高度上数据失测,用规定位数的“/”补齐。

(4)每个探测时次的终止高度以探测到的实际高度为准。

F.5.2.6.2　有关技术规定

(1)段指示码(FF),由2个大写字母“F”组成。

(2)探测次数(gg),编制规定同F.5.2.1.2(2)。

(3)日期(YY),编制规定同F.5.2.1.2(3)。

(4)探测层数(nnn),编制规定同 F. 5. 2. 1. 2(4)。

(5)相对时间(SSSSS),编制规定同 F. 5. 2. 1. 2(5)。

(6)规定高度(hhh),单位为“百米”,用 3 位整数表示,位数不足,高位补“0”。

(7)风向(ddd),编制规定同 F. 5. 2. 1. 2(10)。

(8)风速(fff),编制规定同 F. 5. 2. 1. 2 (11)。

F. 5. 2. 7　GG 段

本段包括最大风层编号、相对时间、最大风层气压、高度、风向、风速 6 组数据。

F. 5. 2. 7. 1　组织规则

一个最大风层的数据为一个记录,每个记录为一行,日结束符为“,”。

F. 5. 2. 7. 2　有关技术规定

(1)段指示码(GG),由 2 个大写字母“G”组成。

(2)探测次数(gg),编制规定同 F. 5. 2. 1. 2(2)。

(3)日期(YY),编制规定同 F. 5. 2. 1. 2(3)。

(4)探测层数(nnn),编制规定同 F. 5. 2. 1. 2(4)。

(5)最大风层编号(kkk),用 3 位整数表示,编号规则按“气象电码手册”中的最大风层编报顺序,从 001 开始按升序编号。

(6)相对时间(SSSSS),编制规定同 F. 5. 2. 1. 2(5)。

(7)气压(PPPPPPPP),编制规定同 F. 5. 2. 1. 2(6)。

(8)高度(hhhhh),编制规定同 F. 5. 2. 2. 2(5)。

(9)风向(ddd),编制规定同 F. 5. 2. 1. 2(10)。

(10)风速(fff),编制规定同 F. 5. 2. 1. 2(11)。

F. 5. 2. 8　HH 段

本段包括风特性层编号、相对时间、气压、风向、风速 5 组数据。

F. 5. 2. 8. 1　组织规则

(1)一个风特性层上的数据为一个记录,每个记录为一行,日结束符为“,”。

(2)若某特性层数据失测,用规定位数的“/”补齐。

(3)每次探测的终止风特性层应以实有数据为准。

F. 5. 2. 8. 2　有关技术规定

(1)段指示码(HH),由 2 个大写字母“H”组成。

(2)探测次数(gg),编制规定同 F. 5. 2. 1. 2(2)。

(3)日期(YY),编制规定同 F. 5. 2. 1. 2(3)。

(4)探测层数(nnn),编制规定同 F. 5. 2. 1. 2(4)。

(5)风特性层编号(kkk),用 3 位整数表示,从 001 开始按升序编号。

(6)相对时间(SSSSS),编制规定同 F. 5. 2. 1. 2(5)。

(7)气压(PPPPPPPP),编制规定同 F. 5. 2. 1. 2(6)。

(8)风向(ddd),编制规定同 F. 5. 2. 1. 2(10)。

(9)风速(fff),编制规定同 F. 5. 2. 1. 2(11)。

F. 5. 2. 9　Ⅱ段

本段为秒级采样数据，数据为采样相对时间、温度、气压、相对湿度、仰角、方位角、斜距、经度偏差、纬度偏差。如果探测系统为GPS，包括的数据为采样相对时间、温度、气压、相对湿度、经度、纬度、高度。

F. 5. 2. 9. 1　组织规则

(1)每秒采样的所有数据为一个记录，每个记录为一行，日结束符为“,”。

(2)每个时次的终止高度应以最后一次采样为准。

(3)若某秒采样数据中某组数据失测，用规定位数的“/”补齐。

F. 5. 2. 9. 2　有关技术规定

(1)段指示码(II)，由2个大写字母“I”组成。

(2)探测次数(gg)，编制规定同F. 5. 2. 1. 2(2)。

(3)探测系统型号编码(xx)，由2个字符组成，各类探测系统编码见表2。

(4)日期(YY)，编制规定同F. 5. 2. 1. 2(3)。

(5)记录条数(nnnn)，用4位整数表示，位数不足，高位补“0”。

(6)采样相对时间(SSSSS)，编制规定同F. 5. 2. 1. 2(5)。

(7)温度(TTTTT)，编制规定同F. 5. 2. 1. 2(8)。

(8)气压(PPPPPPPP)，编制规定同F. 5. 2. 1. 2(6)。

(9)相对湿度(UUU)，单位为“%”，用3位整数表示，位数不足，高位补“0”。

(10)仰角($e_3e_3e_3e_3e_3e_3$)，单位为“度”，由6个字符组成：第1位为符号位，正为“0”，负为“－”；第2～3位为整数位，位数不足，高位补“0”；第4位为小数点；第5～6位为小数位，位数不足，低位补“0”。

(11)方位角($e_4e_4e_4e_4e_4e_4$)，单位为“度”，由6个字符组成：第1～3位为整数位，位数不足，高位补“0”；第4位为小数点；第5～6位为小数位，位数不足，低位补“0”。

(12)斜距(rrrrrr)，单位为“m”，用6位整数表示，表示探测仪器与探测系统天线之间的直线距离。

(13)经度偏差($L_{or}L_{or}L_{or}L_{or}L_{or}L_{or}L_{or}L_{or}L_{or}$)，单位为“度”，由9个字符组成：第1位为符号位，正为“0”，负为“－”，含义如下：“0”为东，“－”为西；第2～3位为整数位，位数不足，高位补“0”；第4位为小数点；第5～9位为小数位，位数不足，低位补“0”。

(14)纬度偏差($L_{ar}L_{ar}L_{ar}L_{ar}L_{ar}L_{ar}L_{ar}L_{ar}L_{ar}$)，单位为“度”，由9个字符组成：第1位为符号位，正为“0”，负为“－”，含义如下：“0”为北，“－”为南：第2～3位为整数位，位数不足，高位补“0”；第4位为小数点；第5～9位为小数位，位数不足，低位补“0”。

(15)经度(LLLLLLLLLL)，单位为“度”，由10个字符组成：第1位为符号位，正为“0”，负为“－”，含义如下：“0”为东经，“－”为西经；第2～4位为整数位，位数不足，高位补“0”；第5位为小数点；第6～10位为小数位，位数不足，低位补“0”。

(16)纬度(QQQQQQQQQ)，单位为“度”，由9位字符组成：第1位为符号位，正为“0”，负为“－”，含义如下：“0”为北纬，“－”为南纬；第2～3位为整数位，位数不足，高位补“0”；第4位为小数点；第5～9位为小数位，位数不足，低位补“0”。

(17)高度(hhhhh)，编制规定同F. 5. 2. 2. 2(5)。

F. 5. 2. 10 JJ 段

本段包括分钟级数据的相对时间、温度、气压、相对湿度、风向、风速、高度、经度偏差、纬度偏差 9 组数据。

F. 5. 2. 10. 1 组织规则

(1)每分钟的所有数据为一个记录，每个记录为一行，日结束符为“,”。

(2)若某分钟数据中某组数据失测，用规定位数的“/”补齐。

F. 5. 2. 10. 2 有关技术规定

(1)段指示码(JJ)，由 2 个大写字母“J”组成。

(2)探测次数(gg)，编制规定同 F. 5. 2. 1. 2(2)。

(3)日期(YY)，编制规定同 F. 5. 2. 1. 2(3)。

(4)记录条数(nnn)，用 3 位整数表示，位数不足，高位补“0”。

(5)相对时间(MMMMM)，单位为“min”，由 5 个字符组成：前 3 位为整数位，位数不足，高位补“0”；第 4 位为小数点；第 5 位为小数位。

(6)温度(TTTTT)，编制规定同 F. 5. 2. 1. 2(8)。

(7)气压(PPPPPPP)，编制规定同 F. 5. 2. 1. 2(6)。

(8)相对湿度(UUU)，单位为“%”，用 3 位整数表示，位数不足，高位补“0”。

(9)风向(ddd)，编制规定同 F. 5. 2. 1. 2(10)。

(10)风速(fffff)，单位为“m/s”，由 5 个字符组成：前 3 位为整数位，位数不足，高位补“0”；第 4 位为小数点；第 5 位为小数位，位数不足，低位补“0”。

(11)高度(hhhhh)，编制规定同 F. 5. 2. 1. 2(7)。

(12)经度偏差($L_{or}L_{or}L_{or}L_{or}L_{or}L_{or}L_{or}L_{or}L_{or}$)，单位为“度”，由 9 个字符组成：第 1 位为符号位，正为“0”，负为“－”，含义如下：“0”为东，“－”为西；第 2～3 位为整数位，位数不足，高位补“0”；第 4 位为小数点；第 5～9 位为小数位，位数不足，低位补“0”。

(13)纬度偏差($L_{ar}L_{ar}L_{ar}L_{ar}L_{ar}L_{ar}L_{ar}L_{ar}L_{ar}$)，单位为“度”，由 9 个字符组成：第 1 位为符号位，正为“0”，负为“－”，含义如下：“0”为北，“－”为南；第 2～3 位为整数位，位数不足，高位补“0”；第 4 位为小数点；第 5～9 位为小数位，位数不足，低位补“0”。

F. 5. 2. 11 KK 段

本段为探测行为的基本描述，包括探空仪编码、生产厂家、生产日期、编号、施放计数、球重量、球与探空仪间实际绳长、平均升速、温度基测值、温度仪器值、温度偏差、气压基测值、气压仪器值、气压偏差、相对湿度基测值、相对湿度仪器值、相对湿度偏差、仪器检测结论、世界协调时和地方时的施放时间、探空终止时间、测风终止时间、探空终止原因、测风终止原因、探空终止高度、测风终止高度、施放时太阳高度角、终止时太阳高度角、总云量、低云量、云状、天气现象、能见度。

F. 5. 2. 11. 1 组织规则

(1)一次探测行为为一个记录，每个记录为一行。

(2)如果只有测风探测，在探空仪编码、探空终止时间、终止高度、终止原因等位置补规定位数的“/”。

F. 5. 2. 11. 2 有关技术规定

(1)段指示码(KK)，由 2 个大写字母“K”组成。

(2)探测次数(gg),编制规定同F.5.2.1.2(2)。

(3)日期(YY),编制规定同F.5.2.1.2(3)。

(4)探空仪编码(X_1X_1),由2个字符组成,各类探空仪编码见表3。

(5)探空仪生产厂家(X_2X_2),由2个字符组成,生产厂家编码见表4。

(6)探空仪生产日期(YYYYMMDD),用8位整数表示,“YYYY”表示年,“MM”表示月,“DD”表示日,位数不足,高位补“0”。

(7)探空仪编号(mmmmmmmmmmmm),由12个字符组成,位数不足,高位补“0”。

(8)施放计数(kkk),用3位整数表示,为本月内探测仪施放累计数,位数不足,高位补“0”。

(9)球重量(GGGG),单位为“克”,用4位整数表示,为携带探空仪的施放球重量,位数不足,高位补“0”。

(10)球与探空仪间实际绳长(LL),单位为“m”,用两位整数表示。

(11)平均升速(sss),单位为“米/分(m/min)”,用3位整数表示。

(12)温度基测值($T_1T_1T_1T_1T_1$),由5个字符组成,编制规定同5.2.1.2(8)。

(13)温度仪器值($T_2T_2T_2T_2T_2$),由5个字符组成,编制规定同5.2.1.2(8)。

(14)温度偏差($T_3T_3T_3T_3$),单位为“℃”,由4个字符组成,为温度基测值－温度仪器值:第1位为符号位,正为“0”,负为“－”;第2位为整数位;第3位为小数点;第4位为小数位。

(15)气压基测值($P_1P_1P_1P_1P_1P_1$),单位为“hPa”,由6个字符组成:前4位为整数位,位数不足,高位补“0”;第5位为小数点;第6位为小数位。

(16)气压仪器值($P_2P_2P_2P_2P_2P_2$),单位为“hPa”,由6个字符组成:前4位为整数位,位数不足,高位补“0”;第5位为小数点;第6位为小数位。

(17)气压偏差($P_3P_3P_3P_3$),单位为“百帕”,由4个字符组成,为气压基测值－气压仪器值:第1位为符号位,正为“0”,负为“－”;第2位为整数位;第3位为小数点;第4位为小数位。

(18)相对湿度基测值($U_1U_1U_1$),单位为“%”,用3位整数表示,位数不足,高位补“0”。

(19)相对湿度仪器值($U_2U_2U_2$),单位为“%”,用3位整数表示,位数不足,高位补“0”。

(20)相对湿度偏差(U_3U_3),用2位整数表示,即湿度基测值－湿度仪器值,第1位为符号位,正为“0”,负为“－”,单位为“%”。

(21)仪器检测结论(T),用1位整数表示,“1”表示合格,“0”表示不合格。

(22)施放时间(世界协调时)($G_1G_1G_1G_1G_1G_1$),用6位整数表示,前2位为时,第3位和第4位为分,后2位为秒,位数不足,高位补“0”。

(23)施放时间(地方时)($G_2G_2G_2G_2G_2G_2$),用6位整数表示,前2位为时,第3位和第4位为分,后2位为秒,位数不足,高位补“0”。

(24)探空终止时间(世界协调时)($t_1t_1t_1t_1t_1t_1$),用6位整数表示,前2位为时,第3位和第4位为分,后2位为秒,位数不足,高位补“0”。

(25)为测风终止时间(世界协调时)($t_2t_2t_2t_2t_2t_2$),用6位整数表示,前2位为时,第3位和第4位为分,后2位为秒,位数不足,高位补“0”。

(26)探空终止原因编码(s_1s_1),由2个字符组成,编码见表F.7。

(27)测风终止原因编码(s_2s_2),由2个字符组成,编码见表F.7。

(28)探空终止高度($h_1h_1h_1h_1h_1$),单位为“m”,用5位整数表示,位数不足,高位补“0”。

(29)测风终止高度($h_2h_2h_2h_2h_2$),单位为“m”,用 5 位整数表示,位数不足,高位补“0”。

(30)施放时太阳高度角($e_1e_1e_1e_1e_1$),单位为“度”,由 5 个字符组成:第 1 位为符号位,正为“0”,负为“—”;第 2～3 位为整数位,位数不足,高位补“0”;第 4 位为小数点;第 5 位为小数位。

(31)终止时太阳高度角($e_2e_2e_2e_2e_2$),由 5 个字符组成,编制规定同施放时太阳高度角。

(32)总云量(n_1n_1),单位为“成”,用 2 位整数表示,位数不足,高位补“0”。

(33)低云量(n_2n_2),单位为“成”,用 2 位整数表示,位数不足,高位补“0”。

(34)云属简写符号(ZZ),由 2 个字符组成,简写符号见表 F.8。

(35)天气现象编码(q_1q_1),由 2 个字符组成,编码见表表 F.9。

(36)能见度($j_1j_1j_1j_1j_1$),单位为“km”,由 5 个字符组成:前 3 位为整数位,位数不足,高位补“0”;第 4 位为小数点;第 5 位为小数位。

F.6　质量控制

质量控制部分位于探测数据之后,若文件首部质量控制指示码为“0”,无质量控制部分,在探测数据部分结束符“??????”后另起一行,直接录入质量控制部分结束符“ ****** ”。

质量控制部分分为质量控制码段和更正数据段。

F.6.1　质量控制码段

F.6.1.1　质量控制码

质量控制码表示数据质量的状况。根据数据质量控制流程,将其分为三级:台站级、省(地区)级和国家级。质量控制码用三位整数表示,百位、十位、个位分别为台站级、省(地区)级和国家级质量控制码。如质量控制码为“111”,表示该数据台站级、省(地区)级和国家级质量控制都认为是可疑值。台站形成本文件时,如果没有进行质量控制,所有数据的质量控制码均为“999”。

质量控制码含义为:

0:数据正确(未发现可疑);

1:数据可疑;

2:数据错误;

3:数据有订正值;

4:数据已修改;

8:数据失测;

9:数据未做质量控制。

F.6.1.2　质量控制码段技术规定

质量控制码段由探测数据的质量控制码组成,其排列顺序与探测数据部分的段、节、记录、数据组一一对应。

质量控制部分的段指示码是在探测数据部分的相应段指示码前加大写字母“Q”,如探测数据部分规定层段指示码为大写字母“AA”,则质量控制部分相应段指示码为“QAA”。探测数据部分的每个数据都要有相应的质量控制码。如果某数据段在台站、省、国家三级质量控制中均未做质量控制，那么在归档前应全部删除该段原有初始质量控制码“999”，并在该段指示码后直接输入“999=”，例如“QAAgg999=”，表示AA段数据未做质量控制。

质量控制码数据组数与探测数据部分数据组数相等，组间分隔符为1个空格。质量控制码的日结束符与所对应的探测数据部分的日结束符相同。每节全月质量控制码结束符为“=”，置于最后一天最后一组质量控制码之后。

F.6.2　更正数据段

更正数据段是订正和修改数据的更正情况记录，更正数据段记录个数不限，每个订正或修改数据为一条记录，更正数据段指示码固定为大写字母“QM”，无更正数据时为“QM=”，每次订正或修改均添加到最后一条记录后面，不必考虑段顺序。更正数据段结束符为“=”，置于最后一条订正或修改记录的最后一个数据之后。

F.6.2.1　订正数据和修改数据定义

订正数据是指原始探测数据疑误或失测，通过一定的方法计算或估算的数据；该数据不替代“探测数据”部分的原数据，只需要按规定格式在更正数据段记录其订正状况。

修改数据是指原始探测数据疑误或失测，经过查询确认的正确数据；该数据替代“探测数据”部分的原数据，同时按规定格式在更正数据段记录其修改状况。

F.6.2.2　更正数据格式

每条订正或修改记录的格式为：“更正数据标识 段指示码 节顺序数 日期 行数 组数 级别 原始值 订正(修改)值”。更正数据标识指该更正数据为订正数据还是修改数据，“3”表示订正数据，“4”表示修改数据。级别指哪一级进行的更正，台站级为“1”，省(地区)级为“2”，国家级为“3”。更正数据标识为1位整数，段指示码为2位字母，节顺序数为2位整数，日期为2位整数，行数为4位整数，组数为2位整数，级别为1位整数，原始值和订正(修改)值用“[]”括起，数据格式按各段的数据技术规定，数据不足规定位数时，高位补“0”。更正数据标识、段指示码节顺序数、日期、行数、组数、级别、原始值、订正(修改)值之间用1位空格作为间隔符。

如台站上报的G文件中某站AA段第1节3日第2行第3组为“失测”，省级通过内插方法计算的数据为“100”。订正数据应写为：“3 AA 01 03 0002 03 2 [/////] [00100]”。

F.7　附加信息

附加信息部分由“月报表头”“备注”2个数据段组成，各段数据结束符为“=”。

F.7.1　月报表头

F.7.1.1　标识符

月报表头标识符为：大写字母“BT”。

F.7.1.2　“月报表头”数据段

该段由11条记录组成，各条记录只有1组数据。如无某记录，则相应行为空行。

F.7.1.3 各条记录规定

(1)探测时间:包括探空观测时间和测风观测时间,格式为先探空观测时间,后测风观测时间,中间用"/"分隔。探测时间为2位数,位数不足,高位补"0",几次探测时间用";"分隔。若该台站没有探空任务,测风时间为08和20时,则格式为"/08;20"。

(2)台站档案号(DDddd):由5个字符组成,前2位为省(自治区、直辖市)编号,后3位为台站编号。

(3)省(自治区、直辖市)名:不定长,最大字符数为20,为台站所在省(自治区、直辖市)名全称,如"广西壮族自治区"。

(4)台站名称:不定长,最大字符数为36,为本台(站)的单位名称。

(5)地址:不定长,最大字符为42,为台(站)所在详细地址,所属省(自治区、直辖市)名称可省略。

(6)探测系统型号代码:不定长,最大字符数为36,为本月最后一次探测使用的探测系统型号代码(代码见表F.4)及生产厂家,型号代码与生产厂家之间用"/"分隔。

(7)探空仪型号代码:不定长,最大字符数为36,为本月最后一次探测使用的探空仪型号代码(代码见表F.5)及生产厂家,型号代码与生产厂家之间用"/"分隔。

(8)软件名称及版本号:不定长,最大字符数为72,为本月最后一次探测使用的软件名称、版本号及研制单位,软件名称、版本号、研制单位之间用"/"分隔。

(9)打印人:不定长,最大字符数为16,为探测数据打印人员姓名。

(10)校对人:不定长,最大字符数为16,为探测数据录入校对人员姓名,如多人参加校对,选报一名主要校对者。

(11)预审者:不定长,最大字符数为16,为报表数据文件预审人员姓名。

(12)审核者:不定长,最大字符数为16,为报表数据文件审核人员姓名。

F.7.2 备注

F.7.2.1 标识符

备注标识符为:大写字母"BZ"。

F.7.2.2 "备注"数据段

内容分"气象探测中一般备注事项记载"和"有关台站沿革变动情况记载"。

(1)气象探测中一般备注事项记载。由多个记录组成,每个记录由标识码(BB)、事项时间(DD或DD-DD)、事项说明三组数据组成,事项说明数据组为不定长。各组数据之间分隔符为"/"。

(2)有关台站沿革变动情况记载。由多个记录组成,每个记录由变动项目标识码(表F.3)、变动时间(DD)及变动情况多组数据组成。各变动情况数据组为不定长,但不得超过规定的最大字符数。各组数据之间分隔符为"/"。

其中,项目如未出现,则该项目不录入;如某项多次变动,按标识码重复录入。

台站位置迁移,其变动标识用"05";台站位置不变,而经纬度、海拔高度因测量方法不同或地址、地理环境改变,其变动标识用"55"。

表 F.3　台站沿革变动项目及标识码

标识码	意义
01	台站名称
02	区站号
03	台站类别
04	所属机构
05	台站位置
55	台站参数
08	探测仪器
09	探测时制
10	探测时间
12	其他变动事项
13	探测软件

F.7.2.3　各条记录规定

(1)一般备注事项标识:按规定的标识码大写字母“BB”录入。如多个备注事项记录,按标识码重复录入。

(2)事项时间(DD或DD-DD),不定长,最大字符数为5。录入具体事项出现日期(DD)或起止日期,起、止时间用“-”分隔。若某一事项时间比较多而不连续,其起、止时间记第一个和最后一个时间,并在事项说明中分别注明出现的具体时间。

(3)事项说明,包括对某次或某时段探测记录质量有直接影响的原因、仪器性能不良或故障对探测记录的影响、仪器更换(非换型号)。涉及台站沿革变动的事项放在有关变动项目中录入。

(4)项目变动标识,按规定的项目变动标识码录入。

(5)变动时间(DD),由2个字符组成,为项目具体变动的日期(DD),位数不足,高位补“0”。

(6)台站名称,不定长,最大字符数为36,为变动后的台站名称。

(7)台站类别,不定长,最大字符数为10。指“探空”“测风”按变动后的台站级别录入。

(8)所属机构,不定长,最大字符数为30。指气象台站业务管辖部门简称,填到省、部(局)级,如:“国家海洋局”。气象部门所属台站填“某某省(区、市)气象局”,按变动后的所属机构录入。

(9)纬度,同“台站参数”部分,按变动后纬度录入。

(10)经度,同“台站参数”部分,按变动后经度录入。

(11)探测场海拔高度:按变动后探测场海拔高度录入。

(12)地址,不定长,最大字符为42,同“月报表头”段,按变动后地址录入。

(13)距原址距离方向,由9个字符组成,其中距离5位、方向3位、分隔符“;”1位。距离不足位,前位补“0”。方向不足位,后位补空。距原址距离方向为台站迁址后新探测场距原站址探测场直线距离和方向。距离以“m”为单位;方向按16方位的大写英文字母表示。

(14)仪器名称,不定长,最大字符数为 30,为换型后的探测仪器名称,见表 F.4、表 F.5。

(15)生产厂家,不定长,最大字符数为 30,为所列仪器名称的生产厂家,见表 F.6。

(16)探测时制,不定长,最大字符数为 10,为变动后的时制。

(17)探测时间,不定长,最大字符数为 72,为加密观测的探测具体时间,几次探测时间用"\"分隔。

(18)其他事项说明,不定长,最大字符数为 60。指台站所属行政地名改变和对记录质量有直接影响的其他事项,如统计方法的变动等(不包括上述各变动事项)。

(19)软件名称,不定长,最大字符数为 36,为变动后探测软件的名称。

(20)软件版本,不定长,最大字符数为 36,为变动后探测软件的版本。

(21)研制单位,不定长,最大字符数为 36,为变动后探测软件的研制单位。

表 F.4　探测系统型号编码表

编码	代码	探测系统型号
01	RD	无线电定向仪
02	PB	光学经纬仪
03	RT	无线电经纬仪
04	701	701 二次测风雷达
05	GFE(L)-1	GFE(L)-1 型二次测风雷达
06	GFE(L)-2	GFE(L)-2 型二次测风雷达
07	707	C 波段测风雷达
08	GPS-MW31	MW31GPS 接收系统
99	OTHER	其他

表 F.5　探空仪型号编码表

编码	代码	探空仪型号
01	RS12	芬兰 RS-12 型探空仪
02	Diamond	美国 Diamond 探空仪
03	GZZ1	49 型探空仪
04	GZZ2	59 型探空仪
05	701	701 电子探空仪
06	GTS1	GTS1 型数字式探空仪
07	GTS(U)-2	GTS(U)-2 型数字式探空仪
08	TD2-A	TD2-A 型数字式探空仪
09	RS92	GPS 探空仪(VAISALA)
10	TC-1	C 波段探空仪
99	OTHER	其他

表 F.6　探空仪或探测系统生产厂家编码表

编码	探空仪或探测系统生产厂家
01	上海长望气象科技有限公司
02	太原无线电一厂
03	青海无线电厂
04	北京华创升达高科技发展中心
05	天津气象仪器厂
11	南京大桥机器厂
12	成都784厂
13	芬兰 Vaisala 公司
99	其他

表 F.7　探空/测风终止原因编码表

编码	探空终止原因
01	球炸
02	信号突失
03	干扰
04	信号不清
05	接收系统故障(例如雷达、GPS接收设备故障等)
06	探空仪器故障
07	放弃
08	其他(具体原因在一般备注事项说明)

表 F.8　云属简写符号

简写	云属
Ci	卷云
Cc	卷积云
Cs	卷层云
Ac	高积云
As	高层云
Ns	雨层云
Sc	层积云
St	层云
Cu	积云
Cb	积雨云
//	由于黑暗、雾、沙尘暴或其他类似现象而云不可见

表 F.9 天气现象代码表

编码	现象名称	编码	现象名称
01	露	38	吹雪
02	霜	39	雪暴
03	结冰	42	雾
04	烟幕	48	雾凇
05	霾	50	毛毛雨
06	浮尘	56	雨凇
07	扬沙	60	雨
08	尘卷风	68	雨夹雪
10	轻雾	70	雪
13	闪电	76	冰针
14	极光	77	米雪
15	大风	79	冰粒
16	积雪	80	阵雨
17	雷暴	83	阵性雨夹雪
18	飑	85	阵雪
19	龙卷	87	霰
31	沙尘暴	89	冰雹

F.8 G文件结构

IIiii QQQQQQD LLLLLLLD H_1 H_1 H_1 H_1 H_1 H_1 H_2 H_2 H_2 H_2 H_2 H_2 x_1 nny$_1$ …… y_{nn} C YYYY MM

AAgg

YY nnn(第 1 个探测时次)

SSSSS PPPPPPPP hhhhh TTTTT $T_d T_d T_d T_d T_d$ ddd fff

SSSSS PPPPPPPP hhhhh TTTTT $T_d T_d T_d T_d T_d$ ddd fff

……

SSSSS PPPPPPPP hhhhh TTTTT $T_d T_d T_d T_d T_d$ ddd fff

YY nnn

SSSSS PPPPPPPP hhhhh TTTTT $T_d T_d T_d T_d T_d$ ddd fff

SSSSS PPPPPPPP hhhhh TTTTT $T_d T_d T_d T_d T_d$ ddd fff

……

SSSSS PPPPPPPP hhhhh TTTTT $T_d T_d T_d T_d T_d$ ddd fff

……

SSSSS PPPPPPPP hhhhh TTTTT $T_dT_dT_dT_dT_d$ ddd fff=

YYnnn(第2个探测时次)

SSSSS PPPPPPPP hhhhh TTTTT $T_dT_dT_dT_dT_d$ ddd fff

……

SSSSS PPPPPPPP hhhhh TTTTT $T_dT_dT_dT_dT_d$ ddd fff=

BBgg

YY PPPPPPPP hhhhh $T_dT_dT_dT_dT_d$(第1个探测时次)

……

YY PPPPPPPP hhhhh $T_dT_dT_dT_dT_d$=

YY PPPPPPPP hhhhh $T_dT_dT_dT_dT_d$(第2个探测时次)

……

YY PPPPPPPP hhhhh $T_dT_dT_dT_dT_d$=

CCgg

YY nnn(第1个探测时次)

kk SSSSS PPPPPPPP hhhhh TTTTT ddd fff

……

kk SSSSS PPPPPPPP hhhhh TTTTT ddd fff

YY nnn

kk SSSSS PPPPPPPP hhhhh TTTTT ddd fff

……

kk SSSSS PPPPPPPP hhhhh TTTTT ddd fff=

YY nnn(第2个探测时次)

kk SSSSS PPPPPPPP hhhhh TTTTT ddd fff

……

kk SSSSS PPPPPPPP hhhhh TTTTT ddd fff

YY nnn

kk SSSSS PPPPPPPP hhhhh TTTTT ddd fff

……

kk SSSSS PPPPPPPP hhhhh TTTTT ddd fff=

DDgg

YY nnn(第1个探测时次)

kkk SSSSS PPPPPPPP TTTTT $T_dT_dT_dT_dT_d$

……

kkk SSSSS PPPPPPPP TTTTT $T_dT_dT_dT_dT_d$

YY nnn

kkk SSSSS PPPPPPPP TTTTT $T_dT_dT_dT_dT_d$

……

kkk SSSSS PPPPPPPP TTTTT $T_dT_dT_dT_dT_d$

……

kkk SSSSS PPPPPPPP TTTTT $T_dT_dT_dT_dT_d$=
YY nnn(第 2 个探测时次)
kkk SSSSS PPPPPPPP TTTTT $T_dT_dT_dT_dT_d$
……
kkk SSSSS PPPPPPPP TTTTT $T_dT_dT_dT_dT_d$=
EEgg
YY ddd fff ddd fff ddd fff ddd fff(第 1 个探测时次)
……
YY ddd fff ddd fff ddd fff ddd fff=
YY ddd fff ddd fff ddd fff ddd fff(第 2 个探测时次)
……
YY ddd fff ddd fff ddd fff ddd fff=
FFgg
YY nnn(第 1 个探测时次)
SSSSS hhh ddd fff
……
SSSSS hhh ddd fff
YY nnn
SSSSS hhh ddd fff
……
SSSSS hhh ddd fff
……
SSSSS hhh ddd fff=
YY nnn(第 2 个探测时次)
SSSSS hhh ddd fff
……
SSSSS hhh ddd fff=
GGgg
YY nnn(第 1 个探测时次)
kkk SSSSS PPPPPPPP hhhhh ddd fff
……
kkk SSSSS PPPPPPPP hhhhh ddd fff
YY nnn
kkk SSSSS PPPPPPPP hhhhh ddd fff
……
kkk SSSSS PPPPPPPP hhhhh ddd fff
……
kkk SSSSS PPPPPPPP hhhhh ddd fff=
YY nnn(第 2 个探测时次)

kkk SSSSS PPPPPPPP hhhhh ddd fff

……

kkk SSSSS PPPPPPPP hhhhh ddd fff=

HHgg

YY nnn(第 1 个探测时次)

kkk SSSSS PPPPPPPP ddd fff

……

kkk SSSSS PPPPPPPP ddd fff

YY nnn

kkk SSSSS PPPPPPPP ddd fff

……

kkk SSSSS PPPPPPPP ddd fff

……

kkk SSSSS PPPPPPPP ddd fff=

YY nnn(第 2 个探测时次)

kkk SSSSS PPPPPPPP ddd fff

……

kkk SSSSS PPPPPPPP ddd fff=

IIggxx

YY nnnn(第 1 个探测时次)

SSSSS TTTTT PPPPPPPP UUU $e_3 e_3 e_3 e_3 e_3 e_3$ $e_4 e_4 e_4 e_4 e_4 e_4$ rrrrrr $L_{or} L_{or} L_{or} L_{or} L_{or} L_{or} L_{or} L_{or} L_{or}$ $L_{ar} L_{ar} L_{ar} L_{ar} L_{ar} L_{ar} L_{ar} L_{ar} L_{ar}$（或 SSSSS TTTTT PPPPPPPP UUU LLLLLLLLL QQQQQQQQ hhhhh)

……

SSSSS TTTTT PPPPPPPP UUU $e_3 e_3 e_3 e_3 e_3 e_3$ $e_4 e_4 e_4 e_4 e_4 e_4$ rrrrrr $L_{or} L_{or} L_{or} L_{or} L_{or} L_{or} L_{or} L_{or} L_{or}$ $L_{ar} L_{ar} L_{ar} L_{ar} L_{ar} L_{ar} L_{ar} L_{ar} L_{ar}$（或 SSSSS TTTTT PPPPPPPP UUU LLLLLLLLL QQQQQQQQ hhhhh)

YY nnnn

SSSSS TTTTT PPPPPPPP UUU $e_3 e_3 e_3 e_3 e_3 e_3$ $e_4 e_4 e_4 e_4 e_4 e_4$ rrrrrr $L_{or} L_{or} L_{or} L_{or} L_{or} L_{or} L_{or} L_{or} L_{or}$ $L_{ar} L_{ar} L_{ar} L_{ar} L_{ar} L_{ar} L_{ar} L_{ar} L_{ar}$（或 SSSSS TTTTT PPPPPPPP UUU LLLLLLLLL QQQQQQQQ hhhhh)

……

SSSSS TTTTT PPPPPPPP UUU $e_3 e_3 e_3 e_3 e_3 e_3$ $e_4 e_4 e_4 e_4 e_4 e_4$ rrrrrr $L_{or} L_{or} L_{or} L_{or} L_{or} L_{or} L_{or} L_{or} L_{or}$ $L_{ar} L_{ar} L_{ar} L_{ar} L_{ar} L_{ar} L_{ar} L_{ar} L_{ar}$（或 SSSSS TTTTT PPPPPPPP UUU LLLLLLLLL QQQQQQQQ hhhhh)

……

SSSSS TTTTT PPPPPPPP UUU $e_3 e_3 e_3 e_3 e_3 e_3$ $e_4 e_4 e_4 e_4 e_4 e_4$ rrrrrr $L_{or} L_{or} L_{or} L_{or} L_{or} L_{or} L_{or} L_{or} L_{or}$ $L_{ar} L_{ar} L_{ar} L_{ar} L_{ar} L_{ar} L_{ar} L_{ar} L_{ar}$（或 SSSSS TTTTT PPPPPPPP UUU LLLLLLLLL QQQQQQQQ hhhhh)=

YY nnnn（第 2 个探测时次）

SSSSS TTTTT PPPPPPP UUU $e_3e_3e_3e_3e_3e_3$ $e_4e_4e_4e_4e_4e_4$ rrrrrr $L_{or}L_{or}L_{or}L_{or}L_{or}L_{or}L_{or}L_{or}$ L_{or} L_{ar} L_{ar} L_{ar} L_{ar} L_{ar} L_{ar} L_{ar} L_{ar} L_{ar}（或 SSSSS TTTTT PPPPPPP UUU LLLLLLLLL QQQQQQQQ hhhhh）

……

SSSSS TTTTT PPPPPPP UUU $e_3e_3e_3e_3e_3e_3$ $e_4e_4e_4e_4e_4e_4$ rrrrrr $L_{or}L_{or}L_{or}L_{or}L_{or}L_{or}L_{or}L_{or}$ L_{or} L_{ar} L_{ar} L_{ar} L_{ar} L_{ar} L_{ar} L_{ar} L_{ar} L_{ar}（或 SSSSS TTTTT PPPPPPP UUU LLLLLLLLL QQQQQQQQ hhhhh）＝

JJgg

YY nnn（第 1 个探测时次）

MMMMM TTTTT PPPPPPP UUU ddd fffff hhhhh $L_{or}L_{or}L_{or}L_{or}L_{or}L_{or}L_{or}L_{or}L_{or}$ $L_{ar}L_{ar}$ $L_{ar}L_{ar}L_{ar}L_{ar}L_{ar}L_{ar}L_{ar}$

……

MMMMM TTTTT PPPPPPP UUU ddd fffff hhhhh $L_{or}L_{or}L_{or}L_{or}L_{or}L_{or}L_{or}L_{or}L_{or}$ $L_{ar}L_{ar}$ $L_{ar}L_{ar}L_{ar}L_{ar}L_{ar}L_{ar}L_{ar}$

YY nnn

MMMMM TTTTT PPPPPPP UUU ddd fffff hhhhh $L_{or}L_{or}L_{or}L_{or}L_{or}L_{or}L_{or}L_{or}L_{or}$ $L_{ar}L_{ar}$ $L_{ar}L_{ar}L_{ar}L_{ar}L_{ar}L_{ar}L_{ar}$

……

MMMMM TTTTT PPPPPPP UUU ddd fffff hhhhh $L_{or}L_{or}L_{or}L_{or}L_{or}L_{or}L_{or}L_{or}L_{or}$ $L_{ar}L_{ar}$ $L_{ar}L_{ar}L_{ar}L_{ar}L_{ar}L_{ar}L_{ar}$

……

MMMMM TTTTT PPPPPPP UUU ddd fffff hhhhh $L_{or}L_{or}L_{or}L_{or}L_{or}L_{or}L_{or}L_{or}L_{or}$ $L_{ar}L_{ar}$ $L_{ar}L_{ar}L_{ar}L_{ar}L_{ar}L_{ar}L_{ar}$＝

YY nnn（第 2 个探测时次）

MMMMM TTTTT PPPPPPP UUU ddd fffff hhhhh $L_{or}L_{or}L_{or}L_{or}L_{or}L_{or}L_{or}L_{or}L_{or}$ $L_{ar}L_{ar}$ $L_{ar}L_{ar}L_{ar}L_{ar}L_{ar}L_{ar}L_{ar}$

……

MMMMM TTTTT PPPPPPP UUU ddd fffff hhhhh $L_{or}L_{or}L_{or}L_{or}L_{or}L_{or}L_{or}L_{or}L_{or}$ $L_{ar}L_{ar}$ $L_{ar}L_{ar}L_{ar}L_{ar}L_{ar}L_{ar}L_{ar}$＝

KKgg

YY X_1X_1 X_2X_2 YYYYMMDD mmmmmmmmmmmm kkk GGGG LL sss $T_1T_1T_1T_1T_1$ $T_2T_2T_2T_2T_2$ $T_3T_3T_3T_3$ $P_1P_1P_1P_1P_1P_1$ $P_2P_2P_2P_2P_2P_2$ $P_3P_3P_3P_3$ $U_1U_1U_1$ $U_2U_2U_2$ U_3U_3 T G_1 $G_1G_1G_1G_1G_1$ $G_2G_2G_2G_2G_2G_2$ $t_1t_1t_1t_1t_1t_1$ $t_2t_2t_2t_2t_2t_2$ s_1s_1 s_2s_2 $h_1h_1h_1h_1h_1$ $h_2h_2h_2h_2h_2$ $e_1e_1e_1e_1$ e_1 $e_2e_2e_2e_2e_2$ n_1n_1 n_2n_2 ZZ q_1q_1 $j_1j_1j_1j_1j_1$（第 1 个探测时次）

……

YY X_1X_1 X_2X_2 YYYYMMDD mmmmmmmmmmmm kkk GGGG LL sss $T_1T_1T_1T_1T_1$ $T_2T_2T_2T_2T_2$ $T_3T_3T_3T_3$ $P_1P_1P_1P_1P_1P_1$ $P_2P_2P_2P_2P_2P_2$ $P_3P_3P_3P_3$ $U_1U_1U_1$ $U_2U_2U_2$ U_3U_3 T G_1 $G_1G_1G_1G_1G_1$ $G_2G_2G_2G_2G_2G_2$ $t_1t_1t_1t_1t_1t_1$ $t_2t_2t_2t_2t_2t_2$ s_1s_1 s_2s_2 $h_1h_1h_1h_1h_1$ $h_2h_2h_2h_2h_2$ $e_1e_1e_1e_1$

e_1 $e_2e_2e_2e_2e_2$ n_1n_1 n_2n_2 ZZ q_1q_1 $j_1j_1j_1j_1j_1$ =

……

YY X_1X_1 X_2X_2 YYYYMMDD mmmmmmmmmmmm kkk GGGG LL sss $T_1T_1T_1T_1T_1$ $T_2T_2T_2T_2T_2$ $T_3T_3T_3T_3$ $P_1P_1P_1P_1P_1P_1$ $P_2P_2P_2P_2P_2P_2$ $P_3P_3P_3P_3$ $U_1U_1U_1$ $U_2U_2U_2$ U_3U_3 T G_1 $G_1G_1G_1G_1G_1$ $G_2G_2G_2G_2G_2G_2$ $t_1t_1t_1t_1t_1t_1$ $t_2t_2t_2t_2t_2t_2$ s_1s_1 s_2s_2 $h_1h_1h_1h_1h_1$ $h_2h_2h_2h_2h_2$ $e_1e_1e_1e_1$ e_1 $e_2e_2e_2e_2e_2$ n_1n_1 n_2n_2 ZZ q_1q_1 $j_1j_1j_1j_1j_1$ =(第2个探测时次)

??????

QAAgg

YY nnn

xxx xxx xxx xxx xxx xxx xxx (同AAgg段)

QBBgg

YY xxx xxx xxx(同BBgg段)

QCCgg

YY nnn

xxx xxx xxx xxx xxx xxx xxx(同CCgg段)

QDDgg

YY nnn

xxx xxx xxx xxx xxx(同DDgg段)

QEEgg

YY xxx xxx xxx xxx xxx xxx xxx xxx(同EEgg段)

QFFgg

YY nnn

xxx xxx xxx xxx(同FFgg段)

QGGgg

YY nnn

xxx xxx xxx xxx xxx xxx(同GGgg段)

QHHgg

YY nnn

xxx xxx xxx xxx xxx(同HHgg段)

QIIggxx

YY nnnn

xxx xxx xxx xxx xxx xxx xxx xxx xxx(同IIgg段)

QJJgg

YY nnn

xxx xxx xxx xxx xxx xxx xxx xxx xxx(同JJgg段)

QKKgg

YY xxx xxx xxx xxx xxx xxx xxx xxx xxx xxx xxx xxx xxx xxx xxx xxx xxx xxx xxx xxx xxx xxx xxx xxx xxx xxx xxx xxx xxx xxx(同KKgg段)

QM

X xx xx xx xxxx xx x [xxxx] [xxxx]
…
X xx xx xx xxxx xx x [xxxx] [xxxx]=(更正数据段)
＊＊＊＊＊＊＊＊
BT(月报表头)
探空时间 测风时间
台站档案号
省(自治区、直辖市)名
台站名称
地址
探测系统型号代码
探空仪型号代码
软件名称及版本号
打印人
校对人
预审者
审核者=
BZ(备注)
BB(一般备注事项标识)/事项时间/事项说明
01(台站名称变动标识)/变动时间/台站名称
02(区站号变动标识)/变动时间/区站号
03(台站类别变动标识)/变动时间/台站类别
04(台站所属机构变动标识)/变动时间/所属机构
05(台站位置变动标识)/变动时间/纬度/经度/探测场海拔高度/地址/距原址距离方向
08(探测仪器变动标识)/变动时间/仪器名称/生产厂家
09(探测时制变动标识)/变动时间/探测时制
10(探测时间变动标识)/变动时间/加密探测时间
12(其他事项标识)/时间/事项说明
13(探测软件变动标识)/变动时间/软件名称/软件版本/研制单位=
######

附录 G　高空气象观测数据格式　BUFR 编码

G.1　范围

本附录规定了固定陆地测站、船舶及移动平台的高空气压、温度、湿度、风向和风速的综合探空及单独测风观测数据的 BUFR 编码规则。

本附录适用于固定陆地测站、船舶及移动平台的高空气压、温度、湿度、风向和风速的综合探空及单独测风观测数据的表示、交换和归档。

G.2　术语和定义

G.2.1　八位组

计算机领域里 8 个比特位作为一组的单位制。

G.2.2　主表

针对 BUFR 编码格式定义的一系列表格，其中包括表 A、表 B、表 C、表 D 以及代码表和标志表。本标准使用的主表为 BUFR 编码格式针对气象学科的表格。

G.3　缩略语

下列缩略语适用于本文件。

BUFR：气象数据的二进制通用表示格式（Binary Universal Form for Representation of meteorological data）；

CCITT IA5：国际电报电话咨询委员会国际字母 5 号码（Consultative Committee on International Telephone and Telegraph International Alphabet No. 5）；

UTC：世界协调时（Universal Time Coordinated）；

WMO-FM 94：世界气象组织定义的第 94 号编码格式（The World Meteorological Organization code form FM 94 BUFR）。

G.4　编码构成

编码数据由指示段、标识段、数据描述段、数据段和结束段构成，如图 G.1 所示。

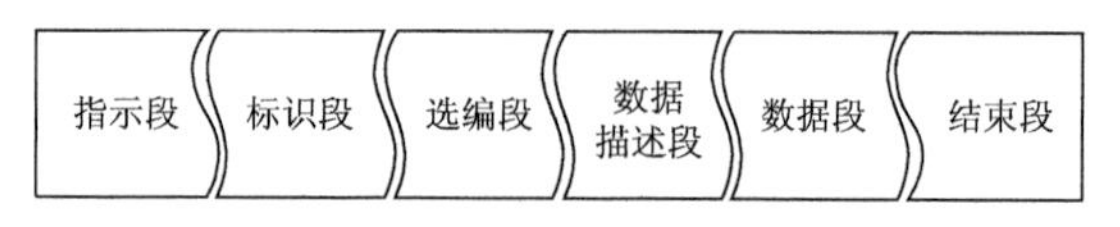

图 G.1 BUFR 编码数据结构

各个段的编码规则见 G.5.1～G.5.5，编码中使用的时间编码全部为 UTC。

G.5 编码规则

G.5.1 指示段

指示段由 8 个八位组组成，包括 BUFR 编码数据的起始标志、BUFR 数据长度和 BUFR 编码的版本号。具体编码见表 G.1。

表 G.1 指示段编码及说明

八位组序号	含义	值	备注
1	BUFR 数据的起始标志	B	按照 CCITT IA5 编码
2		U	
3		F	
4		R	
5—7	BUFR 数据长度	实际取值	以八位组为单位
8	BUFR 编码的版本号	4	WMO 2015 年发布版本 4

G.5.2 标识段

标识段由 23 个八位组组成，包括标识段段长、主表号、数据加工中心、数据加工子中心、更新序列号、2 段一选编段指示、数据类型、数据子类型、主表版本号、本地表版本号、数据生成时间等信息。具体编码见表 G.2。

表 G.2 标识段编码及说明

八位组序号	含义	值	备注
1—3	标识段段长	23	本段段长为 23 个八位组。
4	主表号	0	主表是通用表格的科学学科分类表，每一学科在表中被分配一个代码，并包含该学科下的一系列通用表格。气象学科的主表号为 0。
5—6	数据加工中心	38	加工中心为北京。
7—8	数据加工子中心	0	表示本数据没有被数据加工子中心加工过。
9	更新序列号	实际取值	非负整数。初始编号为 0，其后随资料的更新，编号逐次加 1。
10	2 段-选编段指示	0	表示本数据不包含选编段。
11	数据类型	2	表示本数据为高空（非卫星探测）资料。

续表

八位组序号	含义	值	备注
12	数据子类型	1、2、3、4、5、6	1:表示来自固定陆地测站的单独测风观测资料; 2:表示来自船舶测站的单独测风观测资料; 3:表示来自移动平台的单独测风观测资料; 4:表示来自固定陆地测站的高空气压、温度、湿度、风速和风向观测资料; 5:表示来自船舶测站的高空气压、温度、湿度、风速和风向观测资料; 6:表示来自移动平台的高空气压、温度、湿度、风速和风向观测资料。
13	本地数据子类型	0	表示本地数据子类型的定义。
14	主表版本号	23	当前使用的 WMO FM-94 主表的版本号为 23。
15	本地表版本号	1	本地自定义码表版本号为 1。
16－17	年	实际取值	正整数。实际数据生成时间:年(4 位公元年)。
18	月	实际取值	正整数。实际数据生成时间:月。
19	日	实际取值	正整数。实际数据生成时间:日。
20	时	实际取值	非负整数。实际数据生成时间:时。
21	分	实际取值	非负整数。实际数据生成时间:分。
22	秒	实际取值	非负整数。实际数据生成时间:秒。
23	自定义	0	保留。

G.5.3 选编段

选编段长度不固定,包括选编段段长、保留字段以及数据加工中心或子中心定义的内容,具体编码见选编段编码及说明表 G.3。

表 G.3 选编段编码及说明

八位组序号	含义	值	备注
1－3	选编段段长	实际取值	以八位组为单位
4	保留字段	0	
5－	数据加工中心或中心自定义		

注:"5－"表示从第 5 个八位组开始,长度可根据需要进行扩展。

G.5.4 数据描述段

数据描述段由 9 个八位组组成,包括本段段长、保留字段、数据子集的个数、数据性质和压缩方式以及描述符序列。具体编码见表 G.4。

表 G.4 数据描述段编码及说明

八位组序号	含义	值	备注
1－3	数据描述段段长	9	本段段长为 9 个八位组
4	保留字段	0	
5－6	观测记录数	实际取值	非负整数。表示本报文包含的观测记录条数

续表

八位组序号	含义	值	备注
7	数据性质和压缩方式	128、192	128:表示本数据采用BUFR非压缩方式编码 192:表示本数据采用BUFR压缩方式编码
8—9	描述符序列	3 09 192	高空气压、温度、湿度、风向和风速观测数据的要素序列 3:表示该描述符为序列描述符 09:表示垂直观测序列(常规观测) 192:表示"垂直挂了序列(床柜观测)"中定义的第192个类目,即"高空气压、温度、湿度、风向和风速观测数据的要素序列"

G.5.5 数据段

数据段长度不固定,具体长度与实际观测相关。数据段包括本段段长、保留字段,并包含在数据描述段中定义的各个要素对应的编码值,具体编码见表G.5。数据段包括测站/平台标识,放球时间,测站经纬度,气球施放时的地面观测要素,气压层温度、湿度、风,高度层风,风切变数据,探空气压、温度、湿度、风秒级采样和测风秒级采样9部分内容。具体编码见表G.5。

表G.5 数据段编码及说明

内容		意义	单位	比例因子	基准值	数据宽度(bit)	备注
数据段段长		数据段长度(以八位组为单位)	—	—	—	24	
保留字段		置0	—	—	—	8	
1.测站/平台标识							
3 01 111	0 01 001	WMO区号(没有WMO区站号的测站,该代码值置为失测)	—	0	0	7	没有WMO区号的测站,该代码值置为失测
	0 01 002	WMO站号	—	0	0	10	没有WMO站号的测站,该代码值置为失测
	0 01 011	船舶或移动陆地站标识(字符)	—	0	0	72	
	0 02 011	无线电探空仪的类型(见表G.7)	—	0	0	8	
	0 02 013	太阳辐射和红外辐射订正(见表G.8)	—	0	0	4	
	0 02 014	所用系统的跟踪技术/状态(见表G.9)	—	0	0	7	
	0 02 003	所用测量设备的类型(见表G.10)	—	0	0	4	

续表

内容		意义	单位	比例因子	基准值	数据宽度(bit)	备注
0 01 101		国家标识符(见表G.11)	—	0	0	10	
0 01 192		本地测站标识(字符)	—	0	0	72	无WMO区站号的测站,使用该代码对本地测站标识进行编码
1 01 002		后面1个描述符重复2次(第1次是台站质量控制标识,第2次是省级质量控制标识)					
0 33 035		人工/自动质量控制(见表G.12)	—	0	0	4	
0 25 061		探测系统软件和版本信息(字符)	—	0	0	96	
0 02 192		探空仪生产厂家(见表G.13)	—	0	0	7	
0 08 041		资料意义(=13仪器制造日期)(见表G.14)	—	0	0	5	
3 01 011	0 04 001	年	a	0	0	12	
	0 04 002	月	mon	0	0	4	
	0 04 003	日	d	0	0	6	
0 01 081		探空仪序列号(字符)		0	0	160	
0 01 082		探空仪上升序号	—	0	0	14	我国现阶段高空探测中并无探空仪上升序列号概念,目前暂用当月的气球施放次数填写其中
0 02 067		探空仪工作频率	Hz	−5	0	15	填写探空仪的工作频率,同时也是L波段的工作频率,固定填写1675000000(Hz),该数值只是代表L波段工作频段,实际探测设备工作时频率会有一定的波动范围
0 02 095		气压传感器类型(见表G.15)	—	0	0	5	
0 02 096		温度传感器类型(见表G.16)	—	0	0	5	
0 02 097		湿度传感器类型(见表G.17)	—	0	0	5	
0 02 081		探空气球类型(见表G.18)	—	0	0	5	
0 02 082		探空气球重量	kg	3	0	12	
0 02 084		探空气球所用气体类型(见表G.19)	—	0	0	4	

续表

内容	意义	单位	比例因子	基准值	数据宽度(bit)	备注
0 02 191	位势高度计算方法(见表G.20)	—	0	0	4	
0 02 200	气压计算方法(见表G.21)	—	0	0	4	
0 02 066	探空仪地面接收系统(见表G.22)	—	0	0	6	
0 02 102	探测系统天线高度	m	0	0	8	探测系统机械轴距离本站海拔高度的高度,如果本站海拔高度1000 m,天线高出本站海拔高度3 m(天线实际海拔高度1003 m),填写3 m
0 02 193	施放计数	—	0	0	8	当月的气球施放次数
0 02 194	附加物重量	kg	3	0	14	除气球球皮以外的所有重量(包含探空仪、系留绳、电池、灯笼、竹竿等气球重量总和)
0 02 195	球与探空仪间实际绳长	m	1	0	10	
0 02 196	总举力	kg	3	0	14	
0 02 197	净举力	kg	3	0	14	
0 02 198	平均升速	m/min	1	0	14	
0 10 192	气压基测值	Pa	−1	0	14	探空仪在施放前进行质量检查时,由标准仪器(基测箱或自动站、水银气压表)读取的气压值
0 10 193	气压仪器值	Pa	−1	0	14	探空仪在施放前进行质量检查时,由高空探测设备接收到的探空仪发回的气压测量值
0 10 194	气压偏差	Pa	−1	0	14	探空仪在施放前进行质量检查时,分别得到气压基测值和仪器值,并用基测值减去仪器值得到气压偏差
0 12 192	温度基测值	K	1	0	12	探空仪在施放前进行质量检查时,由标准仪器(基测箱)读取的温度值

续表

<table>
<tr><th colspan="2">内容</th><th>意义</th><th>单位</th><th>比例因子</th><th>基准值</th><th>数据宽度(bit)</th><th>备注</th></tr>
<tr><td colspan="2">0 12 193</td><td>温度仪器值</td><td>K</td><td>1</td><td>0</td><td>12</td><td>探空仪在施放前进行质量检查时，由高空探测设备接收到的探空仪发回的温度测量值</td></tr>
<tr><td colspan="2">0 12 194</td><td>温度偏差</td><td>K</td><td>1</td><td>0</td><td>12</td><td>探空仪在施放前进行质量检查时，分别得到温度基测值和仪器值，并用基测值减去仪器值得到温度偏差</td></tr>
<tr><td colspan="2">0 13 192</td><td>相对湿度基测值</td><td>%</td><td>0</td><td>0</td><td>7</td><td>探空仪在施放前进行质量检查时，由标准仪器(基测箱)读取的湿度值</td></tr>
<tr><td colspan="2">0 13 193</td><td>相对湿度仪器值</td><td>%</td><td>0</td><td>0</td><td>7</td><td>探空仪在施放前进行质量检查时，由高空探测设备接收到的探空仪发回的湿度测量值</td></tr>
<tr><td colspan="2">0 13 194</td><td>相对湿度偏差</td><td>%</td><td>0</td><td>0</td><td>7</td><td>探空仪在施放前进行质量检查时，分别得到湿度基测值和仪器值，并用基测值减去仪器值得到湿度偏差</td></tr>
<tr><td colspan="2">0 02 199</td><td>仪器检测结论(见表 G. 23)</td><td>—</td><td>0</td><td>0</td><td>2</td><td></td></tr>
<tr><td colspan="8">2. 放球时间</td></tr>
<tr><td rowspan="7">3 01 113</td><td>0 08 021</td><td>时间含义标识(=18 编报放球时间代码)(见表 G. 24)</td><td>—</td><td>0</td><td>0</td><td>5</td><td></td></tr>
<tr><td>0 04 001</td><td>年</td><td>a</td><td>0</td><td>0</td><td>12</td><td></td></tr>
<tr><td>0 04 002</td><td>月</td><td>mon</td><td>0</td><td>0</td><td>4</td><td></td></tr>
<tr><td>0 04 003</td><td>日</td><td>d</td><td>0</td><td>0</td><td>6</td><td></td></tr>
<tr><td>0 04 004</td><td>时</td><td>h</td><td>0</td><td>0</td><td>5</td><td></td></tr>
<tr><td>0 04 005</td><td>分</td><td>min</td><td>0</td><td>0</td><td>6</td><td></td></tr>
<tr><td>0 04 006</td><td>秒</td><td>s</td><td>0</td><td>0</td><td>6</td><td></td></tr>
<tr><td colspan="2">0 08 025</td><td>时间差分限定符(=1 本地标准时间)(见表 G. 25)</td><td>—</td><td>0</td><td>0</td><td>4</td><td></td></tr>
<tr><td colspan="2">0 04 192</td><td>时间差(本地标准时间与 UTC 时间的时间差)</td><td>s</td><td>0</td><td>—86400</td><td>18</td><td></td></tr>
</table>

续表

内容		意义	单位	比例因子	基准值	数据宽度(bit)	备注
1 06 002		以下6个描述符重复2次(第1次重复为探空终止信息;第2次重复为测风终止信息)					
0 08 192		时间含义标识(=0 探空终止时间;=1 测风终止时间)(见表G.26)	—	0	0	5	
3 01 011	0 04 001	年	a	0	0	12	
	0 04 002	月	mon	0	0	4	
	0 04 003	日	d	0	0	6	
3 01 013	0 04 004	时	h	0	0	5	
	0 04 005	分	min	0	0	6	
	0 04 006	秒	s	0	0	6	
0 35 035		探空/测风终止原因(见表G.27)	—	0	0	5	
0 07 007		终止高度	m	0	−1000	17	
0 07 022		终止时太阳高度角	°	2	−9000	15	
3.测站经纬度							
3 01 114	0 05 001	纬度	°	5	−9000000	25	
	0 06 001	经度	°	5	−18000000	26	
	0 07 030	测站地表高度(相对于海平面)	m	1	−4000	17	
	0 07 031	气压计相对于海平面高度	m	1	−4000	17	
	0 07 007	高度(施放点的平均海平面以上高度,如与0 07 030相同,编报相同的值)	m	0	−1000	17	
	0 33 024	移动站海拔高度质量标识。(固定站编报失测值代码)(见表G.28)	—	0	0	4	
4.气球施放时的地面观测要素							
0 10 004		测站气压(施放瞬间本站地面气压)	Pa	−1	0	14	
3 02 032	0 07 032	温湿传感器距地高度	m	2	0	16	
	0 12 101	温度/气温(释放瞬间本站地面温度)	K	2	0	16	
	0 12 103	露点温度(施放瞬间本站地地面露点温度)	K	2	0	16	
	0 13 003	相对湿度(施放瞬间本站地地面相对湿度)	%	0	0	7	

续表

内容	意义	单位	比例因子	基准值	数据宽度(bit)	备注
0 07 032	测风仪距地高度	m	2	0	16	
0 02 002	测风仪类型(见表G.29)	—	0	0	4	
0 08 021	时间意义(=2(平均时间)(见表G.21)	—	0	0	5	
0 04 025	时间周期(=−10分或在风有显著变化后的分钟数)	min	0	−1024	11	
0 11 001	风向(施放瞬间本站地面风向,静风为0,北风为360)	°(degree true)	0	0	9	
0 11 002	风速(施放瞬间本站地面风速,静风为0)	m/s	1	0	12	
0 08 021	时间意义(=失测值)(见表G.21)0	—	0	0	5	
0 07 032	测风仪距地高度(设为"失测",以取消对测风仪距地高度的定义)	m	2	0	16	
0 20 003	现在天气(见表G.30)	—	0	0	9	
0 07 022	太阳仰角(施放瞬间太阳高度角)	°	2	−9000	15	
0 20 001	施放瞬间能见度	m	−1	0	13	
1 01 003	以下1个描述符重复3次(分别表示本站云属1,本站云属2,本站云属3)					
0 20 012	施放瞬间本站云属(见表G.31)	—	0	0	6	
0 20 051	施放瞬间本站低云量	%	0	0	7	
0 20 010	施放瞬间本站总云量	%	0	0	7	
1 01 003	以下1个描述符重复3次(分别表示本站天气现象1,天气现象2,天气现象3)					
0 20 192	施放瞬间天气现象(见表G.32)	—	0	0	7	
0 05 021	施放点方位角	°(degree true)	2	0	16	
0 07 021	施放点仰角	°	2	−9000	15	
0 06 021	施放点距离	m	−1	0	13	

续表

内容		意义	单位	比例因子	基准值	数据宽度(bit)	备注
3 02 049	0 08 002	垂直特性（编报地面观测代码）（见表 G. 33）	—	0	0	6	
	0 20 011	云量（低云或中云云量 N_h）（见表 G. 34）	—	0	0	4	
	0 20 013	云底高度(h)	m	−1	−40	11	
	0 20 012	云类型（低云 C_L）（见表 G. 31）	—	0	0	6	
	0 20 012	云类型（中云 C_M）（见表 G. 31）	—	0	0	6	
	0 20 012	云类型（高云 C_H）（见表 G. 31）	—	0	0	6	
	0 08 002	垂直特性（编报失测值代码）（见见表 G. 33）	—	0	0	6	
5. 气压层温度、湿度、风							
1 13 000		13 个描述符延迟重复					
0 31 002		编报的气压层数（重复因子）	—	0	0	16	
2 04 008		增加 8 比特位的附加字段					
0 31 021		附加字段的意义（＝62）（见表 G. 35）	—	0	0	6	
0 04 086		相对于放球时间的时间偏移量	s	0	−8192	15	
0 08 042		扩充的垂直探测意义（见表 G. 36）	—	0	0	18	
0 07 004		气压	Pa	−1	0	14	
0 10 009		位势高度	gpm	0	−1000	17	
0 05 015		相对于放球点的纬度偏移量（高精度）	°	5	−9000000	25	
0 06 015		相对于放球点的经度偏移量（高精度）	°	5	−18000000	26	
0 12 101		温度/干球温度	K	2	0	16	
0 12 103		露点温度	K	2	0	16	
0 11 001		风向（静风为 0，北风为 360）	°(degree true)	0	0	9	
0 11 002		风速（静风为 0）	m/s	1	0	12	
2 04 000		删去增加的附加字段					
6. 高度层风							
1 10 000		10 个描述符延迟重复					
0 31 002		编报的高度层数（重复因子）	—	0	0	16	
2 04 008		增加 8 比特位的附加字段					

续表

内容	意义	单位	比例因子	基准值	数据宽度(bit)	备注
0 31 021	附加字段的意义(见表G.35)	—	0	0	6	
0 04 086	相对于放球时间的时间偏移量	s	0	−8192	15	
0 08 042	扩充的垂直探测意义(=17)(见表G.36)	—	0	0	18	
0 07 007	高度	m	0	−1000	17	
0 05 015	相对于放球点的纬度偏移量(高精度)	°	5	−9000000	25	
0 06 015	相对十放球点的经度偏移量(高精度)	°	5	−18000000	26	
0 11 001	风向(静风为0,北风为360)	°(degree true)	0	0	9	
0 11 002	风速(静风为0)	m/s	1	0	12	
2 04 000	删去增加的附加字段					
7.风切变数据						
1 10 000	10个描述符延迟重复					
0 31 002	编报的高度层数(重复因子)	—	0	0	16	
2 04 008	增加8比特位的附加字段					
0 31 021	附加字段的意义(见表G.35)	—	0	0	6	
0 04 086	相对于放球时间的时间偏移量	s	0	−8192	15	
0 08 042	扩充的垂直探测意义(见表G.36)	—	0	0	18	
0 07 004	气压	Pa	−1	0	14	
0 05 015	相对于放球点的纬度偏移量(高精度)	°	5	−9000000	25	
0 06 015	相对于放球点的经度偏移量(高精度)	°	5	−18000000	26	
0 11 061	1 km层次以下的绝对风切变	m/s	1	0	12	
0 11 062	1 km层次以上的绝对风切变	m/s	1	0	12	
2 04 000	删去增加的附加字段					
8.探空气压、温度、湿度、风秒级采样						
1 15 000	15个描述符的延迟重复					
0 31 002	编报的高度层数(重复因子)	—	0	0	16	
2 04 008	增加8比特位的附加字段					
0 31 021	附加字段的意义(见表G.35)	—	0	0	6	
0 04 086	相对于放球时间的时间偏移量	s	0	−8192	15	

续表

内容	意义	单位	比例因子	基准值	数据宽度(bit)	备注
0 07 004	气压	Pa	−1	0	14	
0 10 009	位势高度	gpm	0	−1000	17	
0 05 015	相对于放球点的纬度偏移量(高精度)	°	5	−9000000	25	
0 06 015	相对于放球点的经度偏移量(高精度)	°	5	−18000000	26	
0 12 101	温度/干球温度	K	2	0	16	
0 13 003	相对湿度	%	0	0	7	
0 11 001	风向(静风为0,北风为360)	°(degree true)	0	0	9	
0 11 002	风速(静风为0)	m/s	1	0	12	
0 07 021	采样时仰角	°	2	−9000	15	
0 05 021	采样时方位	°(degree true)	2	0	16	
0 28 192	采样时距离	m	0	0	19	
2 04 000	删去增加的附加字段					
9.测风秒级采样						
1 12 000	12个描述符的延迟重复					
0 31 002	编报的高度层数(重复因子)	—	0	0	16	
2 04 008	增加8比特位的附加字段					
0 31 021	附加字段的意义(见表G.35)	—	0	0	6	
0 04 086	相对于放球时间的时间偏移量	s	0	−8192	15	
0 10 009	位势高度	gpm	0	−1000	17	
0 05 015	相对于放球点场地的纬度位移(高精度)	°	5	−9000000	25	
0 06 015	相对于放球点场地的经度位移(高精度)	°	5	−18000000	26	
0 11 001	风向(静风为0,北风为360)	°(degree true)	0	0	9	
0 11 002	风速(静风为0)	m/s	1	0	12	
0 07 021	采样时仰角	°	2	−9000	15	
0 05 021	采样时方位	°(degree true)	2	0	16	
0 28 192	采样时距离	m	0	0	19	

续表

内容	意义	单位	比例因子	基准值	数据宽度(bit)	备注
2 04 000	删去增加的附加字段					

数据段每个要素的编码值＝原始观测值×$10^{比例因子}$－基准值。

要素编码值转换为二进制，并按照数据宽度所定义的比特位数顺序写入数据段，位数不足高位补0。

G.5.6 结束段

结束段由4个八位组组成，分别编码为字符‘7’。见表G.6。

表G.6 结束段编码说明

八位组序号	含义	值	备注
1	结束段	‘7’	按照CCITT IA5编码
2		‘7’	
3		‘7’	
4		‘7’	

G.6 代码表和标志表

G.6.1 无线电探空仪类型表

表G.7 无线电探空仪类型表代码表(0 02 011)

代码值	含义
0	保留
1	iMet-1-BB (美国)
2	非无线电探空仪-被动靶(例如，反射器)
3	非无线电探空仪-主动靶(例如，发射机回答器)
4	非无线电探空仪-被动的温度-湿度廓线仪
5	非无线电探空仪-主动的温度-湿度廓线仪
6	非无线电探空仪- 电-声探测器
7	iMet-1-AB (美国)
8	非无线电探空仪(保留)
9	非无线电探空仪-系统不明或无规格
10	VIZ型A压力转换器(美国)
11	VIZ型B时间转换器(美国)
12	RS SDC(美国空间数据公司)

续表

代码值	含义
13	Astor(不再使用,澳大利亚)
14	VIZ MARK 1 MICROSONDE(美国)
15	EEC 公司-23 型(美国)
16	Elin (奥地利)
17	GRAW G. (德国)
18	Graw DFM-06 (德国)
19	Graw M60 (德国)
20	印度气象服务 MK3 (印度)
21	VIZ/jin Yang MARK 1 MICROSONDE(韩国)
22	Meisei　RS2-80(日本)
23	Mesural FMO 1950A(法国)
24	Mesural FMO 1945A(法国)
25	Mesural MH73A(法国)
26	Meteolabor Basora(瑞士)
27	AVK-MRZ(俄罗斯)
28	Meteorit Marz2-1(俄罗斯)
29	Meteorit Marz2-2(俄罗斯)
30	Oki RS2-80(日本)
31	VIZ/Valcom 型 A 压力转换器(加拿大)
32	Shanghai Radio(中国)
33	UK Met office MK3(英国)
34	Vinohrady(捷克)
35	Vaisala RS18(芬兰)
36	Vaisala RS21(芬兰)
37	Vaisala RS80(芬兰)
38	VIZ LOCATE Loran-C(美国)
39	Sprenger E076 (德国)
40	Sprenger E084 (德国)
41	Sprenger E085 (德国)
42	Sprenger E086 (德国)
43	AIR IS-4A-1680(美国)
44	AIR IS-4A-1680 X(美国)
45	RS MSS(美国)
46	Air IS-4A-403(美国)

续表

代码值	含义
47	Meisei RS2-91(日本)
48	VALCOM(加拿大)
49	VIZ MARK II(美国)
50	GRAW DFM-90(德国)
51	VIZ-B2 (美国)
52	Vaisala RS80-57H
53	AVK-RF95(俄罗斯)
54	GRAW DFM-97(德国)
55	Meisei RS-016 (日本)
56	M2K2 (法国)
57	M2K2-DC Modem (日本)
58	AVKBAR (俄罗斯)
59	带有压力传感器芯片的调制解调器 M2K2R 1680 MHz RDF 无线电探空仪 (法国)
60	Vaisala RS80/MicroCora(芬兰)
61	Vaisala RS80/Loran/Digicora I,II or Marwin(芬兰)
62	Vaisala RS80/PCCora(芬兰)
63	Vaisala RS80/Star(芬兰)
64	Orbital Sciences 公司,空间数据部,脉冲转发器式无线电探空仪 909-11-XX 型,XX 为相应的仪器型号(美国)
65	VIZ 脉冲转发器式无线电探空仪,1499-520 型(美国)
66	Vaisala RS80/Autosonde(芬兰)
67	Vaisala RS80/Digicora III(芬兰)
68	AVKRZM-2 (俄罗斯)
69	MARL-A or Vektor-M-RZM-2 (俄罗斯)
70	Vaisala RS92/Star (芬兰)
71	Vaisala RS90/Loran/Digicora I,II or Marwin(芬兰)
72	Vaisala RS90/Autosonde(芬兰)
73	Vaisala RS90/Star(芬兰)
74	AVK-MRZ-AMRA(芬兰)
75	AVK-RF95-ARMA(俄罗斯)
76	GEOLINK GPSonde GL98(俄罗斯)
77	GEOLINK GPSonde GL98 (法国)
78	Vaisala RS90/Dificora(芬兰)
79	Vaisala RS92/Digicora I,II or Marwin (芬兰)
80	Vaisala RS92/Digicora III (芬兰)

续表

代码值	含义
81	Vaisala RS92/Autosonde (芬兰)
82	带有棒状热敏电阻器、碳元素和导出压力的 Sippican MK2 GPS/STAR (美国)
83	带有棒状热敏电阻器、碳元素和导出压力的 Sippican MK2 GPS/W9000 (美国)
84	带有芯片热敏电阻器、碳元素和来自 GPS 高度的导出压力的 Sippican MARK II
85	带有芯片热敏电阻器、碳元素和来自 GPS 高度的导出压力的 Sippican MARK IIA
86	带有芯片热敏电阻器、压力和碳元素的 Sippican MARK II
87	带有芯片热敏电阻器、压力和碳元素的 Sippican MARK IIA
88	MARL-A or Vektor-M-MRZ (俄罗斯)
89	MARL-A or Vektor-M-BAR (俄罗斯)
90	没有规格或不明的无线电探空仪
91	只有压力的无线电探空仪
92	带有脉冲转发器的只有压力的无线电探空仪
93	带有雷达反射器的只有压力的无线电探空仪
94	带有脉冲转发器的没有压力的无线电探空仪
95	带有雷达反射器的没有压力的无线电探空仪
96	下降式的无线电探空仪
97	BAT-16P (南非)
98	BAT-16G (南非)
99	BAT-4G (南非)
100	只保留给 BUFR 使用
101	已占用
102—106	只保留给 BUFR 使用
107	已占用
108—109	只保留给 BUFR 使用
110	安装电容式相对湿度传感器输送管(ducp)和来自 GPS 高度的导出压力的 Sippican LMS5 w/芯片热敏电阻器
111	安装外部水栅的电容式相对湿度传感器和来自 GPS 高度的导出压力的 Sippican LMS6 w/芯片热敏电阻器
112	已占用
113	Vaisala RS92/MARWIN MW32 (芬兰)
114	Vaisala RS92/DigiCORA MW41 (芬兰)
115	PAZA-12M/Radiotheodolite-UL (乌克兰)
116	PAZA-22/AVK-1 (乌克兰)
117—122	已占用
123	Vaisala RS41/DigiCORA MW41 (芬兰)
124	Vaisala RS41/AUTOSONDE (芬兰)
125	Vaisala RS41/MARWIN MW32 (芬兰)
126—127	已占用

续表

代码值	含义
128	AVK-AK2-02（俄罗斯）
129	MARL-A or Vektor-M-AK2-02（俄罗斯）
130	Meisei RS06G（日本）
131	Taiyuan GTS1-1/GFE(L)（中国）
132	Shanghai GTS1/GFE(L)（中国）
133	Nanjing GTS1-2/GFE(L)（中国）
134－135	空缺
136－137	已占用
138－140	空缺
141	Vaisala RS41 with pressure derived from GPS height/DigiCORA MW41（芬兰）
142	Vaisala RS41 with pressure derived from GPS height/AUTOSONDE（芬兰）
143－146	空缺
147	已占用
148	PAZA-22M/MARL-A
149	已占用
150	空缺
151	已占用
152	Vaisala RS92-NGP/Intermet IMS-2000（美国）
153－163	已占用
164－165	空缺
166－176	已占用
177	Modem GPSonde M10（法国）
178－189	已占用
190－196	保留给BUFR使用
197－199	已占用
200	GTS11(GTS1-2改进型，南京大桥机器厂)
201	GTS12(GTS1改进型，上海长望气象科技有限公司)
202	GTS13(GTS1-1改进型，太原无线电一厂)
203	北斗卫星导航系统的探空仪1
204	北斗卫星导航系统的探空仪2
205	北斗卫星导航系统的探空仪3
206	北斗卫星导航系统的探空仪4
207－254	给BUFR使用
255	失测值

“空缺”表示之前占用该代码值的仪器已经不再使用了，因此该代码值可以被分配给新的探空仪。

G.6.2 太阳辐射和红外辐射订正代码表

表 G.8 太阳辐射和红外辐射订正代码表(0 02 013)

代码值	含义
0	无订正
1	CIMO 太阳辐射订正和 CIMO 红外辐射订正
2	CIMO(世界气象组织仪器和观测方法委员会)太阳辐射订正和红外辐射订正
3	只有 CIMO 太阳辐射订正
4	无线电探空系统自动地进行太阳和红外辐射订正
5	无线电探空系统自动进行太阳辐射订正
6	按本国指定的方法进行太阳辐射订正和红外辐射订正
7	按本国指定的方法进行太阳辐射订正
8－14	保留
15	失测值

G.6.3 跟踪技术/系统使用的状态代码表

表 G.9 跟踪技术/系统使用的状态代码表(0 02 014)

代码值	含义
0	无测风
1	光辅助自动测向
2	无线电辅助自动测向
3	辅助自动测距
4	未使用
5	具有多种 VLF-Omega 自动信号
6	Loran-C 自动交叉链
7	风廓线仪辅助自动
8	自动卫星导航
9－18	保留
19	未指定的跟踪技术
船舶系统的 ASAP 系统状态的跟踪技术/状态	
20	船停止
21	船从最初的目的地转向
22	船到达延迟
23	集装箱受损
24	动力故障影响到集装箱
25－28	保留为将来使用
29	其他问题

续表

代码值	含义
	探测系统
30	主动力问题
31	UPS不起作用
32	接收器硬件问题
33	接收器软件问题
34	处理器硬件问题
35	处理器软件问题
36	NAVAID系统受损
37	抬升汽油不足
38	保留
39	其他问题
	发射设备
40	机械故障
41	材料有缺陷(支持发射器)
42	动力故障
43	控制故障
44	气动/水压故障
45	其他问题
46	压缩机问题
47	气球问题
48	气球释放问题
49	发射器故障
	数据获取系统
50	R/S接收天线有缺陷
51	NAVAID天线有缺陷
52	R/S接收电缆(天线)有缺陷
53	NAVAID天线电缆有缺陷
54－58	保留
59	其他问题
	通信
60	ASAP通信有缺陷
61	通信设备拒收数据
62	传送天线没有动力
63	天线电缆断掉
64	天线电缆有缺陷
65	信息传输动力低于正常

续表

代码值	含义
66—68	保留
69	其他问题
70	所有系统处于正常状态
71—98	保留
99	未指定系统状态及其组成
100—126	保留
127	失测值

G.6.4　测量设备的类型代码表

表G.10　测量设备的类型代码表(0 02 003)

代码值	含义
0	气压仪与风测量设备一起使用
1	光学经纬仪
2	无线电经纬仪
3	雷达
4	甚低频奥米伽探测仪(VLF Omega)
5	罗兰C探空仪(Loran-C)
6	风廓线仪
7	卫星导航
8	无线电一声学探测系统(RASS)
9	声达
10—13	保留
14	与风测量设备一起使用的气压仪，但在上升过程中没有取到气压要素
15	失测值

G.6.5　国家和地区标识符代码表(部分)

表G.11　国家和地区标识符代码表(部分)(0 01 101)

代码值	含义
0—99	保留
……	
205	中国
207	中国香港
235—299	区协Ⅱ保留
……	

G.6.6 人工/自动质量控制代码表

表G.12 人工/自动质量控制代码表(0 33 035)

代码值	含义
0	通过自动质量控制但没有人工检测
1	通过自动质量控制且有人工检测并通过
2	通过自动质量控制且有人工检测并删除
3	自动质量控制失败,也没有人工检测
4	自动质量控制失败,但有人工检测并失败
5	自动质量控制失败,但有人工检测并重新插入
6	自动质量控制将数据标志为可疑数据,无人工检测
7	自动质量控制将数据标志为可疑数据,有人工检测,但失败
8	有人工检测,但失败
9—14	保留
15	失测值

G.6.7 探空仪生产厂家代码表

表G.13 探空仪生产厂家代码表(0 02 192)

代码值	含义
0	保留
1	上海长望气象科技有限公司
2	太原无线电一厂
3	青海无线电厂
4	北京华创升达高科技发展中心
5	天津华云天仪特种气象探测技术有限公司
6	北京长峰微电科技有限公司
7—10	保留
11	南京大桥机器厂
12	成都784厂
13	芬兰Vaisala公司
14—126	保留
127	失测值

G.6.8　数据意义代码表

表 G.14　数据意义代码表(0 08 041)

代码值	含义
0	母场地
1	观测场地
2	气球制造日期
3	气球发射点
4	地面观测
5	地面观测点与发射点的距离
6	飞行层观测
7	飞行层终止点
8	IFR 云幂和能见度
9	高山视程障碍
10	强烈的地面风
11	冰冻层
12	多重冰冻层
13	仪器制造日期
14—30	保留
31	失测值

G.6.9　气压传感器的类型代码表

表 G.15　气压传感器的类型代码表(0 02 095)

代码值	含义
0	电容膜盒
1	从 GPS 测高推导
2	电阻应变计
3	硅电容器
4	从雷达测高推导
5—29	保留
30	其他
31	失测值

G.6.10 温度传感器的类型代码表

表 G.16 温度传感器的类型代码表(0 02 096)

代码值	含义	代码值	含义
0	棒状热敏电阻	1	珠状热敏电阻
2	电容珠	3	电容线
4	电阻式传感器	5	芯片式电容调节器
6—29	保留	30	其他
31	失测值		

G.6.11 湿度传感器的类型代码表

表 G.17 湿度传感器的类型代码表(0 02 097)

代码值	含义
0	VIZ Mark II 碳湿敏电阻
1	VIZ B2 湿敏电阻
2	Vaisala A-湿敏电容
3	Vaisala H-湿敏电容
4	电容传感器
5	Vaisala RS90
6	Sippican Mark IIA 碳湿敏电阻
7	双交替加热的湿敏电容传感器
8	能除冰的湿敏电容传感器
9—27	保留
28	碳湿敏电阻(上海)
29	碳湿敏电阻(太原)
30	其他
31	失测值

G.6.12 气球类型代码表

表 G.18 气球类型代码表(0 02 081)

代码值	含义	代码值	含义
0	GP26	1	GP28
2	GP30	3	HM26
4	HM28	5	HM30
6	SV16	7—27	保留
28	株洲	29	广州
30	其他	31	失测值

G.6.13 气球所用气体的类型代码表

表 G.19 气球所用气体的类型代码表(0 02 084)

代码值	含义	代码值	含义
0	氢	1	氦
2	天然气	3—13	保留
14	其他	15	失测值

G.6.14 位势高度计算方法代码表

表 G.20 位势高度计算方法代码表(0 02 191)

代码值	含义
0	利用气压计算位势高度
1	利用 GPS 高度计算位势高度
2	利用雷达高度计算位势高度
3—14	保留
15	失测值

G.6.15 气压计算方法代码表

表 G.21 气压计算方法代码表(0 02 200)

代码值	含义
0	传感器直接测量
1	几何高度反算
2	混合模式(传感器直接测量结合几何高度反算)
3—14	保留
15	失测值

G.6.16 无线电探空仪地面接收系统代码表

表 G.22 无线电探空仪地面接收系统代码表(0 02 066)

代码值	含义	代码值	含义
0	InterMet IMS 2000	1	InterMet IMS 1500C
2	上海 GTC1	3	南京 GTC2
4	南京 GFE(L)1	5	MARL-A 雷达
6	VEKTOR-M 雷达	7—61	保留
62	其他	63	失测值

G.6.17 仪器检测结论代码表

表G.23 仪器检测结论代码表(0 02 199)

代码值	含义
0	不合格
1	合格
2	保留
3	失测值

G.6.18 时间意义代码表

表G.24 时间意义代码表(0 08 021)

代码值	含义
0	保留
1	时间序列
2	时间平均
3	累积
4	预报
5	预报时间序列
6	预报时间平均
7	预报累积
8	总体均值
9	总体均值的时间序列
10	总体均值的时间平均
11	总体均值的累积
12	总体均值的预报
13	总体均值预报的时间序列
14	总体均值预报的时间平均
15	总体均值预报的累积
16	分析
17	现象开始
18	探空仪发射时间
19	轨道开始
20	轨道结束
21	上升点时间
22	风切变发生时间
23	监测周期
24	报告接收平均截止时间

续表

代码值	含义
25	标称的报告时间
26	最新获知位置的时间
27	背景场
28	扫描开始
29	扫描结束或时间结束
30	出现时间
31	失测值

G. 6. 19　时间差限定符代码表

表 G. 25　时间差限定符代码表(0 08 025)

代码值	含义
0	国际时间(UTC)减本地标准时间(LST)
1	本地标准时间
2	国际时间(UTC)减卫星时钟
3—4	保留
5	来自处理段边缘的时间差
6—14	保留
15	失测值

G. 6. 20　时间含义标识代码表

表 G. 26　时间含义标识代码表(0 08 192)

代码值	含义
0	探空终止时间
1	测风终止时间(传感器直接测量)
2—30	保留
31	失测值

G. 6. 21　探空/测风终止原因

表 G. 27　探空/测风终止原因代码表(0 35 035)

代码值	含义
0	保留
1	气球爆裂
2	气球由于结冰被迫下降

续表

代码值	含义
3	气球漏气或飘走
4	信号减弱
5	电池故障
6	地面设备故障
7	信号干扰
8	无线电探空仪故障
9	失测数据帧过多
10	保留
11	过多的温度失测
12	过多的气压失测
13	用户终止
14－27	保留
28	信号突失
29	气球消失
30	其他
31	失测值

G.6.22 测站高度质量标志代码表

表 G.28 测站高度质量标志代码表(0 33 024)

代码值	含义
0	保留
1	极好——在 3 m 之内
2	好——在 10 m 之内
3	一般——在 20 m 之内
4	不好——在 20 m 之外
5	极好——在 10 ft* 之内
6	好——在 30 ft 之内
7	一般——在 60 ft 之内
8	不好——在 60 ft 之外
9－14	保留
15	失测值

* 1 ft=0.3048 m。

G. 6. 23　测风仪类型标志表

表 G. 29　测风仪类型标志表(0 02 002)

<table>
<tr><th>比特位号</th><th>含义</th></tr>
<tr><td>1</td><td>合格的仪器</td></tr>
<tr><td>2</td><td>原始测量,以 kn(n mile/h)为单位</td></tr>
<tr><td>3</td><td>原始测量,以 km/h 为单位</td></tr>
<tr><td>全部 4 位</td><td>失测值</td></tr>
<tr><td colspan="2">测量风所用仪器的类型和最初所用的单位(风速以 m/s 计,除非指明使用其他单位)</td></tr>
</table>

G. 6. 24　现在天气代码表

表 G. 30　现在天气代码表(0 20 003)

<table>
<tr><th>代码值</th><th colspan="3">含义</th></tr>
<tr><td colspan="4">00—49　观测时测站无降水</td></tr>
<tr><td colspan="4">00—19　观测时或观测前 1 个小时内(除 09 和 17 外),测站无降水、雾、冰雾(除 11 和 12 外)、尘暴、沙暴、低吹雪或高吹雪</td></tr>
<tr><td>00</td><td>未观测或观测不到云的发展</td><td rowspan="4">前 1 小时内天空状况的特征变化</td><td rowspan="4">除大气光学现象之外无大气现象</td></tr>
<tr><td>01</td><td>从总体上看,云在消散或未发展起来</td></tr>
<tr><td>02</td><td>从总体上看,天空状态无变化</td></tr>
<tr><td>03</td><td>从总体上看,云在形成或发展</td></tr>
<tr><td>04</td><td colspan="2">烟雾使能见度降低。如草原或森林火灾,工业排烟或火山灰</td><td rowspan="6">霾、尘、沙或烟</td></tr>
<tr><td>05</td><td colspan="2">霾</td></tr>
<tr><td>06</td><td colspan="2">在空气中悬浮大范围的尘土,这些尘土不是由观测时测站或附近的风吹起的。</td></tr>
<tr><td>07</td><td colspan="2">观测时在测站或附近有风吹起的尘或沙,但无发展成熟的尘旋或沙旋,而且看不到尘暴或沙暴,或海洋站和沿海测站出现高吹飞沫。</td></tr>
<tr><td>08</td><td colspan="2">观测时或前 1 小时内在测站附近看到发展起来的尘旋或沙旋,但无尘暴或沙暴。</td></tr>
<tr><td>09</td><td colspan="2">观测时尘暴或沙暴看得见的,或观测前 1 小时内在测站出现尘暴或沙暴。</td></tr>
<tr><td>10</td><td colspan="3">薄雾</td></tr>
<tr><td>11</td><td>碎片状雾</td><td colspan="2" rowspan="2">陆地或海洋测站有浅雾或冰雾,在陆地上其厚度不超过 2 m,或在海上不超过 10 m</td></tr>
<tr><td>12</td><td>或多或少连续的雾</td></tr>
<tr><td>13</td><td colspan="3">闪电可见,听不到雷声</td></tr>
<tr><td>14</td><td colspan="3">降水可见,但没有降到地面或海面</td></tr>
<tr><td>15</td><td colspan="3">降水可见,降到地面或海面,但距离估计为距测站 5 km 以外</td></tr>
<tr><td>16</td><td colspan="3">降水可见,降到测站附近的陆地或海面上,但不在测站上</td></tr>
<tr><td>17</td><td colspan="3">雷暴,但在观测时无降水</td></tr>
<tr><td>18</td><td>飑</td><td colspan="2" rowspan="2">观测时或观测前 1 个小时内在测站出现或在测站可以看到</td></tr>
<tr><td>19</td><td>漏斗云</td></tr>
</table>

续表

<table>
<tr><th>代码值</th><th colspan="2">含义</th></tr>
<tr><td>20—29</td><td colspan="2">观测前1小时内(但不是观测时)在测站出现降水、雾、冰雾或雷暴</td></tr>
<tr><td>20</td><td>毛毛雨(未冻结)或米雪</td><td rowspan="6">非阵性降水</td></tr>
<tr><td>21</td><td>雨(未冻结)</td></tr>
<tr><td>22</td><td>雪</td></tr>
<tr><td>23</td><td>雨夹雪或冰丸</td></tr>
<tr><td>24</td><td>冻毛毛雨或冻雨</td></tr>
<tr><td>25</td><td>阵雨</td></tr>
<tr><td>26</td><td colspan="2">阵雪,或阵雨夹雪</td></tr>
<tr><td>27</td><td colspan="2">阵雹,或阵雨夹雹</td></tr>
<tr><td>28</td><td colspan="2">雾或冰雾</td></tr>
<tr><td>29</td><td colspan="2">雷暴(有或无降水)</td></tr>
<tr><td>30—39</td><td colspan="2">尘暴、沙暴、低吹雪或高吹雪</td></tr>
<tr><td>30</td><td rowspan="3">轻度或中度尘暴或沙暴</td><td>观测前1小时内已经减弱</td></tr>
<tr><td>31</td><td>观测前1小时内无明显变化</td></tr>
<tr><td>32</td><td>观测前1小时内开始或已加强</td></tr>
<tr><td>33</td><td rowspan="3">强尘暴或沙暴</td><td>观测前1小时内已经减弱</td></tr>
<tr><td>34</td><td>观测前1小时内无明显变化</td></tr>
<tr><td>35</td><td>观测前1小时内开始或已加强</td></tr>
<tr><td>36</td><td>小或中低吹雪</td><td rowspan="2">一般在低处(低于视线)</td></tr>
<tr><td>37</td><td>大低吹雪</td></tr>
<tr><td>38</td><td>小或中高吹雪</td><td rowspan="2">一般在高处(高于视线)</td></tr>
<tr><td>39</td><td>大高吹雪</td></tr>
<tr><td>40—49</td><td colspan="2">观测时有雾或冰雾</td></tr>
<tr><td>40</td><td colspan="2">观测时在远处有雾或冰雾,但是观测前1小时内在测站未出现过,雾或冰雾延伸到观测员所处的高度以上</td></tr>
<tr><td>41</td><td colspan="2">碎片状雾或冰雾</td></tr>
<tr><td>42</td><td>雾或冰雾,可看到天空</td><td rowspan="2">观测前1小时内已变薄</td></tr>
<tr><td>43</td><td>雾或冰雾,看不到天空</td></tr>
<tr><td>44</td><td>雾或冰雾,可看到天空</td><td rowspan="2">观测前1小时内无明显变化</td></tr>
<tr><td>45</td><td>雾或冰雾,看不到天空</td></tr>
<tr><td>46</td><td>雾或冰雾,可看到天空</td><td rowspan="2">观测前1小时内已开始或者变厚</td></tr>
<tr><td>47</td><td>雾或冰雾,看不到天空</td></tr>
<tr><td>48</td><td colspan="2">雾、正在沉降中的雾凇,可看到天空</td></tr>
<tr><td>49</td><td colspan="2">雾、正在沉降中的雾凇,看不到天空</td></tr>
<tr><td>50—99</td><td colspan="2">观测时测站处的降水</td></tr>
<tr><td>50—59</td><td colspan="2">毛毛雨</td></tr>
</table>

续表

代码值	含义	
50	毛毛雨,未冻结,间歇性	观测时密度小
51	毛毛雨,未冻结,连续性	
52	毛毛雨,未冻结,间歇性	观测时密度中等
53	毛毛雨,未冻结,连续性	
54	毛毛雨,未冻结,间歇性	观测时密度大
55	毛毛雨,未冻结,连续性	
56	毛毛雨,冻结,密度小	
57	毛毛雨,冻结,密度大或中等	
58	毛毛雨和雨,密度小	
59	毛毛雨和雨,密度中等或大	
60—69	雨	
60	雨,未冻结,间歇性	观测时密度小
61	雨,未冻结,连续性	
62	雨,未冻结,间歇性	观测时密度中等
63	雨,未冻结,连续性	
64	雨,未冻结,间歇性	观测时密度大
65	雨,未冻结,连续性	
66	雨,冻结,密度小	
67	雨,冻结,密度中等或大	
68	雨或毛毛雨夹雪,密度小	
69	雨或毛毛雨夹雪,密度中等或大	
70—79	非阵性固态降水	
70	间歇性降雪	观测时密度小
71	连续性降雪	
72	间歇性降雪	观测时密度中等
73	连续性降雪	
74	间歇性降雪	观测时密度大
75	连续性降雪	
76	钻石尘(有或无雾)	
77	米雪(有或无雾)	
78	孤立的星状雪晶(有或无雾)	
79	冰丸	
80—99	阵性降水,或伴有雷暴或刚过去雷暴的降水	
80	阵雨,密度小	
81	阵雨,密度中等或大	
82	阵雨,猛烈	

续表

代码值	含义	
83	阵性雨夹雪,密度小	
84	阵性雨夹雪,密度中等或大	
85	阵雪,密度小	
86	阵雪,密度中等或大	
87	阵性雪丸或小冰雹,伴随或不伴随有雨或雨夹雪	密度小
88	阵性雪丸或小冰雹,伴随或不伴随有雨或雨夹雪	密度中等或大
89	阵冰雹,伴随或不伴随有雨或雨夹雪,无雷	密度小
90	阵冰雹,伴随或不伴随有雨或雨夹雪,无雷	密度中等或大
91	观测时有小雨	观测前1小时内有雷暴但观测时无雷暴
92	观测时有中雨或大雨	
93	观测时有小雪,雨夹雪或雹	
94	观测时有中或大雪,雨夹雪或雹	
95	观测时有小或中雷暴,无雹但伴有雨和/或雪	观测时有雷暴
96	观测时有小或中雷暴,有雹	
97	观测时有强雷暴,无雹,但伴有雨和/或雪	
98	观测时有雷暴并伴有尘暴或沙暴	
99	观测时有强雷暴,并伴有雹	
自动气象站报告的现在天气状况		
100	没有观测到重要天气	
101	观测前1小时内,云通常正在消散或未发展起来	
102	观测前1小时内,总的看来天空状态没有变化	
103	观测前1小时内,云通常正在形成或发展起来	
104	空中悬浮着霾、烟或尘,能见度≥1 km	
105	空中悬浮着霾、烟或尘,能见度<1 km	
106—109	保留	
110	薄雾	
111	钻石尘	
112	远处闪电	
113—117	保留	
118	飑	
119	保留	
代码值120—126用于报告观测前1小时但非观测时测站的降水、雾(或冰雾)或雷暴		
120	雾	
121	降水	
122	毛毛雨(未冻结)或米雪	
123	雨(未冻结)	

续表

代码值	含义		
124	雪		
125	冻毛毛雨或冻雨		
126	雷暴(有或无降水)		
127	低或高吹雪或吹沙		
128	低或高吹雪或吹沙,能见度≥1 km		
129	低或高吹雪或沙,能见度<1 km		
130	雾		
131	碎片状雾或冰雾	132	雾或冰雾,在过去1小时内已变薄
133	雾或冰雾,在过去1小时内无明显变化)	134	雾或冰雾,在过去1小时内开始或者已变厚
135	雾,沉积成雾凇	136—139	保留
140	降水	141	小或中等降水
142	强降水	143	液态降水,小或中等
144	液态降水,大	145	固态降水,小或中等
146	固态降水,大	147	冻结降水,小或中等
148	冻结降水,大	149	保留
150	毛毛雨	151	小毛毛雨,未冻结
152	中毛毛雨,未冻结	153	大毛毛雨,未冻结
154	小毛毛雨,冻结	155	中毛毛雨,冻结
156	大毛毛雨,冻结	157	小毛毛雨和雨
158	中或大毛毛雨和雨	159	保留
160	雨	161	小雨,未冻结
162	中雨,未冻结	163	大雨,未冻结
164	小雨,冻结	165	中雨,冻结
166	大雨,冻结	167	小雨(或毛毛雨)和雪
168	中或大雨(或毛毛雨)和雪	169	保留
170	雪	171	小雪
172	中雪	173	大雪
174	冰丸,密度小	175	冰丸,密度中等
176	冰丸,密度大	177	米雪
178	冰晶	179	保留
180	阵性或间歇性降水	181	小阵雨或间歇性雨
182	中阵雨或间歇性雨	183	大阵雨或间歇性雨
184	强阵雨或间歇性雨	185	小阵雪或间歇性雪
186	中阵雪或间歇性雪	187	大阵雪或间歇性雪
188	保留	189	冰雹
190	雷暴	191	小或中雷暴,无降水

续表

代码值	含义		
192	小或中雷暴，有阵雨和/或阵雪	193	小或中雷暴，有冰雹
194	大雷暴，无降水	195	大雷暴，有阵雨和/或阵雪
196	大雷暴，有冰雹	197—198	保留
199	龙卷		
现在天气(对人工或自动站现在天气报告的补充)			
200—209			
200—203	没有使用		
204	火山灰高高地悬浮在大气中		
205	没有使用		
206	厚尘霾，能见度小于1 km		
207	在测站有高吹飞沫		
208	低吹尘(吹沙)		
209	远处有尘墙或沙墙(像哈布尘)		
210—219			
210	雪霾		
211	乳白天空		
212	没有使用		
213	闪电(云至地面)		
214—216	没有使用		
217	干雷暴		
218	没有使用		
219	观测时或观测前1小时内，在测站或测站的视野范围内有漏斗云(破坏性云)		
220—229			
220	火山灰沉降		
221	尘或沙沉降		
222	露沉降		
223	湿雪沉降		
224	雾凇沉降		
225	霜凇沉降		
226	白霜沉降		
227	雨凇沉降		
228	冰壳(冰膜)沉降		
229	没有使用		
230—239			
230	尘暴或沙暴，气温低于0℃		
231—238	没有使用		

续表

<table>
<tr><th>代码值</th><th colspan="2">含义</th></tr>
<tr><td>239</td><td colspan="2">高吹雪,无法确认是否有降雪</td></tr>
<tr><td>240—249</td><td colspan="2"></td></tr>
<tr><td>240</td><td colspan="2">没有使用</td></tr>
<tr><td>241</td><td colspan="2">海雾</td></tr>
<tr><td>242</td><td colspan="2">山谷雾</td></tr>
<tr><td>243</td><td colspan="2">北极或南极海面烟雾</td></tr>
<tr><td>244</td><td colspan="2">蒸汽雾(海,湖或河流)</td></tr>
<tr><td>245</td><td colspan="2">蒸汽雾(陆地)</td></tr>
<tr><td>246</td><td colspan="2">在积冰或积雪上的雾</td></tr>
<tr><td>247</td><td colspan="2">浓雾,能见度 60～90 m</td></tr>
<tr><td>248</td><td colspan="2">浓雾,能见度 30～60 m</td></tr>
<tr><td>249</td><td colspan="2">浓雾,能见度小于 30 m</td></tr>
<tr><td>250—259</td><td colspan="2"></td></tr>
<tr><td>250</td><td rowspan="8">毛毛雨,降雨速率</td><td>小于 0.10 mm/h</td></tr>
<tr><td>251</td><td>0.10～0.19 mm/h</td></tr>
<tr><td>252</td><td>0.20～0.39 mm/h</td></tr>
<tr><td>253</td><td>0.40～0.79 mm/h</td></tr>
<tr><td>254</td><td>0.80～1.59 mm/h</td></tr>
<tr><td>255</td><td>1.60～3.19 mm/h</td></tr>
<tr><td>256</td><td>3.20～6.39 mm/h</td></tr>
<tr><td>257</td><td>≥64 mm/h</td></tr>
<tr><td>258</td><td colspan="2">没有使用</td></tr>
<tr><td>259</td><td colspan="2">毛毛雨夹雪</td></tr>
<tr><td>260—269</td><td colspan="2"></td></tr>
<tr><td>260</td><td rowspan="8">雨,降雨速率</td><td>小于 1.0 mm/h</td></tr>
<tr><td>261</td><td>1.0～1.9 mm/h</td></tr>
<tr><td>262</td><td>2.0～3.9 mm/h</td></tr>
<tr><td>263</td><td>4.0～7.9 mm/h</td></tr>
<tr><td>264</td><td>8.0～15.9 mm/h</td></tr>
<tr><td>265</td><td>16.0～31.9 mm/h</td></tr>
<tr><td>266</td><td>32.0～63.9 mm/h</td></tr>
<tr><td>267</td><td>≥64 mm/h</td></tr>
<tr><td>268—269</td><td colspan="2">没有使用</td></tr>
<tr><td>270—279</td><td colspan="2"></td></tr>
</table>

续表

代码值	含义	
270	雪,降雪速率	小于1.0 cm/h
271		1.0～1.9 cm/h
272		2.0～3.9 cm/h
273		4.0～7.9 cm/h
274		8.0～15.9 cm/h
275		16.0～31.9 cm/h
276		32.0～63.9 cm/h
277		≥64 cm/h
278	晴空降雪或冰晶	
279	湿雪,落地触物冻结	
280—299		
280	降雨	
281	降雨,冻结	
282	降雨加雪	
283	降雪	
284	雪丸或小冰雹	
285	雪丸或小冰雹,夹雨	
286	雪丸或小冰雹,伴有雨夹雪	
287	雪丸或小冰雹,夹雪	
288	降冰雹	
289	降冰雹夹雨	
290	降冰雹,伴有雨夹雪	
291	降冰雹夹雪	
292	海上阵性降水或雷暴	
293	山上阵性降水或雷暴	
294—299	未用	
300—507	保留	
508	无重要天气现象报告,现在和过去天气省略	
509	无观测,无资料,现在和过去天气省略	
510	现在和过去天气失测,但预计会收到	
511	失测值	

G.6.25　云类型代码表

表 G.31　云类型代码表(0 20 012)

代码值	含义
0	卷云(Ci)
1	卷积云(Cc)
2	卷层云(Cs)
3	高积云(Ac)
4	高层云(As)
5	雨层云(Ns)
6	层积云(Sc)
7	层云(St)
8	积云(Cu)
9	积雨云(Cb)
10	无高云
11	毛卷云,有时呈钩状,并非逐渐入侵天空
12	密卷云,呈碎片或卷束状,云量往往并不增加,有时看起来像积雨云上部分残余部分;或堡状卷云或絮状卷云
13	积雨云衍生的密卷云
14	钩卷云或毛卷云,或者两者同时出现,逐渐入侵天空,并增厚成一个整体
15	卷云(通常呈带状)和卷层云,或仅出现卷层云,逐渐入侵天空,并增厚成一个整体;其幕前缘高度角未达到 45°
16	卷云(通常呈带状)和卷层云,或只有卷层云,逐渐入侵天空,但不布满整个天空
17	整个天空布满卷层云
18	卷层云未逐渐入侵天空而且尚未覆盖整个天空
19	只出现卷积云,或卷积云在高云中占主要地位
20	无中云
21	透光高层云
22	蔽光高层云或雨层云
23	单层透光高积云
24	透光高积云碎片(通常呈荚状),持续变化并且出现单层或多层
25	带状透光高积云,或单层或多层透光或蔽光高积云,逐渐入侵天空;其高积云逐渐增厚成一整体
26	积云衍生(或积雨云衍生)的高积云
27	两层或多层透光或蔽光高积云或单层蔽光高积云,不逐渐入侵天空;或伴随高层云或雨层云的高积云
28	堡状或絮状高积云
29	浑乱天空中的高积云,一般出现几层
30	无低云
31	淡积云或碎积云(恶劣天气除外)或者两者同时出现

续表

代码值	含义
32	中积云或浓积云，塔状积云，伴随或不伴随碎积云、淡积云、层积云、所有云的底部均处于同一高度上
33	秃积雨云，有或无积云、层积云或层云
34	积云衍生的层积云
35	积云衍生的层积云以外的层积云
36	簿幕层积云或碎层云(恶劣天气除外)，或者两者同时出现
37	碎层云或碎积云(恶劣天气除外)或者两者同时出现
38	积云或层积云(积云性层积云除外)各云底位于不同高度上
39	鬃状积雨云(通常呈砧状)，有或无秃积雨云、积云、层积云、层云或碎片云
40	高云(C_H)
41	中云(C_M)
42	低云(C_L)
43—58	保留
59	由于昏暗、雾、尘暴、沙暴或其他类似现象而看不到云
60	由于昏暗、雾、高吹尘、高吹或其他类似现象，或者由于低云组成的连续云层，看不到高云
61	由于昏暗、雾、高吹尘、高吹沙或其他类似现象，或者由于低云组成的连续云层，看不到中云
62	由于昏暗、雾、高吹尘、高吹沙或其他类似现象，看不到低云
63	失测值

“恶劣天气”表示在降水期间和降水前后一段时间内普遍存在的天气状况。

G.6.26 国内观测天气现象代码表代码表

表 G.32 国内观测天气现象代码表代码表(0 20 192)

代码值	含义	代码值	含义
0	无现象	1	露
2	霜	3	结冰
4	烟幕	5	霾
6	浮尘	7	扬沙
8	尘卷风	9	保留
10	轻雾	11	保留
12	保留	13	闪电
14	极光	15	大风
16	积雪	17	雷暴
18	飑	19	龙卷
20—30	保留	31	沙尘暴
32	保留	32—37	保留
38	吹雪	39	雪暴

续表

代码值	含义	代码值	含义
40	保留	41	保留
42	雾	43—47	保留
48	雾凇	49	保留
50	毛毛雨	51—55	保留
56	雨凇	57—59	保留
60	雨	61—67	保留
68	雨夹雪	69	保留
70	雪	71	保留
76	冰针	77	米雪
78	保留	79	冰粒
80	阵雨	81	保留
83	阵性雨夹雪	84	保留
85	阵雪	86	保留
87	霰	88	保留
89	冰雹		

G.6.27　垂直意义(地面观测)代码表

表G.33　垂直意义(地面观测)代码表(0 08 002)

代码值	含义
0	适用于FM-12 SYNOP、FM-13 SHIP的云类型和最低云底的观测规则
1	第一特性层
2	第二特性层
3	第三特性层
4	积雨云层
5	云幂
6	没有探测到低于随后高度的云
7	低云
8	中云
9	高云
10	底部在测站以下,顶部在测站以上的云层
11	底部和顶部都在测站以上的云层
12—19	保留
20	云探测系统没有探测到云
21	第一个仪器探测到的云层
22	第二个仪器探测到的云层

续表

代码值	含义
23	第三个仪器探测到的云层
24	第四个仪器探测到的云层
25－61	保留
62	不适用的值
63	失测值

G.6.28 云量代码表

表G.34 云量代码表(0 20 011)

代码值	含义
0	0
1	≤1/8,但≠0
2	2/8
3	3/8
4	4/8
5	5/8
6	6/8
7	≥7/8,但≠8/8
8	8/8
9	由于雾和(或)其他天气现象,天空有视程障碍
10	由于雾和(或)其他天气现象,天空有部分视程障碍
11	疏云
12	多云
13	少云
14	保留
15	未进行观测,或者由于雾或其他天气现象之外的原因,云量无法辨认

G.6.29 附加字段意义代码表

表G.35 附加字段意义代码表(0 31 021)

代码值	含义
0	保留
1	1位质量指示码,0＝质量好,1＝质量可疑或差
2	2位质量指示码,0＝质量好,1＝稍有可疑,2＝高度可疑,3＝质量差
3－5	保留

续表

代码值	含义
6	根据 GTSPP 的 4 位质量控制指示码： 0＝不合格 1＝正确值(所有检测通过) 2＝或许正确，但和统计不一致(与气候值不同) 3＝或许不正确的(有尖峰值、梯度值等，但其他检测通过) 4＝不正确、不可能的值(超范围、垂直不稳定、等值线恒定) 5＝在质量控制中被修改过的值 6－7＝未用(保留) 8＝内插的值 9＝失测值
7	置信百分比
8	0＝不可疑；1＝可疑；2＝保留；3＝非所需信息
9－20	保留
21	1 位订正指示符，0＝原始值，1＝替代/订正值
22－61	保留给本地使用
62	8 bit 质量控制指示码： 由高至低(从左到有)1－4 位，表示省级质控码；5－8 位，表示台站质控码。 省级质控码和台站质控码的值均按如下含义： 0　正确 1　可疑 2　错误 3　订正数据 4　修改数据 5　预留 6　预留 7　预留 8　失测 9　未作质量控制
63	失测值

G. 6. 30　扩充的垂直探测意义标志表

表 G. 36　扩充的垂直探测意义标志表(0 08 042)

比特位号	含义
1	地面
2	标准层
3	对流层顶
4	最大风层
5	温度特性层

续表

比特位号	含义
6	湿度特性层
7	风特性层
8	温度资料失测开始
9	温度资料失测结束
10	湿度资料失测开始
11	湿度资料失测结束
12	风资料失测开始
13	风资料失测结束
14	风探测的顶
15	标准层中的终止层
16	零度层(自定义)
17	原本以高度为垂直坐标表示的气压层
全部18位	失测值